高 等 学 校 教 材

生化分离
原理与技术

Principles and Technology of
Bioseparation

第二版

田亚平　主编

周楠迪　夏海锋　副主编

化学工业出版社

·北京·

《生化分离原理与技术》第一版自 2010 年出版以来，用作多所高校生物工程、生物技术、食品科学与工程、轻工技术与工程等专业本科和硕士课程的教材，受到了广大师生的欢迎。

近年来，生物技术的发展日新月异，生物产业也随之蓬勃发展，带动了生物分离技术不断出现新方法和新应用，《生化分离原理与技术》第二版孕育而生。第二版将全书分为了三篇：第一篇生物样品粗分离，第二篇生物样品纯化，第三篇分离技术的融合与集成。从知识内容更新上看，第一篇中增加生物样品体系改变方法，扩充固液分离的内容；第三篇中加深混合模式层析的介绍，引入扩张床吸附层析技术的内容，同时增加工业上单克隆抗体和胰岛素两种重要的生物药物的分离纯化实例介绍。

《生化分离原理与技术》第二版最大的特点在于丰富的数字内容资源的建设。数字资源是为配合内容讲解、便于自学理解而创作的新型教学材料，内容包括本科教学 PPT、练习题、典型技术的微课视频、小班卓越课现场讨论视频、相关分离实验仪器操作视频，以及下游纯化中试生产综合应用视频等。

《生化分离原理与技术》第二版可作为生物技术、生物工程和食品科学与工程等本科或者研究生专业的教材，也适合作为相关领域科研人员的参考用书。

图书在版编目（CIP）数据

生化分离原理与技术 / 田亚平主编. —2 版. —北京：化学工业出版社，2020.2（2025.1重印）
ISBN 978-7-122-36031-1

Ⅰ.①生… Ⅱ.①田… Ⅲ.①生物化学-分离-高等学校-教材 Ⅳ.①TQ033

中国版本图书馆 CIP 数据核字（2020）第 000607 号

责任编辑：傅四周		文字编辑：周 倜	
责任校对：王 静		装帧设计：韩 飞	

出版发行：化学工业出版社（北京市东城区青年湖南街 13 号　邮政编码 100011）
印　　装：北京科印技术咨询服务有限公司数码印刷分部
787mm×1092mm　1/16　印张 19½　字数 507 千字　2025 年 1 月北京第 2 版第 6 次印刷

购书咨询：010-64518888　　售后服务：010-64518899
网　　址：http://www.cip.com.cn
凡购买本书，如有缺损质量问题，本社销售中心负责调换。

定　　价：69.00 元

前　言

　　2010 年由田亚平和周楠迪主编的第一版《生化分离原理与技术》推出以来，在多个高校尤其是江南大学生物工程和生物技术等本科专业及生物工程、轻工技术与工程的硕士专业课程中得到较好的运用，受到了广大读者的欢迎，也为生物技术产业人才的培训培养作出较大的贡献。近年来，生物技术的发展日新月异，生物产业也随之蓬勃发展，带动了生物分离技术不断出现新方法和新应用。为引进分离技术新内容、增加与时俱进的数字资源新形态，第二版便孕育而生。

　　与第一版相比，为适应更广泛的共识和更贴近生物工业的需求，本书第二版将全书分为三篇：第一篇为生物样品粗分离，介绍生物分离过程中较为靠前的前处理技术；第二篇为生物样品纯化，重点介绍较为核心的层析技术以及分辨率较高的电泳技术；第三篇为分离技术的融合与集成，重点介绍单元技术融合所产生的新技术以及分离技术的组合及实用案例。从知识内容上看，第一篇中增加生物样品体系改变方法，扩充固液分离的内容；第三篇中加深混合模式层析的介绍，引入扩张床吸附层析技术的内容，同时增加工业上单克隆抗体和胰岛素两种重要的生物药物的分离纯化实例。当然，本版最大的特点在于丰富的数字内容资源的建设。数字资源是为配合内容讲解、便于自学理解而创作的新型教学材料，内容包括：本科教学的 PPT 和练习题（可通过化学工业出版社教学资源网 http：//www.cipedu.com.cn 下载；授课教师如需练习题参考答案，可联络主编：biochem@jiangnan.edu.cn），以及典型技术的微课视频、小班卓越课现场讨论视频、相关分离实验仪器操作视频和下游纯化中试生产综合应用视频等（扫描书中篇首页二维码链接观看），旨在分离技术教学上与时俱进地增强系统知识的引导作用。

　　本书可作为生物技术、生物工程和食品科学与工程等本科或者研究生专业的教材，也适合作为相关领域科研人员的参考用书。

　　第二版由田亚平、周楠迪、夏海锋编写，感谢刘中美老师参与数字资源部分工作，感谢第一版中参与编写的史锋、华子安、杨海麟等老师。由于编者学识有限，思路侧重有偏，书中难免有疏漏和不妥之处，欢迎读者提出宝贵建议和意见。

编者

江南大学生物工程学院

2019 年 10 月

第一版前言

生物技术是发展国民经济的关键技术之一，近年来由于全球能源和资源短缺、生态环境恶化等一系列问题日渐突出，只有依赖生物技术产业建立以可再生生物质资源为原料清洁化生产各种化学品、材料与能源的新型工业模式，才能更好地保障人类社会的可持续发展。

生化分离技术作为生物技术的下游工程，在整个生物技术中扮演的角色和所处的地位已日益受到人们的关注，生化分离技术方面的技能知识对从事生物技术方面研究的人员，或将要进行这方面研究的人们来讲，显然是非常需要的。

生化分离技术发展快，应用面广，各方面也都有迫切需强化的要求，所以促使此方面的学术书籍更新较快。2006年出版的《生化分离技术》是江南大学给研究生开设的"生化分离技术"课程的教材，本书在该教材的基础上重新编写而成，除继续保留对一些经典技术的原理较为系统的描述外，还专门结合近年来新的应用实例来说明这些技术在应用上的拓展以及以它们为基础发展起来的融合技术的特点。而本书更重要的特色是在整体篇幅精简的同时，又专门增加了分离方案设计的内容，因为生化分离过程往往是将若干单元纯化技术联合使用而实现的。在此过程中，选择合理单元纯化技术固然很重要，然而如何将这些技术合理地组合和按顺序使用也是成功分离所必须考虑的。每章后设有相应的思考题，是笔者多年来在教学方面的一些积累，可帮助更好地学习和掌握各种分离技术的原理。而技术的真正掌握和运用尚需经过实验的实践过程，这是本书仍保留最经典的两个分离系列实验的主要原因。

本书从内容上讲不仅适用于作为相关专业学生的教材（生物技术方向的本科生或生物工程、食品工程等专业的研究生），也很适合作为相关领域科研人员的参考书。

非常感谢参与《生化分离技术》编写的教师周楠迪、史锋、华子安、杨海麟，他们的辛苦笔耕给本书的编写创造了良好的基础。

最后要感谢化学工业出版社的大力支持，使本书得以顺利出版。由于本人水平有限，不足与疏漏之处在所难免，敬请专家和广大读者批评斧正。

田亚平

江南大学生物工程学院

2010 年 4 月

目 录

第一篇 生物样品粗分离

第二篇　生物样品纯化

第五章　层析分离技术　　89

第三篇 分离技术的融合与集成

第七章 单元融合及创新 ———————————————— 246

第一章

绪　论

一、生化分离技术发展的历史和地位

生化分离过程是生物技术转化为生产力所不可缺少的重要环节。生化分离技术（bio-separation technology）是描述回收生物产品分离过程原理和方法的一个术语，是从动植物组织培养液或微生物发酵液中分离、纯化生物产品的过程中所采用的方法和手段的总称。其技术的进步程度对于生物技术的发展有着举足轻重的作用，为突出其在生物技术领域中的地位和作用，常称它为生物技术的下游工程（downstream processing）。分离与纯化过程几乎涉及生物技术所有的工业和研究领域，生物技术产品不断开发与发展的同时伴随相应分离纯化过程的研究与开发。

从 19 世纪 60 年代到 20 世纪上半叶，由于开发了微生物纯种培养技术，从而使生物技术产业的发展进入了新时期，此阶段生物技术产品的下游工艺，主要采用压滤、蒸馏等手段，分离产品以经验为依据，属原始分离纯化时期，可看作生化分离纯化技术发展的第一阶段。20 世纪 40 年代，抗生素、氨基酸、有机酸、核酸、酶制剂、单细胞蛋白等一大批用发酵技术制造的产品投入了工业生产。这一时期的特点是产品类型多，不但有初级代谢产物，还出现了次级代谢产物，产品的多样性对分离、纯化的方法和技术提出了更高的要求，此时在实验室阶段出现了离子交换及电泳技术，这可看作生化分离纯化技术发展的第二阶段。进入 21 世纪，以细胞融合技术和 DNA 重组技术为主，包括酶工程、基因工程、发酵工程、细胞工程和蛋白质工程在内的生物技术的发展，使生物技术迅猛地发展成为一门集现代生物科学和工程技术于一身的新兴学科，成为当前世界各国高新技术发展的主要领域之一。特别是其中基因技术的发展使人们基本可以按照自己的意愿来设计和生产生物制品。但是，实践表明：获取高纯度的生物制品远非易事，因此生物分离工程的研究应运而生。然而，由于历史原因，生物工程下游分离纯化过程的研究投入远较上游的少，使得下游处理过程的研究明显滞后，成为生物技术整体优化的瓶颈。因此，当前生物分离工程已经日渐引起学术界的重视。世界各国都注意到发展下游技术对现代生物技术及其产业化的重要性，纷纷加强研究力量，增加投入，组织专门研究机构。一些著名的生产分离设备和层析填料的公司在竞争中不断成长，如瑞典的 Amersham Pharmacia Biotech 就是在当时的前身 LKB 和 Pharmacia 基础上成立的。此时的生化分离技术已进入了高速发展的第三阶段，除实验室开发出各种层析技术，如亲和层析、疏水作用层析、反相层析等，还发展了生化分离分析技术方面较为优越的各种电泳技术，包括双向电泳和分辨率很高的毛细管电泳等技术，各种膜过滤及凝胶层析和离子交换等技术则进入了工业规模的应用。

生化分离技术作为生物技术的下游工程，人们越来越深刻地认识到其在整个生物技术中扮演的角色和存在的地位。生物技术产业以日新月异的步伐迅速发展，特别是在医药、食品、食品添加剂以及化妆品方面，由于生物技术产品多数是与人类生活密切相关的物质，对有害物质有严格的控制，生产过程也要求有严格的管理，在最终产品中往往不允许极微量的有害杂质存在，使得生物产品的分离纯化在整个生产过程中显得尤为重要；一些新的功能性生物产品物质的研究和开发，在得到应用之前对其构效需有清楚的认识，此时就需通过一系列分离技术将之纯化到相当高的纯度，才能消除干扰，正确分析结构与功能、特性等，此部分的研究成本和代价较高，但却是不可缺少的；此外，对实际得到应用的生物产品，由于其具有的特殊性和复杂性，往往导致生化分离下游技术的成本占整个生产过程成本的比例较大。一般，大多数酶的回收纯化过程成本约占70%，基因工程表达产物的回收纯化过程成本一般占85%～90%以上。所以，下游技术质量往往决定整个生物加工过程的成败，合理设计和优化后的生化分离下游技术将使目标产品的生产成本大大降低，有利于实现大规模商业化生产。

二、生化分离技术的研究范畴

（一）主要研究对象

生化分离技术的分离对象主要包括单体、大分子、复合分子、超分子复合物、细胞器。

1. 单体

单体（或小分子类）是指如氨基酸、单糖、核苷酸、维生素、植物的次生物质等。其中氨基酸、单糖、核苷酸本身是构成蛋白质、多糖、核酸的基本结构单位。

（1）氨基酸

氨基酸直接参与生物体内的新陈代谢和其他生理活动的特殊功能，成为现代医药不可缺少的重要原料。20种构成蛋白质的氨基酸中有八种是人体不能自身合成的，需从外界吸收的必需氨基酸，有重要的营养和医用价值，常用作食品添加剂和临床输液的主要成分。此外氨基酸还可作为日用化工的新材料——皮肤营养剂、抗氧化剂；畜牧业方面的增效剂——高效饲料添加剂；农业方面无公害农药、除草剂的主要原料；轻工业领域的新生力量——新型表面活性剂、新型纤维等。

氨基酸的生产主要有两种途径：一是利用微生物进行发酵，二是从含量丰富的生物材料中直接提取，但不管是何种方式都要利用生化分离技术来得到最终产品。

氨基酸为两性电解质，具有等电点，带电情况受溶液 pH 的显著影响，所以氨基酸的分离纯化常采用等电点沉淀、离子交换等方法。

（2）多肽

多肽类化合物广泛存在于自然界中，其中对具有一定生物活性多肽的研究，一直是药物开发的一个主要方向。

生物活性肽的来源主要有3种：①存在于生物体中的各类天然活性肽；②消化过程中产生的或体外水解蛋白质产生的肽；③通过化学方法（液相或固相）、酶法、重组 DNA 技术合成的肽。

天然产物及微生物中也存在各种活性多肽，如利用乳酸乳球菌发酵淀粉类原料生产乳链菌肽，但天然存在的生物活性肽含量低，结合机制复杂，难以分离纯化，只有谷胱甘肽的酵母发酵、绿藻培养提取取得了成功并投入工业化生产。

采用何种方法分离纯化肽类往往要由所提取的组织材料、所要提取物质的性质决定。对多肽提取的常用方法包括盐析法、超滤法、凝胶过滤法、等电点沉淀法、离子交换层析法、亲和层析法、吸附层析法、逆流分溶法、酶解法等。大多分离还是利用了其为两性电解质的特性，一些小肽还可以采用反相层析、灌注层析进行分离，而高效液相层析（HPLC）与反相高效液相层析（RP-HPLC）则为肽类物质的分离提供了有利的方法和手段。

（3）核苷酸

核苷酸类物质包括尿嘧啶核苷酸（UMP）、鸟嘌呤核苷酸（GMP）、胞嘧啶核苷酸（CMP）、腺嘌呤核苷酸（AMP）及其衍生物，是重要的医药中间体和核酸类药物。它们在治疗心血管疾病、中枢神经系统疾病、循环与泌尿系统用药及抗病毒、抗肿瘤等方面有特殊效果，其用途已由食品工业扩大到农业、医药领域。呈味核苷酸肌苷酸钠（IMP-Na）、鸟苷酸钠（GMP-Na）及这些物质的混合物 5′-核苷酸钠可用作调味品。核苷酸的混合物能促进农作物和果树的生长。核苷酸类似物可以抑制核苷酸合成代谢的某些酶，或干扰阻断核苷酸的合成，进一步抑制核酸与蛋白质的合成，具有抗肿瘤或抗病毒的作用。

（4）脂质及植物次生物质

脂质是构成生物膜的主要成分，在生物体内发挥重要作用。一般来讲，脂质是水溶性很小的一类物质的总称，种类繁多，有脂肪酸、甾醇类、维生素 A、维生素 D、维生素 E 等中性脂质，卵磷脂等糖脂。脂质在食品添加剂和医药等方面用途广泛，其分离纯化技术的研究开发亦受到广泛的重视。目前脂质的分离纯化主要采用有机溶剂萃取、超临界流体萃取和层析等方法。

植物体内各种成分基本上可分为两类：一类是植物本身必需的营养物质，如糖类、脂肪、蛋白质等成分；另一类是植物次生物质，如生物碱、苷类、萜类等具广泛生物活性的物质。目前已发现的对昆虫生长有抑制、干扰作用的植物次生物质大约有 1100 余种，这些物质均不同程度对昆虫表现出拒食、驱避、抑制生长发育及直接毒杀作用。萜类、生物碱有很多都被发现具有抗病毒、抗肿瘤、抗艾滋病病毒（HIV）的作用，它们的开发往往与中草药的研发联系起来，具有极大的应用潜力，甚至一些新药的开发，就是以植物中特殊药理成分研究为基础，进一步利用人工合成的方法大量研制，从而降低成本。

2. 生物大分子类

生物大分子是指蛋白质、核酸、多糖。

（1）蛋白质

生物体内的蛋白质种类繁多，分布广泛，担负着多种多样的任务。据人类基因组的研究估计，人类共有 10 万个基因，这些基因能编码 10 万种蛋白质。与氨基酸类似，蛋白质或多肽均为两性电解质，每一分子上带有多个正负电荷，具有等电点。因此常利用其带电性质进行分离纯化，如离子交换层析、电泳等。此外由于作为大分子的蛋白质具有特定的立体构象，还可通过其自身的电荷分布、疏水基分布等特性以及与某些相对应的分子发生亲和相互作用的特性来进行分离，如疏水作用层析与亲和层析法等。亲和层析法因具有专一性分离的特点，已成为重要的蛋白质分离纯化手段。

（2）多糖

多糖主要是通过启动免疫细胞，如启动 T 细胞、B 细胞，活化补体巨噬细胞、自然杀伤细胞等，促进细胞因子生成等途径对免疫系统发挥多方面的调节作用。

多糖分离是将存在于生物体中的多糖或分泌到体外的多糖提取解离出来的过程。对胞外多糖而言，一般来说粗分离阶段常用手段是溶剂抽提和乙醇沉淀；对胞内多糖则多了破碎细胞的过程。不同的多糖提取所用溶剂不同，大多数可采用一定温度的水或稀碱溶液提取，为不引起多糖中糖苷键断裂，要尽量避免酸性条件。提取所得粗多糖要进一步纯化才能获得单一的多糖组分。其步骤包括脱除非多糖组分，再对多糖组分进行分级。所用方法总体来讲，无非都是利用一些性质上的差别来设计，如选择性变性沉淀、分级盐析、离子交换层析、凝胶层析、亲和层析、超滤等。

（3）核酸

核酸存在于多种细胞（如病毒、细菌、寄生虫、动植物细胞）及多种标本（如血液、组织、唾液、尿液等其他来源的标本）中。因此分离方法复杂而多样。总的说来核酸的分离与纯化是在破碎和溶解细胞的基础上，利用苯酚等有机溶剂抽提（核酸溶于缓冲液，即水相），分离，纯化；乙醇、丙酮等有机溶剂沉淀，收获。目前开发了许多商品化的核酸分离柱，可简单、快速地分离得到纯度很高的 DNA 或 RNA。其分离原理有的利用核酸的分子量差异，有的利用需分离核酸的特点与其特异性结合达到分离、回收的目的。

3. 复合分子类

复合分子是指由大分子与大分子构成的复合物，如多糖与蛋白质构成的糖蛋白、色素与蛋白质构成的色蛋白，也包括大分子与小分子构成的复合物脂蛋白、磷蛋白等。超分子复合物则是指类似于核糖体一类由大分子与大分子构成的复合物。细胞器则是指由以下几部分构成的在细胞中存在的小单元：超分子复合物＋大分子＋小分子＋膜，如线粒体、叶绿体等。这些物质的分离，往往可以利用分子大小上的明显差异选择凝胶过滤或膜过滤技术进行分离或采用高速离心或超速离心技术进行分离。

（二）主要技术及特点

目前相对比较广泛采用的单元生化分离技术可归纳如下。

① 沉淀分离　盐析、有机溶剂沉淀、选择性变性沉淀、非离子聚合物沉淀等；

② 层析分离　吸附层析、凝胶过滤层析、离子交换层析、疏水层析、反相层析、亲和层析及层析聚焦等；

③ 电泳分离　SDS-聚丙烯酰胺凝胶电泳、等电聚焦、双向电泳、毛细管电泳等；

④ 离心分离　低速、高速、超速（差速离心、密度梯度）离心分离技术等；

⑤ 膜分离技术　透析、微滤、超滤、纳滤、反渗透等。

此外还有一些其他的分离技术如各种萃取技术（双水相萃取、超临界流体萃取、反胶束萃取）、液膜分离法、泡沫分离法、结晶技术等。主要分类见表1.1。

表 1.1　生化分离方法分类

分离主要依据	分离技术种类
形状和大小	凝胶过滤、超滤、透析
电离性质	离子交换层析、电泳（除 SDS）
极性（疏水性）	分配层析、吸附层析、疏水层析
生物功能或特殊化学基团	亲和层析
等电点 pI	层析聚焦、等电聚焦
溶解性	盐析、有机溶剂抽提、结晶
密度、大小	高速离心、超离心

　　生化分离技术的特点主要表现为：成分复杂、含量甚微、易变性、易破坏、具经验性、均一性的相对性。

　　成分复杂是指要分离的样品处于一个复杂的体系中，一个生物材料常包括数百种甚至数千种化合物，各种化合物的形状、大小、分子量和理化性质都各不相同，其中还有一些化合物是未知物质，其次这些化合物在分离时仍处在不断的代谢变化过程中。

　　含量甚微是指有些化合物在材料中含量极微，只达万分之一、几十万分之一甚至百万分之一。

　　易变性、易破坏是指许多具有生物活性的化合物一旦离开了生物体的环境，很易变性、破坏。如许多生物大分子在分离过程中，过酸、过碱、高温、高压、重金属离子及剧烈的搅拌、辐射和机体自身酶的作用都会破坏这些分子的生理活性，分离过程中要十分注意保护这些化合物的活性，常选择十分温和的条件，并尽可能在较低的温度和洁净的环境下进行。

　　具经验性是指生化分离方法几乎都在溶液中进行，各种参数（温度、pH、离子强度等）对溶液中各种组成综合影响常常无法固定，以致许多实验的设计理论性不强，实验结果有很大的经验成分。因此，一个实验的重复性的建立，从材料到方法直至各种环境条件、使用的试剂药品等都必须严格地加以规定。

　　生化分离技术应用后对最后结果均一性的证明与化学上纯度的概念并不完全相同，不是绝对的纯度，而是具相对性。主要由于生物分子对环境反应十分敏感，结构与功能关系比较复杂，纯度鉴定的某一种方法往往只是利用其一方面的性质，对其均一性的评定常常是有条件的，所以往往必须通过不同方法或同一方法不同条件下测定，最后才能给出相对的"均一性"结论。如电泳和层析进行组合，不同条件下的电泳等。只凭一种方法所得纯度的结论往往是片面的，甚至是错误的。

　　为了保护所提取物质的生理活性及结构上的完整，生化分离方法多采用温和的"多阶式"进行，可形象地称为"逐层剥皮"方法。一个生物分子的分离制备常常需经过许多步骤，并变化各种分离方法，才能达到纯化目的。还有一类被称为"钓鱼法"，是近年来随着分离技术发展而出现的，它是利用某些分子特有的专一亲和力，将某一化合物从极复杂的体系中一次钓出，如亲和层析（包括金属螯合层析、共价层析、免疫亲和层析等）、亲和沉淀、亲和膜过滤等，这一类方法目前虽仅局限于一些大分子如酶、抗体和核酸的分离纯化工作，但与经典方法相比具有很大的优越性。

三、生化分离技术的应用及发展趋势

　　人们将物理和化学分离纯化原理与生物技术产品特性结合，开发了许多新原理、新技术、新材料和新设备。

　　如灌注层析（perfusion chromatogarphy）就是20世纪80年代美国PE公司通过填料技术的改进而产生的一种层析新技术，它第一次带给生命科学家快速高效的纯化理念。

　　比较图1.1与图1.2可发现灌注层析专利性的二元孔网络结构，大的穿透孔（孔径达600～800nm）足以使流动相快速流动，小的扩散孔（孔径为50～150nm）提供足够吸附表面积，从而大大加快传质，使分离线速度从传统的50～360cm/h达到1000～7000cm/h，使生物分子分离比使用HPLC或传统填料快10～100倍。

　　为满足高效高速分离纯化技术的需要，新材料方面的发展的确非常迅速，除POROS填料外，不断有新型高效离子交换剂出现。

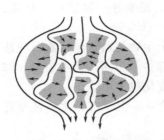

图 1.1　灌注层析填料的扩散途径

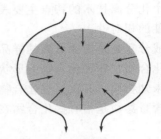

图 1.2　传统层析填料的扩散途径

　　高效离子交换剂主要指中压层析或高压层析中使用的粒度较小而有一定的硬度、分辨率很高的一类离子交换剂。包含层析填料制备方面有着悠久历史的瑞典 Pharmacia 公司的 SOURCE、MonoBeads 系列，层析填料制备方面后起之秀 Bio-Rad 公司的 DEAE-5-PW 和 CM-5-PW（基质为合成高分子有机聚合物）等。

　　伴随填料技术的发展，分离纯化的设备方面也在不断开发和更新，国外生产层析设备的相关公司都陆续推出一些自动层析系统，有中低压、高压等类型。它们都是一类针对生物分子的特性而设计的纯化系统，它能自动制备缓冲液，具有多柱转换、自动上样设计、多波长连续检测等功能，且配有专家辅助软件，能更快速地优化分离条件，更有效地以不同规模纯化不同的生物分子。该系统不仅在酶工程、生物制药的研究上得到广泛应用，同时也是分子生物学实验后期必要的分离系统。

　　当前生化分离技术发展的主要倾向体现在以下几个方面：

　　① 多种分离、纯化技术相结合，包括新、老技术的相互渗透与融合，形成所谓融合技术。如膜过滤与亲和配基、离子交换基团相结合，形成了亲和膜过滤技术（图 1.3）、亲和膜层析、离交膜层析；亲和配基和聚合物沉淀作用相结合，形成了亲和沉淀技术；离心分离与膜分离过程结合，形成了膜离心分离过程；还有如将双水相分配技术与亲和法结合而形成效率更高、选择性更强的双水相亲和分配组合技术；可以将离心的处理量、超滤的浓缩效能及层析的纯化能力合而为一的扩张床吸附技术等。这类融合技术将两种技术的优势结合起来，往往具有选择性好、分离效率高、步骤简化、能耗低等优点。

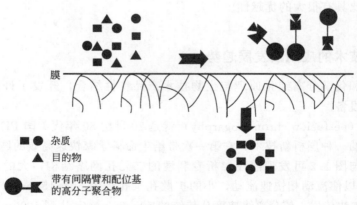

膜

■● 杂质
▲ 目的物
◆━● 带有间隔臂和配位基
　　的高分子聚合物

图 1.3　亲和膜过滤技术示意图

　　② 生化分离技术（下游技术）与发酵工艺（上游技术）相结合或称耦合，形成系统工程。此方面的含义有两层，一是上游技术和下游技术的改良要紧密联系，通盘考虑，可通过

改进上游因素，简化下游分离提取过程。二是把发酵-分离作为一个耦合的过程来进行。

菌种选育和工程菌构建以及培养基和发酵条件的确定都属上游技术，菌种选育和工程菌构建一般都以开发新物种和提高目的产物量为目标，20 世纪后期人们就开始认识到应该有整体观念，除了要达到上述目标外，还应设法使菌种增加产物的胞外分泌量，减少非目的产物的分泌，并赋予产物某种有益的性质以改善产物的分离特性，从而降低下游分离技术的难度；培养基和发酵条件由于直接决定了输送给下游进一步分离的发酵液质量，所以人们现在尽量采用液体培养基，提倡清液发酵，少用酵母膏、玉米浆等有色物质为原料，通过控制比生长速率、消泡剂用量、放罐时间等发酵条件，使下游分离过程更为方便、经济。

发酵与分离耦合过程的研究源自 20 世纪 70 年代，近年来逐步得到发展（图 1.4）。此过程的主要优点是可以解除终产物的反馈抑制效应，提高转化率，同时可简化产物提取过程，缩短生产周期，增加产率，收到一举几得的效果。

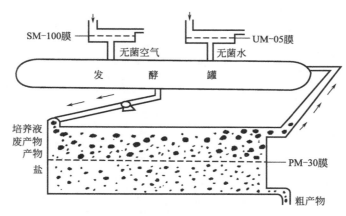

图 1.4　发酵罐与膜分离技术的耦合

③ 生化分离技术规模化工程问题的研究。生物技术产品的工业化往往需要将实验室技术进行放大，需要借助化学工程中有关"放大"效应、"返混"、"质量传递"、"流体输送"等基本理论，结合生化分离过程的特点，研究大型生化分离装置中的流变学特性、热量和质量传递规律，改善设备结构，掌握放大方法，达到增强分离因子、减少放大因子、最终提高分离效果的目的。

与上述几点相符合的一个提法是，生化分离技术过程发展的新趋势为高效集成化。过程集成是一般化学加工过程的重要研究方向，生化分离技术的高效集成化的含义在于利用已有的和新近开发的生化分离技术，将下游过程中的有关单元进行有效组合（集成），或者把两种以上的分离技术合成为一种更有效的分离技术，达到提高产品收率、降低过程能耗和增加生产效益的目标。

生化分离技术或过程的高效集成化研究目前还很肤浅，尚未大规模应用；研究的目标产物也大多局限在简单分子，对于基因工程蛋白质及其有重要应用价值的其他生物活性物质的分离则研究得很少，对有关新技术的分离机理、控制因素、模型化等方面的研究也还处于初步摸索阶段。但是应该看到研制和发展生化分离过程的高效集成化技术是改进和优化生物下游处理过程的重要手段之一，也是生物工程在二十一世纪得到高度发展的重要保证，这种集成化技术不仅会加强和改善发酵液和基因工程菌培养液的分离手段，而且对天然物质中高价值的有效物质提取和分离过程的改进也会有明显的指导意义和借鉴作用。因此，生化分离过程的高效集成化的现实作用相当重大，潜在的发展前景是十分美好的。

◆ **参考文献** ◆

[1] 严希康.生化分离工程.北京：化学工业出版社，2001.

[2] 俞俊棠等.新编生物工艺学（上、下册).北京：化学工业出版社，2005.

[3] 梅乐和等.生化生产工艺学.第二版.北京：科学出版社，2007.

[4] 赵永芳.生物化学技术原理及应用.第四版.北京：科学出版社，2002.

[5] 谭天伟.生物分离技术.北京：化学工业出版社，2010.

[6] 欧阳平凯等.生物分离原理及技术.第二版.北京：化学工业出版社，2010.

[7] 孙彦.生物分离工程.第三版.北京：化学工业出版社，2013.

第一篇
生物样品粗分离

1 预处理技术
案例文献分析

2 膜分离技术
思考题讨论

3 膜分离技术
案例文献分析

第二章
生物样品的预处理

第一节　概述

　　生物产品的主要来源是各种生物反应的悬浮液，包括动物细胞培养液、植物细胞培养液、微生物发酵液、动物血液、乳液和动物或植物组织提取液等。这些悬浮液有如下特征：目标产物浓度普遍比较低，悬浮液中大部分是"水"，组分非常复杂，是含有细胞、细胞碎片、蛋白质、核酸、脂类、糖类、无机盐类等多种物质的混合物；分离过程很容易发生失活现象，pH、离子强度、温度等变化常常造成产物的失活；性质不稳定，易随时间变化，如受空气氧化、微生物污染、蛋白质水解作用等。从如此复杂的体系中分离得到目标产物，需要进行初步富集和分离，对干扰组分进行初步去除等工作，即进行样品的预处理。预处理的内容首先是改变溶液的性质以利于后续的各步操作，其次是进行固液分离，除去或者获得细胞、菌体和其他悬浮颗粒。可见，预处理的目的是化繁为简，即将固液分开，然后才能从澄清的滤液中提取目的产物或从细胞内提取胞内产物。

第二节　生物样品体系的改变

　　生物样品尤其是细胞培养液或发酵液，由于其组成成分复杂，样品的性状也较为复杂。主要表现为黏度较大、颗粒较小且密度接近于水、悬浮液性质不稳定、随时间发生生物或化学变化等，因此较一般化工分离更为困难。为了便于后续的固液分离等操作，通常需要对生物样品体系进行适当的改变，以改善流体性能、增加固液性质差异，甚至预除去某些杂质。

　　生物样品体系的改变方法（图 2.1），完全取决于目的物的性质和体系现有的性质。目的物性质如胞内还是胞外、对 pH 和热的稳定性、蛋白质还是非蛋白质、分子的质量和大小等；体系的性质主要指是否需要改变黏度、颗粒密度、体系 pH 以及有无特定可除去的杂质等。具体方法主要有以下几种。

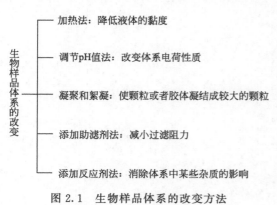

生物样品体系的改变

— 加热法：降低液体的黏度

— 调节 pH 值法：改变体系电荷性质

— 凝聚和絮凝：使颗粒或者胶体凝结成较大的颗粒

— 添加助滤剂法：减小过滤阻力

— 添加反应剂法：消除体系中某些杂质的影响

图 2.1　生物样品体系的改变方法

一、加热法

加热法是最简单和廉价的预处理方法，即把悬浮液加热到所需温度并保温适当时间。加热可降低液体的黏度，根据流体力学的原理，滤液通过滤饼的速率与液体的黏度成反比，可见降低液体黏度可有效提高过滤速率；同时，在适当温度和受热时间下可使蛋白质凝聚，形成较大颗粒的凝聚物，进一步改善了发酵液的过滤特性。例如，链霉素发酵液，调酸至pH3.0后，加热至 70℃，维持半小时，其黏度下降至原来的 1/6，过滤速率可增大 10～100倍。柠檬酸发酵液加热至 80℃使蛋白质变性凝固，降低发酵液黏度，从而大大提高后续的过滤速率。

使用加热法时必须严格控制加热温度和时间。首先，加热的温度必须控制在不影响目的产物活性的范围内；其次，温度过高或时间过长，会使细胞溶解，胞内物质外溢，增加发酵液的复杂性，影响产物后续的分离与纯化。因此，加热法的关键取决于产品的热稳定性。

二、调节 pH 值法

pH 值直接影响发酵液中某些物质的电离度和电荷性质，因此适当调节发酵液的 pH 值可改善其过滤特性。此法是发酵工业中发酵液预处理较常用的方法之一。对于蛋白质和氨基酸等两性物质，在等电点时其溶解度最小。例如，在味精生产中，利用等电点（pH3.22）沉淀法提取谷氨酸。在膜过滤中，发酵液中的大分子物质容易与膜发生吸附，通过调整 pH值改变易吸附分子的电荷性质，即可减少堵塞和污染。细胞、细胞碎片及某些胶体物质等在某个 pH 值下有可能凝聚成较大颗粒，有利于过滤。

三、凝聚和絮凝

凝聚和絮凝都是悬浮液预处理的重要方法，其处理过程就是将化学药剂预先加入悬浮液中，改变细胞、细胞碎片、菌体和蛋白质等胶体粒子的分散状态，破坏其稳定性，使其凝结成较大的颗粒，便于提高过滤速率，而且能有效地除去杂蛋白和固体杂质，提高滤液质量。但凝聚和絮凝是两种不同方法，其具体处理过程还是有差别的，应该明确区分开来，不可混淆。

（一）凝聚

凝聚是指向胶体悬浮液中加入某种电解质，在电解质异电离子作用下，胶体粒子的双电层电位降低，从而使胶体失去稳定性并使粒子相互凝聚成 1mm 左右大小的块状凝聚体的过程。

发酵液中的细胞、菌体或蛋白质等胶体粒子的表面，一般都带有电荷，由于静电引力的作用，使溶液中带相反电荷的离子被吸附在其周围，这样在界面上就形成双电层（图 2.2）。这种双电层的结构使胶体粒子之间不易凝聚而保持稳定的分散状态，其电位越高，电排斥作用越强，胶体粒子的分散程度也就越大，发酵液过滤就越困难。

电解质的凝聚能力可用凝聚值来表示，使胶体粒子发生凝聚作用的最小电解质浓度（mmol/L）称为凝聚值。根据 Schuze-Hardy 法则，反离子的价数越高，其凝聚值就越小，即凝聚能力越强。所以，阳离子对带负电荷的发酵液胶体粒子的凝聚能力依次为：$Al^{3+} >$

$Fe^{3+} > H^+ > Ca^{2+} > Mg^{2+} > K^+ > Na^+ >$ Li^+。常用的凝聚剂有 $Al_2(SO_4)_3 \cdot 18H_2O$、$AlCl_3 \cdot 6H_2O$、$ZnSO_4$、$FeCl_3$、$FeSO_4 \cdot 7H_2O$、$H_2SO_4$、HCl、NaOH、$Na_2CO_3$、$NaAlO_2$、$Al(OH)_3$ 等。

农村以前经常用明矾（硫酸铝钾）对井水或河水进行杂质的沉淀，其原理就是凝聚。在万古霉素发酵液的处理中，调节发酵液 pH 至 4，加入 750mg/L 的偏铝酸钠，搅拌 6min，可大大提高过滤速率，并增强滤液澄清效果。

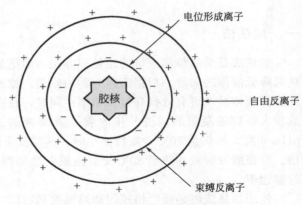

图 2.2　胶体结构示意图

（二）絮凝

絮凝是指在某些高分子絮凝剂存在下，胶体和悬浮颗粒桥联成大的絮凝体的过程，是一种以物理集合为主的过程。通常需控制絮凝剂浓度保持在较窄的范围内，如果胶体的颗粒表面吸附大量的高分子物质，反而会在表面形成空间保护层。而采用絮凝方法则常可形成粗大的絮凝体（10mm 左右），使发酵液较容易分离。

1. 絮凝的主要机理

絮凝的主要机理目前认为主要是以下三种：

（1）胶体理论

细菌可看做胶体溶液中的胶粒，因细胞表面的极性基团引起的表面吸附，而使表面自由能降低的过程。

（2）高聚物架桥理论

细胞表面分泌高聚物（如蛋白质、多糖等），这些高聚物在细胞表面形成胞外纤丝，细胞絮凝是由于这些胞外纤丝之间架桥交联形成的。

（3）双电层理论

大多数细胞表面本身都有一定的电荷，絮凝过程加入电解质后，相同电荷的排斥以及细胞表面水合程度不同而促使细胞产生聚并的过程。实验证实细胞表面的离子键和氢键参与了细胞的絮凝过程。

絮凝剂是一种能溶于水的高分子聚合物，具有长链状结构，其链节上带有许多活性官能团，包括带电荷的阳离子或阴离子基团以及不带电荷的非离子型基团，这些基团能强烈地吸附在胶体粒子的表面，使其形成较大的絮凝团。根据其来源不同，工业上使用的絮凝剂可分为 2 类，如图 2.3 所示。

2. 影响絮凝作用的因素

絮凝剂在使用时，影响絮凝作用的因素可以总结为以下几点：

（1）pH 值

pH 值会直接影响颗粒表面的带电性，降低胶体的带电性有利于絮凝的发生。因此阳离子絮凝剂一般在酸性和中性环境中使用，阴离子絮凝剂一般在中性和碱性环境中使用，而非离子型絮凝剂则适用范围较广，应根据胶体的性质选择 pH 值。

（2）温度

提高温度有利于絮凝的发生，但过高反而会破坏絮凝团的结构，一般使用时控制在

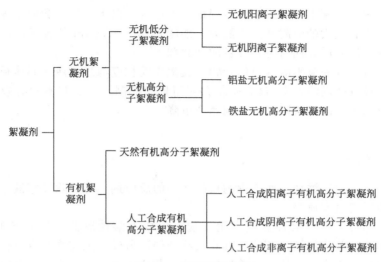

图 2.3　絮凝剂的种类

20～30℃。

（3）搅拌速度和时间

适当的搅拌速度和时间。由于絮凝团的形成，一般转速在 40～80r/min，时间控制在 2～4min。

（4）高分子絮凝剂的性质和结构

线性高分子絮凝作用大于环状或支链结构。过多或过少的电荷密度都不利于絮凝作用。

（5）有机高分子絮凝剂的分子质量

通常絮凝剂的分子质量需要大于 30kDa，较好的絮凝作用一般需要 250kDa 以上，且分子质量越大絮凝作用越好。

（6）絮凝剂用量

随絮凝剂增多而增大，但过量会重新形成稳定胶体。最佳用量应以实验确定。

人们在研究和应用中发现，无机与有机复合絮凝剂往往效果更好，虽然无机高分子絮凝剂对各种复杂成分的料液处理适用性强，但生成的絮体却不及有机高分子絮凝剂生成的絮体大，且无机高分子絮凝剂的投加量较大，有机高分子絮凝剂正好可以弥补这一缺点。而微生物絮凝剂具较好发展潜力，它往往也是多种成分的协同作用，微生物分泌的絮凝剂成分里主要以多糖、多聚氨基酸、蛋白质或糖蛋白为主，还有少量的 DNA 和脂类。

谷氨酸发酵液中含有 0.18%～1.2% 的干菌体，它是影响谷氨酸提取收率和谷氨酸质量的主要因素。采用壳聚糖对菌体进行絮凝，从谷氨酸发酵液中除去菌体将大大提高谷氨酸的收率和质量，有利于味精制造，同时可得到大量菌体蛋白。在对 1,3-丙二醇发酵液的预处理研究中，采用阳离子型聚丙烯酰胺等高分子聚合物、壳聚糖等天然絮凝剂进行絮凝处理，絮凝率可以达到 95% 以上。絮凝预处理后能显著加快发酵液中固体微粒的沉降，提高过滤速度。

四、添加助滤剂法

助滤剂是一种不可压缩的多孔微粒，它能使滤饼疏松，过滤阻力下降，滤速增大。这是因为使用助滤剂后，悬浮液中大量的细微粒子被吸附到助滤剂的表面上，从而改变了滤饼结构，使滤饼的可压缩性下降，过滤阻力降低。

常用的助滤剂有硅藻土、纤维素、石棉粉、珍珠岩、白土、炭粒和淀粉等。其中最常用的是硅藻土，它具有极大的吸附和渗透能力，能滤除 $0.1\sim1.0\mu m$ 的粒子，而且化学性能稳定，既是优良的过滤介质，同时也是优良的助滤剂。

选择助滤剂时，首先应不吸附目的产物，其次应使粒度与悬浮液中固体粒子的尺寸相适应（颗粒小、用较细的助滤剂），最后应注意使用量的控制，过少起不到有效的作用，过多则助滤剂反而成为主要的滤饼阻力，过滤速率下降。

五、添加反应剂法

在某些情况下，通过添加一些不影响目的产物的反应剂，可消除发酵液中某些杂质对过滤的影响，从而提高过滤速率。

加入的反应剂与某些可溶性盐类发生反应，生成不溶性沉淀，如 $CaSO_4$、$AlPO_4$ 等。生成的沉淀物能防止菌体黏结，使菌丝具有块状结构，另外，沉淀物本身可作为助滤剂，并且能使胶状物和悬浮物凝固，从而改善过滤性能。若能正确选择反应剂和反应条件，则可使过滤速率提高 $3\sim10$ 倍。

如果发酵液中含有不溶性的多糖物质，则最好先用酶将它转化为单糖，以提高过滤速率。例如，万古霉素用淀粉作培养基，发酵液过滤前加入 0.025% 的淀粉酶，搅拌 30min 后，再加 2.5% 硅藻土作助滤剂，可使过滤速率提高 5 倍。

第三节　固液分离

固液分离是生物产品提取过程中经常遇到的最重要的单元操作，它几乎可以贯穿整个分离过程。固液分离的方法较多，包括筛分、沉降、浮选、离心、过滤等操作，如图 2.4 所示。而对于含有细胞、生物质、蛋白质、多糖、核酸等成分复杂、黏度较大、密度差异较小的生物样品，通常采用的固液分离方法是离心分离和过滤分离。

一、离心分离技术

离心（centrifugation）分离是基于固体颗粒和周围液体密度存在差异，在离心场中使不同密度的固体颗粒加速沉降的分离过程。相对于悬浮液的重力沉降作用，离心技术附加了一个外加的离心场，加快了固体颗粒的沉降，增强了固体和液体的分离能力。离心分离是工业生产中广泛使用的一种固液分离手段，它在生物工业中的应用也十分普遍，是分离非均相系统最常用的技术手段。

离心分离具有分离速率快、效率高、液相澄清度好的优点，但生物工业上的离心设备一般需要较大的投资，能耗也较大，导致分离的成本较高，且分离后的固相湿分含量较高。此外，离心技术的局限性在于它一般不能分离颗粒大小一样、密度一样而物性不同的颗粒，甚至对小分子颗粒分离效果欠佳或无法分离。

（一）离心分离的基本原理

离心操作是借助于离心机产生的离心力使不同大小、不同密度的物质质点（颗粒）相分

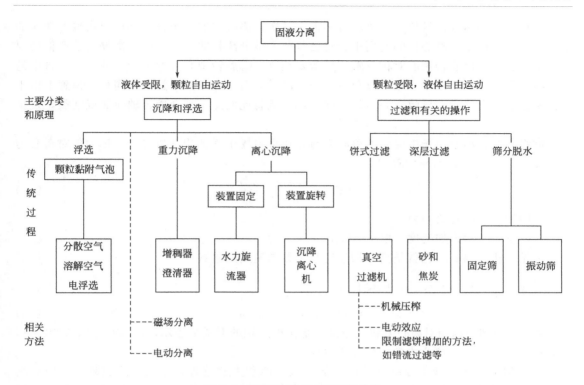

图 2.4　固液分离方法原理与分类

离的过程，悬浮在离心管（或转子）的液态非均相物质与转子同步匀速旋转时，密度较大的颗粒所受的合力不足以提供圆周运动所需的向心力，就在径向上与密度较小的介质发生相对运动而逐渐远离轴心，这一运动过程就是离心运动。离心加速度为：

$$a = \frac{v_T^2}{r} \tag{2.1}$$

式中　a——离心加速度，m/s^2；

$\quad\quad v_T$——切向速度，m/s；

$\quad\quad r$——旋转半径，即颗粒到转轴中心的距离，m。

颗粒在远离轴心的离心过程中，离心加速度不是常数，随位置和切向速度而变，其方向是沿旋转半径从中心指向外周。

根据牛顿第二定律，离心力的大小为：

$$F_c = ma \tag{2.2}$$

式中　F_c——离心力，N；

$\quad\quad m$——颗粒的质量，kg。

离心力的大小也可用角速度来表示：

$$F_c = m\omega^2 r \tag{2.3}$$

式中　ω——角速度，rad/s。

或用转速表示：

$$F_c = m\left(\frac{2\pi n}{60}\right)^2 r \tag{2.4}$$

式中　n——转速，r/min。

可见，离心力的大小与转速的平方成正比，也与旋转半径成正比。在转速一定的条件

15

下，颗粒离轴心越远，其所受的离心力越大。其次，离心力的大小也与某径向距离上颗粒的质量成正比。所以在离心机的使用中，对已装载了被分离物的离心管的平衡提出了严格的要求：①离心管要以旋转中心对称放置，质量要相等；②旋转中心对称位置上两个离心管中的被分离物平均密度要基本一致，以免在离心一段时间后，此两离心管在相同径向位置上由于颗粒密度的较大差异，导致离心力的不同。如果疏忽此两点，都会使转轴扭曲或断裂，发生事故。

常将颗粒在离心力场中受到的离心力与它在重力场中受到的重力之比，称为相对离心力（relative centrifugal force，RCF）：

$$RCF = \frac{m\omega^2 r}{mg} = \frac{\omega^2 r}{g} \tag{2.5}$$

式中　RCF——相对离心力；

g——重力加速度，取 $g = 9.81 \text{m/s}^2$。

可见，相对离心力也就是离心加速度与重力加速度的倍数。

把 $\omega = \frac{2n\pi}{60}$ 代入式（2.5）可得：

$$RCF = 1.118 \times 10^{-3} n^2 r \tag{2.6}$$

离心力习惯上以相对离心力和重力加速度 g 的乘积的形式来表示，如 $5000g$ 或 $5000 \times g$，取 $g = 9.81 \text{m/s}^2$，则离心力的单位是牛（N）。

RCF 值的大小体现了分离的性能，值越大，推动力就越大，分离性能也越好。但对具有可压缩变形滤渣的悬浮液，过大的 RCF 值会使滤渣层和过滤介质的孔隙阻塞，分离效果恶化。离心分离机的 RCF 值通常是指转鼓内壁最大直径处的值，从式（2.6）可知，采用高转速比加大转鼓直径更易于提高 RCF 值，因此高分离因数的离心分离机均采用高转速和较小的转鼓直径。

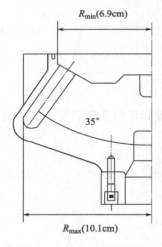

$R_{\min}$(6.9cm)

35°

$R_{\max}$(10.1cm)

图 2.5　角式转子截面图

在离心过程中，随着颗粒在离心管中移动，颗粒受到的离心力也随着变化。以角式转子为例，把离心过程中离心管液面到轴心的径向距离记为 $R_{\min}$，管底到轴心的径向距离记为 $R_{\max}$，对应的有最小离心力 $F_{\min}$ 和最大离心力 $F_{\max}$，以图 2.5 所示的 $R_{\min}$ 和 $R_{\max}$ 为例，当转速为 20000r/m 时，$F_{\min} = 30857 \times g$，$F_{\max} = 45167 \times g$，二者相差甚大。它说明了颗粒所受离心力随其在离心管中的移动而变化。在实际应用中，如果说明的是离心管底部区域沉淀物的离心条件，常用最大离心力 $F_{\max}$ 表示；如果说明的是离心管中多组分的离心条件或对离心条件作一般的表述，可用平均离心力 F_{av} 表示，这时的径向距离为 $R_{\text{av}} = [R_{\min} + (R_{\max} - R_{\min})/2]$。由于离心力比离心机转速更真实反映了颗粒在不同转子（或离心管）不同位置的实际情况，所以在科技文献中，常用离心力来表示超速离心或高速离心的条件，而低速离心时的离心条件用每分钟转数（r/min）来表示。

（二）离心分离设备

完成离心操作的主要设备是离心机。离心机是利用离心力分离液态非均相混合物的机械。它可按用途、转速、分离形式、操作方式、结构特点等方面进行分类。一般地，把离心机分为两大类：实验用离心机和工业用离心机。

用于化工、制药、食品等行业的制备分离用离心机，要求有较大的处理能力并可进行连续操作，所使用的离心机及其附件为中、大型工业生产设备，转速在每分钟数千转到几万转。在生物学、医学、化学、农业、食品及制药等实验室研究或涉及小批量生产中所使用的离心机，目的在于分离、纯化和鉴别样品。这一类离心机的转速从每分钟数千转到每分钟十多万转，转动部件常称为转子或转头，大多数类型的转子内部设计有安放离心管的支持孔，欲处理的样品就放于离心管内，样品处理量较工业用离心机少。此类离心设备的设计要求高，在采用的技术和制造工艺等方面保持着领先的地位。根据转速及用途可把它们分为：

① 低速离心机（low-speed centrifuge）　转速 8000r/min 以下（最大离心力 10000×g 以下，g 表示重力加速度），用于分离细胞、细胞碎片及培养基残渣等。

② 高速离心机（high-speed centrifuge）　转速 10000～25000r/min（最大离心力 10000×g～100000×g），用于分离各种沉淀物、细胞碎片和较大细胞器等。

③ 超速离心机（ultracentrifuge）　转速 25000～150000r/min（最大离心力 100000×g～1000000×g），其中制备型超速离心机，用于生物大分子、细胞器和病毒等的分离纯化；分析型超速离心机，用于样品纯度的检测、沉降系数和分子质量的测定。

另外，根据离心机的容量、使用温度、机身体积等方面的不同，可把离心机分为大容量离心机、冷冻离心机、落地式离心机、台式离心机等。国外生产的离心机主要品牌有：Beckman、Hitachi、Kontron、MSE、Sorvall、Sigma 等。国内生产的离心机以落地高速、落地低速及台式机为主，在设计水平、制造工艺及附件配套等方面正在朝国际水准靠拢。

（1）实验用离心机

实验用离心机是指用于小规模离心的小型离心机，这里区别于工业用大型离心机。目前离心机已广泛地应用到科学研究和生产部门，并已成为现代科学研究重要仪器设备之一。实验室离心机是生物学、医学、农学、生物工程、生物制药等行业科研与生产的必备设备。图 2.6 为实验用小型离心机的驱动部和转子截面示意图。通用实验室离心机在构造上主要包括：驱动、各式转头（离心转子）、温度控制（低温机型）、整机控制 4 个主要部分。

离心转子是离心机的重要工作部件。一般由高强度的铝合金或钛合金制成。由于转子在高速旋转时受到强大的内应力，在长期使用中又会有积累塑性变形或产生内部显微

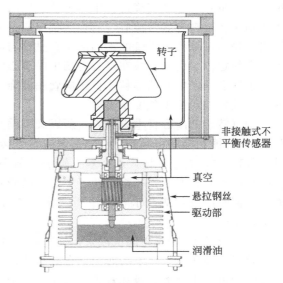

图 2.6　小型离心机驱动部和转子截面图

缺陷，为了避免爆炸事故和保持较长的使用寿命，对转子材料的选用、热处理、精机加工、表面处理、动平衡等有很高的要求。对于超速离心机，在转子未受腐蚀的情况下，对各种转子的使用时间和次数规定了严格的限额，应按说明书规定使用和保养。几种常用的转子如图 2.7 所示，主要有角式转子（angle rotor）、甩出吊桶式转子（swing rotor 或 swinging-bucket rotor，一般称水平转子）、垂直转子（vertical rotor）和区带转子（zonal rotor）。有些机

种还配备了可以大容量离心的连续流转子（continuous flow rotor）。在分析型离心机上则使用专门的分析转子（analytical rotor）。

(a) 角式转子　　(b) 水平转子　　(c) 垂直转子　　(d) 区带转子　　(e) 分析转子

图 2.7　几种常用的转子

　　角式转子是各类离心机使用的基本转子，也是转速最高的转子，管孔中心线和旋转轴夹角通常为 15°~45°。角式转子的强度高、重心低、运转平稳、使用方便、寿命较长。样品先顺离心力方向沉降，碰到距旋转轴远处一侧的离心管内壁后滑向管底。颗粒穿过溶剂层的距离短（略大于离心管直径），离心所需时间就短。但也正是这种运动特点，在离心管离旋转轴远处一侧的内壁附近形成了强烈的对流和漩涡，影响了分离纯度，因此它对于分离沉降特性差异较大的颗粒效果较好，常用于差速离心。

　　水平转子在转子体上悬吊着 3~6 个自由活动的吊桶（离心管套），装载样品的离心管安放于吊桶内，在加速过程中，离心管中心线从与旋转中心线平行而逐渐变为与它垂直，即被甩到水平位置。样品沉降过程中穿过溶剂层的长度略小于试管长度，离心所需时间较长。它主要用于密度梯度区带离心（简称区带离心，分为差速-区带离心和等密度离心），样品的不同组分物质沉降到离心管的不同区域，呈现与离心管横截面保持水平的带状，且离心后区带不必重新定位。由于颗粒在离心力场中沿离心力方向散射地运动，而不是按平行线沉降，只有处于样品区带中心的颗粒才直接向管底沉降，其他颗粒则撞向管的两侧，颗粒也受振动和变速扰乱，但对流现象要小得多。

　　垂直转子的离心管垂直放置，所以又叫垂直管转子。样品沉降行程特别短（小于试管直径），由碰撞和温差引起的对流不显著。垂直转子与角式转子和水平转子相比，如果它们的最大旋转半径 R_{max} 一样，那么垂直转子的最小旋转半径 R_{min} 比角式转子和水平转子都大。在同样的离心速度下，在垂直转子中的样品受到的最小离心力要大于角式转子和水平转子，离心所需时间较角式及水平转子短，同样离心条件，所需时间只及角式转子的 1/3~1/2，水平转子的 1/5~1/3。

　　区带转子于 1964 年问世以来，使得对大量样品的分离纯化成为可能，提高了离心机的使用效率。高速区带转子一般用铝合金制造，超速区带转子一般用钛合金制造。区带转子主要由转子体、十字形隔板和转子盖组成。区带转子的最大特点是样品和介质直接接触转子，因此耐腐蚀要求较高。整个区带操作过程较复杂，特别是密封帽和密封加样器的装卸都是在转子旋转时操作的，操作者必须有较娴熟的技术。

　　用于高速离心机上的高速连续流转子最适合做培养液的浓缩实验，用以收集菌体或其他沉降物。最大额定转速在 20000r/min 以下，高速连续流转子的安装部件包括转子本体、用于防止转子内部分离物飞溅或污染的密封腔、加样器和用于限定加样器位置的附件。例如 Hitachi R18C 连续流转子的容量为 1000mL，最高转速为 18000r/min，在密封良好的情况下，最大流速 1000mL/min。用高速连续流转子进行离心时，样品一般放在高位槽中，控制好流量，通过软管连接到加样器上，并进入正在运转的转子中。被分离的清液从加样器出口通过软管引出收集，分离的沉降物沉积于转子内壁，待离心结束取出转子后收集。

用于超速离心机上的超速连续流转子适用于从大量的组织匀浆中分离亚细胞组织、培养液中收集细胞、纯化病毒等。形状类似区带转子，但中心部分有较大差别，最大额定转速在 32000～35000r/min。可以用差速法收集沉淀，也可以用密度梯度的等密度离心法纯化样品。例如 Hitachi RPC35T 连续流转子容量为 430mL，最大转速为 35000r/min，最大流速 150mL/min。使用超速连续流转子要配备加样泵、循环冷却水浴和密度梯度泵。

分析转子用于分析型超速离心机或带分析附件的制备型超速离心机，一般用铝合金或钛合金制成，转速从 18000r/min 到 72000r/min。有二孔型（其中一个孔为平衡、参考孔）或多孔型，多孔型可用于三种以上样品的一次性连续扫描分析。转子孔上下开通，离心池垂直放置于其中，各类光学系统透过上下石英窗来探测样品的沉降过程。离心池的安装和样品的加载要求比较高。离心池的材料多选用铝合金或塑料，其种类较多，如单孔标准池、单孔倾斜窗型池、双孔扇形池、固定型和移动型分隔池，以及合成界面单孔池、双孔池、多孔池、微型池等，分别可被选择用于不同目的、不同光学系统的离心分析。

（2）工业用离心机

工业用离心机是指处理能力较大、应用于规模化离心分离的离心机。工业用离心机诞生于欧洲，比如 19 世纪中叶，先后出现纺织品脱水用的三足式离心机和制糖厂分离结晶砂糖用的上悬式离心机。这些最早的离心机都是间歇操作和人工排渣的。由于卸渣机构的改进，20 世纪 30 年代出现了连续操作的离心机，间歇操作离心机也因实现了自动控制而得到发展。

工业用离心机分类方式较多，大致可以进行以下几种分类。

按结构和分离要求可分为沉降离心机和过滤离心机。离心沉降是利用悬浮液（或乳浊液）密度不同的各组分在离心力场中迅速沉降分层的原理，实现液固（或液液）分离；离心过滤是使悬浮液在离心力场下产生的离心压力，作用在过滤介质上，使液体通过过滤介质成为滤液，而固体颗粒被截留在过滤介质表面，从而实现液固分离。离心沉降是典型的离心分离过程，而离心过滤除了离心分离作用，兼具过滤分离技术的特征。通常，对于含有粒度大于 0.01mm 颗粒的悬浮液，可选用过滤离心机；对于悬浮液中颗粒细小或可压缩变形的，则宜选用沉降离心机。

按操作方式可分为间隙式离心机和连续式离心机。间隙式离心机的加料、分离、洗涤和卸渣等过程都是间隙操作，并采用人工、重力或机械方法卸渣，如三足式和上悬式离心机；连续式离心机的进料、分离、洗涤和卸渣等过程为连续操作，其卸渣方式有间隙自动进行和连续自动进行两种。

此外，按卸渣方式可分为刮刀卸料离心机、活塞推料离心机、螺旋卸料离心机、离心力卸料离心机、振动卸料离心机、颠动卸料离心机等；按安装的方式可分为立式、卧式、倾斜式、上悬式和三足式等。

选择离心机须根据悬浮液（或乳浊液）中固体颗粒的大小和浓度、固体与液体（或两种液体）的密度差、液体黏度、滤渣（或沉渣）的特性，以及分离的要求等进行综合分析，满足对滤渣（沉渣）含湿量和滤液（分离液）澄清度的要求，初步选择采用哪一类离心分离机。然后按处理量和对操作的自动化要求，确定离心机的类型和规格，最后经实际实验验证。

以下介绍几种工业上典型的离心机。

① 管式超速离心机 图 2.8 是管式超速离心机的结构示意图和外形。操作时，混合液从底部进入转筒，筒内有垂直挡板，可使液体迅速随转筒高速旋转，同时自下而上流动，在此过程中受离心力作用，由于密度不同分成内外两层，外层重液，内层轻液，分别从顶部流出。管式离心机转筒一般直径为 40～150mm，长径比为 4～8，离心力可达 15000×g～65000×g，处理能力为 0.1～0.4m³/h，适合处理固体粒子粒径为 0.01～100μm、固液密度差大于 0.01g/mL、固体体积浓度小于 1% 的难分离悬浮液，常用于微生物菌体和蛋白质的分离等。

管式超速离心机由于离心力大，所以它的分离效率极高，但处理能力较低，用于分离乳浊液时可连续操作，用来分离悬浮液时，可除去粒径在 1μm 左右的极细颗粒，故能分离其他离心沉降设备不能分离的物料。此外，由于离心力较大，离心后收集到的固体含水率较低，故可以获得较干的固体物料。

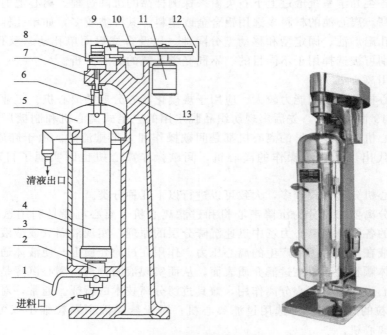

图 2.8 管式超速离心机的结构示意图和外形

1—手柄；2—滑动轴承组件；3—机身门；4—转鼓组件；5—集液盘组件；
6—保护套；7—主轴；8—机头组件；9—压带轮组件；10—皮带；
11—电机传动组件；12—防护罩；13—机身

② 碟片式高速离心机 碟片式高速离心机是工业应用最为广泛的沉降离心机，可用于分离含微生物细胞或细胞碎片等较细和较少固体颗粒的悬浮液。图 2.9 为碟片式高速离心机的结构示意图和外形。它的转鼓内装有 50～100 片平行的倒锥形碟片，间距一般为 0.5～12.5mm。碟片的半腰处开有孔，诸碟片上的孔串联成垂直的通道。碟片直径一般为 0.2～0.6m，它们由一垂直轴带动高速旋转，转速在 4000～7000r/min，离心力可达 4000×g～10000×g。要分离的液体混合物由空心转轴顶部进入，通过碟片半腰的开孔通道进入诸碟片之间，并随碟片转动，在离心力的作用下，密度大的液体趋向外周，沉于碟片的下侧，流向外缘，最后由上方的重液出口流出；轻液则趋向中心，沉于碟片上侧，流向中心，而自上方的轻液出口流出。碟片的作用在于将液体分隔成很多薄层，缩短液滴（或颗粒）的水平沉降

距离，提高分离效率，它可将粒径小到 $0.5\mu m$ 的颗粒分离出来。

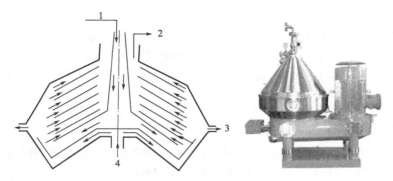

图 2.9　碟片式高速离心机的结构示意图和外形
1—悬浮液入口；2—离心后清液出口；3—固相出口；4—循环液

③ 螺旋卸料沉降离心机　螺旋卸料沉降离心机是自动操作的间歇离心机。它的操作特点是加料、分离、洗涤、甩干、卸料、洗网等工序的循环操作都是在转鼓全速运转的情况下自动地依次进行。其最大离心力可达 $6000\times g$，操作温度可达 $300℃$，操作压力一般为常压（密闭型可从真空到 $0.98MPa$），处理能力范围 $0.4\sim60m^3/h$，适于处理颗粒粒度为 $2\sim5mm$、固相浓度为 $1\%\sim50\%$、固液密度差大于 $0.058g/cm^3$ 的悬浮液。螺旋卸料沉降离心机操作简便，生产能力大，适宜于大规模连续生产，目前已较广泛地用于石油、化工以及生物医药行业。

图 2.10 是螺旋卸料沉降离心机的结构示意图和外形。这种离心机的操作一直是在全速旋转下进行的，料浆不断由进料管送入，沿锥形进料斗的内壁流到转鼓的滤网上，滤液穿过滤网经滤液出口连续排出。积于滤网表面上的滤渣则被往复运动的活塞推送器沿转鼓内壁面推出。滤渣被推至出口的途中依次进行洗涤、甩干等过程。此种离心机主要用于浓度适中并能很快脱水和失去流动性的悬浮液。其优点是颗粒破碎程度小，控制系统较简单，功率消耗也较均匀。缺点是对悬浮液的浓度较敏感，若料浆太稀，则滤饼来不及生成，料液将直接流出转鼓；若料浆太稠，则流动性差，易使滤渣分布不均，引起转鼓振动。

螺旋卸料沉降离心机有立式和卧式两种，卧式又称卧螺机，是用得较多的形式。

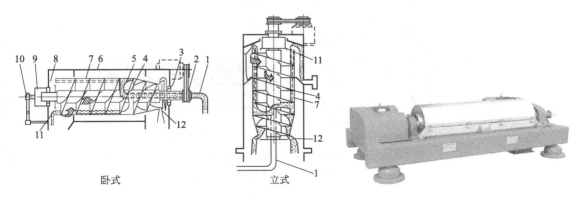

卧式　　　　　　　立式

图 2.10　螺旋卸料沉降离心机的结构示意图和外形
1—进料管；2—三角皮带；3—右轴承；4—螺旋输送；5—进料孔；6—机壳；
7—转鼓；8—左轴承；9—差速器；10—过载保护装置；11—溢流孔；12—排渣孔

二、过滤分离技术

过滤是以某种多孔物质为介质，在外力的作用下，使悬浮液中的液体通过介质的孔道，而固体颗粒被截留在介质上，从而实现固液分离的单元操作。过滤是发酵液处理中常用的单元操作，通过过滤可获得 $20\sim30g/100mL$ 细胞浓度的淤浆，或 $40g/100mL$ 以上浓度的细胞固体。

（一）过滤的推动力

为了过滤能够进行并获得通过过滤介质的液流，必须在过滤介质两侧保持一定的压差以克服过滤过程的阻力。过滤操作中的推动力有下述四种类型：重力、真空度、压力和离心力。相应地，过滤操作分别称为重力过滤、真空过滤、加压过滤和离心过滤。

① 重力过滤　重力过滤指悬浮液借助于本身的净液柱高度来作为过程推动力而进行的操作方式。该类过滤属于深床过滤（即厚滤层），其特点是固体颗粒的沉积发生在较厚的粒状介质床层内部。悬浮液中的颗粒直径小于床层孔道直径，当颗粒随流体在床层内的曲折孔道中穿过时，便黏附在过滤介质上。这种过滤适用于悬浮液中颗粒甚小而且含量甚微的场合。例如自来水厂里用石英砂层作为过滤介质来实现水的净化。

② 真空过滤　利用真空泵造成过滤介质两侧有一定的压力差，在此推动力作用下，悬浮液的液体通过滤布，而固体颗粒呈饼层状沉积在滤布的上游一侧。该法一般适于处理液固比较小而固体颗粒较细的悬浮液。常用真空度为 $(5.33\sim8.00)\times10^4Pa$。

③ 加压过滤　利用高压空气 785kPa 或高压水 $883\sim1569kPa$ 充入装在滤室一侧或两侧的隔膜，借助于隔膜膨胀而均匀压榨滤饼，可以得到含水很低的滤饼。一般适于处理细粒黏而难过滤的物料。近几年又发展了加压-真空组合式过滤。

④ 离心过滤　利用离心力作用，使悬浮液中的液体被甩出，而颗粒被截留在滤布表面。离心力场可以提供比重力场更强的过滤推动力，分离速度高，效果好。适于处理含有微小固体颗粒的料浆。

（二）过滤的方式

过滤方式主要有澄清过滤和滤饼过滤两种，见图 2.11。

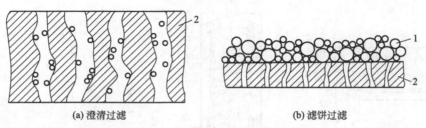

(a) 澄清过滤　　　　　　　　　(b) 滤饼过滤

图 2.11　澄清过滤和滤饼过滤示意图

1—滤饼；2—过滤介质

（1）澄清过滤

澄清过滤又叫深层过滤。在澄清过滤中，所用的过滤介质为硅藻土、砂、颗粒活性炭、玻璃珠和塑料颗粒等，填充于过滤器内部即构成过滤层，也有用烧结陶瓷、烧结金属、黏合塑料及用金属丝绕成的管子等组成的成型颗粒滤层。在澄清过滤中，颗粒尺寸可以小于介质通道尺寸，当悬浮液通过过滤层时，固体颗粒通过静电和分子的作用力附着在介质孔道上，使滤液得以澄清。该法适合于固体含量少于 $0.1g/100mL$、颗粒直径在 $5\sim100\mu m$ 的悬浮液的过滤分离，如麦芽汁、酒类和饮料等的澄清。

（2）滤饼过滤

在滤饼过滤中，过滤介质为滤布，包括天然或合成纤维布、金属织布、石棉板、玻璃纤维纸等。当悬浮液通过滤布时，固体颗粒被滤布阻拦而逐渐形成滤饼（或称滤渣）。当滤饼达到一定厚度时即起过滤作用，此时即可获得澄清的滤液，故这种方法叫做滤饼过滤或滤渣过滤。

工业上的过程大都属于滤饼过滤。滤饼过滤实质上是一种表面过滤机制，其过滤分为两个步骤完成：首先是清洁过滤介质起作用，固体颗粒和液体流向过滤介质，通过过滤介质的筛过作用，将颗粒粒径相当于或略大于介质孔隙的固体颗粒截留下来，沉积于介质表面，并形成许多窄的通道，将液流中更小的颗粒截留下来，而使得越来越多的颗粒沉积于介质表面，形成滤饼；随后，形成的滤饼在继续加入的悬浮液的过滤过程中起到了过滤介质的作用。

滤饼过滤主要适用于固体颗粒物浓度较高（体积分数大于 1%）的悬浮液。这是因为在滤饼过滤过程中，对于稀的悬浮液，由于其中存在的颗粒粒径较小的固体物料有可能穿过过滤介质的孔隙，或沉积于孔隙内造成堵塞。为了有效地防止这一现象，往往需要采取一定措施，通常使用助滤剂在过滤介质表面形成一层预敷层（即初始滤饼层）来解决。

在滤饼过滤过程中，滤饼的结构特性对过滤产生决定性的影响。滤饼可分为两类：不可压缩滤饼与可压缩滤饼。不可压缩滤饼是指滤饼的特征参数不受固粒压缩力的影响；可压缩滤饼则受固粒压缩力的影响。

当滤饼呈不可压缩性时，一定体积的滤饼所产生的流体阻力，既不显著地受固粒压缩力的影响，也不明显地受固粒沉积速度的影响，对过滤相对有利。实际过程中，不可压缩滤饼是一种理想状态，因为由不易变形的固体粒子组成的滤饼，由于颗粒受压缩时重新排列的缘故，也可能显示出某些压缩性。

在生物过程中，可压缩性滤饼较为常见。对于可压缩滤饼，滤饼两端的压差或流动速率增加时，都将促使形成更为紧密的滤饼，因而具有较大的阻力。所以，可压缩性很大的物料，只能略微增加压强，使过滤速率作有限的增加，如果超过某一临界压强，过滤速率反而减少，而影响过滤效果。

（三）过滤速率

在工业过滤中，过滤操作分为恒压过滤、恒速过滤和变速-变压过滤。恒压过滤，是一种最常见的操作方式，用压缩空气或真空作为推动力；恒速过滤，也是一种具有工业意义的操作方式，通常用定容泵来输送料液；变速-变压过滤通常用离心泵来实现。

过滤机的处理能力取决于过滤速度。以恒压过滤为例，过滤速度以过滤的基本方程式表示：

$$Q=\frac{\Delta p \times F}{\mu(r_0 \times L_0 + r_1 L_1)} \tag{2-7}$$

式中　Q——过滤速度，m^3/s；

　　　Δp——过滤介质两侧的压力差，Pa；

　　　F——过滤面积，m^2；

$\quad\quad \mu$——滤液的动力黏度，Pa·s；

$\quad\quad r_0$——滤渣层比阻力，m^{-2}；

$\quad\quad r_1$——过滤介质比阻力，m^{-2}；

$\quad\quad L_0$——滤渣层厚度，m；

$\quad\quad L_1$——过滤介质厚度，m。

悬浮液中的固体颗粒大、粒度均匀时，过滤的滤渣层孔隙较为畅通，滤液通过滤渣层的速度较大。应用凝聚剂将微细的颗粒集合成较大的团块，有利于提高过滤速度。

对于固体颗粒沉降速度快的悬浮液，应用在过滤介质上部加料的过滤机，使过滤方向与重力方向一致，粗颗粒首先沉降，可减少过滤介质和滤渣层的堵塞；在难过滤的悬浮液（如胶体）中混入如硅藻土、膨胀珍珠岩等较粗的固体颗粒，可使滤渣层变得疏松；滤液黏度较大时，可加热悬浮液以降低黏度。这些措施都能加快过滤速度。

（四）过滤分离设备

过滤设备是指用来进行过滤的机械设备或者装置，是多种过滤设施的通称，是工业生产中常见的通用设备。根据过滤推动力，过滤设备总体分为重力过滤设备、真空过滤设备、加压过滤设备和离心过滤设备。其中重力过滤设备由于推动力限制应用面窄；真空类常用的有转筒、圆盘、水平带式等；加压类常用的有压滤、压榨、动态过滤和旋转型等。以下介绍几种典型的过滤分离设备。

（1）板框过滤机

板框过滤机在生物工业中广泛应用于培养基制备的过滤，以及霉菌、放线菌、酵母和细菌等多种发酵液的固液分离，适合于固形物含量1%～10%的悬浮液分离。板框过滤机具有过滤面积大、推动力可以较大幅度调整、结构简单、价格低、动力消耗少等优点，主要缺点是间歇操作、劳动强度大、产生效率低。图2.12为板框过滤机的示意图。

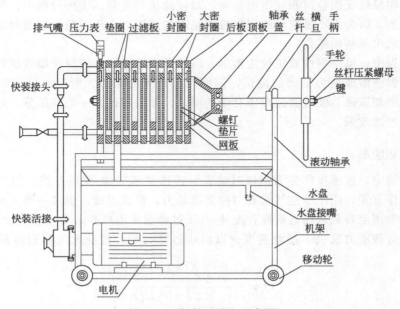

图2.12　板框过滤机示意图

板框过滤机由多块带凸凹纹路的滤板和滤框交替排列于机架而构成。板和框一般制成方形，其角端均开有圆孔，这样板、框装合，压紧后即构成供滤浆、滤液或洗涤液流动的通道。框的两侧覆以滤布，空框与滤布围成了容纳滤浆和滤饼的空间。

板框过滤机工作过程主要为过滤和洗涤两个阶段，如图 2.13 所示。过滤时，悬浮液从框左上角的通道进入滤框，固体颗粒被截留在框内形成滤饼，滤液穿过滤饼和滤布到达两侧的板，经板面从板的旋塞排出。待框内充满滤饼，即停止过滤。如果滤饼需要洗涤，先关闭洗涤板下方的旋塞，洗液从洗板的通道进入，依次穿过滤布、滤饼、滤布，到达非洗涤板，从其旋塞排出。板框压滤机的操作是间歇的，每个操作循环由装合、过滤、洗涤、卸渣、整理五个阶段组成。

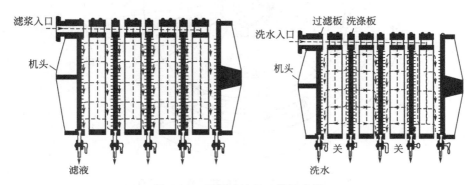

图 2.13　板框过滤机工作示意图

（2）转鼓式真空过滤机

转鼓式真空过滤机是大规模生产中最常用的过滤设备之一，它具有自动化程度高、操作连续和处理量大的优点，特别适合于固形物含量大于 10% 的悬浮液的分离，在发酵工业中广泛应用于霉菌、放线菌和酵母菌悬浮液的过滤分离。由于受推动力真空度的限制，转鼓式真空过滤机一般不适合于菌体较小和黏度较大的菌体发酵液的过滤。

工作时，通过一个连续转动的转鼓和与转鼓相联的分配室，对转鼓过滤面上进行分区，当过滤面运转到其中某一区域（吸滤区）时，进行过滤操作。当它转到另一区域（干燥区）时，对滤饼进行干燥。再转至其他区域（洗涤、干燥、卸料、滤布再生区）时，可相应地对滤饼进行洗涤、二次干燥，并通过卸料装置对滤饼进行卸料。如过滤悬浮液黏度大，需要对滤布进行洗涤，则在卸料后，通过安装在过滤机两侧的喷嘴对滤布进行洗涤，然后进入下一个过滤循环。转鼓旋转一次，即循环一次，完成过滤、干燥、洗涤、再干燥、卸料和滤布再生等工序（图 2.14）。

（3）水平带式真空过滤机

水平带式真空过滤是以循环移动的环形滤带作为过滤介质，利用真空设备提供的负压和重力作用，使固液快速分离的一种连续过滤机。过滤机进行料浆液固两相分离采用真空吸滤方法，就是在过滤介质一边形成真空，另一边使需要进行分离的料浆处在大气常压中，在介质两边压力差作用下，液体通过介质流向真空一边，固体（滤饼）则截留在滤布上。在滤机工作过程中，真空盘随水平滤带一起移动，并且过滤、洗涤、干燥、卸料等操作同时进行（图 2.15）。当真空盘移动到一定位置时，除去真空，迅速返回初始位置，再重新恢复真空，吸上滤带继续前进，以此循环往复动作。

带式真空过滤机的主要优点如下：

① 过滤效率高。采用水平过滤面和上部加料，由于重力的作用，大颗粒固相会先沉在

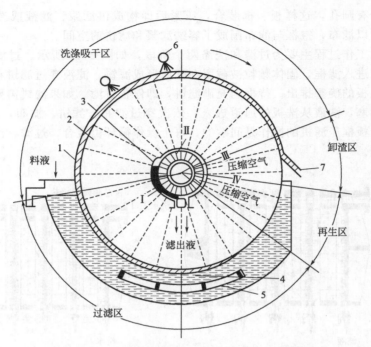

图 2.14　转鼓式真空过滤机工作原理示意图

1—转鼓；2—过滤室；3—分配阀；4—料液槽；

5—摇摆式搅拌器；6—洗涤液喷嘴；7—刮刀

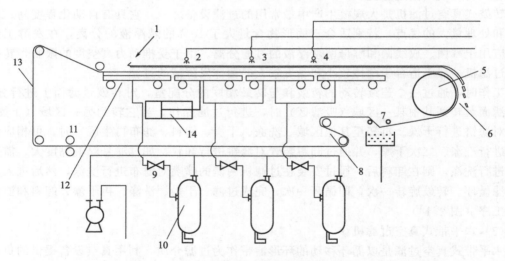

图 2.15　水平带式真空过滤机主要部件示意图

1—进料装置；2～4—分级洗涤装置；5—驱动辊；

6—卸料装置；7—洗布装置；8—张紧装置；9—切换阀；10—真空罐；

11—纠偏装置；12—真空盘；13—滤带；14—往复气缸

底部，形成一层助滤层，这种滤饼结构合理，减少了滤布的阻塞，过滤阻力小，过滤效率高，洗涤效果好。采用多级逆流洗涤方式能获得最佳的洗涤效果，并可以用最少的洗涤液获得高质量的滤饼。一般洗涤回收率可达到 99.8%。

②滤饼厚度可调节，含湿量小，卸除方便。滤饼厚度可根据物料需要随意调节，小到

3mm，大到120mm。由于在滤饼中排列均匀，因此与转鼓真空过滤机相比，滤饼含湿量大幅度降低，且滤饼卸除方便，设备生产能力得到提高。

③ 滤布可正反面同时清洗。在滤布的两个面都设有喷水清洗装置，这样滤布再生时正反两面都能得到有效清洗，从而消除了滤布堵塞，延长了滤布的使用寿命。

④ 操作灵活，维修费用低。在生产操作过程中，滤饼厚度、洗水时间、真空度和循环时间等都可随意调整，以取得最佳的过滤效果。由于滤布能在苛刻条件下工作，且使用寿命长，因而维修费用、生产成本大大降低。

第四节　细胞的破碎

一、概述

微生物代谢产物大多数分泌到细胞外，如大多数小分子代谢物、细菌产生的碱性蛋白酶、霉菌产生的糖化酶等，称为胞外产物。但有些目的物存在于细胞内部，如大多数酶蛋白、类脂和部分抗生素等，称为胞内产物。分离提取胞内产物时，首先必须将细胞破碎，使产物得以释放，才能进一步提取。

二、细胞破碎常用方法

细胞破碎的目的是释出细胞内产物，其方法很多。按其是否使用外加作用力可分为机械法和非机械法两大类，它们的基本分类见图2.16。

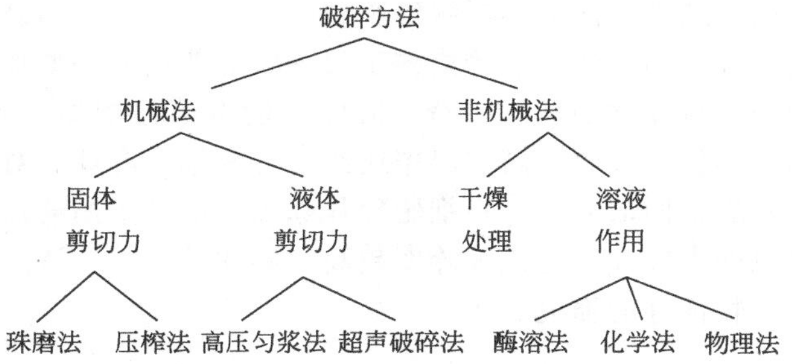

图 2.16　细胞破碎技术的基本分类

（一）机械法

1. 珠磨法

（1）工作原理

珠磨法是一种有效的细胞破碎方法。其工作原理是：进入珠磨机的细胞悬浮液与极细的玻璃小珠、石英砂、氧化铝等研磨剂（直径＜1mm）一起快速搅拌或研磨，研磨剂、珠子与细胞之间的互相剪切、碰撞，使细胞破碎，释放出内含物。在珠液分离器的协助下，珠子被滞留在破碎室内，浆液流出从而实现连续操作。延长研磨时间、增加珠体装量、提高搅拌转速和操作温度等都可有效地提高细胞破碎率，但高破碎率将使能耗大大增加。

珠磨机的主体一般是卧式圆桶形腔体（见图2.17）或立式（见图2.18），由电动机带动。磨腔内装钢珠或小玻璃珠以提高研磨能力。一般，卧式珠磨破碎效率比立式高，其原因是立式机中向上流动的液体在某种程度上会使研磨珠流态化，从而降低其研磨效率。

（2）影响因素

一旦珠磨机的硬件确定，则只有某些操作参数待定，如转速、进料速度、珠子直径与用量、细胞浓度、冷却温度等。这些参数对细胞破碎有不同的影响，同时也有内在的联系。

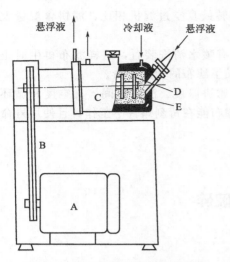

图 2.17 卧式珠磨机的结构示意图
A—电动机；B—传送带；C—破碎室；
D—搅拌桨；E—玻璃珠

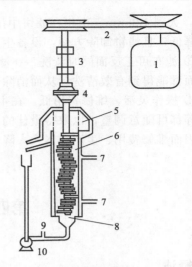

图 2.18 立式珠磨机的结构示意图
1—电动机；2—三角皮带；3—轴承；4—联轴节；
5—筒状筛网；6—搅拌碟片；7—降温夹套冷却水进
出口；8—底布筛板；9—温度测量口；10—循环泵

珠磨机是采用夹套冷却的方式实现温度控制的，一般情况下能够将温度控制在要求的范围内。珠磨破碎的能耗跟细胞破碎率成正比。提高破碎率，需要增加装珠量，或延长破碎时间，或提高转速，这些措施不仅导致电能消耗的增加，而且产生较多的热量，引起浆液温度升高，从而增加了制冷费，因此总能量消耗增加。实验表明，破碎率＞80％，能耗大大提高。不仅仅如此，高破碎率还给后分离带来麻烦。对于可溶性胞内产物的提取，细胞破碎后必须进行固液分离，将细胞碎片除去。尽管采用高速离心、微孔膜过滤或双水相萃取等技术可以除去碎片，但是破碎率越高，碎片越细小，清除碎片越困难，并且必须考虑可能因此增加产物活性的损失。

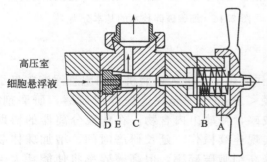

图 2.19 高压匀浆阀的结构
A—手柄；B—阀杆；C—阀；D—阀座；E—撞击环

2. 高压匀浆法

(1) 工作原理

高压匀浆法是大规模细胞破碎的常用方法，所用设备是高压匀浆器，它由高压泵和匀浆阀组成。高压匀浆法的原理是利用高压使细胞悬浮液通过针形阀，由于突然减压和高速冲击撞击环使细胞破裂。从高压室（几十兆帕）压出的细胞悬浮液（见图 2.19）经过阀座 D 的中心孔道从阀座 D 和阀 C 之间的小环隙中喷出，速度可达几百米每秒。这种高速喷出的浆液又射到静止的撞击环 E 上，被迫改变方向从出口管流出。细胞在这一系列过程中经历了高流速下的剪切、碰撞以及由高压到常压（出口处压力）的变化，使细胞产生较大的形变，导致细胞壁的破坏。细胞壁是细胞的机械屏障，稍有破坏就会造成细胞膜的破坏，胞内物质在渗透压作用下释放出来，从而造成细胞的完全破坏。阀与阀座的形状、二者之间的距离、操作压力和循环次数等因素都对破碎效果有影响。

同所有的机械破碎方式一样，高压匀浆法破碎细胞实质上是将细胞壁和膜撕裂，靠胞内的渗透压使其内含物全部释放出来。破碎的难易程度无疑由细胞壁的机械强度决定，而细胞壁的机械强度则由微生物的形态和生理状态决定，因此细胞的培养条件，包括培养基（限制型或复合型）、生长期（对数期、静止期）、稀释率等，都对细胞破碎有影响；胞内物质的释放快慢则由内含物在胞内的位置决定，胞间质的释出先于胞内质，而膜结合酶最难释放。

细胞悬浮液经过一次高压匀浆后，常只有部分细胞破碎，不能达100%的细胞破碎率。为此，需在收集完细胞匀浆后进行第二次、第三次或更多次的破碎，这是高压匀浆法的缺点。为避免操作繁琐，也可将细胞匀浆进行循环破碎。但要避免过度破碎带来产物的损失，以及细胞碎片进一步变小，影响后面对碎片的分离。

（2）影响因素

影响破碎的主要因素是压力、温度和通过匀浆器的次数。一般来说，增大压力和增加破碎次数都可以提高破碎率，但当压力增大到一定程度后对匀浆器的磨损较大。

一般来说，酵母菌较细菌难破碎，处于静止状态的细胞较处于快速生长状态的细胞难破碎，在复合培养基上培养的细胞比在简单合成培养基上培养的细胞较难破碎。不同的悬浮液对高压匀浆的效果也有不同的影响。当压力低于30MPa时，破碎的效果很差；当压力30～60MPa时，蛋白质释放量迅速增加；当压力大于60MPa后，蛋白质释放量增加的势头就减弱了。因此，操作压力的选择非常重要。从提高破碎效率的角度说，应当选择尽可能高的压力；从降低能耗和延长设备寿命的角度说，又应避免在很高的压力下操作，因为高压造成设备主要部件过度磨损。

（3）存在问题

除了易造成阻塞的团状或丝状真菌以及较小的革兰氏阳性菌不适于用高压匀浆器处理以外，其他微生物细胞都可以用高压匀浆法破碎。另外有些亚细胞器（如包含体）质地坚硬，易损伤匀浆阀，也不适合用该法处理。

（4）常见的细胞破碎仪

常见的细胞破碎仪有实验室级高压均质机（图2.20）和生产型高压均质机（图2.21）。

生产型高压均质机目前已成为细胞破碎、脂质体制备、脂肪乳制备、食品生产的标准设备。在1000bar❶的操作压力下破碎大肠杆菌，破碎率90%左右，2次以上的破碎次数可以获得更高的破碎率。在所有酵母菌破碎中均得到采用，如酿酒酵母、毕赤酵母、汉逊酵母。

图2.20　实验室级高压均质机
（高压细胞破碎仪）

图2.21　生产型高压均质机
（高压细胞破碎仪）

❶　1bar=10^5Pa。

3. 超声破碎法

超声破碎通常是使用声频高于 15～20kHz 的超声波，其破碎机理尚未弄清楚，可能与空化现象引起的冲击波和剪切力有关。超声破碎的效率与声频、声能（输出功率）、处理时间、细胞浓度及菌种类型等因素有关。

输出功率反映了超声波能量的大小，输出功率的增大，有利于液体中空穴的形成，产生更多的空化泡，使破碎作用增强。细胞浓度影响液体的黏稠度，细胞浓度低有利于细胞破碎；细胞浓度高，则液体的黏稠度大，不利于空化泡的形成及其膨胀和爆炸，使破碎效果差。采用短时多次超声波辐射的工作方式有利于细胞破碎，而延长每次超声波辐射时间、减少辐射次数的工作方式使破碎率明显降低。超声波通过空化效应破碎细胞的过程实际就是空化泡形成、振动、膨胀、压缩和崩溃闭合的过程，这一过程需要一段极为短暂的时间来完成，短时多次的工作方式能使超声波产生的空化泡有足够的时间和更多的机会完成膨胀和爆炸的过程，因此有利于细胞破碎。为了不影响酶活性，防止长时间超声波处理在液体中起空化作用引起的升温，一般采用外加冰浴破碎结合短时多次的操作方法。

不同微生物，不同介质往往需采用不同破碎参数，以期在最短的时间达到最佳的破碎效果。一般杆菌比球菌易破碎，革兰氏阴性细菌细胞比革兰氏阳性细菌细胞较易破碎，对酵母菌的效果较差。

图 2.22　实验室超声破碎仪

超声破碎在实验室规模应用较普遍（见图 2.22）。处理少量样品时操作简便，液量损失少。但超声波空穴作用易产生化学自由基团如氧化性自由基，也会产生一些化学效应（氧化、还原、降解等）。前者能使某些敏感活性物质（如含巯基酶的活性）变性失活，处理时必须加保护剂或通氮气；后者使亚细胞粒子碎裂，使酶、蛋白质、核酸、多糖产生不可逆的降解，可通过具体超声破碎条件的控制予以减少。此外超声破碎噪声令人难以忍受，而且大容量装置声能传递、散热均有困难，因而超声破碎大规模的工业应用潜力有限。

（二）非机械法

1. 酶溶法

（1）外加酶法

酶溶法就是用生物酶将细胞壁和细胞膜消化溶解的方法。常用的溶酶有溶菌酶、β-1,3-葡聚糖酶、β-1,6 葡聚糖酶、蛋白酶、甘露糖酶、糖苷酶、肽链内切酶、壳多糖酶等。细胞壁溶解酶是几种酶的复合物。溶解酶主要对细菌类有作用，其他酶对酵母菌作用显著。

溶酶同其他酶一样具有高度的专一性。蛋白酶只能水解蛋白质，葡聚糖酶只对葡聚糖起作用，因此利用溶酶系统处理细胞必须根据细胞的结构和化学组成选择适当的酶，并确定相应的使用次序。

酶溶法具有选择性释放产物、核酸泄出量少、细胞外形完整等优点。但也存在明显的不足：一是溶酶价格高，限制了大规模使用，若回收溶酶以降低成本，则又增加了分离纯化溶酶的操作；二是通用性差，不同菌种需选择不同的酶，而且也不易确定最佳的溶解条件。

（2）自溶法

自溶是一种特殊的酶溶方式。控制一定条件，可以诱发微生物产生过剩的溶胞酶或激发自身溶胞酶的活力，以达到细胞自溶的目的。

影响自溶过程的主要因素有温度、pH、添加激活剂和细胞代谢途径等。微生物细胞的自溶法常采用加热法或干燥法。

自溶法的缺点是对不稳定的微生物，易引起所需蛋白质的变性；此外，自溶后细胞悬浮液黏度增大，过滤速率下降。

2. 化学渗透法

某些有机溶剂（如苯、甲苯）、抗生素、表面活性剂（SDS、TritonX-100）、金属螯合剂（EDTA）、变性剂（盐酸胍、脲）等化学药品都可以改变细胞壁或膜的通透性，从而使内含物有选择地渗透出来，这种处理方式称为化学渗透法。

化学渗透取决于化学试剂的类型及细胞壁和膜的结构与组成，不同化学试剂对各种微生物作用的部位和方式有所不同。

① 表面活性物质：可促使细胞某些组分溶解，其增溶性有助于细胞的破碎。

② EDTA 螯合剂：可用于处理革兰氏阴性菌，它对其细胞外层膜有破坏作用。

③ 有机溶剂：能分解细胞壁中的类脂。

④ 变性剂：盐酸胍和脲是常用的变性剂。变性剂与水中氢键作用，削弱溶质分子间的疏水作用，从而使疏水性化合物溶于水。

化学渗透法与机械法相比有以下优点：对产物释出具有一定的选择性；细胞外形保持完整；碎片少，有利于后分离；核酸释出量少，浆液黏度低，便于进一步提取。化学渗透法也有自身的缺陷：时间长，效率低；化学试剂具有毒性；通用性差。

3. 微波加热法

微波是频率介于 300MHz 和 300GHz 之间的电磁波，微波加热法是利用微波场中介质的偶极子转向极化与界面极化的时间与微波频率吻合的特点，促使介质转动能级跃迁，加剧热运动，将电能转化为热能。

从细胞破碎的微观角度看，微波加热导致细胞内的极性物质，尤其是水分子吸收微波能，产生大量的热量，使胞内温度迅速上升，液态水汽化产生的压力将细胞膜和细胞壁冲破，形成微小的孔洞，进一步加热，导致细胞内部和细胞壁水分减少，细胞收缩，表面出现裂纹。孔洞或裂纹的存在使胞外溶剂容易进入细胞内，溶解并释放出胞内产物。

如刘洪斌报道微波处理高山红景天愈伤组织后，其有效成分红景天苷的提取变得非常容易，以水为提取溶剂，常温搅拌提取 10min 即可。与传统加热回流提取相比，微波破碎细胞提取具有提取时间短、不需加热、提取液中的杂质少等优越性。

4. 其他方法

（1）X-press 法

X-press 法是将浓缩的菌体悬浮液冷却至 −25℃ 形成冰晶体，利用 500MPa 以上的高压冲击，使冷冻细胞从高压阀小孔中挤出。

（2）渗透压法

渗透压法是一种较温和的细胞破碎法。将细胞放在高渗透压的介质中，达到平衡后，转入到渗透压低的缓冲液或纯水中，由于渗透压的突然变化，水迅速进入细胞内，引起细胞溶胀，甚至破碎，于是，细胞内容物释放出来。

（3）反复冻融法

将细胞放在低温下突然冷冻而在室温下缓慢融化，反复多次而达到破壁作用。

如孙国志报道介绍了从酵母菌中提取蔗糖酶的方法。实验结果：从酵母泥中提取蔗糖酶的最佳条件是反复冰融法研磨酵母泥 3h，然后在 45℃ 热水浴中通过沉淀除去杂蛋白，再用 50％乙醇沉淀蔗糖酶，最后制得成品酶。

（4）干燥法

可采用多种方法使细胞干燥，通过干燥使细胞壁膜的结合水分丧失，从而改变细胞的渗透性。干燥法具体可分为热空气干燥（也叫气流干燥）、真空干燥、冷冻干燥三种。

① 热空气干燥　有些微生物经热空气吹干后，会发生部分自溶，如鲜酵母经 25～35℃ 的热空气吹干后，便会发生部分自溶，此过程中也存在菌体自身酶系的作用。

② 真空干燥　此种干燥方法适用于细菌。例如经 P_2O_5 真空干燥过夜的细菌也会产生自溶，然后把干燥成块的菌体磨碎。如果用这种方法提取不稳定的酶，真空干燥时要加保护剂（如对含巯基的酶，就需加一些少量的半胱氨酸、谷胱甘肽、巯基乙醇、亚硫酸钠等还原剂进行保护）。

③ 冷冻干燥　它适用于制备不稳定的酶，一般配制成 10％～40％ 的细胞悬浮液进行冷冻干燥。经冻干后细胞的渗透性大大变化，便于下步抽提。

（5）噬菌体破细胞法

利用可控的噬菌体破细胞壁的方法可以归纳为两类：一类是将噬菌体的 DNA 全部整合到宿主细胞的染色体上形成溶源菌的方法；另一类是将噬菌体的裂解基因克隆到宿主菌中构建基因工程菌的方法。与现有的细胞破壁法（机械法、化学试剂法、酶法等）相比较，利用克隆 λ 噬菌体的裂解基因 SRRz 破细胞壁的方法具有许多的优点：可避免机械法所需的昂贵设备所带来的费用问题，可避免化学试剂法所带来的试剂回收和环境污染问题。另外，由于该法是一种温和的细胞破壁方法，可以避免化学试剂法破壁时对分子的降解。与酶法相比，用可控的噬菌体破壁的方法具有操作简单、细胞裂解控制方便、不需加入外源酶等优点。随着基因工程技术的发展，基因工程产品的种类不断增多，为利用克隆噬菌体裂解基因来破细胞壁分离胞内产物提供了广阔的应用前景。

三、破碎方法发展趋势

1. 多种破碎方法相结合

化学法和酶法取决于细胞壁膜的化学组成，机械法取决于细胞结构的机械强度，而化学组成又决定了结构的机械强度，组成的变化必然影响到强度的差异，这就是化学法或酶法与机械法相结合的原理。

2. 与上游过程相结合

在发酵培养过程中，培养基、生长期、操作参数等因素对细胞破碎都有影响，因此细胞破碎与上游培养有关；另外用基因工程的方法对菌种进行改造也是非常重要的。这方面工作包括以下几个方面：①包含体的形成；②克隆噬菌体溶解基因；③耐高温产品的基因表达。

3. 与下游过程相结合

细胞破碎与固液分离紧密相关，对于可溶性产品来说，碎片必须除净，否则会造成层析柱和超滤膜的堵塞，缩短设备的寿命。因此必须从后分离过程的整体角度来看待细胞破碎操作，机械破碎操作尤其如此。

第五节　不同材料预处理

一、植物材料

植物组织提取物的制备，往往要根据不同部分组织的特点及材料的具体情况来进行处理。下面以典型的生物大分子为例，说明植物组织提取的主要方法和策略。

（一）植物组织中酶的提取

1. 概述

植物组织中所存在的酚类化合物使植物中提取酶的过程变得复杂。在植物中酶和酚类化合物处于相互间隔分离的状态，但当植物组织被破坏时，酶和酚类化合物便开始处于混合接触状态，很易发生反应。反应产物苯醌和单宁酸类化合物还会继续和酶蛋白反应，往往会使目的酶失去活性。为分离得到有活性的酶，必须考虑从组织中去除酚类化合物。

2. 酚类化合物的形成及对酶提取的影响

酚类化合物，包括单体和聚合物，一开始是与酶和其他蛋白质非共价键结合，这种结合最初是可逆的，游离的苯酚特别是相邻的羟基很可能与蛋白质形成氢键，但当多酚物质的邻苯二酚残基被氧化为邻苯醌，后者通过共价键再与蛋白质分子中的自由氨基以及巯基结合，这种结合就属于不可逆结合。

单宁与蛋白质聚合的模型一般包含两个阶段：一开始，单宁通过自己的芳香环残基连接到位于疏水性的表面，这个结合会加强位于酚类和蛋白质附近极性区域的氢键作用，最终这个产物在蛋白质的表面极性更强和更敏感而聚集沉淀。如果这个多酚分子较大会对至少一个蛋白质分子产生影响。许多食草动物唾液酶中富含的脯氨酸容易和单宁结合，对于大多数酶，这个结合物会加速其失活。

酚类化合物同蛋白质形成不可逆的共价结合主要原因是它们之间相邻二羟基转变成醌或半醌间的氧化作用。这种氧化作用可以在非酶促的碱性条件下发生，尤其是金属离子存在的情况下。这种作用也可以在 H_2O_2 存在的条件下由各种各样的酶催化，包括联苯酚氧化酶、单苯酚氧化酶和过氧化氢酶，催化的结果使醌分子具有高度活性，不仅相互间聚合，还氧化其他酚类化合物和大多数相关的化合物，在这种情况下酚类化合物同蛋白质的活性基团结合、引起聚集、交叉结合和沉淀，这种作用就是人们常说的酶促褐变作用。

大多数情况下，当需要从富含酚的植物组织中提取酶时，需先对存在的酚类化合物进行选择性的有效吸附，以避免它们的干扰。很多天然和合成的聚合物可以用于吸附酚类物质，如清蛋白、尼龙粉、可溶的聚乙烯吡咯烷酮（PVP）和不溶的聚乙烯聚吡咯烷酮（PVPP），还有聚丙乙烯和聚丙烯树脂类等。

一些低摩尔质量的化合物可与酚类形成非氧化的复合物或抑制氧化酶，或能把醌还原成酚，从而排除酚类物质对提取的干扰。如硼酸盐和锗酸盐已被用于和酚类络合，铜螯合剂如二乙基二硫代氨基甲酸盐可用于抑制铜依赖型的多酚氧化酶（PPO）。用于醌的还原作用的化合物主要有苯磺酸和一系列物质如抗坏血酸盐、偏亚硫酸氢盐和2-巯基乙醇等。

3. 预处理条件

所有操作尽可能在低温下进行（5℃左右冷的房间或冷的操作台），实验器具和溶液都要隔夜预冷。操作要尽可能快，其目的是尽量使酶与酚类化合物相互接触的时间最短。

提取液的用量通常是原料重量的 5～7 倍，保证植物细胞被破碎的同时能深浸其中，释放出的酚类化合物与氧化酶的浓度被立即稀释，并保证加入足够的酚类吸附剂和氧化酶抑制剂。注意采用适当的转速，并避免进入空气产生气泡。

提取物中吐温-80 的量不能过多，否则会产生过量的泡沫。提取液的 pH 值将会对酚类化合物与蛋白质和吸收剂的作用产生一些影响。碱性条件下，酚类化合物基团的离子化，会阻碍酚类同 PVPP 形成氢键，pH＞7.5 将会增加二羟基苯酚转变成醌的自我氧化作用，也会加速对有保护作用的硫醇类试剂的自我氧化作用，因此酶提取的最适 pH 值一般在 6.5～7.0 之间。

注意所有的提取物都可能包含活性蛋白酶类，它们会对一些敏感酶类作用，使它们活性降低或失去。纯化对蛋白酶敏感的酶时，在提取缓冲液中还需加入一些蛋白酶抑制剂如苯甲磺酰氟（PMSF，1mmol/L）、氢氯苯甲脒（1mmol/L）或邻氨基二氢氯苯甲脒（1mmol/L）。

（二）植物组织中 RNA 的提取

1. 概述

从植物组织中提取 RNA 是进行植物分子生物学方面研究的必要前提。要进行 Northern 杂交分析，纯化 mRNA 以用于体外翻译或建立 cDNA 文库，RT-PCR 及差示分析等分子生物学研究，都需要高质量的 RNA。因此，从植物组织中提取纯度高、完整性好的 RNA 是顺利进行上述研究的关键所在。

一般认为在这些植物组织中，或富含酚类化合物，或富含多糖，或含有某些尚无法确定的次级代谢产物，或 RNase 的活性较高，组织被研磨，细胞破碎后，这些物质就会与 RNA 相互作用。酚类化合物被氧化后会与 RNA 不可逆地结合，导致 RNA 活性丧失及在用苯酚、氯仿抽提时 RNA 丢失，或形成不溶性复合物；而多糖会形成难溶的胶状物，与 RNA 共沉淀下来；萜类化合物和 RNase 分别会造成 RNA 的化学降解和酶解。对于这些植物材料，用常规的 RNA 提取方法（如胍法、苯酚法和十六烷基三甲基溴化铵法等）难以提取出其 RNA。能否有效地去除多糖、酚类化合物、RNase 和干扰 RNA 提取的其他代谢产物则是提取高质量植物 RNA 的关键。

2. 酚类化合物的干扰及对策

酚类物质的含量往往会随着植物的生长而增加，从幼嫩的植物材料中更易提取 RNA。针叶类植物的针叶中多酚的含量比落叶植物的叶子中要高得多。在植物材料匀浆时，酚类物质会释放出来，氧化后使匀浆液变为褐色，并随氧化程度的增加而加深，此种现象就是大多数植物都具有的褐变效应。被氧化的酚类化合物（如醌类）除与蛋白质结合外，也有一些能与 RNA 稳定地结合，从而影响 RNA 分离纯化。研究发现 RNA 提取的难易程度与材料中酚类物质的总量之间并无相关性，因此认为不是所有的酚类化合物都影响 RNA 的提取。但一般认为所谓的"缩合鞣质"即聚合多羟基黄酮醇类物质（如原花色素类物质）是影响 RNA 提取的一类化合物。目前去除酚类化合物的一般途径是在提取的初始阶段防止其被氧化，然后再将其与 RNA 分开。

一般用于防止酚类化合物被氧化的方法如下：

（1）还原剂法

一般在提取缓冲液中加入 2-巯基乙醇、二硫苏糖醇（DTT）或半胱氨酸来防止酚类物质被氧化，有时提取液中 2-巯基乙醇的浓度可高达 2%。2-巯基乙醇等还可以打断多酚氧化酶的二硫键而使之失活。硼氢化钠（$NaBH_4$）是一种可还原醌的还原剂，用它处理后提取液的褐色可被消减，醌类化合物可被还原成多酚化合物。

（2）螯合剂法

螯合剂聚乙烯吡咯烷酮（PVP）和聚乙烯聚吡咯烷酮（PVPP）中的—CO—N═基有很强的结合多酚化合物的能力，其结合能力随着多酚化合物中芳环羟基数量的增加而加强。原花色素类物质中含有许多芳环上的羟基，因而可以与 PVP 或不溶性的 PVPP 形成稳定的复合物，使原花色素类物质不能成为多酚氧化酶的底物而被氧化，并可以在以后的抽提步骤中被除去。用 PVP 去除多酚时 pH 值是一个重要的影响因素，在 pH8.0 以上时 PVP 结合多酚的能力会迅速降低。当原花色素类物质量较大时，单独使用 PVPP 无法去除所有的这类化合物，因而需要与其他方法结合使用。

（3）Tris-硼酸法

如果提取缓冲液中含有 Tris-硼酸（pH7.5），其中的硼酸可以与酚类化合物依靠氢键形成复合物，从而抑制了酚类物质的氧化及其与 RNA 的结合。如果 Tris-硼酸浓度过高（>0.2mol/L）则会影响 RNA 的回收率。

（4）牛血清白蛋白（BSA）法

原花色素类物质与 BSA 间可发生类似于抗原-抗体间的相互作用，形成可溶性的或不溶性的复合物，减少了原花色素类物质与 RNA 结合的机会，因此提高了 RNA 的产量。BSA 与 PVPP 结合使用提取效果会更好。由于 BSA 中往往含有 RNase，因而在使用时要加入肝素以抑制 RNase 的活性。

（5）丙酮法

用−70℃的丙酮抽提冷冻研磨后的植物材料，可以有效地从云杉、松树、山毛榉等富含酚类化合物的植物材料中分离到高质量的 RNA。

3. 多糖的干扰及对策

多糖的污染是提取植物 RNA 时常遇到的另一个棘手的问题。植物组织中往往富含多糖，而多糖的许多理化性质与 RNA 很相似，因此很难将它们分开。在去除多糖的同时 RNA 也被裹携走了，造成 RNA 产量的减少；而在沉淀 RNA 时，也产生多糖的凝胶状沉淀，这种含有多糖的 RNA 沉淀难溶于水，或溶解后产生黏稠状的溶液。由于多糖可以抑制许多酶的活性，因此污染了多糖的 RNA 样品无法用于进一步的分子生物学研究。在常规的方法中，通过 SDS-盐酸胍处理可以部分去除一些多糖；在高浓度 Na^+ 或 K^+ 存在条件下，通过苯酚、氯仿抽提可以除去一些多糖；通过 LiCl 沉淀 RNA 也可以将部分多糖留在上清液中。但即使通过这些步骤仍会发现有相当多的多糖与 RNA 混杂在一起，所以还需要用更有效的方法来解决植物 RNA 分离纯化时多糖污染的问题。

用低浓度乙醇沉淀多糖是一个去除多糖效果较好的方法。在 RNA 提取液或溶液中缓慢加入无水乙醇至终浓度 10%～30%，可以使多糖沉淀下来，而 RNA 仍保留于溶液中。

另一个常用的方法是醋酸钾沉淀多糖法。在提取某些植物材料的 RNA 时，将上述两种方法结合使用。

4. 蛋白质杂质的影响及对策

蛋白质是污染 RNA 样品的又一个重要因素。由于 RNase 和多酚氧化酶亦属于蛋白质，因而要获得完整的、高质量的 RNA 就必须有效地去除蛋白质杂质。常规方法是在冷冻条件下研磨植物材料以抑制 RNase 等的活性；提取缓冲液中含有蛋白质变性剂，如苯酚、胍、

SDS、十六烷基三甲基溴化铵（CTAB）等，这样在匀浆时可以使蛋白质变性、凝聚；也可利用蛋白酶 K 来降解蛋白质杂质，还可用苯酚、氯仿抽提去除蛋白质。

（三）植物组织中多糖的提取

1. 概述

多糖广泛存在于植物、微生物（细菌和真菌）和海藻中，来源很广。许多植物多糖具有生物活性，具有包括免疫调节、抗肿瘤、降血糖、降血脂、抗辐射、抗菌抗病毒、保护肝脏等保健作用。

动植物中存在的多糖或微生物胞内多糖，因其细胞或组织外大多有脂质包围，要使多糖释放出来，第一步就是去除表面脂质，常用醇或醚回流脱脂。第二步将脱脂后的残渣以用水为主体的溶液提多糖（即冷水、热水、热或冷的 0.1～1.0mol/L NaOH、热或冷的 1％醋酸或 1％苯酚等），这样提取得到的多糖提取液含有许多杂质，主要是无机盐、低分子量的有机物质及高分子量的蛋白质和木质素等。第三步则要除去这些杂质，对于无机盐及低分子量的有机物质可用透析法、离子交换树脂或凝胶过滤法除去，对于大分子杂质可用酶消化（如蛋白酶、木质素酶）、乙醇或丙酮等溶剂沉淀法或金属络合物法除去。

2. 蛋白质杂质的影响及对策

多糖提取液中除去蛋白质是一个很重要的步骤，常用的方法有 Sevag 法、三氟三氯乙烷法、三氯乙酸法、酶解法等。

（1）Sevag 法

根据蛋白质在氯仿等有机溶剂中变性的特点，用氯仿∶戊醇（或正丁醇）5∶1 或 4∶1，混合物剧烈振摇 20～30min，蛋白质与氯仿-戊醇（或正丁醇）生成凝胶物而分离，离心，分去水层和溶剂层交界处的变性蛋白质。此种方法在避免降解上有较好效果，如能配合加入一些蛋白质水解酶（如胃蛋白酶、胰蛋白酶、木瓜蛋白酶、链蛋白酶），再用 Sevag 法效果更佳。

（2）三氟三氯乙烷法

按多糖溶液∶三氟三氯乙烷 1∶1 加入，在低温下搅拌 10min 左右，离心得上层水层，水层继续用上述方法处理几次，即得无蛋白质的多糖溶液。此法效率高，但溶剂沸点较低，易挥发，不宜大量应用。

以上两法适于动物、微生物多糖的提取。

（3）三氯乙酸法

在多糖水溶液中滴加 3％三氯乙酸，直至溶液不浑浊为止，5～10℃放置过夜，离心除去沉淀即得无蛋白质的多糖溶液。三氯乙酸法较为剧烈，对于含呋喃糖残基的多糖由于连接键不稳定，所以不宜使用。但该法效率较高，操作简便，植物来源的多糖常采用该法。

上述三种方法均不适合于糖肽，因为糖肽也会像蛋白质那样沉淀出来，而宜用酶解法（内肽酶）处理，但一般糖肽常常需完整存在时，才有生理活性，因此选择脱蛋白质方法时要特别加以小心。

二、动物组织

（一）概述

动物细胞膜非常脆弱，在机械力和渗透压的结合作用下，细胞膜极易破碎。因此，从大多数动物器官中提取可溶性蛋白质是很简单的。在匀浆器中，动物器官被放置在合适的缓冲液中，然后被打碎，再经过离心，匀浆混合物便会分离澄清。如提取膜蛋白，则需要更专业的方法。

提取活性物质前，首先要考虑用到的动物器官种类和活性物质的来源渠道。活性物质在不同器官中的分布差异是很大的，一般需进行预备试验测定不同器官中目的物的相对含量。综合考虑目的物含量、获取器官的难易程度、所要用到的技术后，才能最终确定提取原料。

从刚宰杀动物得到的脏器（如脑组织、心脏等）要迅速剥去脂肪和筋皮等结缔组织，冲洗干净，若不马上抽提、纯化，应在很短的时间内置-10℃冰库或-70℃低温冰箱保存。

脏器中常含有较多的脂肪，它本身不仅容易氧化酸败，导致原料变质，而且还会影响其中酶的纯化操作和制品得率。一般脱脂的方法有：人工剥去脏器外的脂肪组织；浸泡在脂溶性的有机溶剂中脱脂；采用快速加热（50℃）、快速冷却的方法，使熔化的油滴冷却后凝聚成油块而被除去；利用油脂分离器与水溶液得以分离。

最后要考虑的是目的物存在的亚细胞。如果目的物仅局限于某个特殊器官，如线粒体，那么亚细胞分离就会容易，从已分离的细胞器官中提取目的物也会容易。这必将简化后续纯化操作，但同时也会限制可获得的目的物的量，因为亚细胞分离仅在小规模层次上进行。如果要大量提取目的物，切实可行的方案便是用传统方法匀浆化器官，在这种情况下，亚细胞器官会溶解，可以从总提取物中纯化目的物或其他物质。

（二）动物组织预处理的一般步骤

① 首先去除动物器官中的脂肪和连接组织，将其切成数克重的小块，把动物器官放入预冷的搅切器中，加入冷提取缓冲液，其体积2倍于器官重量。所用搅切器容积尽可能近似等于缓冲液体积与器官体积之和，这样能减少空气体积，减少浮质的形成。

② 视器官的坚韧程度，全速搅切1～3min（或肉眼判断，直至器官完全打碎）。对于长时间搅切，最好在使用数分钟后间歇1分钟，避免产生过多的热量。

③ 将匀浆液倒入玻璃大口杯，放在冰上，搅拌15～30min，以完成全提取。4℃下离心除去匀浆液中的细胞碎片和其他粒子。大规模应用中，使用6×1000mL的旋转离心机，$2000 \times g$～$3000 \times g$离心30min。小规模制备时，常用6×250mL离心机，操作条件为$5000 \times g$。

④ 小心倾出上清液，以免扰动沉淀物质。任何悬浮至离心管上层的脂肪物质都应用柔光布过滤除去，也可用过滤漏斗的玻璃纤维过滤除去。得到的提取物在分离前需经过进一步处理，以除去不溶性物质。

（三）提取过程注意事项

1. 动物组织匀浆化方法的选择

一些动物器官，如肝脏、肾脏、脑、心脏，在搅切器中很容易匀浆化。另一些动物器官，如骨骼肌肉、肺和其他物质，坚韧性强，在这种情况下，建议匀浆化前先用家庭碎肉器将它们碾碎。高度纤维化的器官（如乳腺），在匀浆化前应冷冻，这样有利于破碎。

2. 提取物缓冲液种类的选择

一般来说，都使用中性pH下的适当离子强度的缓冲液（如0.1mol/L磷酸缓冲液，pH7.0）。在静电力作用下，一些蛋白质易黏附到器官碎片或膜碎片上，在这种情况下，向提取物中加入0.1mol/L的NaCl能提高蛋白质收率。

3. 蛋白酶抑制剂的添加

一般没必要加蛋白酶抑制剂，因为提取物中蛋白质浓度很高，大量的蛋白质会保护目标蛋白质。但是，与其他蛋白质相比，某些蛋白质更易受蛋白酶影响。另外，在一些动物器官（如肝脏）中，蛋白酶含量比其他器官（如心脏）中蛋白酶含量要高得多，此时，蛋白质降解可能会成为一个大问题，此时需考虑添加一定量的蛋白酶抑制剂。

4. 保护剂的添加

一些蛋白质很容易氧化，在这种情况下，要在提取物缓冲液中加入二硫赤藓糖醇（1mmol/L）或 β-巯基乙醇（0.1mol/L）。一种类似情况是，当重金属离子抑制目标蛋白质时，有必要加入 EDTA（0.1mol/L）。当目标蛋白质含有辅酶时，最好在匀浆缓冲液中加入辅酶以免目标蛋白质含有的辅酶脱离，否则可能会导致蛋白质稳定性的降低。

5. 提取液的澄清

如使用的器官是诸如肝脏、肾脏和脑一类的物质时，在进一步纯化前，必须移走提取液中的颗粒物。常用的澄清方法首先可考虑高速离心，但当处理量大及黏度大时，就不能单独依赖离心了。如浑浊由匀浆液中释放出大量核酸和核蛋白引起，它们引起黏度增大，从而降低沉降速率。解决这个难题的最佳办法是在匀浆液中加入聚胺类物质，如精蛋白硫酸盐，搅拌一段时间，再离心。聚胺类物质会引起核酸和核蛋白的聚集，使沉降更容易，浓度为 0.1g/100mL 时就足以产生澄清的上清液。

澄清的另一个行之有效但不常用的方法便是热沉淀。这要求目标蛋白质能经受 70℃下 10~15min 的热处理。在此条件下，许多蛋白质会变性，自动与其他悬浮物质形成沉淀聚集体。这不仅对于澄清提取物很有效，而且可以有效地纯化目标蛋白质。

实际操作时，如果原定纯化方案的第一个步骤是加盐分步沉降或有机溶剂沉降，且目标蛋白质在第一步沉降中不沉淀，澄清问题可以不用另外考虑。如采用有机溶剂沉降，加入溶剂能同时降低溶液的密度和黏度，粒子的沉降在第一步分离中即发生。加盐分步沉降中，粒子物质在第一步分离中倾向生成聚集体，然后沉降。很显然，如果目标蛋白质早沉降，粒子物质也会和目标蛋白质在一起，这样一来，问题就复杂了，这种情况就必须先解决提取液的澄清问题，才能进入下一步的盐析和有机溶剂沉降的分离步骤。

三、微生物发酵液

（一）概述

微生物发酵和细胞培养的目标产物主要有胞内产物和胞外产物。从发酵液和细胞培养液中提取所需的生物物质，第一步就需进行预处理，以便后续的分离纯化工序顺利进行。首先，发酵液多为悬浮液，黏度大，为非牛顿型流体，不易过滤，而所需的生化物质只有分布在液相，才能有效地提纯。在有些发酵液中，菌体自溶、核酸、蛋白质及其他有机黏性物质这三类物质会造成滤液浑浊、滤速极慢，必须设法增大悬浮物的颗粒直径，提高沉降速度，以利于过滤。其次，目标产物在发酵液中的浓度通常较低。此外，发酵液的成分复杂，大量的菌丝体、菌种代谢物和剩余培养基会对提取造成很大的影响。所以，对发酵液进行适当的预处理，进行发酵液过滤性能改变，除去或者收集菌体，并将所要分离的目标物质从固液混合物中溶解出来，是生物物质分离纯化过程中必不可少的首要步骤。

（二）发酵液预处理一般步骤

预处理方法要根据发酵产品、所用菌种和发酵液特性来选择。大多数发酵产品存于发酵液中，少数存于菌体中，而发酵液和菌体中都有产物存在的情形也比较常见。微生物发酵液分离过程的一般流程见图 2.23。

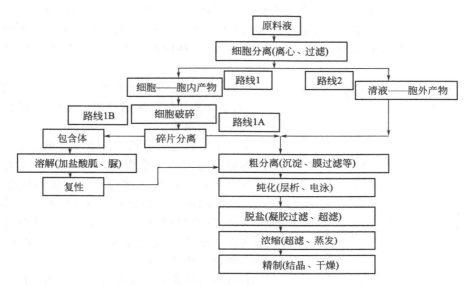

图 2.23　微生物发酵液分离过程的一般流程

1. 胞外产物

首先是发酵液体系的改变。如果目的产物是胞外产物，首先需要根据发酵液的情况，看是否需要进行发酵液的改变。小分子产物一般可以承受较大的 pH、浓度、高分子添加剂加入等体系改变，因此改变发酵液的过滤性能较为常用；大分子产物由于本身活性较为脆弱，必须考虑目标物的活性保持，剧烈的体系改变可能会引起失活或者产物的大量损失。因此，体系的改变必须较为温和，且不会产生后续难以除去的添加剂。

其次是进行固液分离。一般是通过离心或过滤实现固液分离，使目标产物转入液相。同样，对于小分子和大分子，以及产物附加值和处理量的大小，离心和过滤的设备及方法也有一定的区别。例如附加值较高的大分子生物药物，一般选择连续流离心机等高效而精细的固液分离方式；而对于较为稳定的小分子物质，处理量较大的板框或真空过滤机更为适宜。

2. 胞内产物

对于胞内产物而言，收集细胞是预处理的首要一步。固液分离时需考虑菌体的回收率，菌体回收的质量，以及不能有干扰菌体后续处理的添加物。细胞收集后需根据细胞的特性和目标产物的性质选择合适的破碎方法。一般而言，工业上高附加值生物药物的细胞破碎以高压匀浆法为主，而较低附加值、产物较为稳定的情况下，亦可以选择珠磨法等方法。实验室小量细胞破碎，超声＋酶溶法是较为灵活和实用的方法。

细胞经破碎使目的产物释放转入液相后，再进行细胞碎片的分离。此时同样要根据菌体和产品的情况来选择细胞碎片和溶液的固液分离。通常对于生物药物，一般采用连续流离心机＋大孔径超滤澄清的方式来进行。

有些情况下目的产物是以包含体形式存在，这种情况下，在细胞破碎后，需进行细胞碎片的溶解，通过离心获得包含体沉淀，然后再进行包含体的变性和复性。

（三）细菌中重组蛋白的提取制备

重组 DNA 技术的出现和细菌中不同蛋白质的过量表达产生了一些在以前细菌蛋白质提取中不曾遇到的特殊问题。其中一些技术能使细菌将重组蛋白分泌到培养基中，因此不再需要降解细胞。然而，大多数情况还是需要降解细菌细胞壁来提取重组蛋白产物。

重组 DNA 技术和大规模发酵培养技术的有机结合，使原来无法大量获得的天然蛋白质特别是基因工程药物能够大量生产，为此就需要有一种能够高水平表达异源蛋白质的表达系统。

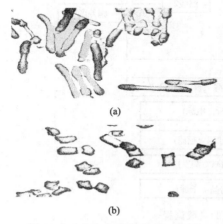

(a)

(b)

图 2.24　含有包含体的 *E.coli* 和
分离出的包含体的扫描电镜图片
（a）包括包含体的大肠杆菌的扫描电镜照片。
扫描电镜的前处理技术导致了细胞萎缩。
然而包含刚性包含体的细胞区域不会萎缩，
能清楚地显示出包含体的轮廓
（b）扫描分离洗净后包含体的 EM，
能看见包含体保持着圆柱形

目前已被选作表达异源蛋白质的表达系统有细菌（包括大肠杆菌和枯草芽孢杆菌）、酵母、昆虫、植物和哺乳动物细胞等。

多拷贝质粒上强启动子过量表达重组蛋白使整个细胞的蛋白质表达水平提高了 40%。但在大多数情形下这会导致诸如包含体的不溶性蛋白质聚集的形成，还得采取进一步的提取。包含体在光学显微镜下看上去是亮的细胞质颗粒，它包含了大多数甚至全部的蛋白质。图 2.24 显示的是含有包含体的 *E.coli* 和分离出的包含体的扫描电镜图片。

Williams 等在关于大肠杆菌胰岛素原的过量表达上首先报道了包含体。虽然还不能准确地知道它们是如何形成的，但可认为是由于蛋白质部分折叠或不正确地折叠造成的。

如有研究报道一种工程菌 *E.coli* M15 （pQE32-AGN），宿主菌为大肠杆菌 M15，表达质粒为携带有人血管抑素基因的 pQE32，它的 *lacO* 基因与宿主菌 M15 自带的质粒 pREP-4 上的 *lacI* 基因共同构成诱导型乳糖操纵子，因而，可以通过诱导剂异丙基-β-D-硫代半乳糖苷（IPTG）的添加来操纵血管抑素的表达。但由于表达量较高（35%～40%），所以也是以包含体的形式出现（图 2.25）。

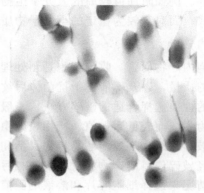

(a) 未诱导　　　　　　　　　　　　(b) 诱导

图 2.25　重组菌 *E.coli* M15 （pQE32-AGN）外源基因的诱导表达

图 2.25（a）是重组菌不加诱导剂 IPTG 时大肠杆菌的电镜图，图 2.25（b）是将重组菌培养至对数生长期添加 1mmol/L 的 IPTG 诱导后大肠杆菌的电镜图。可以看出当添加 IPTG 诱导后，大肠杆菌的一端明显有重组蛋白包含体生成，而未加 IPTG 的则没有包含体生成。

包含体的优势在于它们能普遍高水平地表达，也能用有效的纯化步骤将它们从大量的细菌细胞质蛋白质中离心出来。包含体的主要缺点在于所需蛋白质的提取，一般都需要用变性剂。当需要本体折叠蛋白质时，重新折叠不能 100% 奏效，即使有些方法在实验室水平复性效果较好，但也难以进行比拟放大。

（四）大肠杆菌中重组蛋白的提取步骤

1. 大肠杆菌的酶解

① 4℃，$1000 \times g$ 离心 15min 收集细菌细胞，倒出上清液。称其湿重。

② 在每克（湿重）细菌细胞中加入约 3mL 溶菌缓冲液 [50mmol/L Tris-His（pH8.0），1mmol/L EDTA，50mmol/L NaCl，1mmol/L PMSF]，重悬浮，加入溶菌酶（Sigma，Poole，Dorset，UK），浓度为 $300\mu g/mL$，然后，4℃下搅拌悬浮液 30min。

③ 搅拌下加入脱氧胆酸盐，至浓度为 1mg/mL。

④ 室温下，加入 DNase Ⅰ 使浓度为 10mg/mL，加入 10mmol/L 浓度的 $MgCl_2$，搅拌悬浮液 15min 以去除核酸黏液。

⑤ 4℃，$10000 \times g$ 离心 15min，用与上清液相同体积的溶菌酶缓冲液重新悬浮，然后对所需蛋白质在凝胶电泳上进行部分等分试验。如果部分正常溶解蛋白质出现在不溶性区段，包含体则已经形成。

2. 包含体的清洗

溶解之前先清洗包含体能进一步除去杂质蛋白，用溶剂而不是水或缓冲液能增加产物的纯度。需优化缓冲液种类和浓度以确保所需蛋白质不被溶解。

① 4℃，$12000 \times g$，离心 200mL 的重悬浮细胞团，用一些试验溶液重悬浮细胞团。推荐使用 1mol/L、2mol/L、3mol/L 和 4mol/L 的尿素和 0.5% Triton X-100 的溶菌缓冲液。在室温下混合并保温 10min。离心，用 $200\mu L\ H_2O$ 重悬浮细胞团。

② 用和上清液相同体积的 SDS 煮沸的缓冲液重新悬浮。用 SDS 凝胶电泳分析所需蛋白质样品。最好的清洗缓冲液应该含有最多的杂质蛋白，最少或尽可能没有所需的蛋白质。

③ 放大这个过程，用最优的缓冲液清洗包含体两次。

3. 从包含体中溶解重组蛋白

优化溶解液也很重要，因所需蛋白质的不同特性，影响其溶解性的因素很多，如溶剂的特性和强度，获得有效溶解的温度和时间，蛋白质浓度和还原剂的有无等。

① 溶解性缓冲剂（50mmol/L Tris-His，pH8.0，8mol/L 尿素），1mmol/L DTT 中重悬浮清洗过的包含体。在室温下搅拌悬浮液 1h 确保完全溶解。

② 4℃，$20000 \times g$，离心溶液 20min 除去不溶性物质。用 SDS 凝胶电泳检查所需的蛋白质。如果蛋白质的一部分还是不溶，增加保温时间或试用其他试剂溶解包含体。

（五）重组蛋白提取的注意事项

1. 缓冲液 pH

溶菌酶缓冲液的 pH 往往很关键。鸡蛋溶菌酶的 pH 在 7.0～8.6 之间，0.05mol/L 的离子强度下较好。

2. 核酸的去除

细菌提取物大约含有蛋白质 40％～70％、核酸 10％～30％、多糖 2％～10％和脂肪酸 10％～15％。核酸部分经常会导致高黏度。除了用 DNase 处理外，也能用聚乙烯等阳离子化合物沉淀可溶性蛋白质溶液去除核酸。在包含体准备阶段不能用沉淀法，不然沉淀物会和包含体共同被离心。

3. 避免蛋白酶的水解

当蛋白质包裹在包含体中时一般没有必要添加蛋白酶抑制剂，溶解和重折叠缓冲液则需要适当添加蛋白酶抑制剂，因为蛋白质半折叠状态对蛋白酶水解很敏感。

4. 破碎方法

破碎机制对细菌细胞外壁的分解也很有效，有大量的方法可以利用，声波振荡适合于小规模纯化，但是超声振荡中产生的热量难以控制，会导致蛋白质的变性。对于大规模处理，法国的破碎机使用较为普遍。

5. 重组蛋白的纯化时机

最好是在变性再折叠之前纯化蛋白质。尿素溶液能应用于离子交换层析、金属离子亲和层析。盐酸胍能应用于凝胶过滤层析，但由于它的离子形成较大的干扰，就不能用于离子交换纯化步骤。

6. 蛋白质再折叠

尿素溶液中蛋白质再折叠有许多方法。最常见的技术是利用稀释和透析来减少尿素或盐酸胍浓度。硫醇试剂的应用对半硫键的正确形成很重要。

第六节　预处理实例

一、纳米级微生物细胞破碎原理及实例

纳米级微生物细胞破碎机不仅适用于实验室，也适用于大生产。其工作原理是采用高压射流发生器发出两股超高压液流对射，靠其叠加的超高压力、高频超声波、超高射流对撞力三者协同作用，使微生物细胞破碎至纳米级。

结构详见图 2.26，由动力源带动，射流发生器进入两条输液管 5 和 6，液流夹带酵母细胞经输液管 5、6 进入对撞室 1，两股液流对撞距离设为 H，对撞后高压射流碰到振荡片 2 上，减压后由出口流出。H 尺寸是可调的，最适尺寸为 $0.3\mu m$，即液流通过对撞嘴圆周缝隙宽度为 $0.3\mu m$。在国外同类产品中，为圆形小孔，$0.3\mu m$；国产机用圆周缝隙宽度，取代圆形小孔直径，这就是"以线代点"，

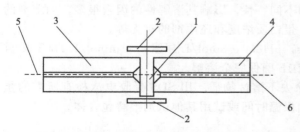

图 2.26　纳米级微生物细胞破碎机原理结构示意图
1—对撞室；2—振荡片；3—左喷嘴；
4—右喷嘴；5，6—冷却输送液管道

缝隙直径可调性取代圆形小孔固定性为其"以动代静"的设计。

由图 2.26 可以看出，两股夹带微生物细胞的高压液流在对撞前经过冷却，其温度为 8～30℃，这样保证了所制得纳米生物颗粒的活性，经电子显微镜观察纳米生物颗粒结构见图 2.27。

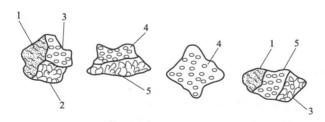

图 2.27　纳米生物颗粒结构
1—部分细胞核；2—部分核糖体；3—部分溶酶；4—部分质膜；5—部分分泌颗粒

纳米级微生物细胞破碎机可在酱油工业中得到应用。我国啤酒年产量超过 2500 万吨，约产 108 万吨啤酒废酵母。由于啤酒酵母的细胞壁坚韧，常规方法难以使其破碎，其价值没有得到充分利用，一般情况下用做饲料蛋白或从地沟排走，污染环境。纳米级细胞破碎机破碎酵母细胞，释放出大量的细胞内含物，制成酵母细胞破碎液，再加麦根酶（$5'$-磷酸二酯酶）提高了肌苷酸、鸟苷酸的含量。目前，国内主要采用自溶或酶解生产酵母抽提物的细胞破碎率仅 50％左右，氨基酸态氮含量仅 3.0％，远低于国际水平。采用该技术酵母细胞破碎率可达 97.8％，氨基酸态氮含量为 6.04％左右。

纳米级微生物细胞破碎机制备酵母抽提物工艺流程：啤酒废酵母→筛滤去杂、除菌→碱洗脱苦→酵母样品→进机破碎→粒度测定→离心分离→上清液→加麦根酶（$5'$-磷酸二酯酶）分解→浓缩酵母抽提物→检测。

将酵母细胞破碎液经麦根酶酶解后拌盐水加入稀醪发酵，通过米曲霉的作用，将酵母细胞中的蛋白质、多糖等多种有效成分进一步分解、转化，最终以氨基酸、低肽、单糖、呈味核苷酸和挥发性芳香化合物融合于酱油中，提升了酱油的香气、滋味，尤其是肌苷酸和鸟苷酸与酱油中的谷氨酸钠协同增效使鲜味成倍增加。采用该工艺的酱油氨基酸态氮含量比传统酱油提高了 23.7％，全氮提高了 34.7％，可溶性无盐固形物提高了 11.25％。

二、β-环糊精共沉淀分离法

该方法基本原理：具有特殊性能的筒状化合物 β-环糊精能与多种化合物形成包合物，这种包合物一般溶解度较小，能包合着待分离的物质而与溶液中的其他成分分离，然后再将这种包合物在一定条件下解络，重新释放出欲分离的物质，从而达到分离的目的。可应用于绿原酸等能够和 β-环糊精形成包合物的成分的提取。

金银花茎叶绿原酸提取基本工艺流程：金银花茎叶→粉碎→热水浸提→滤液浓缩→石油醚脱色→溶解→加 β-环糊精共沉→分离→解络→绿原酸。

三、壳聚糖沉淀分离法

该方法基本原理：壳聚糖是 N-脱乙酰基氨基葡萄糖的聚合物，在酸性条件下为带有正电荷的天然大分子，而果汁中的悬浮颗粒往往带有负电荷，当加入其中时，进行了电荷的中和，从而使颗粒间失去同性电荷的排斥作用，在布朗运动作用下，颗粒相互碰撞结合，逐渐形成大的颗粒而从溶液中析出。其实质是絮凝沉淀分离方法的一种。此方法可用于果汁的澄清、葡萄酒的澄清等。如菠萝汁的澄清，选择壳聚糖的醋酸溶液为沉淀剂，处理工艺流程：菠萝→破碎→压榨→粗滤→加壳聚糖的醋酸溶液→过滤→澄清汁。

◈ 参考文献 ◈

[1]（苏）索柯罗夫著.离心分离理论及设备.汪泰临等译.北京：机械工业出版社，1986：4-6.

[2] 金绿松，林元喜.离心分离.北京：化学工业出版社，2008，6：8-14.

[3] 云逢霖，崔焕明.谷氨酸发酵液絮凝除菌的研究.微生物学通报，1996，2：91-94.

[4] 江龙法，张所信.谷氨酸发酵液预处理方法的研究.中国调味品，1988，6：17-19.

[5] 李凡锋，周玉杰，刘德华.1,3-丙二醇发酵液的絮凝预处理研究.微生物学通报，2004，31：30-35.

[6] Wu J Y, Lin L D, Chau F T. Ultrasound-assisted extraction of ginseng saponins from ginseng roots and cultured ginseng cells. Ultrasonics Sonochemistry, 2001, 8：347-352.

[7] Brachet A, Christen P, Veuthey J L. Focused microwave-assisted extraction of cocaine and benzoylecgonine from coca Leaves. Phytochemical Analysis, 2002, 13：162-169.

[8] Nishiki T, Nakamura K, Katob D. Forward and backward extraction rates of amino acid in reversed micellar extraction. Biochemical Engineering Journal, 2000, 4：189-195.

[9] 唐曙明，何林，周克元.核酸分离与纯化的原理及其方法学进展.国外医学临床生物化学与检验学分册，2005，26：192-193.

[10] 姚洪文，范玉梅，郭素格.纳米级微生物细胞破碎机在酱油生产中的应用.中国酿造，2005，5：30-34.

第三章

沉　淀

第一节　概述

　　沉淀是溶液中溶质由液相变成固相析出的过程。沉淀法是纯化各种生物物质常用的一种经典方法。其本质是通过改变条件使胶粒发生聚结，降低其在液相中的溶解度，增加固相中的分配率。而其作用是分离、澄清、浓缩或保存所要的生物物质。所谓沉淀分离就是通过沉淀固液分相后，除去留在液相或沉积在固相中的非必要成分。如非必要成分留在固相中，尤其一些原本造成浑浊的成分被沉淀，则沉淀就同时起了分离与澄清的作用；如非必要成分留在液相中，目的物留在沉淀中，则沉淀同时起了分离与浓缩的作用，而且往往有利于保存或进一步处理。

　　沉淀法的优点是设备简单、成本低、原材料易得、便于小批量生产，在产物浓度越高的溶液中沉淀越有利，收率越高；缺点是所得沉淀物可能聚集有多种物质，或含有大量的盐类，或包裹着溶剂，所以沉淀法所得的产品纯度通常都比结晶法低，过滤也较困难。

　　沉淀技术用于分离纯化是有选择性的，即有选择地沉淀杂质或有选择地沉淀所需成分。对于生物活性物质的沉淀，情况更为复杂，不仅在于沉淀作用能否发生，还要注意所用沉淀剂或沉淀的条件对生物活性物质的结构是否有破坏作用，沉淀剂是否容易除去；对用于食品、医药行业的生物物质提取所需的沉淀剂还应考虑对人体是否有害等。

　　沉淀技术进行分离总体来讲主要是利用溶解度的差异，即根据各种物质的结构差异（如蛋白质分子表面疏水基团和亲水基团之间比例的差异）来改变溶液的某些性质（如 pH、极性、离子强度、金属离子等），就能使抽提液中有效成分的溶解度发生变化。由于不同的物质置于相同的溶液，溶解度是不同的；相同的物质置于不同的溶液，溶解度也是不一样的。所以选择适当的溶液就能使欲分离的有效成分呈现最大溶解度，使杂质呈现最小溶解度，或者相反。从而经过适当处理，达到从抽提液中分离有效成分的目的。

第二节　沉淀方法

　　常用的沉淀方法目前主要有：盐析、有机溶剂沉淀、等电点沉淀、非离子多聚体沉淀法、生成盐复合物法及选择性变性沉淀等（见图 3.1）。

　　下面具体介绍几种主要沉淀方法的原理、操作方法及应用实例。

一、盐析法

1. 基本原理

一般来讲低浓度中性盐离子对电解质类物质（如蛋白质、酶等）分子表面极性基团及水活度的影响，会增加其与溶剂的相互作用力，使它们的溶解度增大，这一现象称为"盐溶"。但是，溶液中中性盐的浓度继续增加时，它们的溶解度反而降低，以致使电解质类物质从溶液里沉淀出来，这就是盐析作用，如图 3.2 所示。高盐往往能促进蛋白质表面疏水区（surface hydrophobic region）的相互作用，形成蛋白质聚集体，并从水中分离出来。高盐能促进蛋白质表面疏水区相互作用的原因在于：在水溶液中，蛋白质表面被大量的水所包围，疏水区一般都未暴露出来，当加入大量盐时，大量的水分子与盐结合，使蛋白质的疏水区得以暴露，而同时蛋白质表面电荷也被盐中和，所以蛋白质必然会沉淀。

"盐析"作用的原理以蛋白质为例简单的描述就是：中性盐浓度增加到一定时，水分子定向排列，活度大大减少，电解质类物质表面电荷被中和，水膜被破坏，从而聚集沉淀。

从反应的自由能的符号来判断：

$$Pr + nH_2O \longrightarrow Pr \cdot nH_2O \tag{3.1}$$

$$Pr \cdot nH_2O + Pr \cdot mH_2O \rightleftharpoons Pr\text{-}Pr' + (m+n)H_2O \tag{3.2}$$

$$\Delta G^0 = \Delta H^0 - T\Delta S^0$$

$$A \cdot B + (n_1 + n_2)H_2O \rightleftharpoons A^+ \cdot n_1 H_2O + B^- \cdot n_2 H_2O \tag{3.3}$$

当盐浓度低，即低离子强度时，一般上述反应式(3.2) 的 ΔG^0 为正值，Pr 沉淀的可能性不大；当加入大量中性盐时，大量水被盐束缚，存在反应式(3.3) 的趋势，反应式(3.2) 的平衡右移，蛋白质分子发生聚集，当 Pr-Pr′ 聚到足够大，就可发生沉淀，所以从这个角度分析我们可把盐析看作是熵的驱动。显然从反应式(3.2) 的发生趋势来看，盐析时升高温度，可加快盐析的速度，但这种方法要注意一些活性物质的变性问题。

2. 盐析条件

（1）盐析公式

在浓盐溶液中，蛋白质溶解度的对数值与溶液里的离子强度成线性关系，即有盐析公式如下：

$$\lg S = \beta - K_s I$$

式中　S——蛋白质溶解度，g/L；

β——$I = 0$ 时的 $\lg S$，它取决于溶质的性质；

I——盐浓度，mol/L；

K_s——盐析常数，主要取决于加入盐的性质及 Pr 性质。

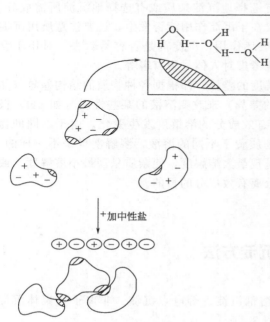

图 3.2　盐析理论示意图
阴影部分表示蛋白质表面的疏水补丁

常用方法 ┃ 盐析
有机溶剂沉淀
等电点沉淀
非离子多聚体沉淀法

其他 ┃ 生成盐复合物法
选择性变性沉淀
亲和沉淀
SIS 聚合物与亲和沉淀

图 3.1　常用沉淀方法种类

　　盐析公式属于经验公式，盐析时蛋白质沉淀的分布是有一定范围的，各种蛋白质都在自己一定的盐浓度范围内沉淀，在未达到这个浓度之前，即使增加盐浓度也不影响蛋白质的溶解度，而一旦达到某一浓度，蛋白质沉淀就会大量产生。

　　（2）公式讨论

　　① 单一纯 Pr 的盐析　经实验证明，盐析公式中的 K_S 值与溶液的 pH 及温度无关，它只依赖于蛋白质的性质和盐的种类，当盐与 Pr 种类都一定时，K_S 值是恒定的，此时若盐浓度加大，则溶液中的离子强度 I 升高，使蛋白质的溶解度 S 下降，蛋白质从溶液中沉淀析出。

　　对相同盐类，不同的蛋白质种类或同一蛋白质不同的盐种类的情况下，K_S 值都是不相同的，但各种蛋白质之间的 K_S 值的变化范围一般不超出 2 倍。公式中的 β 值不但与蛋白质的性质及盐的种类有关，而且还与溶液的温度及 pH 值有关。同一蛋白质不同盐类，它们的 β 值是有一定差别的，但幅度也不是非常大，如表 3.1。

表 3.1　各种盐类对碳氧血红蛋白盐析时的 K_S 值和 β 值

项目	硫酸钠	硫酸铵	柠檬酸钠	硫酸镁
K_S	0.76	0.71	0.69	0.33
β	2.53	3.09	2.60	3.23

　　β 随 pH 值的变动而变化，如图 3.3 中的延胡索酸酶。

　　在一定的浓盐溶液里，调节蛋白质混合溶液的 pH 值，在 β 值差别相对较大的区域里能达到选择性沉淀。如酵母提取细胞色素 c 的工艺中就利用了这种改变 pH 值的盐析方式来除杂。对细胞色素 c 粗提液，先调节 pH 为 5.0～5.5，加硫酸铵使饱和度达 85％，冷室静置后，有杂蛋白沉淀产生，离心除去后，再调节 pH 为 4.8～5.1，则产生红色的细胞色素 c 沉淀。

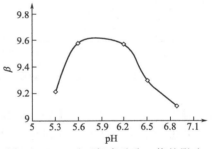

图 3.3　pH 对延胡索酸酶 β 值的影响

　　换个角度思考 pH 对盐析的影响，一般说来，蛋白质所带净电荷越多，它的溶解度越大。改变 pH 也往往意味着改变了蛋白质的带电性质，也就改变了蛋白质的溶解度。

　　β 随温度的变化而变化，在高离子强度的溶液中，温度升高一般使 β 值下降，即蛋白质的溶解度下降。也就是说在保证蛋白质不变性的情况下，适当地调节温度，可促使沉淀加快进行。对含有多种蛋白质及各种其他物质的混合液，如果在不同温度下进行分级盐析，则蛋白质产生沉淀的先后顺序就会出现变动。

　　② 蛋白质的原始浓度　盐析时，溶液中蛋白质的浓度对沉淀有双重影响，既可影响蛋白质沉淀极限，又可影响蛋白质的共沉作用。蛋白质浓度愈高，所需盐的饱和度极限愈低，但杂蛋白的共沉作用也随之增加，从而影响蛋白质的纯化。

　　蛋白质的原始浓度低时，盐析所需的离子强度高；蛋白质的原始浓度高时，盐析所需的离子强度低，也就是说，同一种蛋白质的不同浓度溶液的沉淀曲线常常会发生变化。如 30g/L 的碳氧肌红蛋白，在饱和度为 58％～65％的硫酸铵溶液中，能大部分沉淀出来；如将上述蛋白质溶液稀释 10 倍后，在饱和度为 66％的硫酸铵中仅刚开始出现沉淀，直到饱和度为 73％时，沉淀才比较完全。对较为单一的蛋白质溶液，蛋白质的浓度在盐析时应尽可能控制在较高的范围。但实际应用盐析时，往往面对的是一个较为复杂的混合体系，其中往往存在多种蛋白质，对混合蛋白质的盐析，蛋白质浓度过高，会发生较为严重的共沉作用，所以在这种情况下，蛋白质浓度一般不能高，控制浓度范围一般为 2.5%～3%（25～30mg/mL）。

③ 混合蛋白质的盐析

a. 合适盐析范围的选择　不同蛋白质的盐析峰有重叠，须权衡纯度与回收率进行选择。各种酶和蛋白质的沉淀曲线的 K_s 相差不大，因此盐析沉淀的最适分级范围在 8%左右，一种蛋白质在这个范围内一般约有 90%的蛋白质能沉淀下来，如果盐析分级范围加宽，尽管能提高回收率，但可能会带入较多的杂蛋白，使盐析的分辨率降低。

b. 改变原始浓度　一种蛋白质的不同浓度的沉淀曲线会变化，所以可以利用这一特性进行适当的改变，如进行分级沉淀时，有两种蛋白质的沉淀分布曲线互相重叠，可以尝试将原液适当稀释，再进行分级沉淀，就可能把重叠的沉淀曲线分开，但不能过分稀释，以免盐的用量加大，给后期分离增加难度。

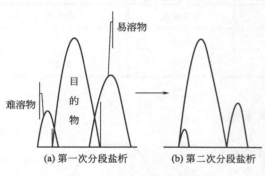

图 3.4　二次盐析示意图

c. 二次盐析　在原来的盐浓度下进行二次盐析，一般可除去易溶杂质，但不能除去难溶杂质。其中的原理可用图 3.4 来示意。

假设混合液中除目的酶外还有两种蛋白质杂质，一种溶解度高，即为易溶物，另一种溶解度低，称为难溶物，三种物质的盐析峰出现一定程度的重叠。第一次分段盐析时，选择目的物 100%回收的区域，见图 3.4(a)。将目的物重新溶解回原来的浓度，仍在同样的盐浓度下进行第二次分段盐析，因为易溶物与难溶物的浓度降低，盐析曲线后移，结果是难溶物与目的物仍然重叠，而易溶物则基本能被除去，见图 3.4(b) 所示。

通过对盐析公式的具体讨论，总体来讲，蛋白质的盐析可用两种操作方法：一是固定蛋白质溶液的 pH 值和温度，变动其离子强度以达到沉淀的目的，称为 K_s 盐析；二是在一定离子强度下，变动溶液的 pH 值和温度以达到沉淀的目的，称为 β 盐析。前者常用于蛋白质粗品的分级沉淀，而后者则适用于蛋白质的进一步分离纯化。

利用中性盐进行分级分离时，一般可能会出现三种情况。第一，所需目的物可在一相对狭窄的盐浓度范围下沉淀出来，使之有可能极大地提高比活性，成为一步极好的纯化操作；第二，能在一较宽的盐饱和度范围内沉淀出待研究的目的物，比活得到一定提高，除去一定的杂质；第三，如果所需目的物在某组条件下高度可溶，可以通过沉淀除去大部分杂质，将所需目的物保留于上清液中。应用时，第二种情况出现的概率较大。

盐析一般最好在纯化方案的开始阶段使用。在纯化的最后阶段，目的物较纯，浓度往往较低（1mg/mL），这时就不适合采用盐析的方法了。

④ 盐析操作要点

a. 盐的种类及选择　可使用的中性盐有：$(NH_4)_2SO_4$、Na_2SO_4、$MgSO_4$、NaCl、NaAc、Na_3PO_4、柠檬酸钠、硫氰化钾等。根据离子促变序列，单价盐类的盐析效果较差，多价的效果好；阴离子的效果比阳离子好。离子的主要排序如下：

柠檬酸根＞酒石酸根＞PO_4^{3-}＞F^-＞IO_3^-＞SO_4^{2-}＞醋酸根＞BO_3^{3-}＞Cl^-＞ClO_3^-＞Br^-＞NO_3^-＞ClO_4^-＞I^-＞SCN^-；

$$Al^{3+}>H^+>Ba^{2+}>Sr^{2+}>Ca^{2+}>Mg^{2+}>Cs^+>Rb^+>NH_4^+>K^+>Na^+>Li^+$$

其中用于蛋白质盐析的以 $(NH_4)_2SO_4$、Na_2SO_4 最广泛,前者最受欢迎。

优点:(a) $(NH_4)_2SO_4$ 溶解度大、密度小且溶解度受温度影响小;(b) 价廉,对目的物稳定性好,效果好。

缺点:(a) 缓冲能力较弱,所含氮原子对蛋白质分析会有一定影响;(b) 只能在 pH 小于 8 的范围内使用,如果 pH 大于 8,就会放出 NH_3,这种情况下,可选用柠檬酸盐进行盐析。

Na_2SO_4 也较常用于蛋白质的盐析,优点是不含氮,不影响蛋白质的定量测定;缺点是 30℃以下溶解度太低,在 30℃以上操作效果较好。不同温度下硫酸钠的溶解度见表 3.2。

表 3.2 不同温度下硫酸钠的溶解度

温度/℃	0	10	20	25	30	32
溶解度/(g/L)	13.8	18.4	24.8	28.2	32.6	34.0

此外,应注意的是 $(NH_4)_2SO_4$ 用于工业提取,选择三级纯度,但实验室沉淀蛋白质须纯度较高的 $(NH_4)_2SO_4$,因其中含少量的重金属离子对蛋白质的巯基十分敏感,使用时须用 H_2S 处理,或在样品液中加入 EDTA 螯合剂。高浓度的 $(NH_4)_2SO_4$ 一般呈酸性(pH5.0 左右),用前需用氨水调至所需的 pH 值。

b. 盐析范围的确定 可采用盐浓度对蛋白质沉淀量的盐析曲线测得。举例说明:取一份小样分组进行分段盐析,根据表 3.3 的结果,从回收率和纯度考虑来选择和确定盐析范围。

表 3.3 分段盐析的一组过程

试验组别	饱和度范围/%	酶沉淀/%	蛋白质沉淀/%	纯化倍数
A	0~40	4	25	0.9
	40~60	62	22	2.8
	60~80	32	32	1.0
	>80	2	21	0.045
B	0~45	6	32	0.19
	45~70	90	38	2.4
	>70	4	30	0.13
C	0~48	10	35	0.29
	48~65	75	25	3.0
	>65	15	40	0.38

表 3.3 是盐析条件确定的过程。如果侧重回收率,可取 B 组条件,选择其中的 45%~70%,可达 90% 回收率,纯化倍数为 2.4;如果侧重纯化倍数,则可选取 C 组的条件 48%~65%,可达 75% 回收率,纯化倍数为 3.0。

c. 盐的加入方式

(a) 固体 以固体形式直接加入是主要的方式,需加入的量可以计算也可直接查表。

如 $(NH_4)_2SO_4$ 浓度用饱和度 S(浓度相当于饱和溶解度的百分数)表示,则其浓度由 S_1 增大到 S_2 时每升溶液所需添加的量为:

20℃ $\qquad\qquad W=534(S_2-S_1)/(1-0.3S_2)$

0℃ $\qquad$ $W = 534(S_2 - S_1)/(1 - 0.285S_2)$

直接查表时须看清表上所规定的温度，须在搅拌下分次加经研细的固体盐类，即缓慢加入，防止产生过多的泡沫，在达到溶解平衡后再继续加入。分次缓慢加入的主要目的是使盐浓度均匀，Pr 充分聚集，易沉淀；注意搅拌不能太剧烈，否则可能破坏目的物，如产生过多的泡沫，会使一些敏感的蛋白质类物质发生变性。

（b）液体（饱和盐溶液）　要求所需盐析范围小于 50％饱和度下的情况才能使用。如果所需盐析范围较高，使用饱和盐溶液将很难达到最终所要求的浓度；而所需盐析范围较低的情况下使用溶解状态的饱和盐溶液，则很容易均匀地达到溶解平衡。

d. Pr 的原始浓度　太稀的蛋白质溶液，不仅消耗大量中性盐，对 Pr 回收也有影响；高浓度可节约盐用量，但须适中，以避免共沉。所以前面已经给出了一个较为适中的范围。

最后要注意的一个操作：蛋白质沉淀后宜在 4℃放 3h 以上或过夜，以形成较大沉淀而易于分离。

e. 盐析操作的其他方法

（a）透析盐析　将 Pr 溶液盛于透析袋中，放入一定浓度的盐溶液中，由于渗透压的作用，袋中盐浓度连续性变化，使蛋白质发生沉淀。

此种方法的特点：能避免局部盐浓度突然升高所引起的共沉，分离效果高，但它处理的样品量少，时间慢，只适合小试验。

（b）反抽提法（back-extraction）　将包括要分离的 Pr 在内的多种 Pr 一起沉淀出来，然后选择适当的递减浓度的硫酸铵来抽提沉淀物。

许多蛋白质从溶液中沉淀析出十分容易（共沉作用），是非特异性的，但反过来，沉淀在溶液中溶解却有相当高的特异性。此法在提取易失活的酶时更有其优越性，使用此法酶活得率一般较高，可能是因为酶蛋白在非溶解状态较能抵御蛋白酶攻击的缘故。如肝脏 Mn-SOD 很不稳定，但采用反抽提法，可使其得率大大提高。

f. 沉淀的再溶解　将沉淀溶于下一步所需的缓冲液中，一般只需 1～2 倍沉淀体积的缓冲液，若加了还不溶解，可能是杂质或变性蛋白质，可离心除去。

g. 脱盐

（a）透析　透析为应用最早的膜分离技术，多用于制备及提纯生物大分子时除去或更换小分子物质、脱盐和改变溶剂成分。

人工制作的透析膜多以纤维素的衍生物作为材料，具亲水性，在溶剂中能形成分子筛状多孔薄膜，且只许小分子通过而阻止大分子通过；具化学惰性，在一般溶液中不溶解；有一定的机械强度和良好的再生性能。

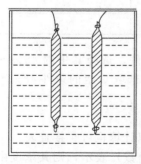

实验室小透析装置常加搅拌并定期或连续更换新鲜溶剂，可大大提高透析效果。一些透析装置见图 3.5、图 3.6。

（b）超滤　以特殊的超滤膜为分离介质，以膜两侧的压力差为推动力，将不同分子量的物质进行选择性分离（原理详见第四章）。当利用超滤的主要目的是脱盐作用时，可采用在压力容器和超滤器之间增加一个洗涤瓶的方法，提高脱盐的实际效果，这种超滤也可称为"透滤"。

（c）凝胶过滤层析　凝胶颗粒具三维网状结构，可对大小不同的分子流动产生不同的阻滞作用。利用此法脱盐时间短，效果好，但样品会有一定的稀释作用。一般脱盐时常选择 Sephadex G-25（原理详见第五章）。

图 3.5　实验室最简单的透析装置

二、有机溶剂沉淀法

酶、蛋白质、核酸、多糖类等物质的水溶液中，加入乙醇、丙酮等与水能互溶的有机溶剂后，它们的溶解度就显著降低，并从溶液中沉淀出来，此即为有机溶剂沉淀法。相对而言，此种方法的优点是分辨率比盐析高，且溶剂易除去并可以回收；但缺点是易使活性分子发生变性，适用范围有一定的限制。

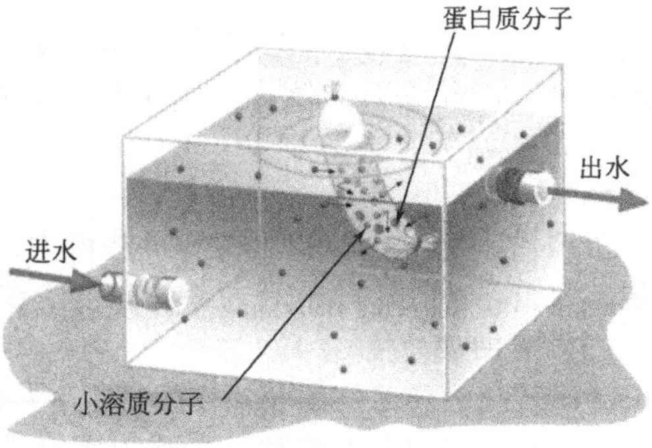

图 3.6 流动透析装置示意图

1. 基本原理

有机溶剂能使酶、蛋白质、核酸、多糖类等物质沉淀的机理如下：

① 有机溶剂的加入会使溶液的介电常数大大降低，从而增加了酶、蛋白质、核酸、多糖等带电粒子自身之间的作用力，相对容易相互吸引而聚集沉淀。

介电常数与静电引力的关系，可用库仑公式表示：

$$F = \frac{q_1 q_2}{\varepsilon \gamma^2}$$

式中 ε——介电常数，由介质的性质决定，表示介质对带有相反电荷的微粒之间的静电引力与真空对比减弱的倍数，在真空中定义为1；

F——相距为 γ 的两个点电荷 q_1 和 q_2 互相作用的静电引力。

因公式中 q_1、q_2 和 γ 都是定值，F 的大小则决定于 ε 值。即两带电质点间的静电作用力在质点电量不变、质点间距离不变的情况下与介电常数成反比。表 3.4 列出了几种溶剂的介电常数。

② 亲水的有机溶剂加入后，会争夺酶、蛋白质等物质表面的水分子，使它们表面的水化层被破坏，从而分子之间更容易碰聚在一起产生沉淀。

以上两个因素相比较，有机溶剂脱水作用较静电作用占更主要的地位。有机溶剂沉淀蛋白质原理示意见图 3.7。

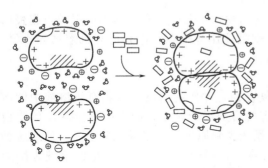

图 3.7 有机溶剂沉淀蛋白质原理示意

表 3.4 几种溶剂的介电常数

溶剂	水	乙醇	丙酮	甲醇	丙醇	尿素(2.5mol/L)
介电常数	80	24	22	33	23	84

2. 沉淀条件

利用有机溶剂沉淀酶或蛋白质时，必须控制好下列几个条件。

（1）温度

温度升高常促使蛋白质分子结构变得松散，使有机溶剂的分子有机会进入蛋白质分子结构中的疏水区，并与酪氨酸、色氨酸、缬氨酸、亮氨酸等氨基酸残基疏水结合，引起蛋白质的不可逆变性。所以，实验操作必须在低温下进行。加入的有机溶剂必须预先冷冻到-10～

－20℃。有机溶剂要缓慢地加入，防止溶液局部升温。

大多数酶和蛋白质的溶解度随温度降低而下降。当乙醇加到一定浓度并收集沉淀后，如果此时将上清液温度下降，则有可能再沉淀另一种蛋白质，这就是利用温度的差别进行的分级沉淀。

（2）pH

蛋白质、酶等两性物质在有机溶液中的溶解度受 pH 值变化而变动，一般在等电点时，溶解度最低。控制 pH 的缓冲液的浓度应在 0.01～0.05mol/L 之间。

（3）蛋白质浓度

为减少蛋白质之间的相互作用，防止共沉，蛋白质溶液浓度应低一些。但稍高的蛋白质浓度本身具有一定的介电常数，可减少蛋白质变性，而且所用的有机溶剂的量也减少。综合考虑，一般认为合适的蛋白质类物质起始浓度为 0.5%～3%，黏多糖以 1%～2%较合适。

（4）离子强度

中性盐会增加蛋白质在有机溶液中的溶解度。蛋白质溶液里中性盐浓度越高，则沉淀蛋白质所需要的有机溶剂浓度也越大，有时候盐会从这种溶液中析出（高于 0.1～0.2mol/L 时）。有机溶剂沉淀时，溶液中含有适量的低的离子强度（0.05～0.2mol/L），对酶或蛋白质具有保护作用，可防止变性。用盐析法制得的粗品，进一步用有机溶剂法沉淀纯化时，因离子强度过高，事先必须透析除盐。

（5）有机溶剂的选择

有机溶剂的选择，主要应考虑以下几方面因素。①介电常数小、沉淀作用强；②对生物分子的变性作用小；③毒性小，挥发性适中，沸点过低虽然有利于溶剂的除去和回收，但挥发损失较大，而且给劳动保护及安全生产带来麻烦；④能与水无限混溶，一些与水部分混溶或微溶的溶剂如氯仿、乙醚等也有一定使用。

乙醇是常用的有机溶剂，特别适用于制备生化药物，不会引进有毒物质；甲醇引起蛋白质变性的可能性比乙醇小。一些研究表明，用丙酮沉淀比醇类温和，其他有机溶剂如乙醚、丙醇、二甲基甲酰胺、二甲亚砜等也有一定应用。

（6）多价阳离子的影响

蛋白质与 Zn^{2+}、Ca^{2+} 等多价阳离子会形成复合物，并使蛋白质在水和有机溶液中的溶解度大大降低。这个现象常用于分离那些在水-有机溶剂混合液中，尚有明显溶解度的蛋白质、酶等物质。这个方法往往能使有机溶剂的用量减少到原来的一半或三分之一。使用这种方法须注意的一点是，应避免使用含磷酸根的溶液，否则会产生沉淀。常用的溶液为醋酸锌，浓度一般为 0.02mol/L。使用此方法还要注意，须事先加有机溶剂除去杂蛋白，同时在沉淀后尽可能避免这些离子残存于蛋白质中。

此外 Zn^{2+}、Ca^{2+} 等一些多价阳离子的存在，往往也可提高黏多糖类分子采用乙醇分步沉淀的效果。

（7）溶剂用量

为使溶液中有机溶剂的含量达一定的浓度，加入有机溶剂的量可按下式计算：

$$V = V_0(S_2 - S_1)/(100 - S_2)$$

式中　V——需加入有机溶剂体积；

　　　V_0——原溶液体积；

　　　S_1——原溶液中有机溶剂的体积分数；

　　　S_2——所需要的有机溶剂的体积分数。

如果所使用的有机溶剂是 95%，则公式中的 100 改为 95 即可。

三、等电点沉淀法

1. 基本原理

蛋白质、核苷酸、氨基酸等两性电解质的溶解度，常随它们所带电荷的多少而发生变化。一般来说，不管酸性环境还是碱性环境，只要偏离两性电解质的等电点，它们分子所带静电荷要么为正，要么为负（图3.8），这种情况下分子自身之间反而有排斥作用，只有当它们所带静电荷为零时，其分子之间的吸引力增加，分子互相吸引聚集，使溶解度降低。处于等电点状态的蛋白质互相吸引，其作用可能是通过分子的疏水区域，也可能还有偶极或离子的作用。因此，调节溶液的pH至溶质的等电点，就有可能把该溶质从溶液中沉淀出来，这就是等电点沉淀。

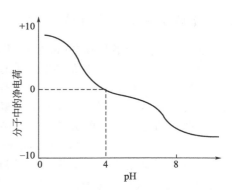

图3.8 pH对某一蛋白质电荷的影响

但由于这些两性电解质如蛋白质分子表面往往分布了许多极性基团，结合了大量的水分子形成水化层，仅仅只调节到等电点状态并不能使大多数蛋白质类物质发生必然沉淀，只有那些水化层薄的分子才可能出现沉淀，典型的如酪蛋白。所以等电点沉淀法常常和其他方法结合起来使用，如和盐析法、有机溶剂沉淀法及其他的沉淀剂一起联用。几种酶和蛋白质的等电点见表3.5。

表3.5 几种酶和蛋白质的等电点

种类	胃蛋白酶	β-乳球蛋白	胰凝乳蛋白酶	血清蛋白	血红蛋白
等电点 pI	1.0	5.2	9.5	4.9	6.3
种类	溶菌酶	γ-球蛋白	细胞色素	卵清蛋白	肌红蛋白
等电点 pI	11.0	6.6	10.65	4.6	7.0

2. 沉淀条件

调节等电点沉淀酶或蛋白质时，可能会出现下列情况。

（1）杂质种类的影响

一般如果混合液中存在许多等电点相近的两性电解质，单独使用这种方法的效果不理想，分辨率较差，可和其他方法结合使用。

（2）离子强度的影响

由于蛋白质类物质有盐溶和盐析的两面性，而且等电点的数值也会随溶液中中性盐离子的种类和浓度变化而变化，所以离子强度对等电点的沉淀作用影响较大。

一般单独利用此法沉淀的操作，需在低离子强度下调整pH至等电点，或在等电点的pH下利用透析等方法降低离子强度，使蛋白质类溶质沉淀。

（3）溶质表面极性的影响

等电点沉淀法一般适合于疏水性较大的蛋白质（如酪蛋白），因为这类蛋白质的分子表面的亲水性相对弱而水化层较薄；而对于亲水性很强的蛋白质（如明胶），它们在水中的溶解度较大，水化层较厚，胶体稳定性较好，在等电点的pH下不易产生沉淀。这种情况，就往往要结合其他方法一起应用。

与盐析法相比，等电点沉淀的优点是无需后续的脱盐操作，但沉淀操作的 pH 要考虑不能在所要物质的稳定 pH 范围外。

四、非离子多聚物沉淀法

非离子多聚物最早在 20 世纪 60 年代时被用来沉淀分离血纤维蛋白原和免疫球蛋白，从此高分子量非离子聚合物沉淀蛋白质的方法被广泛使用。许多高分子量非离子聚合物如聚乙二醇（PEG）、聚乙烯吡咯烷酮（PVP）和葡聚糖等都可用于沉淀蛋白质，其中最常用的是 PEG，分子量从 200 到 20000 的不同聚合程度的产品都是有效的。PEG 具有螺旋状的结构，亲水性强，有很广范围的分子量，其结构式如下：

$$(HO)CH_2 \overbrace{\left(CH_2 — CH_2 — O \right)_n} CH_2(OH)$$

用非离子多聚物分离生物大分子和微粒，一般有两种方法：一是选用两种水溶性非离子多聚物组成液-液两相系统，使生物大分子或微粒在两相系统中不等量分配，而造成分离。这一方法主要基于不同生物分子和微粒表面结构不同，有不同分配系数，并外加离子强度、pH 和温度等因素的影响，从而增强分离的效果，这种方法实际就是一种萃取方法。二是选用一种水溶性非离子多聚物，使生物大分子或微粒在单一液相中，由于被排斥相互凝集而沉淀析出。对后一种方法，操作时先离心除去粗大悬浮颗粒，调整溶液 pH 和温度至适度，然后加入中性盐和多聚物至一定浓度，冷储一段时间，即形成沉淀，以下讨论这种沉淀方法。

1. 基本原理

关于非离子多聚物用来沉淀物质的机理，主要是基于体积不相溶性，即 PEG 类型的分子从溶剂空间中排斥蛋白质，优先水合作用的程度取决于所用 PEG 的分子大小和浓度，排斥体积与 PEG 分子大小的平方根有关，而与被分离的物质无关。

2. 操作要点

（1）沉淀剂的选择

常用的非离子型聚合物有 PEG 和 PVP，PEG 按分子量大小常用的有 PEG2000、PEG4000 以及 PEG6000。而高一些分子量如 PEG10000、PEG20000 也可以使用，但它们更适合于透析袋内样品浓缩时选用。因为低分子量的聚合物无毒，所以在一些临床产品的下游加工过程中被优先选用。

（2）聚合物的纯化

如果所用的 PEG 纯度不高，可把 PEG 溶解于丙酮后再从乙醇中沉淀出来，这样能除去紫外吸收的杂质。一般用蒸馏水将 PEG 配成溶液使用。

（3）聚合物的加入

聚合物加入量的计算和有机溶剂沉淀的计算一样，也可以进行分级沉淀的操作。

（4）聚合物的去除

将复合物沉淀溶解于磷酸缓冲液中，用 35% 的硫酸铵沉淀复合物，再溶解于磷酸缓冲液，并用 DEAE-纤维素吸附蛋白质，PEG 不被吸附而除去。

3. 影响因素

PEG 及其他非离子多聚物应用于生物大分子微粒病毒和细菌的沉淀时，沉淀效果除与本身的浓度有关外，还受离子强度、pH 和温度等因素的影响。

PEG 沉淀蛋白质时，其浓度往往与溶液中盐的浓度呈反比关系，在一定 pH 值下，盐浓度越高，所需的 PEG 浓度越低。而在一定的离子强度下，溶液的 pH 越接近溶液中所需沉淀物质的等电点，沉淀此种物质所需 PEG 的浓度越低。此外，使用 PEG 的分子量大小也与沉淀效果有直接关系，一定范围内（2000～6000），高分子量的效果相对较好。

五、选择性变性沉淀

1. 基本原理

有些被分离的生化物质能忍受一些较剧烈的实验条件（如温度、pH、有机溶剂），而一些杂质却因不稳定而从溶液中变性沉淀，此即为选择性变性沉淀的原理。

2. 变性沉淀的种类

（1）热变性沉淀

一般随着温度的提高（25℃以上），蛋白质、酶类活性物质就会产生明显的变性作用，如果把一半量的某种蛋白质产生变性的温度称为半变性温度，研究发现，各种蛋白质类物质往往具有不同的半变性温度。因此在蛋白质的分离纯化过程中，就可能选择一个合适的温度，使某一种蛋白质几乎全部变性而产生沉淀，而另一种蛋白质则变化很小。

如脱氧核糖核酸酶对热稳定性比核糖核酸酶差，加热处理可使混杂在核糖核酸酶中的脱氧核糖核酸酶变性沉淀。又如由黑曲霉发酵制备脂肪酶时，常混杂有大量淀粉酶，当把混合粗酶液在 40℃水浴中保温 2.5h（pH3.4），90％以上的淀粉酶将受热变性而除去。热变性方法简单易行，在制备一些对热稳定的小分子物质过程中，除去一些大分子蛋白质和核酸特别有用。

热变性沉淀方法具体应用时，必须注意以下几点。

① 温度升高常使混合液中的一些水解酶活力升高，被分离的物质有受酶水解的危险。因此，热变性最好在硫酸铵溶液中进行。

② 应选择合适的缓冲液、pH 值、加热方式和加热过程，注意保温时间不同，蛋白质的变性曲线会发生一定的移动，所以条件选择时要把时间考虑进去。

（2）pH 变性沉淀

过酸过碱的条件下，常常使蛋白质类物质带上相同的电荷，增加分子之间的斥力，或破坏其自身的离子键而造成其空间结构的破坏，从而引起变性。

蛋白质的 pH 变性速度主要取决于蛋白质结构趋向松散的速度，各种蛋白质因为本身组成和结构的差别，pH 变性的范围和速度也有一定的差别，这正是人们利用选择性 pH 变性沉淀去除杂蛋白的依据。由于温度也是重要的影响因素，为减少目标物的损失，一般 pH 变性的温度控制在 0～10℃。

pH 变性比热变性安全、可靠，它能迅速达到或偏离特定的 pH 值，便于扩大应用。但应用此方法前，必须对目的物的酸碱稳定性有足够的了解，切勿盲目使用。

（3）有机溶剂变性沉淀

有机溶剂是蛋白质类物质的变性剂，一般采用有机溶剂沉淀蛋白质时都要注意低温、搅拌、快分离的操作模式，以减少目的蛋白质变性造成的损失。由于不同种类的蛋白质往往对有机溶剂的敏感度各不相同，所以可利用混合物在一定条件下与一定浓度的有机溶剂接触，达到沉淀除去一部分杂质的分离目的，这就是所谓的选择性有机溶剂变性沉淀的方法。

六、生成盐类复合物的沉淀

生物大分子和小分子都可以生成盐类复合物沉淀，此法一般可分为：①与生物分子的酸性官能团作用的金属复合盐法（如铜盐、银盐、锌盐、铅盐、锂盐、钙盐等）；②与生物分子的碱性官能团作用的有机酸复合盐法（如苦味酸盐、苦酮酸盐、单宁酸盐等）；③无机复合盐法（如磷钨酸盐、磷钼酸盐等）。以上盐类复合物都具有很低溶解度，极容易沉淀析出。若沉淀为金属复合盐，可通以 H_2S 使金属变成硫化物而除去；若为有机酸盐、磷钨酸盐，则加入无机酸并用乙醚萃取，把有机酸、磷钨酸等移入乙醚中除去，或用离子交换法除去。但值得注意的是，重金属、某些有机酸与无机酸和蛋白质形成复合盐后，常使蛋白质发生不可逆的沉淀，应用时必须谨慎。

能与酶形成复合物沉淀的物质可作为酶（蛋白质）沉淀剂。常用的有单宁、聚丙烯酸等高分子聚合物。

在以单宁为沉淀剂时，可先将酶液调节到一定的 pH 值（一般控制在 pH4～7，不同的酶所需 pH 值有所不同），然后加入一定量的单宁（一般加入的单宁量为酶液的 0.1%～1%），使形成酶与单宁复合物沉淀。沉淀分离出来后，沉淀复合物中的单宁可用丙酮或乙醇抽提而除去；酶-单宁的复合物还可用 pH8～11 的碳酸钠或硼酸钠等碱性溶液处理，使酶溶解出来，而单宁仍为沉淀；酶-单宁复合物也可用吐温-60（聚氧乙烯山梨糖醇酐单硬脂酸酯）、吐温-80（聚氧乙烯山梨糖醇酐单油酸酯）、分子量大于 6000 的 PEG（聚乙二醇）或 PVP（聚乙烯吡咯烷酮）等大分子进行复分解反应，这些大分子与单宁形成难溶的树脂状沉淀，而使酶游离出来。单宁复合沉淀法适用于各种来源的蛋白酶、α-淀粉酶、糖化酶、果胶酶、纤维素酶等的大规模生产。

以聚丙烯酸为沉淀剂时，将酶液调 pH3～5，加入适量聚丙烯酸，反应生成酶-聚丙烯酸复合物沉淀。分离出沉淀后，把 pH 值调到 6 以上，则复合物中的酶与聚丙烯酸分开。此时，加入 Ca^{2+}、Mg^{2+}、Al^{3+} 等金属离子，使之生成聚丙烯酸盐沉淀而游离出来。聚丙烯酸的用量一般为酶蛋白量的 30%～40%。聚丙烯酸盐沉淀可用 1mol/L 硫酸处理，回收聚丙烯酸循环使用。

七、亲和沉淀

亲和沉淀是近年来生化分离沉淀技术中的一种方法，但是其沉淀原理与通常的沉淀方法有很大不同。它是利用蛋白质与特定的生物或合成的分子（配基、基质、辅酶等）之间高度专一的作用而设计出来的一种特殊选择性的分离技术，其沉淀原理不是依据蛋白质溶解度的差异，而是依据"吸附"有特殊蛋白质的聚合物的溶解度的大小。亲和过程提供了一个从复杂混合物中分离提取出单一产品的有效方法。

从亲和沉淀的机理和分离操作的角度可以看出，亲和沉淀技术具有如下优点：配基与目标分子的亲和结合作用在自由溶液中进行，无扩散传质阻力，亲和结合速度快；亲和配基裸露在溶液之中，可更有效地结合目标分子；利用成熟的离心或过滤技术回收沉淀，易于回收放大；亲和沉淀法可用于高黏度或含微粒的料液中目标产物的纯化，因此可在分离纯化的早期采用，有利于减少步骤，降低成本。

亲和沉淀技术的主要步骤如下：首先将所要分离的目标物与键合在可溶性载体上的亲和配位体络合形成沉淀；所得沉淀物用一种适当的缓冲溶液进行洗涤，洗去可能存在的杂质；用一种适当的试剂将目标蛋白质从配位体中离解出来。

根据亲和沉淀的机理不同，亲和沉淀又可分为一次作用亲和沉淀和二次作用亲和沉淀。

1. 一次作用亲和沉淀

水溶性化合物分子上偶联上两个或两个以上的亲和配基，双配基和多配基可与含有两个以上的亲和结合部位的多价蛋白质产生亲和交联，进而增大为较大的交联网络而沉淀。

2. 二次作用亲和沉淀

利用在物理场（如 pH、离子强度、温度和添加金属离子等）改变时溶解度下降、发生可逆性沉淀的水溶性聚合物为载体固定亲和配基，制备亲和沉淀介质。亲和介质结合目标分子后，通过改变物理场使介质与目标分子共同沉淀的方法称为二次作用亲和沉淀。

一次作用亲和沉淀虽然简单，但仅用于多价、特别是 4 价以上的蛋白质，要求配基与目标分子的亲和结合常数较高，沉淀条件难于掌握，并且沉淀的目标分子与双配基的分离需要的透析技术与凝胶过滤技术都难于大规模应用，从而影响了一次作用亲和沉淀大规模的应用。因此，20 世纪 80 年代中期以后，亲和沉淀的相关研究大多集中于二次作用亲和沉淀法，其中主要是可逆沉淀性聚合物的探索。

◆ 参考文献 ◆

[1] 张志国. 应用在食品工业中的沉淀分离技术. 食品研究与开发，2004，25：71-74.

[2] Arakawa T，Timasheff S N. Mechanism of protein salting in and salting out by divalent cation salts：balance between hydration and salt binding. Biochemistry，1985，23：5912-5923.

[3] Sogami M，Inouye H，Nagaoka S，et al. Conformational changes of bovine plasma albumin prior to the salting-out of the protein in concentrated salt solution. International Journal of Peptide and Protein Research，1982，20：254-258.

[4] Xu H N，Liu Y，Zhang L F. Salting-out and salting-in：competitive effects of salt on the aggregation behavior of soy protein particles and their emulsifying properties. Soft Matter，2015，11：5926-5932.

[5] Von der Haar F. Purification of proteins by fractional interfacial salting out on unsubstituted agarose gels. Biochemical and biophysical research communications，1976，70：1009-1013.

[6] Kakizuka A. Protein precipitation：a common etiology in neurodegenerative disorders?. Trends in Genetics，1998，14：396-402.

[7] Hilbrig F，Freitag R. Protein purification by affinity precipitation. Journal of Chromatography B，2003，790：79-90.

第四章

膜分离技术

第一节 概述

　　膜分离过程以选择性透过膜为分离介质，当膜两侧存在某种推动力（如压力差、浓度差、电位差等）时，原料侧组分选择性地透过膜，以达到分离、提纯的目的。通常膜原料侧称膜上游，透过侧称膜下游。不同的膜分离过程使用的膜不同，推动力也不同。

　　反渗透、超滤、微滤、电渗析为四大已开发应用的膜分离技术，这些膜过程的装置、流程设计都相对较成熟，已有大规模的工业应用和市场。其中反渗透、超滤、微滤相当于过滤技术，用以分离含溶解的溶质或悬浮微粒的液体。其中溶剂/小溶质透过膜，溶质/大分子被膜截留。电渗析用的是荷电膜，在电场力的推动下，用以从水溶液中脱除离子，主要用于苦咸水的脱盐。气体分离和渗透汽化是两种正在开发应用中的膜技术。

　　除了以上已工业化应用的膜分离过程以外，还有许多正在开发研究中的新膜过程，这些膜过程可分成三类：①以膜为基础的平衡分离过程；②开发研究中的新膜分离过程；③膜反应器、控制释放及其他非分离膜过程。

一、发展史

　　人们对于膜现象的研究是从 1748 年 Abbe Nollet 发现水会自发地扩散穿过猪膀胱而进入酒精中开始的，但长期以来这一现象并未引起人们的重视。直至 1854 年 Graha 发现了透析现象（dialysis），1856 年 Matteucei 和 Cima 观察到天然膜是各向异性的这一特征后，人们才开始重视膜的研究，同期 Dubrunfaut 应用天然膜制成第一个膜渗透器并成功地进行了糖蜜与盐类的分离，开创了膜分离的历史纪元并显示了它的优点。天然膜的使用存在着局限性，然而新的科学技术的发展，新的产业部门的兴起，要求开发新的分离技术与过程，从而引发出人工合成分离膜的设想和实践。1864 年 Traube 成功地制得了历史上第一张人造膜——亚铁氰化铜膜。此后，特别是 20 世纪开始，相继出现了各种不同类型的人工合成分离膜，如 20 世纪 30 年代不同孔径的硝酸纤维超滤膜出现，1960 年 Loeb 和 Sorirajan 制得了不对称反渗透膜，1956 年美国首先出售商品化的离子交换膜，20 世纪 70 年代又研制出了纳米膜等。

　　如果将 20 世纪 50 年代初视为现代高分子膜分离技术研究的起点，截至现在，其发展大致可分为三个阶段：①50 年代为奠定基础阶段；②60 年代和 70 年代为发展阶段；③80 年代至今为发展深化阶段。

二、作用及存在问题

膜分离技术在分离物质过程中不涉及相变，对能量要求低，因此和蒸馏、结晶、蒸发等需要输入能量的过程有很大差异，膜分离的条件一般都较温和。这对于热敏性物质复杂的分离过程很重要，这两个因素使得膜分离成为生化物质分离的合适方式。此外它操作方便、结构紧凑、维修费用低、易于自动化，因而是现代分离技术中一种效率较高的分离手段，在生化分离工程中具有重要作用。

当然，它也存在一定的问题：①在操作中膜面会发生污染，使膜性能降低，故有必要采用与工艺相适应的膜面清洗方法；②从目前获得的膜性能来看，其耐药性、耐热性、耐溶剂能力都是有限的，故使用范围受限制；③单独采用膜分离技术效果有限，因此往往都将膜分离工艺与其他分离工艺组合起来使用。

三、分类和定义

（一）膜的定义

在一定流体相中，有一薄层凝聚相物质，把流体相分隔成为两部分，这一薄层物质称为膜。膜本身是均匀的一相或是由两相以上凝聚物质所构成的复合体。被膜分隔开的流体相物质是液体或气体。膜的厚度在 0.5mm 以下，否则就不称为膜。不管膜本身薄到何等程度，至少要具有两个界面，通过它们分别与两侧的流体相物质接触，膜可以是完全可透性的，也可以是半透性的，但不应该是完全不透性的。它的面积可以很大，独立地存在于流体相间，也可以非常微小地附着于支撑体或载体的微孔隙上。膜还必须具有高度的渗透选择性，作为一种有效的分离技术，膜穿透某物质的速度必须比传递其他物质快。

（二）膜的分类

1. 据分离粒子或分子大小分类

膜分离过程可以认为是一种物质被透过或被截留于膜的过程，近似于筛分过程，依据滤膜孔径的大小而达到物质分离的目的，故可按分离粒子或分子的大小予以分类，见图 4.1。

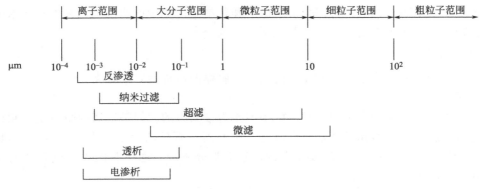

图 4.1　六种膜分离过程分离的粒子大小范围

2. 据推动力和传递机制分类

在生物技术中应用的膜分离过程，根据推动力本质的不同，可具体分为四类：

（1）以静压力差为推动力的膜分离过程

以静压力差为推动力的膜分离有四种：微滤、超滤、纳滤和反渗透。它们在粒子或被分离分子的类型上具有差别。

微滤特别适用于微生物、细胞碎片、微细沉淀物和其他在"微米级"范围的粒子。超滤适用于分离、纯化和浓缩一些大分子物质。纳滤能截留有机小分子而使大部分无机盐通过。反渗透是溶剂从盐类、糖类等浓溶液中透过膜，因此渗透压较高，必须提高操作压力，打破溶剂的化学平衡，才能使反渗透过程进行。

（2）以蒸气分压差为推动力的膜分离过程

以蒸气分压差为推动力的膜分离过程有两种：膜蒸馏和渗透蒸发。

膜蒸馏是在不同温度下分离两种水溶液的膜过程，已经用于高纯水的生产、溶液脱水浓缩和挥发性有机溶剂的分离，如丙酮和乙醇等。

渗透蒸发也是以蒸气压差为推动力的过程，但是在过程中使用的是致密（无孔）的聚合物膜。液体扩散能否透过膜取决于它们在膜材料中的扩散能力。这一过程不仅已取代共沸蒸馏法，用来分离共沸有机混合物，而且还用来从水溶液中分离如乙醇、丁醇、异丙酮、丙酮和乙酸之类的有机组分，尤其是当它们形成共沸混合物时。

（3）以浓度差为推动力的膜分离过程

透析（或称渗析）是一种重要的、以浓度差为推动力的膜分离过程，它最主要的应用是血液（人工肾）的解毒，也用在实验室规模的酶的纯化上，使用的是微孔膜如胶膜管。可以制作不同尺寸的渗析管，阻止分子量 15000～20000 以上的分子通过，让所有的低分子量分子扩散通过管子，最后两侧的缓冲溶液组成相等。渗析法虽然速度相对比较慢，但是方法和设备都比较简单，现在普遍使用的是渗析管。渗析也可以用来分离气相混合物，其作用原理是聚合物膜对不同气体表现出不同的渗透率。

（4）以电位差为推动力的膜分离过程

离子交换膜电渗析，简称电渗析，是一个膜分离过程。在该过程中，离子在电势的驱动下，透过选择性渗透膜，从一种溶液向另一种溶液迁移。用于该过程的膜，只有共价结合的阴离子或阳离子交换基团的膜。阴离子交换膜只能透过阴离子，阳离子交换膜则只能透过阳离子。将离子交换膜浸入电解质溶液，并在膜的两侧通以电流时，则只有与膜上固定电荷相反的离子才能通过膜。

离子交换膜电渗析最大的应用是海水淡化和苦咸水淡化生产饮用水，在生物技术中应用在血浆处理，也应用于免疫球蛋白和其他蛋白质的分离。

3. 据形态学分类

膜可以根据它们的形态学（有孔膜的大小、膜厚的对称性）来分类。

① 有孔膜

虽然某些重要的膜分离过程不是以静压力差为推动力的，但是采用的膜与微滤和超滤中一样，是多孔膜，因此多孔膜经常被看成是一种滤器，而且认为是"表面滤器"，不是"深层滤器"。因分离过程在多孔膜的表面进行，根据筛分机理，通过膜的粒子或分子的迁移取决于孔和粒子的大小。

微滤膜孔的大小用孔径表示，大小在 $0.05～10\mu m$ 之间。超滤膜孔的大小在 $1～50nm$ 之间，通常用截断分子量（MWCO）来表示在表面被截留分子的限度。商业上可得到的超滤膜的 MWCO 值在 $1.5 \times 10^3 \sim 300 \times 10^3$ 之间。经计算，一个平均孔径为 17.5nm、MWCO 为 10×10^3 的膜，孔隙密度为 3.0×10^9 孔/cm^2。图 4.2 描述了这类超滤膜的孔径分布。

② 膜厚的对称性

微滤中作用的膜的厚度是对称的，孔的大小全部一样，它们往往被设计成各向同性膜。而超滤或纳滤则往往采用不对称膜或各向异性膜。大多不对称膜有一层超薄层（厚度为 $1\mu m$ 或更小），它起到膜的专一特性的作用，被置于一层较厚的海绵状多孔性支撑层上（$100 \sim 200\mu m$），见图 4.3。支撑层的结构决定着这些膜层的透过通量，与同样厚度的对称膜相比，通量要大得多。不对称的超滤膜和反渗透膜，不仅在超薄层的性质上不同，而且在支撑层的结构上也不相同。超滤膜的支撑层由锥形微孔组成，呈尖头向上的锥形通道；反渗透膜的支撑层也是微孔的，但像一个海绵，支撑层下的小孔沿底层在直径上增大。反渗透膜的机械强度大于前者，所以反渗透过程可以承受更大的加压（100×10^5 Pa 以上）。

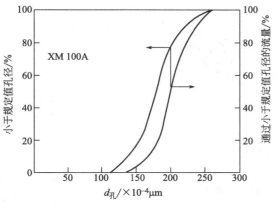

图 4.2 Amicon 公司 MWCO100000 超滤膜的孔径分布和流量预测

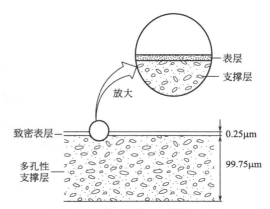

图 4.3 醋酸纤维素膜横截面图

通常认为不对称膜很少会堵塞，这是因为膜的独特结构使保持在截断分子量以上的粒子或小分子不能透过膜，而对于各向同性膜与孔径同样大小的粒子可能会堆积并不可逆地堵塞孔道。

4. 据材料特性分类

商业微滤各向同性膜由多种聚合物制作而成，如亲水性和疏水性的 PVDF（聚偏氟乙烯）、聚丙烯、硝酸纤维、醋酸纤维、丙烯腈共聚物和疏水性多醚砜。近年来还使用了许多材质为矿物质或硅酸盐的不对称膜。它们是由多孔煅烧炭载体与几个悬浮层的金属氧化物（通常是氧化锆）形成的薄微孔膜组成的，或者由同样材质的多孔载体和微孔膜组成，如陶瓷膜（图 4.4）。

商业超滤聚合膜主要由聚砜、硝酸纤维或醋酸纤维、再生纤维素、硝化纤维素和丙烯酸合成。陶质或无机的超滤膜虽然孔的大小有特殊要求，但是膜结构和全部材料都与无机微孔膜相同。对于反渗透膜，纤维和纤维质材料（主要是醋酸纤维及其衍生物）是最普遍的膜材料，有时也使用聚醚、聚酰胺和其他材料。

5. 据组件外形来分类

膜组件主要有四种形式：平板式（见图 4.5）、管式（见图 4.6）、螺旋卷式（见图 4.7）和中空纤维式（见图 4.8）。各种膜组件的优缺点列于表 4.1。

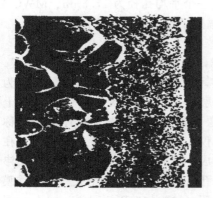

图 4.4 陶瓷膜的扫描电子显微镜照片

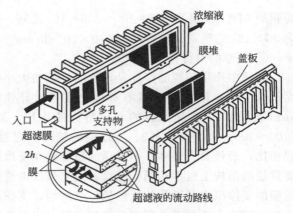

图 4.5 平板式膜组件

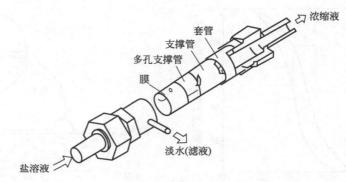

图 4.6 管式膜组件的构造简图

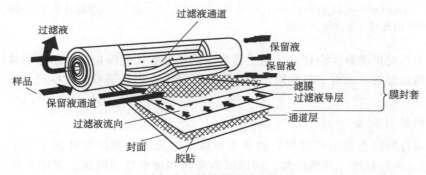

图 4.7 螺旋卷式膜组件

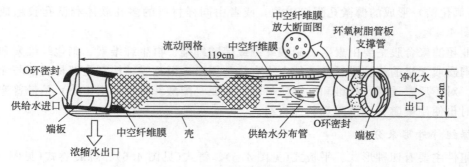

图 4.8 中空纤维式膜组件

表 4.1　各种膜组件的优缺点

组件	优点	缺点
平板式	保留体积小,操作费用低,低的压力降,液流稳定,比较成熟	投资费用大,大的固含量会堵塞进料液通道,拆卸比清洁管道更费时间
管式	设备投资很低,操作费用也低,单位体积中所含过滤面积大,换新膜容易	料液简经预处理,压力降大,易污染,难清洗,液流不易控制
螺旋卷式	结构紧凑,单位体积中所含过滤面积大,制备工艺成熟,设备投资和操作费用低	浓差极化不易控制,易堵塞,不易清洗,换膜困难,密封困难,不宜在高压下操作
中空纤维式	保留体积小,单位体积中所含过滤面积大,可以逆流操作,压力较低,设备投资低	料液需要预处理,单根纤维损坏时,需调换整个组件,不够成熟

第二节　技术原理

用于生化分离的膜过滤技术主要为超滤、微滤、纳滤、反渗透、电渗析等,其技术原理有共性和非共性的地方,本节主要介绍它们之间一些共同的原理特征。

一、压力特征

以静压力差为推动力的过程,如微滤、超滤、纳滤是生物技术中最重要的膜过程。

当料液沿过滤膜的切线方向流过时,在料液进出口两端会产生压力差 Δp（见图 4.9）：

$$\Delta p = p_i - p_o \qquad (4.1)$$

式中　p_i——进口压力；

　　　p_o——出口压力。

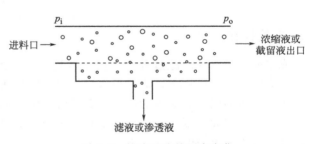

图 4.9　错流过滤的压力变化

这个压降与循环流量 Q 或者速率 v_s 有关,对于层流,这个关系式可用修正的 Poiseuille 方程式给出：

$$\Delta p = \frac{C_1 \mu L v_s}{d_h^2} = \frac{C_2 \mu L Q}{d_h^4} \qquad (4.2)$$

式中　μ——黏度；

　　　L——通道长度；

　　　d_h——水力直径；

C_1, C_2——常数,依赖于管道的几何尺寸。

水力直径由式(4.3) 给出：

$$d_h = \frac{4 \times \text{对流体有效的横截面积}}{\text{润湿周长}} \qquad (4.3)$$

对于管式膜, d_h 等于管子的内径。对于湍流,可将 Fanning 或者 Darcy 方程式修正后得到 Δp 和 Q 或 v_s 之间的关系式：

$$\Delta p = \frac{C_3 f L v_s}{d_h} = \frac{C_4 f L Q}{d_h^5} \qquad (4.4)$$

式中　f——以雷诺数为基础的因子（Fanning 因子）；

C_3，C_4——常数，依赖于管道的几何尺寸。

膜两侧的推动力也取决于压力，这个跨膜的压力可用式(4.5)表示：

$$\Delta p_{TM} = \Delta p_T - \Delta \pi \tag{4.5}$$

式中　Δp_T，$\Delta \pi$——分别为超滤中料液侧和滤液侧的压力差和渗透压差。

渗透压是溶质浓度的函数：

$$\pi = \frac{RT}{M}(c + \Gamma_2 c^2 + \Gamma_3 c^3) \tag{4.6}$$

式中　R——气体常数；

　　　T——热力学温度；

　　　M——溶质分子量；

　　　c——溶质浓度；

Γ_2，Γ_3——第 2 和第 3 维里系数。

式（4.6）中第一项对应于范德霍夫定律。在大多数膜过滤应用中，截留溶质的渗透压（大分子和胶体粒子）与施加的外压相比是较小的，因此可以忽略不计，Δp_T 就作为跨膜压力。

$$\Delta p_{TM} = \Delta p_T = \frac{p_i + p_o}{2} - p_f \tag{4.7}$$

通常，滤液透过液的压力是可以忽略的，p_f（低压侧压力）认为是零，可以得到跨膜压力和错流压力的关系如下：

$$\Delta p_{TM} = p_i - \Delta p / 2 \tag{4.8}$$

这表明，对一定的进口压力，错流速率的变化也会影响 Δp_{TM}。

二、浓差极化

浓差极化是指在超滤过程中，由于水透过膜，因而在膜表面的溶质浓度增高，形成梯度，在浓度梯度的作用下，溶质与水以相反方向扩散，在达到平衡状态时，膜表面形成一溶质浓度分布边界层，它对水的透过起着阻碍作用，见图 4.10 和图 4.11。

通过改变诸如速度、压力、温度和料液浓度之类的操作参数，可以降低浓差极化效应，所以这一现象是可逆的。

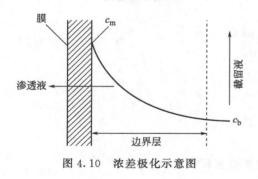

图 4.10　浓差极化示意图

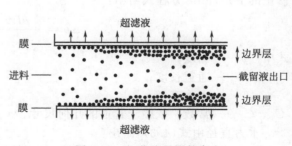

图 4.11　极化边界层的产生

三、膜分离理论

有许多研究者进行过尝试，试图将过滤通量看做是系统操作参数和物理特性的函数，建立一个模型，但是都不十分满意。其中主要问题是不能准确地模拟在膜表面附近发生的现象。

在理想情况下，即假定圆柱形的孔垂直于膜表面，超-微滤膜的性能可用微孔模型来描述，当纯溶剂或者溶质的浓度可以忽略时，通量可用 Hagen-Poiseuille 定律来表示：

$$J = \varepsilon_m \frac{d_孔^2}{32\mu l_孔} \Delta p_{TM} \tag{4.9}$$

式中　J——渗透通量，体积/（单位面积·单位时间）；

ε_m——膜表面孔隙率；

$d_孔$——孔径；

$l_孔$——孔长度（膜厚度）；

μ——动力黏度；

Δp_{TM}——膜两侧压差（跨膜压差）。

为表征一张膜的渗透性，引入水力阻力 W_m，其定义为：

$$J = \frac{1}{W_m} \Delta p_{TM} \tag{4.10}$$

膜的水力阻力（W_m）是所给定膜的特征值，并用纯溶剂的通量来定义。

在这个模型中，假定了通过微孔的流动是层流（雷诺数小于 1800），密度恒定（液体不可压缩性），通量与时间无关（稳压条件下），流体是牛顿型并且边界效应可忽略。根据这个模型，通量与膜两侧压差成正比，与黏度成反比。黏度主要由料液组成、温度和流速决定（仅对非牛顿型流体），因此增加温度和压力以及减少料液浓度理应增加通量，实际上在低压力、低料液浓度和高料液速度时这是成立的。当过程严重偏离这些条件中的任何一个时，通量变得与压力无关，在这种情况下，必须用一个质量传递模型来描述超-微滤过程。本书不做详细讨论。

四、膜的截留能力

超-微滤膜截留一给定溶质的能力可用表观截留率 $\delta_表$ 来表示，其定义为：

$$\delta_表 = \frac{c_b - c_f}{c_b} \tag{4.11}$$

式中　c_b——主体溶质浓度；

c_f——透过溶质浓度。

如果膜能完全截留溶质，则透过溶质浓度为 0，其截留率为 1；另外，如果溶质（如盐类），可自由透过，则截留率 $\delta_表 = 0$。

但是，在膜分离中，如果有浓差极化现象，使膜表面的浓度比主体浓度高，就存在有截留率，即：

$$\delta = \frac{c_m - c_f}{c_m} \tag{4.12}$$

式中　δ——边界层厚度；

c_m——膜表面溶质浓度。

在理论上，δ 对给定的膜-溶质系统来说是常数，并且与流动条件无关。

截留率与分子量之间的关系称截断曲线，见图 4.12。好的膜，应有陡直的截断曲线，可使不同分

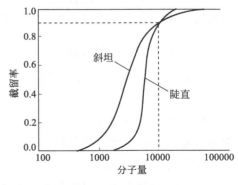

图 4.12　截断曲线

子量的溶质分离完全，而斜坦的截断曲线会导致分离不完全。

截断分子量（MWCO）定义为具有一定截留率（通常为 90％或 95％）的分子量，随制造厂而定。由截断分子量可估计孔径大小（表 4.2）。

表 4.2　由 MWCO 估计孔径

MWCO（球状蛋白质）	近似孔径/nm	MWCO（球状蛋白质）	近似孔径/nm
1000	2	100000	12
10000	5	1000000	28

五、膜的污染

（一）污染的原因

膜分离过程实用化中的最大问题是膜组件性能的时效变化，即随着操作时间的增加，膜透过流速迅速下降，溶质的截留率也明显下降，这称为膜的污染。污染是由膜的劣化和水生物（附生）污垢所引起的。

1. 膜的劣化

由于膜本身不可逆转的质量变化而引起的膜性能变化，有如下三类：

① 化学性劣化，水解、氧化等原因造成。

② 物理性劣化，挤压造成透过阻力大的固结和膜的干燥等物理性原因造成。

③ 生物性劣化，由供给液中微生物引起的膜的劣化和由代谢产物引起的化学性劣化。pH 值、温度、压力都是影响膜劣化的因素，要十分注意它们的允许范围。

2. 水生物（附生）污垢

由于形成吸着层和堵塞等外因而引起膜性能变化。

$$
\left.\begin{array}{l}
吸着层 \left\{\begin{array}{l}
固结层：悬浮物质 \\
凝结层：溶解性高分子 \\
水锈：难溶解物质 \\
吸附层：溶解高分子 \\
立体物质：悬浮物质、溶解性高分子
\end{array}\right. \\[2pt]
堵塞 \left\{\begin{array}{l}
吸附：溶解性高分子 \\
析出：难溶性物质
\end{array}\right.
\end{array}\right.
$$

当发生堵塞时，不论其原因如何，都使膜透过流速减少，截留率上升，在超滤时这种堵塞最成问题。而反渗透时，因膜的细孔非常小，所以不太容易堵塞，主要问题是吸着层。

（二）防止污染的措施

防止污染应根据产生的原因不同，使用不同的方法。具体方法有：

1. 预处理法

预先除掉使膜性能发生变化的因素，但会引起成本的提高。如调整供给液的 pH 值或添加阻氧化剂来防止化学性劣化；预先清除供给液中的微生物，以防止生物性劣化等。

2. 开发抗污染的膜

开发防老化或难以引起附生污垢的膜组件，这是最根本的办法。

3. 加大供给液的流速

可防止形成固结层和凝胶层，但需要加大动力。

（三）已污染后的清洗

对于已形成附着层的膜可通过清洗来改善膜分离过程。清洗法分为：

1. 化学洗涤

根据所形成的附着层的性质，可分别采用 EDTA 和表面活性剂、酶洗涤剂、酸碱洗涤剂等。

2. 物理洗涤

包括泡沫球擦洗、水浸洗、气液清洗、超声波处理（或亚音速处理）和电子振动法等。

六、膜组件的选择

对某一个膜分离过程，膜组件形式的选择必须综合考虑各种因素。

选择膜组件的第一个重要因素是膜组件的造价。造价高低对其能否进入工业应用有很大影响，但影响膜组件实际售价的因素很多，如高压膜组件比低压或真空系统膜组件价格高得多。售价还与膜过程的开发状况有关。

选择膜组件的第二个重要因素是抗污染能力。在反渗透、超滤等液体膜分离中，膜污染是个非常重要的问题，在设计中特别要注意膜组件的流体力学条件。

第三个应考虑的因素是膜材料能否制成所适用的膜，几乎所有膜材料都可制成板框式组件用的平片膜，但只有少数材料可制成中空纤维或毛细管。

此外，膜组件的结构是否适用于高压操作、料液和透过液侧压降是否符合膜过程要求等都对膜组件形式的选择和结构的设计有很大影响。如为了尽量减少透过侧的阻力，透过侧应有较大的空间。若采用中空纤维，其直径应适当粗；若采用卷式，则透过侧流道应比一般的宽。

在反渗透中使用最多的膜组件形式是中空纤维和卷式。板框式和管式膜组件用在少数膜污染特别严重的体系，如食品加工、严重污染的工业用水等。近年卷式膜组件有取代中空纤维的趋势，因卷式膜组件比中空纤维耐污染，因此料液预处理费用低。此外，当前性能最好的反渗透膜——界面聚合复合膜难以制成中空纤维型。

在超滤中一般也不使用中空纤维，因为它特别易污染。高污染的料液可考虑用管式或板框式。近年来对卷式膜组件的改进提高了其抗污染的能力，这些膜组件正在替代造价高的板框式和管式膜组件。

七、膜的选择及使用

不管是微滤、超滤还是纳滤，商品膜的型号都非常多，选择时，一般应注意以下指标。

（一）截留分子量

指阻流率达 90％ 以上的最小被截留物质的分子量（以球形分子测）。一般选用的膜的额定截留值应稍低于所分离或浓缩的溶质分子量，也就是说膜分子量选择性用对某标准物质的截留率表示，不是一个绝对的数字，膜截留分子量（MWCO）没有国际通用定义，需认真分析选择性曲线。如图 4.13 表示了一种国外 OMEGA 系列超滤/微滤膜的工作曲线。

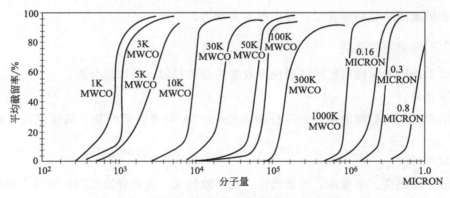

图 4.13 滤膜 UF/MF 的典型选择性（OMEGA）

（二）流动速率

流动速率（简称流率）是指在一定压力下每分钟通过单位面积膜的液体量 $[mL/(cm^2 \cdot min)]$。影响流动速率的主要因素如下：

1. 溶质的分子性质

包括溶质分子大小、形状和带电性质。一般来说，密度大的纤维状分子扩散性差，密度较小的球形分子易扩散。

2. 溶质浓度

在一定压力下，稀溶液比浓溶液的流率高得多，故一般稀溶液浓缩至一定浓度时流率逐渐下降。如果利用超滤进行脱盐，可在超滤和压力源之间加洗涤瓶，将洗涤液不断补充到超滤器内（流率与超滤器流率相等），于是超滤器内大分子溶质浓度不变，而小分子溶质和盐类不断被洗涤液洗出，最后可达较好的脱盐效果，此法也可称为透滤。

3. 压力

对于具有高度扩散性的溶质分子和较稀的溶液，增压能增加流率。但增压也常加速浓度极化，故开始增压时流率增加较快，当压力增至一定程度时，流率增加便减慢，二者并不成比例。对于易生成凝胶的溶质，一旦形成凝胶层，增压对流率就不再起作用。因此不同溶质应选择不同的操作压力。

4. 搅拌

搅拌可以破坏溶质在膜表面形成的浓度梯度，加快溶质分子的扩散，减少浓度极化，从而提高流率。对于易形成凝胶层的溶质，效果更显著。注意对剪切力敏感的大分子（酶、核酸）须控制搅拌速度，以免破坏它们的活性。

5. 温度

通常升温能提高流率（不同溶质区别对待）。

对流率有影响的还有溶液的 pH、离子强度及溶剂性质等因素。一般认为，凡能增加溶质溶解度或减少溶质形成凝胶倾向的因素都能增加超滤或纳滤的流率。

（三）其他

膜的选择除考虑截留分子量和流动速率外，其他考虑因素还有操作温度、化学耐受性、膜的吸附性能、膜的无菌处理等。

1. 操作温度

UM、XM、HM、OM 型膜耐受温度不超过 50℃，而 PM、HP 膜耐受温度可高达 120℃。

2. 化学耐受性

不同型号的膜也不完全相同，需先查明膜的配伍性。例如，UM 型膜禁用强离子表面活性剂和去污剂，可用的溶剂不能超过一定浓度，如磷酸缓冲液浓度不能大于 0.05mol/L，HCl 和 HNO_3 溶液浓度不能超过 10%，酚浓度不能超过 0.5%；碱的 pH 值不能大于 12。XM 型膜禁用丙酮、乙腈、糠醛、硝基乙烷和二甲基甲酰胺等。PM 和 HP 型膜禁用芳香烃、氯化烃、酮类、芳香族烃化物等。

3. 膜的吸附性能

由于各种膜的化学组成不同，对各种溶质分子的吸附情况也不相同。使用时，应选择尽量少吸附溶质的。某些缓冲液如会改变膜对溶质的吸附能力，就应改用其他缓冲液。例如磷酸盐缓冲液常增加膜的吸附作用，改用三羟基甲基氨基甲烷（Tris）缓冲液或琥珀酸缓冲液，则可减少溶质的损失和保证超滤时溶剂的正常流速。

4. 膜的无菌措施

灭菌一般可用 5%甲醇、70%乙醇、环氧乙烷（浓度不超过 20%）。实验室的一些膜过滤器，微滤设备往往选择不锈钢材料，可以进行高压灭菌。而超滤设备则有些可灭菌，有些不可以灭菌，具体应看设备说明。

5. 保存

各种膜使用恰当，能连续用 1~2 年。暂时不用，可在 1%甲醛溶液或 5%甘油溶液中保存，以避免微生物污染和分解，也要避免干燥以防止膜孔径发生改变。

第三节　微滤技术

一、概述

微滤膜过滤（micro filtration，MF）是世界上开发应用最早的膜技术，早在 100 年以前在实验室中制得了微孔滤膜，但对膜分离技术的系统研究始于 20 世纪。20 世纪 60 年代开始，随着聚合物材料的开发，成膜机理的研究和制膜技术的进步，微滤膜得到了飞速发展。

微孔滤膜孔径一般在 0.01~10μm 之间，多为对称性多孔膜。其特征主要表现为具有高度均匀的孔径分布，分离效率高；孔隙率高，一般可达到 70% 以上，有关资料报道约有 10^7~10^{11} 个孔/cm^2。同时绝大多数微孔滤膜的厚度在 90~105μm 之间，较薄，使其过滤速度大大提高。同其他过滤过程相比微孔滤膜为均一的连续体，过滤时没有介质脱落，不会造成二次污染。微滤主要用于从气相和液相悬浮液中截留微粒、细菌及其他污染物，以达到净化、分离和浓缩等目的。

同超滤和反渗透相比，微滤处理的一般都是微米级的颗粒物，其具有更大的通量和抗污染能力，过滤速率要高出 2~4 个数量级。

二、膜的分类

微滤膜根据其材质可分为有机（高分子或聚合物）微滤膜、无机微滤膜和复合微滤膜。

（一）有机微滤膜

有机微滤膜具有韧性，能适应各种大小粒子的分离过程，制备相对较简单，易于成型，工艺也较成熟。

常用的有机疏水微滤膜由聚乙烯、聚偏氟乙烯和聚四氟乙烯等聚烯烃类聚合物组成，这类材料力学强度高，受表面活性剂影响小。

1. 聚乙烯类（PE）管式烧结微滤膜

PE 管式烧结微滤膜是采用低压超高聚乙烯粉末状材料烧结而成的。这些粉末材料通常分为 40～200 目等规格，作为一种新型表层过滤技术，克服了深层过滤技术中精度难以提高的缺点，以其过滤精度高、抗腐蚀性能好、再生操作方便等优点，被广泛应用。

2. 聚氟类微滤膜

这类微滤膜具有极好的化学稳定性，如聚偏氟乙烯（PVDF）膜和聚四氟乙烯（PTFE）膜，适合在高温下使用，特别是 PTFE 膜，其使用温度在 40～260℃，并可耐强酸、强碱和各种有机溶剂。

3. 聚丙烯烃类微滤膜

聚丙烯（PP）拉伸式微孔滤膜和聚丙烯（PP）纤维式深层过滤膜均属于该类微滤膜，它们具有良好的化学稳定性，可耐酸、碱和各种有机溶剂，价格便宜，但该类膜孔径分布宽。

（二）无机微滤膜

无机陶瓷膜作为一种新型膜材料，与传统的高聚物膜相比，更具备其他聚合物膜所不具有的一些优点，如化学稳定性好、机械强度大、抗微生物污染能力强、耐高温、孔径分布窄、可高压反冲洗、再生能力强、分离效率高、不易老化等。已经商品化的陶瓷膜，按材质分类，主要有 Al_2O_3 膜、TiO_2 膜、SiO_2 膜、ZrO_2 膜等。

无机陶瓷膜的制备方法有很多，可根据应用过程对膜材料、膜结构、膜孔径大小、孔隙率和膜厚度要求的不同而加以选择。目前有工业应用前景的制备方法主要有：固态离子烧结法、溶胶-凝胶法、阳极氧化法、化学气相沉淀法、辐射-腐蚀法等。

（三）复合微滤膜

高分子微滤膜虽具有许多优点，但它遇热不稳定、不耐高温、在液体中易溶胀、强度低、再生复杂、使用寿命短等缺点使得它的应用受到一定限制。而无机陶瓷膜的生产成本比较高，膜的分离效果低，膜通量不稳定，应用范围较窄。因此在充分利用各自优点的基础上，制备复合膜是一种非常现实的选择。复合微滤膜一般包括三种形式：第一类是将一层孔隙极小（一般为微滤膜）的薄膜和常规过滤介质利用层压技术复合在一起的过滤材料。该复合膜的特点是孔隙不堵塞，滤液浊度低，使用寿命长，其缺点是薄膜与有机物黏合不牢固。第二类是通过不同的工艺手段实现有机与无机的黏合改性，具体包括无机物填充聚合物膜、聚合物/无机支撑复合膜、无机/有机杂聚膜，这种复合微孔过滤膜制备技术也是目前研究最多、应用最广的一项技术。有人利用浸没沉淀相转化法制备了聚偏氟乙烯（PVDF）膜/陶瓷复合膜。通过改变铸膜液的组成、凝固液的组成和温度以及对无机支撑物的表面修饰和改性，可以控制聚合物膜的孔径。第三类是将微滤膜技术与生物处理法相结合的新型水处理技术——复合式膜生物反应器（IMBR）。膜生物反应器作为国内污水处理行业新兴的技术，集中了微生物处理和膜分离技术的优点，目前正在进行深入研究。

三、膜的特点和分离机理

（一）膜的特点

微滤膜是指孔径 $0.01 \sim 10 \mu m$、高度均匀、具有筛分过滤作用特征的多孔固体连续介质。微滤膜最重要的应用是从液体和气体中把大于 $0.1 \mu m$ 的微粒等杂质分离出来。对于过滤应用来说，微孔膜的主要性能特点如下。

① 分离效率高是微滤膜最重要的性能特性，该特性受控于膜的孔径和孔径分布。由于微滤膜可以做到孔径较为均一，所以其过滤精度较高，可靠性较高。

② 表面孔隙率高是微孔膜的一重要特性。用相转化法制造的有机高聚物类的微孔膜，孔隙率一般可达 70% 以上。这类微孔膜的过滤速率，比同等截留能力的滤纸至少快 40 倍。

③ 绝大多数微滤膜的厚度在 $90 \sim 105 \mu m$。与普通深层过滤介质相比，只有它们的 1/10，甚至更小。这不仅有利于过滤速率，且对一些附加值高的产品来说，因过滤介质吸附造成的损失将非常少。

④ 高分子微滤膜为均匀的连续体，过滤时没有介质脱落，不会造成二次污染，从而得到高纯度的滤液。

（二）分离机理

膜的过滤行为与膜及过滤对象的物理化学特性有关。对微滤膜而言，其分离机理主要是筛分截留。

对于悬浮液中的液固分离，微滤膜的主要作用有以下几种。

① 筛分作用，指微滤膜将尺寸大于其孔径的固体颗粒或颗粒聚集体截留。

② 吸附作用，微滤膜将尺寸小于其孔径的固体颗粒通过物理或化学吸附作用而截留。

③ 架桥作用，固体颗粒在膜的微孔入口处因架桥作用而被截留。

④ 网络作用，这种截留发生在膜的内部，往往是由于膜孔的曲折而形成。

⑤ 静电作用，在分离悬浮液中的带电颗粒时，可以采用带相反电荷的微滤膜，这样就能够用孔径比待分离的颗粒尺寸大许多的微滤膜，不仅可以达到较好的分离效果，还可以获得较高的通量。通常情况下很多颗粒带负电荷，因此，相应的膜往往带有正电荷。

对气体中的悬浮颗粒进行分离时，微滤膜的作用则主要是直接截留、惯性沉积、扩散沉积和拦集作用。

四、膜的污染和清洗

微滤膜污染分为两个部分：一是液体中的胶体物质及大分子物质会与膜发生相互作用，在膜面上沉积形成一层凝胶层，又称滤饼层；二是一些无机盐等固体悬浮物进入膜孔，引起膜孔堵塞。目前，如何消除膜污染、强化过滤通量是国内外技术人员一大研究热点，总体改善的方法主要有：①料液前处理；②抗污染膜材料的选择；③流动控制；④高剪切力；⑤气体鼓泡；⑥附加作用力等。污染后采取的措施和控制方法主要是物理、化学法。物理法一般是指用高速水冲洗、空曝气清洗、海绵球机械擦洗和反冲洗（空气反吹冲洗、水反冲洗）及近年来研究较多的超声波清洗等，其特点是简单易行。化学清洗通常是用化学清洗剂，如稀碱、稀酸、酶、表面活性剂、络合剂和氧化剂等。此外，一些新的方法也正在开发中，如在进料液中充入气体、采用脉冲流动、让膜处于旋转状态等。

第四节　超滤技术

一、概述

　　超滤（ultrafiltration，UF）是 20 世纪 60～70 年代发展起来的一种膜分离技术，是利用多孔性半透膜——超滤膜的选择性筛分性能来分离、提纯和浓缩物质。超滤膜操作推动力为压力差，工作压力为 0.05～0.5MPa，膜通量为 $5m^3/(m^2 \cdot d)$，用于分离分子量 $5 \times 10^2 \sim 1 \times 10^6$ 范围内的高分子物质。与通常的分离方法相比，超滤不需要加热、添加化学试剂，操作条件温和、无相态变化，能有效地滤除溶液中的各种微粒、胶体、细菌、热原和大分子溶质，具有破坏有效成分少、能量消耗少、工艺流程短等优点。因此已广泛地应用于医药、化学、食品、环保等各个领域。

二、原理

　　超滤的基本原理：溶液体系在压力驱动下，在超滤膜表面发生分离，溶剂（水）和其他小分子溶质通过具有不对称微孔结构的超滤膜，大分子溶质或微粒被滤膜截留在膜表面，从而达到分离、提纯和浓缩产品的目的。膜的不对称结构和超滤器内料液的高速流动使得被截留物质不易阻塞膜孔，使膜可长期、反复使用。通过调节制膜液配方和制膜条件可控制膜表面的孔径尺寸。超滤膜的孔径为 3～30nm，根据产品要求选择合适孔径的超滤膜即可达到分离目的。

三、问题及解决措施

（一）膜污染

　　膜污染通常分为表面污染和内部污染。表面污染是由于蛋白质与膜相互作用而在膜表面吸附；内部污染是由于蛋白质沉淀而堵塞膜孔径。蛋白质在膜表面上的吸附常是形成污染的主要原因，调节料液的 pH 值远离等电点可使吸附作用减弱。但如吸附是由于静电引力，则应调至等电点。盐类对污染也有很大影响，pH 值高，盐类易沉淀；pH 值低，盐类沉积较少。加入络合剂（如 EDTA 等）可防止钙离子等沉淀。

（二）浓差极化与错流过滤

　　浓差极化是被处理液在过滤过程中由于溶质微粒形成的次生凝胶层而形成的，是阻碍膜过滤的最大障碍。错流过滤是防止浓差极化造成过滤速度下降的最有效方法。错流过滤是指液体在泵的驱动下沿着与膜表面相切的方向流动，在膜上形成压力，使一部分液体透过膜，而另一部分液体切向流过膜表面，将被膜截留的粒子和大分子冲走，避免它们在膜表面上堆积，造成膜堵塞和流速下降。直流过滤模式见图 4.14，错流过滤模式见图 4.15。

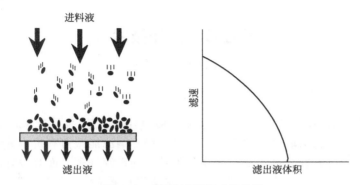

图 4.14　直流过滤模式示意图

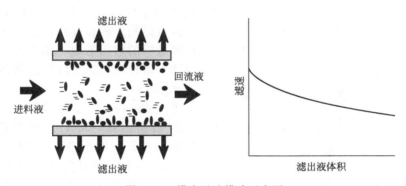

图 4.15　错流过滤模式示意图

四、膜的改性

　　高分子材料的出现使得膜的品种和应用范围大大增加，但是由于特种工程高分子材料的疏水性，用这些材料制成的膜表面也都呈现较强的疏水性，在实际使用中，被分离物质在疏水表面会产生吸附，从而造成膜污染。由于膜污染使得膜通量明显下降、膜的使用寿命缩短、生产成本增加，故成为超滤法技术进一步推广应用的阻碍，是超滤膜应用中最值得关注的问题之一。因此在制膜时既要保持特种工程高分子材料耐热性、化学稳定性、耐细菌侵蚀和较好的机械强度等优点，又要克服其疏水易造成膜污染的缺点。通常通过在疏水性的膜表面引入亲水性的基团，使膜表面同时具有一定的亲/疏水性，既保持了膜的原有特性，又具有亲水的膜表面，超滤膜表面改性成为解决膜污染的方法之一。

　　超滤膜的改性方法有很多种，既可以通过共聚、共混等方法对制膜前的基体进行改性，也可以在成膜后对膜表面进行改性。按作用机理的不同，改性方法可以分为物理和化学两大类。物理方法主要有表面活性剂改性和表面涂层改性，化学方法有等离子体改性、光化学改性等。

　　因荷电超滤膜具有抗污染能力强等特点，一些学者展开了对近中性超滤膜的改性工作，使其成为荷负电膜。如 Weixi 等采用电泳-UV 辐射接枝技术对聚醚砜（PES）超滤膜进行改性，改性后的 PES 超滤膜较未改性的膜具有更好的亲水性及荷负电量。相比未改性膜，其抗污染能力得到了提高。

第五节　纳滤技术

一、概述

纳滤（nanofiltration，NF）是在反渗透膜（RO）的基础上发展起来的，是介于反渗透与超滤之间的一种以压力为驱动力的新型膜分离过程。纳滤能截留有机小分子而使大部分无机盐通过，操作压力低，在食品工业、生物化工及水处理等许多方面有很好的应用前景。

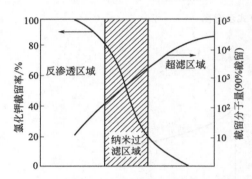

图 4.16　纳滤与反渗透、超滤操作性能比较

纳滤膜的截断分子量一般小于 1000，大于 300，近来也有报道大于 200 或 100 的。纳米过滤膜的截断分子量范围比反渗透膜大而比超滤膜小，因此可以截留能通过超滤膜的溶质而让不能通过反渗透膜的溶质通过。根据这一原理，可用纳米过滤来填补由超滤和反渗透所留下的空白部分（图 4.16）。

纳米过滤的特点：①能截留小分子的有机物并可同时透析出盐，即集浓缩与透析为一体。②操作压力低，一般小于 1.5MPa，而 RO 一般大于 4.0MPa。因无机盐能通过纳米滤膜而透析，使得纳米过滤的渗透压远比反渗透低，这样，在保证一定的膜通量的前提下，纳米过滤过程所需的外加压力就比反渗透低得多，具有节约动力的优点。③对一价离子的截留率低，如 NaCl 截留率一般低于 90%，而对二价或高价离子，特别是阴离子截留率可大于 98%，这一特征确定了它在水软化处理中的重要作用。④多数 NF 膜为荷电膜，所以膜对中性分子的截留特性主要取决于膜孔尺寸，是以筛分机理为基础的。对于荷电离子，还存在与膜之间的静电作用，这是 NF 膜对不同价态离子选择截留的重要原因。

鉴于上述特点，这种膜分离过程在工业流体的分离纯化方面将大有作为，比超滤和反渗透的应用面要广得多。

二、分离机理

纳滤膜也表现出建立在离子电荷密度基础上的选择性，因为膜的离子选择性，对于含有不同自由离子的溶液，透过膜的离子分布是不相同的（透过率随离子浓度的变化而变化），这就是 Donnan 效应。例如，在溶液中含有 Na_2SO_4 和 NaCl，膜优先截留 SO_4^{2-}，Cl^- 的截留随着 Na_2SO_4 浓度的增加而减少，同时为了保持电中性，Na^+ 也会透过膜，在 SO_4^{2-} 浓度高时，截留率大大降低。

由于大多数纳滤膜含有固定在疏水性的 UF 支撑膜上的负电荷亲水性基团，因此纳滤膜比反渗透膜有更高的水通量，这是水偶极子定向的结果。由于存在着表面活性基团，它们也能改善以疏水性胶体、油脂、蛋白质和其他有机物为背景的抗污染能力。这一点，使纳滤膜用于高污染源如染料浓缩和造纸废水处理上优于反渗透膜。

由于大部分纳滤膜为荷电型，其对无机盐的分离不仅受到化学势控制，同时也受到电势梯度的影响，分离机理和模型较超滤和反渗透来说，更为复杂。以下是对已提出的几种主要分离机理及模型特点的简单介绍。

（一）细孔模型

细孔模型（poremodel）是在 Stokes-Maxwel 摩擦模型的基础上引入立体阻碍影响因素。该模型假定多孔膜具有均一的细孔结构，溶质为具有一定大小的刚性球体，且圆柱孔壁对穿过其圆柱体的溶质影响很小。

该模型如知道膜的微孔结构和溶质大小，就可计算出膜参数，从而得知膜的截留率与膜透过体积流速的关系。反之，如已知溶质大小，并由其透过实验得到膜的截留率与膜透过体积流速的关系从而求得膜参数，也可借助于细孔模型来确定膜的结构参数。在该模型中孔壁效应被忽略，仅对空间位阻进行了校正，适合用于电中性溶液。

（二）溶解-扩散模型

溶解-扩散模型（solution-difusionmodel）假定溶质和溶剂溶解在无孔均质的膜表面层内，然后各自在化学位的作用下透过膜，溶质和溶剂在膜相中的扩散性存在差异，这些差异对膜通量的影响很大。Strathmann 研究指出，水在膜内的状态（分子分散状态或集团状态）是影响膜性能的重要因素。该模型是以纯扩散为基础的模型，适用于水含量低的膜。由于膜表面有孔存在，所以溶解-扩散模型和实验结果往往存在一定偏差，有一定的局限性。

（三）电荷模型

据对膜内电荷及电势分布情形的不同，电荷模型分为空间电荷模型（space-charge model）和固定电荷模型（fixed-charge model）。

空间电荷模型假设膜由孔径均一而且其壁面上电荷均匀分布的微孔组成，微孔内的离子浓度和电场电势分布、离子传递和流体流动分别由 Poisson-Boltzmann 方程、Nernst-Planck 方程和 Navier-Stokes 方程等来描述。运用空间电荷模型，不仅可以描述诸如膜的浓差电位、流动电位、表面 Zeta 电位和膜内离子电导率、电气黏度等动电现象，还可以表示荷电膜内电解质离子的传递情形。

在固定电荷模型中，假设膜相是一个凝胶层而忽略膜的微孔结构，膜相中电荷均匀分布，仅在膜面垂直的方向因 Donnan 效应和离子迁移存在一定的电势分布和离子浓度分布。

比较以上两种模型，固定电荷模型假设离子浓度和电势在膜内任意方向分布均一，而空间电荷模型则认为两者在径向和轴向存在一定的分布，因此认为固定电荷模型是空间电荷模型的简化形式。

（四）静电排斥和立体位阻模型

静电排斥和立体位阻模型（electrostatic and sterie-hindrance model）假定膜分离层是由孔径均一、表面电荷分布均匀微孔构成，既考虑了细孔模型所描述的膜微孔对中性溶质大小的位阻效应，又考虑了固体电荷所描述的膜的带电特性对离子的静电排斥作用，因而该模型能够根据膜的带电细孔结构和溶质的带电性及大小来推测膜对带电溶质的截留性能。

（五）道南-立体细孔模型

Bowen 和 Mukhtar 等提出了一个称为杂化（hybrid）的模型。该模型建立在 Nemst-Planck 扩展方程上，用于表征两组分及三组分的电解质溶液的传递现象。在模型解析中认为膜是均相同质而且无孔的，但是离子在极细微的膜孔隙中的扩散和对流传递过程中会受到立体阻碍作用的影响。后来 Bowen 等将他们的模型称为道南-立体细孔模型（DSPM）。该模型假定的膜的结构参数和电荷特性参数与静电排斥和立体位阻模型所假定的模型参数完全相同。

DSPM 用于预测硫酸钠和氯化钠的纳滤过程的分离性能，与实验结果较为吻合，因此可认为该模型是了解纳滤膜分离机理的一个重要途径。

三、纳滤膜

大多数的纳滤膜是由多层聚合物薄膜组成，活性层通常荷负电化学基团。一般认为纳滤膜是多孔性的，其平均孔径为 2nm，通常分子量截留范围为 100~200。

纳米滤膜同样要求具有良好的热稳定性、pH 值稳定性和对有机溶剂的稳定性。目前世界上已有几家公司，如以色列的 Membrane Products Kiryat Weizmann 公司（MPW）、美国加州的 Desalination System 公司及明尼苏达州的 Filmtech 公司，分别生产的 SelRO、DESAL-5、FT-40 等系列膜都已具备了这些条件，这些膜能够承受 80℃的温度，在 pH 值 0~14 范围内工作，并对许多溶剂有较强的抵抗作用。这类滤膜目前在国内也已开始研究。

第六节　超-微滤操作技术

一、预处理

超滤过程的预处理同样应根据进料所含污染物来设计，通常应先用一孔径 5~10μm 的过滤器除去其中的悬浮物、铁锈，必要时也可先絮凝，再预过滤。

在超滤中，被截留分离的组分，如蛋白质、酶、微生物本身会对膜形成极强的污染，一般可通过调节料液的 pH 使这些污染组分远离其等电点，以减少膜面上凝胶层的形成。这可能是最经济的方法。

为防止溶解度小的无机盐沉淀析出，也可以加入抗垢剂，也有报道加入螯合剂，以改变可溶性组分的溶解度。奶酪乳清在超滤前可在 65℃下加热 1h，以脱除脂肪和免疫球蛋白；Ca^{2+}、Mg^{2+}之类二价离子会通过大分子链之间的架桥作用形成沉淀，超滤前最好也能脱除；而一价离子（Na^+、K^+）常可防止污染和沉淀。

为减轻微滤膜的负担，延长微滤膜的使用寿命，料液进入微滤膜组件前也可进行适当的预过滤，如用化纤绕线型滤芯、硅藻土、石棉或玻璃纤维做成的筒式预滤器、砂棒等烧结材料制成的粗滤器进行预过滤。

二、膜的操作

（一）超滤的工作模式

超滤的工作模式可分为浓缩、透析过滤和纯化三种。

1. 浓缩

在浓缩悬浮粒子或大分子的过程中，产物被膜系统截留在料液罐中，见图4.17。

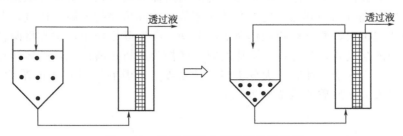

图 4.17　用超-微滤分批浓缩的示意图

在分批浓缩中，浓缩物的最终体积 V_c 可由其初始体积 V_0 和透过体积 V_f 之间的质量平衡来确定：

$$V_c = V_0 - V_f \tag{4.13}$$

应该注意到，由于系统阻留住了一定的体积，故浓缩物的最终体积准确地说不等于料液罐内的最终体积。

体积浓缩系数 C_F 可定义为：

$$C_F = \frac{V_0}{V_c} \tag{4.14}$$

被膜完全截留的大分子浓度增加 C_F 倍，完全透过物料的浓度不受影响，在截留率 δ 不是 1 或 0 的情况下，产物的浓度可由式(4.15)给出：

$$c_c = c_0 C_F \delta \tag{4.15}$$

式中　c_c——最终产物的浓度；

c_0——初始产物的浓度。

产物回收率 R 可通过在最终浓缩物中和初始进料中产物总量求得：

$$R = \frac{V_c c_c}{V_0 c_0} = \frac{c_c}{c_0} \times \frac{1}{C_F} \tag{4.16}$$

该式也可写成：

$$R = C_F^{\delta-1} \tag{4.17}$$

在透过液中浓度 c_f，可由产物质量衡算得到：

$$c_f = (V_0 c_0 - V_c c_c)/V_f \tag{4.18}$$

2. 透析过滤

在悬浮粒子或大分子的透析过滤中，产物被膜截留住，低分子量溶质（盐、蔗糖和醇）则通过膜，见图4.18。

如果是进行盐的交换，透过液可用去离子水或缓冲液替代。

在透析过滤时，小分子溶质的浓度可由下面的方程式给出：

$$c_f = c_0 \exp\left[-\frac{1-\delta}{V_f/V_0}\right] \tag{4.19}$$

式中　δ——截留率；

　　　V_f——透过液体积；

　　　V_0——初始浓缩液体积；

　c_f，c_0——透过液和初始浓缩液中低分子量溶质浓度。

透析过滤可用间歇方式进行，用去离子水或缓冲液反复浓缩和稀释。

从上可知，在浓缩模式中，溶剂和小分子溶质被除去，料液逐渐浓缩，但通量随着浓缩的进行而降低，故欲使小分子达到一定程度的分离所需时间较长；透析过滤是在不断加入水或缓冲液的情况下进行的，其加入速度和通量相等，这样可保持较高的通量，但处理的量较大，透过液的体积也大，并且影响操作所需的时间。在实际操作中，常常将两种模式结合起来，即开始采用浓缩模式，当达到一定浓度时，转换为透析过滤模式，其转换点应以使整个过程所需时间最短为标准。此时，大分子溶质的浓度 c 和其在凝胶层上的浓度 c_m 间的关系应符合下式（设大分子溶质的截留率为 1）：

$$c = c_m/e \tag{4.20}$$

式中　e——自然常数。

3. 纯化

采用这一工作模式纯化溶剂和低分子量溶质，它们被回收在透过液流中，可是在截留的物质中也可能同样含有目标产物（图 4.19）。

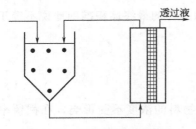

图 4.18　超滤透析的示意图

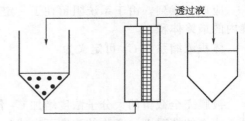

图 4.19　超滤纯化的示意图

产物在透过液中浓度 c_f 由质量衡算求得，产物在纯化过程中的总回收率 R 为：

$$R = \frac{V_f c_f}{V_0 c_0} \tag{4.21}$$

式中　V_f——透过液体积；

　　　V_0——初始浓缩液体积。

（二）中空纤维膜的工作模式

中空纤维膜的工作模式分为超滤、再循环、逆洗。

如图 4.20(a) 所示，超滤时料液从膜组件底部进入，流进中空纤维，可透过物通过膜流入膜组件的低压一侧，在透过液上出口管流出。

再循环是过程进行时清洗的有用方法，在这一情况下，透过液的出口管关闭，见图 4.20(b)，膜组件内充满滤液，则在膜组件一半的地方透过液的压力大于浓缩液的压力从而引发逆流。当料液逆流时，在相同的清洗条件下，会造成另一半中空纤维膜组件的净化。在处理含有高悬浮固体和蛋白质沉淀的液流时，再循环特别有效。

逆洗，见图 4.20(c)，也可用于清洗操作。通过关闭一个透过液出口，并把两个操作出口接通大气，透过液通过加压流入膜组件，流向纤维并迫使其渗入中空纤维膜内侧，使积累的污垢脱离膜而流出膜组件。逆洗操作和再循环只适用于中空纤维膜。

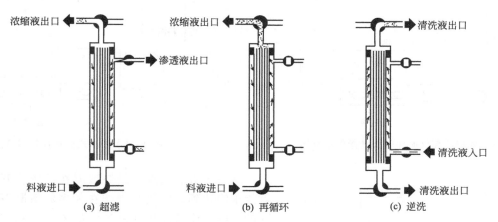

图 4.20　中空纤维膜组件操作示意图

（三）超-微滤系统的操作方式

超-微滤系统主要有以下几种操作方式。

1. 开路式操作

这一操作方式中（见图 4.21），料液一次性通过膜组件，导致透过液的体积非常少，回收率低，除非采用非常大的膜。开路式操作仅用于浓差极化效应忽略不计和流动速率要求不高的情况。

2. 间歇式操作

在实验室和中试规模试验中最常用的是间歇式操作（见图 4.22）。截留液需回流入进料罐中，以达到循环的目的。这是浓缩一定量物质的最快方法，同样要求的膜面积最小。图 4.23 和图 4.24 表示了两种不同的循环形式。浓缩液部分再循环的间歇操作特别适用于需要连续处理进料液流和其他罐不空的时候。

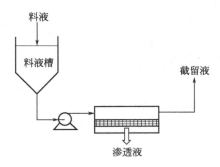

图 4.21　开路式单程连续操作示意图

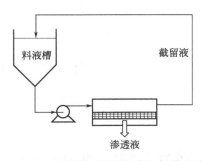

图 4.22　浓缩液完全循环的分批操作示意图

3. 进料和排放式操作

在这一操作方式中，开始运转与间歇式操作方式相类似，浓缩液一开始全部回流，当回路中的浓度达到最终要求的浓度时，回路中的一部分浓缩液要连续排放，控制料液进入回路的流量等于透过液的流量和浓缩液排放流量之和，见图 4.25。

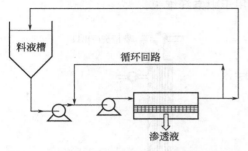

图 4.23　浓缩液部分循环的分批操作示意图

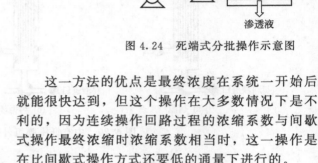

图 4.24　死端式分批操作示意图

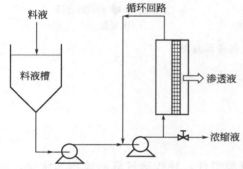

图 4.25　进料和排放式操作示意图

这一方法的优点是最终浓度在系统一开始后就能很快达到，但这个操作在大多数情况下是不利的，因为连续操作回路过程的浓缩系数与间歇式操作最终浓缩时浓缩系数相当时，这一操作是在比间歇式操作方式还要低的通量下进行的。

4. 多级再循环操作

这一操作方式（见图 4.26），仅仅是为了克服进料和排放式操作时通量低的缺点而发展起来的一种方式，但它同时也保留了较快得到最终所需浓度的优点。其中只有最后一级是在最高浓度和最低通量下进行的，而其他各级都是在较低浓度和较高通量的情况下进行的。因此总膜面积低于相应的单级操作，接近于间歇式操作。该操作方式通常最少要求 3 级，7～10 级是比较普遍的。

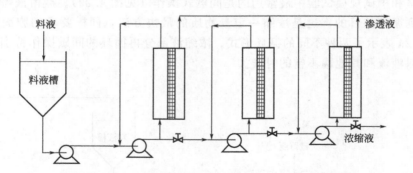

图 4.26　三级进料和排料联结系统的多级操作示意图

三、膜的清洗和膜性能的再生

以超滤膜组件的清洗再生为例。在超滤工厂的设计中，清洗循环装置的设计是非常重要的内容。在大型超滤工厂中一般都设计成原位清洗，自动控制。在制订清洗方案时，必须知道物料中哪些组分会引起污染，哪些清洗剂可用于溶解或分散污染组分。

（一）一般的清洗程序

① 用水清洗整个体系，包括膜组件、管道、阀门、泵。清洗中注意，不能让膜离开料液而干燥，这是基本法则。停车时应直接用水将膜面上料液冲走，可能的话，用膜与体系可接受的热水冲洗，可取得更好的效果。

② 用与膜相容的去垢剂溶液循环清洗膜组件。

③ 用清水冲掉去垢剂。

④ 在标准条件下校核膜通量，若未达到希望值，则重复步骤②和③。

⑤ 以 0.5％甲醛水溶液杀菌。

（二）常用去垢剂组成

1. 去无机污染物

① 柠檬酸 2％＋Triton X-100（聚乙二醇烷基芳基醚）0.1％＋反渗透水 97.9％，氨水调节 pH 值至 3。

② 柠檬酸 2％＋39％EDTA＝钠 2％＋反渗透水 96％，氨水调节 pH 值至 4。

③ 三聚磷酸钠 2％＋Triton X-100 0.1％＋39％EDTA＝钠 2％＋RO 水 95.9％，硫酸调节 pH 值至 7.5。

④ 盐酸或柠檬酸调节反渗透水至 pH＝4。

2. 除有机物污染

① 1％加酶洗涤剂水溶液。

② 30％H_2O_2 0.5L＋去离子水 12L。

3. 除细菌、微生物污染

① 次氯酸钠溶液 5～10mg/L，用 H_2SO_4 调节 pH 值至 5～6（芳香聚酰胺膜则用 1％甲醛液）。

② 1％～2％H_2O_2 溶液。

4. 除浓厚胶体

① 高浓度盐水。

② 含酶清洗剂。

次氯酸盐是膜的溶胀剂，可有效地清洗出进入膜孔内的污染物，但在使用膜溶胀剂之前必须将再分散剂（如杀菌用的含氯溶液）完全清洗掉，否则它们将进入膜结构中。

在某些应用中还需加入调节剂，特别是食品和制药生产中，以保证产品不被残留的清洗剂或其萃取物所污染。

第七节　膜分离技术的应用

一、微滤技术应用

微滤在食品加工除菌、果汁澄清、纯生啤酒过滤、茶饮料处理、牛乳生产、中药提取、污水处理等方面都有极为广泛的应用。

微滤技术最大的应用主要在于可代替巴氏杀菌和化学防腐剂，微滤的有效范围是 $0.05\sim 2.50\mu m$，食品加工需要杀灭的微生物大小多数在此范围内。因此采用微滤膜分离进行无菌过滤是最有效的，它可以把细菌、酵母和霉菌全部截留，而食品中的有效成分都能透过膜。

Alfa-Layal 公司开发了一个适用于牛奶微滤除菌的新的微滤过程，又称 Bactocatch 法，该法的特点是沿膜元件长度方向操作压差恒定。Bactocatch 过程是由渗透液和截留液同时循环操作，可很好地控制膜两侧压力，构成恒压差连续操作，从而能控制膜污染，通量保持较高，而蛋白质截留率很低（<3%）。流程见图 4.27。

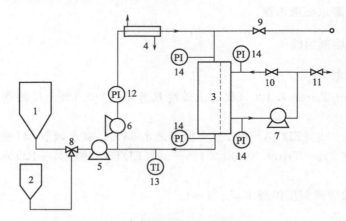

图 4.27　恒压差微滤过程流程

1—浓缩液储罐；2—清洗液储罐；3—膜组件；4—热交换器；5～7—离心泵；

8～11—限速调节阀；12，14—压力表；13—温度测量表

Bactocatch 法对 12000L/h 低脂（0.5g/100mL）和中脂（1g/100mL）牛奶的生产报道指出，在浓缩因子为 10 的条件下，平均渗透通量为 500L/(m² · h)，细菌去除率大于99.6%。对于低脂牛奶，在浓缩因子为 20 的条件下，最高可得到高达 750L/(m² · h) 的渗透通量，如每操作 5～10h 膜再生一次，污染膜的情况比通常的错流过滤操作致污的膜的清洗要容易得多。

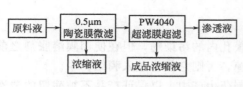

图 4.28　组合工艺流程示意图

微滤技术还可通过和超滤组合应用分离纯化生物活性分子。如李梅生等用微滤-超滤组合工艺精制粗茶皂素。针对纯度为 70% 左右的粗茶皂素体系，采用 $0.5\mu m$ 的陶瓷微滤膜与截留分子量10000 的螺旋卷式有机超滤膜（PW4040）组合工艺对粗茶皂素水溶液进行精制。组合工艺流程见图 4.28。

表 4.3 为陶瓷膜过滤前后原料液和渗透液的物性参数，结果浊度从 202NTU 下降到31.5NTU，料液中一些微小颗粒及大分子物质（如蛋白质、糖类物质等）基本被截留，浊度降低了 84.4%，达到了预处理效果以及超滤对料液浊度的要求。

表 4.3　陶瓷膜过滤前后原料液和渗透液的物性参数

项目	固体含量/%	浊度/NTU	皂素纯度/%	总质量/kg
原料液	26.3	202	62.39	38.0
渗透液	—	31.5	—	34.0

为了进一步提高茶皂素的纯度，利用截留分子量10000的螺旋卷式有机超滤膜（PW4040）对0.5μm陶瓷膜的渗透液进行浓缩，并除去分子量更小的物质及色素。表4.4为PW膜过滤前后浓缩液和渗透液的成分分析。结果表明，此组合工艺可以将粗茶皂素纯度提高到91%左右，皂素产品最终得率约为66%。

表4.4　PW膜过滤前后浓缩液和渗透液的成分分析

项目	固体含量/%	浊度/NTU	皂素纯度/%	总质量/kg
浓缩液	45.2	11.1	91.0	10.0
渗透液	—	—	6.73	24.3

二、超滤技术应用

超滤目前的应用主要在于一些大分子类物质的浓缩和脱盐或脱除大分子杂质，大分子与中等分子之间的分级分离与纯化，超滤膜与发酵罐及反应器联用使反应物与产物分离等，且大多都能实现工业规模的应用。

（一）浓缩、脱盐或脱除大分子杂质

酶、蛋白质、核酸、多糖等用超滤法进行浓缩的应用很多，在浓缩的同时，可除去盐和低分子杂质，具备简单、高效、经济、快速的优势；也可应用于小分子物质提取过程中脱除大分子杂质。

孙瑜等采用微滤结合不同截留分子量的管式超滤膜串联工艺纯化大黄多糖。确定的最佳工艺条件为：超滤时间控制在80min左右，温度35～40℃，操作压力0.08～0.12MPa，料液多糖浓度为原始提取液浓度的0.5倍，多糖回收率可达到53.7%，浓度可提高到进料液的2.73倍。

大黄颗粒先用乙醇回流提取，药渣挥干乙醇，再用去离子水水煮浸提，将水提液通过微滤预处理，其透过液进入截留分子量2×10^5的超滤膜Ⅰ，超滤的透过液再进入截留分子量5×10^3的超滤膜Ⅱ，最后得到超滤膜的截留液，即为纯化的大黄多糖。流程示意见图4.29。

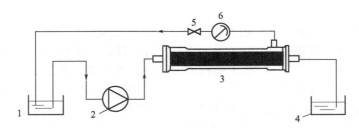

图4.29　流程示意图

1—料液池；2—泵；3—超滤组件；4—透过液池；5—调压阀；6—压力表

维生素C发酵液中存在蛋白质、菌丝体和固体悬浮颗粒等杂质，朱银惠等利用超滤法提取发酵液中的古龙酸，研究发现采用Suntar-Ⅲ膜组件，滤液质量高，过滤收率可达到99.5%，操作温度为30℃，压力0.45～0.50MPa，过滤中的平均膜通量达到110.5L/（m²·h）。

室温下，将一定量的发酵液倒入料桶中（由于料桶体积有限，当料液过多时，采用流加

方式添加料液），保持膜组件出口阀处于半开状态，启动高压泵，再慢慢开启膜组件的进口阀门，让料液慢慢进入膜组件中（一定要保持慢速以防膜片被压实），并调节进、出口阀门使系统压力处于某一适当值。当超滤到一定程度后，进行洗滤操作，洗滤时间以及套加水量根据具体批次而定，并记录套加水的始、终时间及体积。结束之后，先排净物料，清除膜组件中残留的滤渣，然后用清水冲洗膜组件 10～15min，尽量冲走管道及膜面的污染物，然后用适当的清洗剂调配成一定浓度，加入料罐中，进行全循环式运行，保持温度低于 50℃约30～45min，排尽清洗液，再用清水冲洗至中性，并测量其清水通量，考察通量的恢复情况。

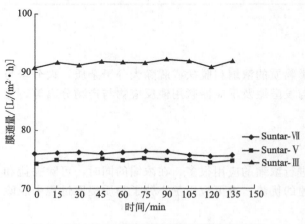

图 4.30　膜通量与操作时间变化关系

Suntar-Ⅶ、Ⅴ、Ⅲ膜，截留分子量分别为 100000、70000 和 30000。图4.30 三种膜考察结果表明：物料中被截留的溶质平均分子量与超滤膜的截留分子量往往存在一个适宜的匹配。相对于被截留的溶质平均分子量而言，过大截留分子量的膜，虽然其初始过滤膜通量可能较大，但物料中相对细小溶质分子往往更容易在其内部孔隙因架桥、勾连、吸附而被截留，因而在过滤初期就很快形成膜内深层堵塞和污染，致使其稳态膜通量反而处于较低的水平。最终就蛋白质的截留率、过滤速度及其衰减综合比较来看，膜 Suntar-Ⅲ能较好地适合该发酵料液的处理。

（二）分级分离与纯化

人们将不同截留分子量的几级超滤膜串联使用，可对一些酶、蛋白质、核酸、多糖等大分子实现分级分离及提纯。

例如邓成萍等应用超滤技术对大豆多肽进行分级分离，研究超滤系统几个主要参数对膜通量的影响。

结果表明：截留分子量 30000 的超滤膜应在压力 0.12MPa、温度 40℃、pH 值 7.0 下运行 40min 为一个周期，膜通量为 19L/(m² · h) 左右；截留分子量 10000 的超滤膜应在压力 0.10MPa、温度＜45℃、自然 pH 值下运行 60min 为一个周期，膜通量为 25L/(m² · h) 左右；截留分子量 5000 的超滤膜应在压力 0.10MPa、温度＜45℃、自然 pH 值下运行 80min 为一个周期，膜通量为 22L/(m² · h) 左右。经分离得到分子量＞30000 的大豆多肽约占13.21%，分子量 10000～30000 的大豆多肽约占 4.05%，分子量 5000～10000 的大豆多肽约占 6.41%，分子量＜5000 的大豆多肽约占 76.11%。图 4.31 为大豆多肽分离时不同操作压力对膜通量的影响。

G. Raja 研究一种新型三级串联超滤模拟系统，可高分辨率连续地进行蛋白质与蛋白质之间的分级分离，发现串联模式中对分级效果和各种蛋白质收率影响最大的主要是各级膜的选择及流动模式和流量等参数的选择。

S. Heru 等曾选择多糖与蛋白质的混合物开展超滤膜污染机制和通过对膜的修饰提高膜抗污染能力的研究，其中考察了料液的 pH、污染物浓度、离子强度、蛋白质与多糖种类等因素，发现不同单价离子的添加起调节膜通量的作用。

（三）酶膜连续操作反应器

酶膜连续操作反应器是膜技术今后应用的趋势之一。

陈宏文等自行设计、构建了一套无电荷超滤膜酶膜连续操作反应器，用无电荷超滤膜截留辅酶，即用分子质量为 50kDa、带正电荷的聚乙烯亚胺（polyethyleneimine，PEI，一种阳离子水溶性聚合物）与带负电荷

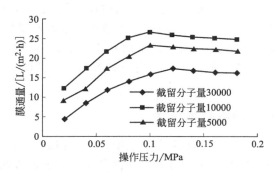

图 4.31　不同操作压力对膜通量的影响

的辅酶通过静电结合，将辅酶截留于截留分子质量为 10kDa 的常规超滤膜中，辅酶仍以天然辅酶形式存在。

主要设备：中空纤维膜过滤系统 Basic Midjet System（包括 PRP-08KB Peristaltic Pump，120mL Polystyrene reservoirs）、UPF-10-E-MM01A 中空纤维超滤柱（截留分子质量 10kDa，超滤膜面积 16cm^2，纤维管内径 0.5mm、长 30cm），系瑞典安玛西亚公司产品。

用于辅酶截留的连续反应系统如图 4.32 所示。通过截留分子质量为 10kDa 的切向流超滤柱将辅酶和酶截留在恒温反应器中。

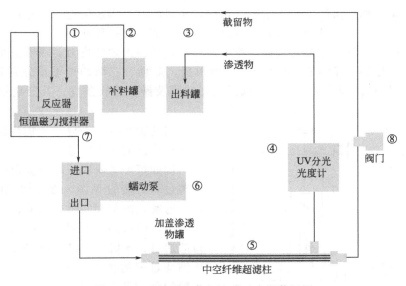

图 4.32　连续无电荷超滤膜反应器装置图

操作流程：将反应器以及与反应器盖子连接的硅胶管密闭好，蠕动泵⑥把反应器①中的溶液压入中空纤维超滤柱⑤，一部分溶液回流至反应器（溶液含有底物、产物、游离酶以及辅酶），一部分溶液透过超滤膜流入出料罐③中（溶液只含有底物和产物，酶和辅酶被截留）。一旦反应器中溶液体积减少（即有溶液透过超滤膜流入出料罐中），反应器中压力就开始降低，此时补料罐②中的溶液会自动进入反应器中，维持反应器中溶液体积恒定。总反应体积为 30mL。蠕动泵控制在较高的流速（50mL/min），避免超滤膜孔径被堵塞。

研究结果表明：在 Tris-HCl 缓冲液中，PEI/NAD$^+$ 的摩尔比为 5∶1 时，达到较高的辅酶截留率（$R=0.823$）。溶液离子强度的增加会减少辅酶的截留率，但可增加超滤膜超滤流速。在含盐溶液中，添加 0.5% 或 1.0% 的牛血清白蛋白可增加 NAD$^+$ 截留率。该装置对 NADH 的截留率甚至高于对 NAD$^+$ 的截留率，较适用于辅酶再生体系。

三、纳滤技术应用

NF 膜的应用可归纳为以下 3 种场合：①对单价盐并不要求有很高的截留率；②欲实现不同价态离子的分离；③欲实现高分子量与低分子量有机物的分离。

纳滤膜可应用在各种氨基酸、抗生素、低聚糖等的浓缩、精制等方面。

氨基酸是两性物质，不同的氨基酸在等电点时，其 pH 不同，所以可通过控制 pH，利用纳滤膜的荷电性对分子量相差无几的氨基酸进行分离。荷电纳滤膜对氨基酸截留率的大小是 pH 的函数，如在 pH5.0 时，对天冬氨酸的截留率为 40%，而对异亮氨酸和鸟氨酸的截留率小于 10%。研究表明，采用 NTR-7410 膜，在改变 pH 值时，上述 3 种氨基酸截留率有非常明显的变化，因而可通过调节 pH 值对氨基酸进行分离。又如，在含有 9 种氨基酸混合物的纳滤中，酸性氨基酸（阳离子）在 pH<3、碱性氨基酸（阴离子）在 pH>9 时能得到分离。

抗生素的分子量大都在 300～1200 范围内，其生产多采用发酵的方法。纳滤用于从发酵液中回收抗生素有两种方法：一是调节发酵液的 pH 值和温度，用亲水性纳滤膜除去水和无机盐，将抗生素浓缩到溶解度极限附近，再用较小量的有机溶剂抽提；二是仍用有机溶剂萃取抗生素，然后用疏水性纳滤膜浓缩，透过膜的有机溶剂可循环使用。

低聚糖目前已广泛用于改善人体的微生态环境，提高人体免疫力，降低血脂，抗癌，抗衰老。由于低聚糖的分子量在 1000 以下，而单糖、双糖、三糖的分子量分别是 180、340、504，所以可以用纳滤膜来进行分离。选择适当的膜及操作运转条件，其分离效果较层析有更好前景。

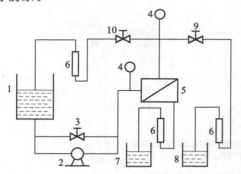

图 4.33　浓缩装置示意图
1—料液槽；2—泵；3—压力调节阀；
4—压力表；5—膜组件；6—流量计；
7—透过液槽；8—浓缩液槽；9—连续
式浓缩压力控制阀；10—间歇式浓
缩压力控制阀

纳滤膜在许多小分子生物活性物质的提取中都有广泛的应用前景。

例如董坤等研究了绿茶提取液的纳滤浓缩分离过程，装置见图 4.33，采用两种操作方式：连续式浓缩和间歇式浓缩。在连续式浓缩实验中，通过测定不同操作压力下透过实验所得的通量、水脱除率和对茶多酚的截留率来分析纳滤过程的特点，在 0.4～0.8MPa 下对茶多酚的平均截留率为 97.3%。在间歇式浓缩实验中，测定了膜对不同茶水比浸取所得茶汤的截留性能，实验值与浓缩模型预测值进行了比较，实测值与模型值吻合较好，表明浓缩模型对于茶多酚的纳滤浓缩分离过程具有较好的适用性，可用于浓缩过程的设计计算。

纳滤膜组件：MWCO200，对 NaCl 的截留率为 0.45（NaCl 溶液浓度 500mg/L、操作压力 0.4MPa）。

◆ 参考文献 ◆

［1］ Wei X，Wang R，Li Z S，et a1. Development of a novel electrophoresis-UV grafting technique to modify PES UF membranes used for NOM removal. Journal of Membrane Science，2006，273：47-57.

［2］ Wakeman R J，Williams C J. Additional techniques to improvemicrofiltration. Separation and Purification Technology，2002，26：3-18.

［3］ 刘美玉，任发政. 牛奶微滤除菌技术之探讨. 乳品加工，2005，11：44-46.

［4］ 李梅生，赵宜江，杨文澜等. 微滤-超滤组合工艺精制粗茶皂素的研究. 中国油脂，2008，33：53-56.

［5］ Gana Q，Howell J A，Field R W，et al. Beer clarification by microfiltration-product quality control andfractionation of particles and macromolecules. Journal of Membrane Science，2001，194：185-196.

［6］ Ghosh R. Novel cascade ultrafiltration configuration for continuous high-resolution protein-protein fractionation：a simulation study. Journal of Membrane Science，2003，226：85-99.

［7］ Heru S，Hassan A，Elisabeth M L，et al. Ultrafiltration of polysaccharide-protein mixtures：Elucidation of fouling mechanisms and fouling control by membrane surface modification. Separation and Purification Technology，2008，63：558-565.

［8］ 孙瑜，周永传，陈德煦. 超滤法纯化大黄多糖的研究. 中国中药杂志，2009，34：165-168.

［9］ 朱银惠，马东祝，李文红等. 超滤法提纯维生素 C 发酵液的研究. 中国酿造，2008，15：54-57.

［10］ 邓成萍，薛文通，孙晓琳等. 超滤在大豆多肽分离纯化中的应用. 食品科学，2006，27：192-195.

［11］ 陈宏文，方柏山，胡宗定. 无电荷超滤膜酶膜反应器中的辅酶截留. 化工进展，2008，27：535-539.

［12］ 董坤，顾正荣，孟烨等. 纳滤浓缩绿茶提取液的研究和浓缩模型. 膜科学与技术，2007，27：69-73.

［13］ 邱实，吴礼光，张林等. 纳滤分离机理. 水处理技术，2009，35：15-18.

［14］ Schaep J，Vandecasteele C，Mohammad A W，et al. Modelling the retention of ionic components for different nanofiltration membranes. Separation and Purification Technology，2001，22-23：169-179.

第二篇
生物样品纯化

4 凝胶过滤
层析原理

5 离子交换
层析原理

6 亲和层析
原理

7 反相层析
原理

8 疏水作用
层析原理

9 层析技术
思考题讨论

10 层析技术案
例文献分析

11 ÄKTA 蛋白
层析系统操作

12 利用亲和层
析分离纯化

13 SDS-PAGE
原理

14 电泳技术
思考题讨论

15 SDS-PAGE 电
泳系统操作演示

第五章

层析分离技术

第一节　概述

　　层析技术（chromatography）实质上是一种物理化学分离分析方法，它利用混合物中各组分物理或化学性质的差异（如吸附力、溶解度、分子形状、分子大小以及分子极性等），使各组分以不同的浓度分布在固定相（stationary phase）和流动相（mobile phase）中，当其两相相对运动时，各组分在两相中反复多次分配，最后使各组分得以彼此分离开来。

　　层析法的最大特点是分离效率高，它能分离各种性质极其类似的物质。而且它既可用于少量物质的分析鉴定，又可用于大量物质的分离纯化制备。

一、层析的基本概念

（一）固定相

　　固定相是层析的一个基质。它可以是固体物质（如吸附剂、凝胶、离子交换剂等），也可以是液体物质（如固定在硅胶或纤维素上的溶液），这些基质能与待分离的化合物进行可逆吸附、溶解、交换等作用。它对层析的效果起关键作用。

（二）流动相

　　在层析过程中，推动固定相上待分离物质朝着一个方向移动的液体、气体或超临界体等，都称为流动相。柱层析中一般称为洗脱剂，薄层层析时称为展层剂。它也是层析分离中的重要影响因素之一。

（三）迁移率

　　迁移率是指在一定条件下，在相同的时间内某一组分在固定相移动的距离与流动相本身移动的距离之比值，常用 R_f 表示（R_f 大于或等于1）。

　　实验中还常用相对迁移率的概念。相对迁移率是指：在一定条件下，在相同时间内，某一组分在固定相中移动的距离与某一标准物质在固定相中移动的距离之比值。它可以小于或等于1，也可以大于1，用 R_x 来表示。不同物质的分配系数或迁移率是不同的。分配系数或迁移率的差异程度是决定几种物质采用层析方法能否分离的先决条件。很显然，差异越大分离效果越理想。

（四）分辨率

层析分离常采用分辨率（R_s）来描述两种物质之间分离效果的好坏。分辨率定义为两个洗脱峰峰顶对应的洗脱体积之差比上两峰在基线上峰宽的和的平均值，如图 5.1 所示。

$$R_s = \frac{V_{e2} - V_{e1}}{(W_{b1} + W_{b2})/2} \tag{5.1}$$

式中　V_{e1} 和 V_{e2}——洗脱峰 1 和峰 2 的洗脱体积；

　　　W_{b1} 和 W_{b2}——洗脱峰 1 和峰 2 的峰宽。

R_s 是相邻两个洗脱峰相对分离程度的衡量标准。

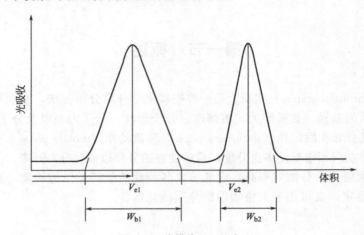

图 5.1　分辨率 R_s 的定义

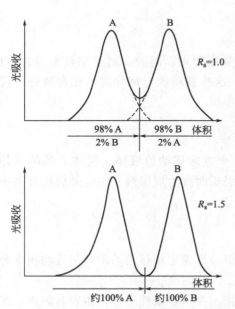

图 5.2　不同分辨率下的分离效果

任何分离过程的最终目标都是要求样品组分获得可接受的分辨率，从式（5.1）可以看出，分离两种物质时分辨率取决于这两种组分的洗脱体积和峰宽。

R_s 值越大，两种组分分离越好。当 $R_s=1$ 时，两组分具有较好的分离，互相沾染约 2%，即每种组分的纯度约为 98%。当 $R_s=1.5$ 时，两组分基本完全分开，每种组分的纯度可达到 99.8%～100%。如图 5.2 所示。

二、层析法的分类

层析根据不同的标准可以分为多种类型：

（一）据固定相基质的形式分类

层析可以分为纸层析、薄层层析和柱层析。纸层析是指以滤纸作为基质的层析。薄层层析是将基质在玻璃或塑料等光滑表面铺成一薄层，在薄层上进行层析。柱层析则是指将基质填装在管中形成柱形，在柱中进行层析。纸层析和薄层层析主要适用于小分子物质的快速检测分析和少量分离制备，通常为一次性使用；而柱层析是常用的层析形式，适用于样品分析、分离。生物化学中常用的凝胶层析、离子交换层析、亲和层析、高效液相层析等通常都采用柱层析形式。

（二）据流动相的形式分类

层析可以分为液相层析和气相层析。气相层析是指流动相为气体的层析，而液相层析指流动相为液体的层析。气相层析测定样品时需要汽化，大大限制了其在生化领域的应用，主要用于氨基酸、核酸、糖类、脂肪酸等小分子的分析鉴定。而液相层析是生物领域最常用的层析形式，适于生物样品的分析、分离。

（三）据分离的原理不同分类

层析主要可以分为吸附层析、凝胶过滤层析、离子交换层析、疏水作用层析、反相层析、亲和层析等。各种层析技术的具体原理、方法及应用方面的知识将在本章分节展开。

第二节　吸附层析

吸附层析（adsorption chromatography）是以吸附剂为固定相，根据待分离物与吸附剂之间吸附力不同而达到分离目的的一种层析技术。

液-固吸附层析是运用较多的一种方法，特别适用于很多中等分子量的样品及分子量小于 1000 的低挥发性样品的分离，尤其是脂溶性成分。除羟基磷灰石外，一般不适用于高分子量样品如蛋白质、多糖、核酸或离子型亲水性化合物等的分离。

一、吸附层析影响因素

吸附层析的分离效果，决定于吸附剂、溶剂和被分离物质的性质这三个因素。

（一）层析介质（吸附剂）

常用的吸附剂有硅胶、氧化铝、活性炭、硅酸镁、聚酰胺、硅藻土、羟基磷灰石等。

1. 硅胶

层析用硅胶为一多孔性物质，分子中具有硅氧烷的交联结构，同时在颗粒表面又有很多硅醇基。硅胶吸附作用的强弱与硅醇基的含量多少有关。硅醇基能够通过氢键的形成而吸附水分，因此硅胶的吸附力随吸着的水分增加而降低。若吸水量超过 17%，吸附力极弱不能用作吸附剂，但可作为分配层析中的支持剂。对硅胶的活化，当硅胶加热至 100～110℃时，硅胶表面因氢键所吸附的水分即能被除去。当温度升高至 500℃时，硅胶表面的硅醇基也能脱水缩合转变为硅氧烷键，从而丧失了因氢键吸附水分的活性，就不再有吸附剂的性质，虽用水处理亦不能恢复其吸附活性。所以硅胶的活化不宜在较高温度进行（一般在 170℃以上即有少量结合水失去）。

硅胶是一种酸性吸附剂，适用于中性或酸性成分的层析。同时硅胶又是一种弱酸性阳离子交换剂，其表面上的硅醇基能释放弱酸性的氢离子，当遇到较强的碱性化合物，则可因离子交换反应而吸附碱性化合物。

2. 氧化铝

氧化铝对于分离一些碱性中草药成分，如生物碱类的分离颇为理想。但是碱性氧化铝不宜用于醛、酮、酸、内酯等类型的化合物分离，因为有时碱性氧化铝可与上述成分发生次级反应，如异构化、氧化、消除反应等。除去氧化铝中碱性杂质后用水洗至中性，称为中性氧化铝。中性氧化铝仍属于碱性吸附剂的范畴，不适用于酸性成分的分离。用稀硝酸或稀盐酸处理氧化铝，不仅可中和氧化铝中含有的碱性杂质，并可使氧化铝颗粒表面带有 NO_3^- 或 Cl^-，从而具有离子交换剂的性质，适合于酸性成分的层析，这种氧化铝称为酸性氧化铝。供层析用的氧化铝，其粒度要求在 100～160 目之间，样品与氧化铝的用量比，一般在 1：（20～50）之间，层析柱的内径与柱长比在 1：（10～20）之间。在用溶剂冲洗柱时，流速不宜过快，洗脱液的流速一般以每 0.5～1h 内流出液体的体积（mL）与所用吸附剂的质量（g）相等为合适。

3. 活性炭

活性炭是使用较多的一种非极性吸附剂。一般需要先用稀盐酸洗涤，其次用乙醇洗，再以水洗净，于 80℃ 干燥后即可供层析用。层析用的活性炭，最好选用颗粒活性炭，若为活性炭细粉，则需加入适量硅藻土作为助滤剂一并装柱，以免流速太慢。活性炭主要用于分离水溶性成分，如氨基酸、糖类及某些苷。活性炭的吸附作用，在水溶液中最强，在有机溶剂中则较低。故水的洗脱能力最弱，而有机溶剂则较强。例如以醇-水进行洗脱时，则随乙醇浓度的递增而洗脱力增加。活性炭对芳香族化合物的吸附力大于对脂肪族化合物，对大分子化合物的吸附力大于对小分子化合物。利用这些吸附性的差别，可将水溶性芳香族物质与脂肪族物质分开，单糖与多糖分开，氨基酸与多肽分开。

（二）洗脱剂（或称溶剂）

层析过程中溶剂的选择，对组分分离关系极大。在柱层析时所用的溶剂（单一剂或混合溶剂）习惯上称洗脱剂，用于薄层或纸层析时常称展开剂。洗脱剂的选择，须根据被分离物质与所选用的吸附剂性质这两者结合起来加以考虑。在用极性吸附剂进行层析时，当被分离物质为弱极性物质，一般选用弱极性溶剂为洗脱剂；被分离物质为强极性成分，则须选用极性溶剂为洗脱剂。如果对某一极性物质用吸附性较弱的吸附剂（如以硅藻土或滑石粉代替硅胶），则洗脱剂的极性亦需相应降低。溶解样品的溶剂应选择极性较小的，以便被分离的成分可以被吸附。然后逐渐增大溶剂的极性。这种极性的增大是一个十分缓慢的过程，称为"梯度洗脱"，使吸附在层析柱上的各个成分逐个被洗脱。如果极性增大过快（梯度太大），就不能获得满意的分离。溶剂的洗脱能力，有时可以用溶剂的介电常数（ε）来表示。介电常数高，洗脱能力就大。以上的洗脱顺序仅适用于极性吸附剂，如硅胶、氧化铝。对非极性吸附剂，如活性炭，则正好与上述顺序相反，在水或亲水性溶剂中所形成的吸附作用，较在脂溶性溶剂中为强。

（三）被分离物质的性质

被分离物质与吸附剂、洗脱剂共同构成吸附层析中的三个要素，彼此紧密相连。在指定的吸附剂与洗脱剂的条件下，各个成分的分离情况，直接与被分离物质的结构与性质有关。对极性吸附剂而言，成分的极性大，吸附性强；极性基团的数目愈多，被吸附的可能就会更大些；在同系物中碳原子数目少，被吸附也会强些。总之，只要两个成分在结构上存在差别，就有可能分离，关键在于条件的选择。要根据被分离物质的性质、吸附剂的吸附强度、溶剂的性质这三者的相互关系来考虑。首先要考虑被分离物质的极性。如被分离物质极性很小为不含氧的萜烯，或虽含氧但为非极性基团，则需选用吸附性较强的吸附剂，并用弱极性溶剂如石油醚或苯进行洗脱。但如果成分的极性较大，则需要选择吸附性能较弱的吸附剂（一般Ⅲ～Ⅳ级）。采用的洗脱剂极性应由小到大按某一梯度递增，或可应用薄层层析以判断被分离物在某种溶剂系统中的分离情况。此外，能否获得满意的分离，还与选择的溶剂梯度有很大关系。

二、羟基磷灰石层析方法介绍

（一）羟基磷灰石材料特点

羟基磷灰石（hydroxy apatite，HA）特殊的化学组成和晶体结构，使其具有独特的性质，如选择吸附性、化学稳定性和热稳定性等，因此它在生物活性物质的分离与提纯领域中有广泛的应用。

羟基磷灰石的化学式为 $Ca_{10}(PO_4)_6(OH)_2$，属于密排六方晶系，一个晶胞中含有 10 个 Ca^{2+}、6 个 PO_4^{3-} 和 2 个 OH^-，具体结构如图 5.3。

羟基磷灰石是一种典型的无机非金属填料。为了克服一般羟基磷灰石力学性能较差、在流动相的作用下易破碎的缺点，研究者用羟基磷灰石微晶聚集形成的球形颗粒来代替不规则形貌的羟基磷灰石颗粒。这种形貌的颗粒一方面提高了羟基磷灰石的强度，另一方面也增加了液体的流动性，进而使得羟基磷灰石在层析中的应用更加完善。中国科学院过程工程研究所直接合成了球形羟基磷灰石颗粒，并且发现所制备的羟基磷灰石颗粒强度高，柱流速

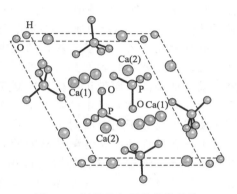

图 5.3　羟基磷灰石的晶体结构

快而且稳定性好，在一定程度上要优于二次造粒所制备的球形羟基磷灰石颗粒。

20 世纪 80 年代中期由日本开发生产的陶瓷羟基磷灰石是一种经过高温煅烧的球形、巨孔的羟基磷灰石。它避免了晶体材料的局限性，可用于工业级层析柱。这种陶瓷材料的分离方案与晶体羟基磷灰石的基本一致。陶瓷羟基磷灰石既保留了晶体羟基磷灰石独特的分离特性，同时又可在高流速大型层析柱中反复使用，达数百循环。尽管陶瓷羟基磷灰石在酸性条件下的稳定性和寿命相对其他情况低，但可通过优化流动相条件予以改良。

ⅰ型和ⅱ型陶瓷羟基磷灰石具有晶体羟基磷灰石类似的洗脱特性，但同时也有 3 个重要差异。ⅰ型的蛋白质载量高，且对酸性蛋白质载量更高。ⅱ型的蛋白质载量较低，对早期洗脱蛋白质以及核酸的分辨率较佳。由于ⅱ型对白蛋白质的亲和力很低，它通常比ⅰ型更适于纯化多种类的免疫球蛋白。3 种颗粒大小的 $20\mu m$、$40\mu m$ 和 $80\mu m$ 的陶瓷羟基磷灰石能广泛用于分析规模到制备规模。

2006 年山东大学材料科学与工程学院王爱娟等采用喷雾干燥技术制备的球形羟基磷灰石颗粒具有多孔形貌（图 5.4），与普通的球形颗粒相比，其孔隙率高、比表面积大，可增加羟基磷灰石与生物活性物质的接触面积，进一步提高其与生物活性物质的结合效果。

（二） HA 的吸附机理

羟基磷灰石的晶体结构比较复杂，影响其表面性能的因素也很多，进而导致其吸附生物活性物质的机理也难以确定。为此，许多研究者对其吸附机理进行了大量的研究，但是对其研究的结果仍存有一定争议。

有研究认为活性大分子在羟基磷灰石表面吸附的主要原因是由于两者表面带有多余的静电荷。当溶液处于碱性条件时，羟基磷灰石表面带有多余的负电荷，如果溶液中的 pH 值小于目标蛋白质的等

图 5.4 多孔球形羟基磷灰石颗粒的图片

电点 (pI)，那么目标蛋白质的表面会带有多余的正电荷，则其能够在表面正电荷的作用下吸附到羟基磷灰石表面上；反之，如果溶液的 pH 值大于目标蛋白质的等电点 (pI)，那么，目标蛋白质的表面会带有多余的负电荷，其将会与羟基磷灰石产生静电排斥作用而不能吸附。当溶液处于酸性条件下时，羟基磷灰石可能吸附溶液中的 H^+ 而带有正电荷，情况与前者恰好相反。另外，溶液的离子强度与羟基磷灰石表面电荷的性质有很大关系，进而导致其对羟基磷灰石与目标蛋白质之间的相互作用有很大影响。

也有研究认为：羟基磷灰石的吸附作用源于它的特殊的晶体结构。羟基磷灰石晶体具有微孔结构，并且其表面具有两种不同的吸附点，即 C 点和 P 点。C 位点因存在多余的钙离子或其他阳离子而带正电荷；P 位点是由 3 个磷酸根和 6 个带负电荷的氧原子构成而带负电荷，易与生物分子中的碱性基团作用。所以，显酸性的生物分子主要吸附于 C 位点，显碱性的生物分子主要吸附于 P 位点，不含羧基、氨基等基团的分子不吸附或吸附很弱；而对于既含酸性基团又含碱性基团的分子或含多个吸附基团的分子，HA 可以以不同的位点与之结合，通过多位点的协同作用，使其与生物分子的结合作用进一步加强。蛋白质表面的酸性基团，特别是羧基的含量和分布特性决定了蛋白质在羟基磷灰石上的吸附，因此，羟基磷灰石的高效选择性可能主要是源于其晶体表面存在由钙离子引起的多余的正电荷，即 C 点。

总体来说有关 HA 机理的主要观点是：HA 的 Ca 基团和生物分子表面的负电荷基团的相互反应，对生物分子的分离起重要作用；而 HA 的磷酸基团与生物分子表面的阳电荷基团的相互反应，则起次要作用。

（三） HA 的洗脱机理

生物分子在 HA 上的洗脱过程是通过生物分子和洗脱剂对 HA 吸附位点的竞争吸附完成的。呈酸性的生物分子通过酸性基团吸附于 HA 的 C 位点，其洗脱过程类似于阴离子交换层析；而碱性生物分子主要吸附于 P 位点，其洗脱类似于阳离子交换层析。对于酸性的多肽、蛋白质、酶、糖类等生物分子，一般用浓度逐渐增加的磷酸盐溶液作洗脱剂进行梯度洗脱。而碱性的多肽、蛋白质、酶等生物分子一般用氯化钙溶液洗脱。

DNA 的洗脱是通过分子中磷酸基与洗脱液中的磷酸根离子相互竞争来实现的。研究发现由于不同的 DNA 链的结构不同，与 HA 间的作用也不同。单链 DNA 和变性 DNA 与 HA 结合较弱，容易洗脱；而天然 DNA 与 HA 结合较强，难洗脱。其他生物分子的天然成分与变性成分也有类似的结果。

此外，洗脱液的 pH、流速和成分也是影响洗脱能力的重要因素，是分离过程中需要优

化选择的洗脱参数。

（四）　HA 的应用现状

羟基磷灰石作为层析柱的填料具有专一的选择性、高的结合容量、较好的化学稳定性和较高的热稳定性等优点，所以被广泛应用在生物活性物质的分离与提纯领域中。

国内外已有许多研究者应用羟基磷灰石作为填料成功地提取了多种生物活性物质。W. Paul 等利用粒径 $200\sim400\mu m$、孔径 $1\sim30\mu m$ 的羟基磷灰石微球作为基体材料，从人血浆当中提取抗体 IgG（免疫球蛋白）。为了提高基体与血浆的相容性，制备了 PVA（聚乙烯醇）包覆的羟基磷灰石微球，研究发现羟基磷灰石对于 IgG 具有特殊的吸附性能。C. Eis 等用 Bio-Rad 实验室制备的粒径 $20\mu m$ 的陶瓷型羟基磷灰石 CHTII 作为基体，从细胞的粗提液中提纯磷酸化酶（phosphorylase），同样用磷酸缓冲溶液进行洗脱并且取得了很好的效果，研究发现所制备的目标产物回收率＞95％，纯度＞90％。另外，陈向东等用羟基磷灰石材料分离纯化卡介菌多糖，也得到了成分均一的产品。R. B. Suen 选择羟基磷灰石作为制备金属螯合亲和吸附剂的基质并用于分离重组蛋白，发现三价铁离子螯合后制备的吸附柱分离效果较好。

第三节　凝胶过滤层析

凝胶过滤层析（gel filtration chromatography，GFC）在众多分离计划中被广泛采用，不同的文献中采用了多种不同的称谓，包括凝胶层析（gel chromatography）、排阻层析（exclusion chromatography）、分子筛层析（molecular sieving chromatography）等，是 20 世纪 50 年代前后发展起来的一种按分子大小进行分离的纯化手段。

与其他分离技术相比，凝胶过滤具有一些较为突出的优势，包括：①凝胶介质不带电荷，具有良好的稳定性，在很宽的范围内呈化学惰性，不与待分离物质发生反应，分离条件温和，回收率高，重现性好；②通常情况下，溶液中存在的各种离子、小分子、去污剂、表面活性剂、蛋白质变性剂等不会对分离产生影响，层析还能在不同 pH、温度下进行；③应用范围广，能分离的物质分子量的覆盖面宽，从几百到数百万，因此既适用于分子量较低的寡糖、寡肽、聚核苷酸等生物小分子的分离，也适用于蛋白质、多糖、核酸等大分子物质的纯化；④设备相对简单、易于操作、分离周期短，连续分离时层析介质不需再生即可反复使用。因此，凝胶过滤层析已成为生物分子分离纯化中最常用的手段之一。

一、　GFC 原理

凝胶过滤介质都是多聚物通过交联形成的具有三维网状结构的颗粒，当颗粒状介质填充成层析柱时，在颗粒间存在大量间隙，只有直径小于颗粒网孔孔径的分子能够进入凝胶颗粒内部，无法进入凝胶颗粒内部的分子将从间隙中通过。因此，凝胶过滤分离的原理可简单认为是不同的溶质因不同程度进入介质而在液相中停留的时间不同，凝胶的孔径和溶质分子大小的关系决定了层析时该溶质在层析柱中的保留时间，不同的物质因保留时间不同而分离，见图 5.5。

（一）凝胶的结构和柱的体积参数

凝胶过滤介质是由多聚物交联形成的具有三维网状结构的颗粒。溶胀好的凝胶网孔内部充满了液相，凝胶填充到层析柱中形成凝胶柱。凝胶柱的体积参数包括：总柱床体积（total volume，V_t），是凝胶经溶胀、装柱、沉降，体积稳定后所占据层析柱内的总体积；外水体积（outer volume，V_o），是柱中凝胶颗粒间隙的液相体积的总和；内水体积（inner volume，V_i），是存在于溶胀后的凝胶颗粒网孔中的液相体积的总和；凝胶体积（gel volume，V_g），又称支持物基质体积（matrix volume of the support，V_s）或干胶体积，是凝胶颗粒固相所占据的体积，如图 5.6。根据凝胶床的组成，总柱床体积等于外水体积、内水体积与凝胶体积之和：

$$V_t = V_o + V_i + V_g \tag{5.2}$$

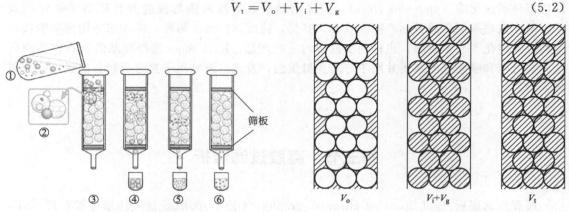

图 5.5　凝胶过滤层析原理图
①样本；②凝胶；③加样；④⑤⑥收集不同组分

图 5.6　凝胶柱体积参数示意图

（二）洗脱体积和分配系数

前面已经提到不同物质由于分子大小不同，在凝胶柱中洗脱时保留时间不同而分离。在表示某种物质在层析柱中停留的程度时，人们通常采用的参数是该物质的洗脱体积（elution volume，V_e）而不是保留时间。洗脱体积 V_e 定义为自样品加至层析柱上部开始，至洗脱组分达到最大浓度（对应洗脱峰峰顶）时流经层析柱的洗脱液的体积，如图 5.7 所示。

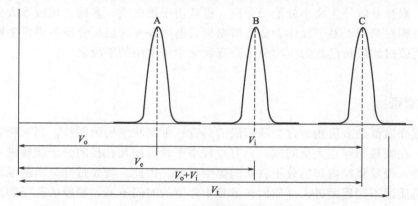

图 5.7　凝胶过滤洗脱曲线示意图
组分 A 为全排阻分子，组分 B 为部分渗透分子，组分 C 为全渗透分子

图 5.7 是典型的凝胶过滤层析洗脱图谱。层析时为了检测目标分子从层析柱中洗脱的情况，柱下端通常与某种特定的检测器相连，其中最为常用的是紫外检测器，适合于检测蛋白质、核酸及多种在近紫外区（$\lambda > 220\text{nm}$）有吸收特性的小分子。以检测器测定流经其流动池的洗脱液的吸光度对累计流经层析柱的洗脱液体积作图，当某种物质被洗脱时在层析图谱中即出现一个洗脱峰。一份混合样品进行凝胶过滤层析时，图谱中必然会出现若干个洗脱峰，待纯化的目标分子的洗脱峰与其他杂质洗脱峰的分离情况则说明了分离效果的好坏。

图 5.7 所示层析图谱中，样品由三种组分组成。组分 A 为全排阻分子，分子量大于凝胶分级范围上限，不能进入凝胶网孔，经凝胶颗粒间隙被洗脱，该组分的洗脱体积 V_e 等于外水体积 V_o（$V_e = V_o$）。组分 C 为全渗透分子，分子量小于凝胶分级范围下限，完全渗透进入凝胶网孔内，在正常洗脱条件下，与凝胶间不存在吸附作用时，此类组分的洗脱体积是最大的，等于外水体积 V_o 与内水体积 V_i 之和（$V_e = V_o + V_i$）。组分 B 为部分渗透分子，分子量处于凝胶分级范围内，是此类凝胶能有效分离的物质。根据组分 B 的分子量，该组分能以一定程度进入凝胶网孔之中，其洗脱体积 V_e 处于组分 A 与组分 C 之间（$V_o < V_e < V_o + V_i$）。

凝胶过滤层析是一种分配过程，凝胶颗粒内部吸附的溶剂为固定相，流经层析柱的洗脱剂为流动相，样品的洗脱过程就是溶质分子在两相中不断分配平衡的过程，而某种物质的洗脱体积 V_e 的大小取决于该物质在流动相和固定相之间的分配系数 K_d，其关系式为：

$$V_e = V_o + K_d V_i \tag{5.3}$$

K_d 的值与被分离物质的分子量和分子形状、凝胶颗粒间隙和网孔大小有关，与层析柱的长短、粗细无关。很显然，K_d 的值在 $0 \sim 1$ 之间。当 $K_d = 0$ 时，从式（5.3）得 $V_e = V_o$，是全排阻分子的情况；当 $K_d = 1$ 时，从式（5.3）得 $V_e = V_o + V_i$，是全渗透分子的情况；当 $0 < K_d < 1$ 时，从式（5.3）得 $V_o < V_e < V_o + V_i$，是部分渗透分子。对所有全排阻分子，由于 V_e 相同，凝胶过滤层析时两两之间无法实现分离，对所有全渗透分子同样如此。如两种物质都是部分渗透分子但分子大小不同，其 K_d 值不同因而 V_e 也不同，可实现分离，这种部分渗透分子之间的分离称为分级分离。而不同类别分子之间，即在图 5.7 中组分 A 与组分 B，或组分 A 与组分 C，或组分 B 与组分 C 之间的分离称为组别分离。

需要注意的是，当凝胶与被分离组分存在相互作用的情况下会出现 $K_d > 1$ 的情况。这种相互作用包括：①疏水作用，一些芳香族化合物与凝胶所用交联剂形成的醚桥之间存在此作用，使得前者的洗脱滞后，例如，苯丙氨酸、酪氨酸、色氨酸在 Sephadex G-25 柱中的 K_d 值分别为 1.2、1.4 和 2.2，富含这些氨基酸的肽类的洗脱同样会滞后；②亲和作用，凝胶基质可能与某些分子产生生物特异性相互作用，例如凝集素与凝胶的葡萄糖苷位点之间的作用；③离子间的静电作用，凝胶本身并不带电荷，但在保存和使用过程中可能因为氧化等原因产生羧基等而带上负电荷，此时带正电荷的物质因静电引力导致 K_d 增大，适当提高洗脱剂的离子强度可以排除此类作用力。

鉴于 K_d 是表征某种物质在凝胶柱中洗脱特性的参数，测定某种物质 K_d 时只需对式（5.3）进行变化，得到：

$$K_d = (V_e - V_o)/V_i \tag{5.4}$$

式（5.4）中的 V_e 即此物质在层析柱中的洗脱体积。外水体积 V_o 的测定通常采用测定全排阻分子洗脱体积的方法，其中最常用的全排阻分子蓝葡聚糖 2000，其分子量在两百万以上，对于任何类型的凝胶都是全排阻的，其洗脱体积等于凝胶柱外水体积。唯有内水体积 V_i 难以直接测定，虽然理论上来说可以通过所用凝胶干胶的吸水量，即每克干胶完全溶胀所能吸附水的体积（mL）来计算获得，但误差比较大。当然理论上还能通过分别测定全排阻分子和全渗透分子的洗脱体积，以后者的洗脱体积（V_o+V_i）减去前者的洗脱体积（V_o）得到V_i。但在实际操作中，全渗透分子的K_d值一般会略小于1，从而其V_e值小于V_o+V_i，造成V_i测定不准确。出现这种情况是由于凝胶所吸附的水中有部分水分子与其牢固结合而成为凝胶本身的一部分，全渗透分子并不能进入这部分水相中，从而使得凝胶有效网孔变小。为此，人们引入了有效分配系数K_{av}的概念：

$$K_{av}=(V_e-V_o)/(V_t-V_o) \tag{5.5}$$

在式（5.5）中以V_t-V_o取代了式（5.4）中的V_i，而根据式（5.2）可知，V_i并不等于V_t-V_o，而应等于$V_t-V_o-V_g$，这里忽略了难以测定的凝胶本身的体积V_g，因此K_{av}并不是真正的分配系数，但K_{av}的值是容易测定的，并且K_{av}与K_d一样能定义溶质的层析行为而且与层析柱尺寸无关，所以溶质的有效分配系数K_{av}更为人们所常用。

（三）凝胶过滤的分辨率

凝胶层析分离也采用分辨率（Rs）来描述两种物质之间分离效果的好坏。从式（5.2）可以看出，分离两种物质时分辨率取决于这两种组分的洗脱体积和峰宽。而决定组分洗脱体积和峰宽的因素包括两种组分的分子大小、凝胶柱的选择性和柱效。对于一个给定的分离任务，组分分子大小是确定的，此时若要提高分辨率只能从选择性和柱效进行考虑。

选择性是一个系统分离大小不同组分的能力，选择性的好坏取决于凝胶的特性，包括凝胶的分级范围、多孔性质（用渗透性V_i/V_o来表示）等。凝胶过滤时柱效的好坏取决于层析柱的填充效果、凝胶颗粒的尺寸、柱长、流速等因素。良好的装柱操作、较细的介质、较长的层析柱都有利于提高柱效。事实上，分离过程的选择性表现为两组分洗脱体积V_e的差异，V_e值相差越大，选择性越好；而柱效表现为洗脱峰的峰宽，洗脱峰越窄，柱效越高。而从两者对分辨率的影响上来看，好的选择性往往比高的柱效更为重要，这也说明了凝胶过滤介质的选择至关重要。

二、 GFC 介质

凝胶介质是凝胶过滤层析的基础，其分级范围和多孔性影响着层析过程的选择性，而其颗粒大小影响着柱效，从而介质的选择在很大程度上决定了层析过程的分辨率。

凝胶介质的基本结构都是具有多孔网状结构的水不溶性多聚物。理想的凝胶过滤介质必须符合以下条件：①有较强的机械稳定性，能满足层析过程所需流速，在其标称的操作压力范围内不发生体积变化；②高化学稳定性，凝胶颗粒对分离过程中常用的试剂和样品都保持惰性，在很宽的pH范围内保持稳定，耐去污剂、有机溶剂，耐高温，从而方便清洗和消毒灭菌；③球形，颗粒直径均匀，呈现亲水性；④不带电荷，不对样品产生吸附作用。

（一）介质的主要参数

1. 粒度

凝胶介质的粒度是指溶胀后的凝胶水化颗粒的大小，用水化颗粒的直径来表示，单位是微米（μm），有时也用干颗粒直径来表示。用于层析的凝胶粒度一般在$5\sim400\mu m$范围内。凝胶颗粒的尺寸直接关系到分离效果，粒度越小，层析柱的理论塔板数就越大，柱效越高，分离效果越好，但能分离样品量减少，同时层析过程背景压力增大，限制了流速的提高，对层析设备的要求提高，因此细颗粒介质适用于分析型分离；凝胶颗粒越大，柱效会下降，但可分离样品量提高，背景压力减小，因此大颗粒介质适合于中小规模的制备型分离。值得注意的是，除了颗粒大小，凝胶颗粒的均匀程度对分离效果的影响也很大，颗粒直径越均一，分离效果越好。

2. 交联度和网孔结构

凝胶介质是具有三维网孔结构的颗粒，网孔结构是交联剂将相邻的链状分子相互连接而成的（琼脂糖凝胶 Sepharose 除外）。显然，凝胶合成过程中交联剂的用量决定凝胶颗粒的交联度，交联剂用量越大，交联度越高，凝胶的机械强度越好，颗粒网孔越小，能够进入网孔的分子也越小；反之，交联剂用量越小，交联度就越低，凝胶的机械强度越低，颗粒网孔则越大，较大的分子也能够进入网孔。因此，交联度决定了凝胶的分级范围。

3. 机械强度

作为凝胶过滤层析介质，具有一定的机械强度是必要条件。在层析操作时，层析柱承受的压力降和所采用的流速规定了介质必须具备的机械强度。介质的机械强度一方面取决于基质的种类，另一方面在基质相同的情况下，交联度越高，介质强度越大。作为商品凝胶，其机械强度一般采用可承受操作压力范围（MPa）或最大线性流速（cm/h）来表示。

4. 物理和化学稳定性

在物理稳定性方面，人们关心的是介质能够承受高温高压的情况。有时凝胶在使用前需要进行灭菌，能够承受高温（121℃）和高压的介质就能采用高压锅进行灭菌，而物理稳定性较差的介质则应采用化学灭菌法。此外，很多介质填充成层析柱后，对操作温度也有一定的要求，超出温度范围会对柱效产生不利影响，这种情况下就需要重新填充层析柱。

化学稳定性包含的内容较多。首先是 pH 稳定性，针对不同的分离任务会在不同的 pH 下进行层析，介质在此 pH 范围内必须有很好的稳定性，能承受长时间的操作而本身的结构不受任何影响。此外，用酸或碱溶液处理是清洗凝胶的常用手段，这要求凝胶介质还要在比较极端的 pH 条件下具有短程稳定性，能够经受酸碱的清洗而不被降解。凝胶介质在分离样品时还可能接触到多种试剂，这要求介质在这些试剂中也具有稳定性。这些试剂包括去污剂，如 1% SDS（十二烷基硫酸钠）；变性试剂，如 8mol/L 尿素或 6mol/L 盐酸胍。此外，还会遇到在有机溶剂中进行层析的情况，这要求介质对有机溶剂具有耐受性。20% 的乙醇还是很多介质保存时采用的抗菌剂，多数介质在其中具有长程稳定性。

（二）介质的主要类型

目前已商品化的凝胶过滤介质有很多种类，按基质组成主要可以分为葡聚糖凝胶、琼脂糖凝胶、聚丙烯酰胺凝胶、聚苯乙烯-二乙烯苯凝胶、二氧化硅凝胶，以及由两种物质混合形成的如葡聚糖-琼脂糖混合凝胶、琼脂糖-聚丙烯酰胺混合凝胶等。

1. 葡聚糖凝胶

Sephadex 称为交联葡聚糖凝胶，是最早问世且至今仍被广泛使用的凝胶过滤介质，由安玛西亚（Amersham）公司开发生产，Sephadex™ 是其商品名。Sephadex 是由葡聚糖通过环氧氯丙烷（又称表氯醇）交联形成的颗粒状凝胶。葡聚糖（dextran）又称右旋糖苷，其主链是由葡萄糖单体通过 α（1→6）糖苷键形成的长链状分子，在主链上由少量的 α（1→3）糖苷键引出单个葡萄糖基或异麦芽糖基分支。交联剂环氧氯丙烷的两端分别与两个葡萄糖残基中的游离羟基发生反应，从而催化相邻分子之间发生交联，形成网状结构，图 5.8 为

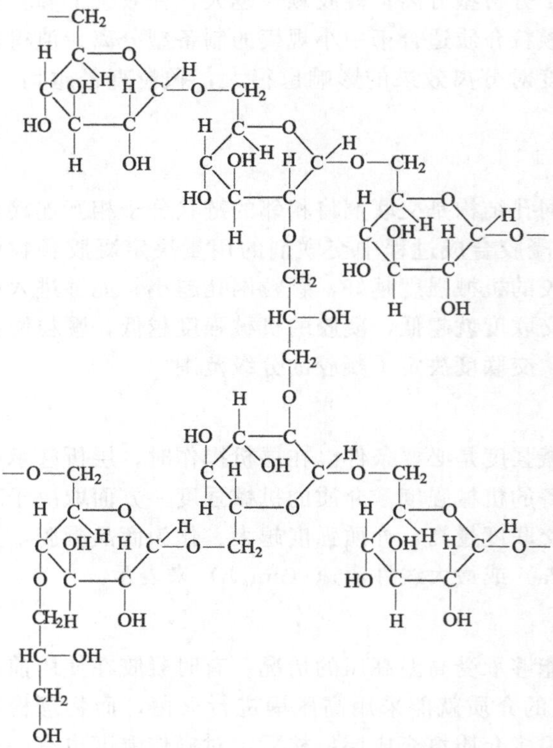

图 5.8　Sephadex 的局部结构

Sephadex 的局部结构。

在合成 Sephadex 时，交联剂的用量决定了凝胶的交联度和网孔大小，从而进一步决定了该介质的分级范围。Sephadex 凝胶按交联度不同，有一系列不同的型号，表示这些型号时采用 Sephadex G 加一个数字的方式。数字越小的介质交联度越大，分级范围越小；而数字越大的介质交联度越小，分级范围越大。在交联度相同（G 后面的数字相同）的情况下，根据凝胶颗粒的大小又分为粗、中、细、超细等不同规格，颗粒越细的介质柱效越高，其操作压力也越大。表 5.1 列出了 Sephadex G 系列凝胶的类型和部分性质。

Sephadex G 系列商品以干粉末形式出售，在使用前需要进行充分溶胀，绝大多数情况下溶胀过程在水或水溶液中进行。交联度不同的凝胶吸收水的能力不同，凝胶型号 G 后面的数字粗略表示了该类型凝胶的得水值（mL），例如 Sephadex G-10 表示 10g 该凝胶能够吸收 10mL 水。得水值的数据见表 5.1。

表 5.1　Sephadex G 系列凝胶的类型和部分性质

Sephadex 型号	水化颗粒 直径/μm	得水值 /(mL/g 干胶)	床体积 /(mL/g 干胶)	分级范围		pH 稳定范围
				葡聚糖	球状蛋白	
G-10	55~166	1.0±0.1	2~3	$<7\times10^2$	$<7\times10^2$	2~13
G-15	60~181	1.5±0.2	2.5~3.5	$<1.5\times10^3$	$<1.5\times10^3$	2~13
G-25 粗	172~516					
G-25 中	86~256	2.5±0.2	4~6	$1\times10^2\sim5\times10^3$	$1\times10^3\sim5\times10^3$	2~13
G-25 细	34~138					
G-25 超细	17~69					
G-50 粗	200~606					
G-50 中	101~303	5.0±0.3	9~11	$5\times10^2\sim1\times10^4$	$1.5\times10^3\sim3\times10^4$	2~10
G-50 细	40~60					
G-50 超细	20~80					
G-75	92~277	7.5±0.5	12~15	$1\times10^3\sim5\times10^4$	$3\times10^3\sim8\times10^4$	2~10
G-75 超细	23~92				$3\times10^3\sim7\times10^4$	
G-100	103~310	10.0±1.0	15~20	$1\times10^3\sim1\times10^5$	$4\times10^3\sim1.5\times10^5$	2~10
G-100 超细	26~103				$4\times10^3\sim1\times10^5$	

续表

Sephadex 型号	水化颗粒 直径/μm	得水值 /(mL/g 干胶)	床体积 /(mL/g 干胶)	分级范围		pH 稳定范围
				葡聚糖	球状蛋白	
G-150	116～340	15.0±1.5	20～30	$1\times10^3\sim1.5\times10^5$	$5\times10^3\sim3\times10^5$	2～10
G-150 超细	29～116		18～22		$5\times10^3\sim1.5\times10^5$	
G-200	129～388	20.0±2.0	30～40	$1\times10^3\sim2\times10^5$	$5\times10^3\sim6\times10^5$	2～10
G-200 超细	32～129		20～25		$5\times10^3\sim2.5\times10^5$	

　　交联度较低的 Sephadex G-100、G-150 和 G-200，属于软胶，层析时较高的操作压将导致柱床压缩，甚至凝胶颗粒破裂，必须严格控制流速。该系列凝胶的温度稳定性比较好，未溶胀的干胶能耐受 120℃ 的高温，溶胀的凝胶能耐受 110℃ 的高温，可以在沸水中溶胀、脱气和灭菌。在 pH 稳定性方面，该系列凝胶表现尚可，在较强的酸性条件下葡聚糖会发生水解，在碱性条件下相对稳定，因此常用碱性溶液清洗凝胶。该凝胶使用时应注意避免氧化剂，后者能将凝胶结构中的葡萄糖残基的羟基氧化成羧基，从而使凝胶带上负电荷，会对分离过程产生非常大的影响，适当提高洗脱剂的离子强度可以减弱这种不利影响。

　　2. 琼脂糖凝胶

　　琼脂糖（agarose）是中性链状分子，由 β-D-半乳糖和 3,6-脱水-L-半乳糖两种单糖交替连接而成，其中 β-D-半乳糖和 3,6-脱水-L-半乳糖之间通过 β（1→4）糖苷键连接，而 3,6-脱水-L-半乳糖和 β-D-半乳糖之间通过 α（1→3）糖苷键连接（图5.9）。琼脂糖在无交

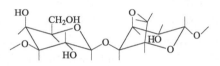

图 5.9　琼脂糖结构中的重复单位

联剂存在时也能自发形成凝胶，当热的琼脂糖溶液进行冷却时，单个的链状分子之间会形成双螺旋，并进一步自发聚集形成束状结构，从而形成稳定的凝胶，如图 5.10 所示。

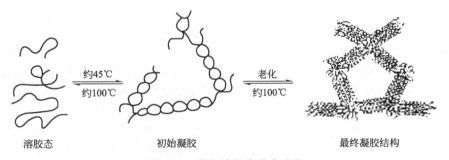

图 5.10　琼脂糖凝胶形成过程

　　生产琼脂糖凝胶介质的厂商较多，其产品有着各自不同的生产过程和商品名，而产品性质方面比较相似。以下介绍几种常用的琼脂糖凝胶介质。

　　（1）Sepharose

　　珠状的琼脂糖凝胶商品名为 Sepharose™，由安玛西亚公司开发生产。Sepharose 凝胶颗粒的网孔结构是由琼脂糖形成束状结构后产生的，维持该结构的作用力是链状琼脂糖分子之间的氢键。由于没有交联剂的存在，决定凝胶颗粒网孔大小的因素是形成凝胶时琼脂糖的含量。根据琼脂糖含量不同，Sepharose 有三种型号的凝胶，其部分参数列于表5.2 中。

表 5.2　Sepharose 系列凝胶的类型和部分性质

项目	Sepharose 型号		
	Sepharose 2B	Sepharose 4B	Sepharose 6B
琼脂糖含量/%	2	4	6
颗粒直径/μm	60～200	45～165	45～165
分级范围			
球状蛋白	7×10^4～4×10^7	6×10^4～2×10^7	1×10^4～4×10^6
葡聚糖	1×10^5～2×10^7	3×10^4～5×10^6	1×10^4～1×10^6
DNA 排阻限/bp	1353	872	194
pH 稳定范围（长程）	4～9	4～9	4～9
pH 稳定范围（短程）	3～11	3～11	3～11
最大流速/(cm/h)	10	11.5	14

　　Sepharose 在化学稳定性方面表现尚可，适用于多数凝胶过滤所涉及的实验条件。在 pH4～9 范围内无氧化剂存在时，Sepharose 在水和盐溶液中保持稳定，还能在有变性剂尿素和盐酸胍存在下操作，但应避免使用促溶盐如 KSCN 等。Sepharose 的温度稳定范围较窄，在 0～40℃，低于 0℃ 会使颗粒结构遭受不可逆的破坏，而高于 40℃ 凝胶会熔解。因此 Sepharose 不能承受高温灭菌，但可以采用化学方法灭菌，例如使用二乙基焦碳酸酯进行处理。总体来说，Sepharose 的机械强度较低，相比之下 Sepharose 6B 强度要大于 Sepharose 2B。Sepharose 的分子量分级范围很宽，适合于分离分子量差异很大、对分辨率要求不高的样品。Sepharose 颗粒中可能含有极少量的硫酸基和羧基，因此在层析时如果洗脱剂离子强度很低时会对带正电荷的物质产生吸附，当然，只要洗脱剂的离子强度大于 0.15 就可以完全排除这种吸附作用。

　　(2) Sepharose CL

　　由安玛西亚公司开发生产的，CL 表示交联。由于 Sepharose 的结构是依靠氢键维持的，因此强度和稳定性方面不甚理想，用 2,3-二溴丙醇作为交联剂，在强碱性条件下与 Sepharose 反应产生了强度和稳定性均优于 Sepharose 的 Sepharose CL 系列凝胶。根据交联之前的母胶中琼脂糖的含量不同，Sepharose CL 系列凝胶也有三种类型，即 Sepharose CL-2B、4B 和 6B。Sepharose CL 系列凝胶在颗粒直径、分级范围方面与 Sepharose 系列完全相同，但在 pH 稳定范围、机械强度（流速）及温度稳定性方面得到了很大的提高。在 pH7 时，能够在 121℃ 反复进行高压灭菌而不会对凝胶结构产生破坏。它在碱性条件下的稳定性十分突出。Sepharose CL 还适合在有机溶剂条件下进行分离。与 Sephadex 相比，形成琼脂糖凝胶的纤维是靠氢键维系在一起的多糖束，结构比 Sephadex 中的单根糖链更硬，因此将琼脂糖凝胶中的水置换成其他溶剂时对网孔尺寸的影响比较小。Sepharose CL 的使用还是应当避免接触氧化剂，后者会使其发生局部水解。

　　(3) Superose

　　Superose 是安玛西亚公司开发的一种具有高分辨率、高机械强度、很宽分级范围的新型凝胶过滤介质，是在珠状琼脂糖颗粒的基础上经过两次交联后得到的，适合于组分分子量差异较大的混合物的分离。根据琼脂糖浓度和颗粒尺寸，Superose 分为 Superose 6 和 Superose 12 两类，每类又分为普通级和制备级，其部分参数见表 5.3。

表 5.3　Superose 系列凝胶的类型和部分性质

项目	Superose 型号			
	Superose 6	Superose 6 prep grade	Superose 12	Superose 12 prep grade
琼脂糖含量/%	6	6	12	12
颗粒直径/μm	11～15	20～40	8～12	20～40
球状蛋白分级范围	$5\times10^3\sim5\times10^6$	$5\times10^3\sim5\times10^6$	$1\times10^3\sim3\times10^5$	$1\times10^3\sim3\times10^5$
排阻限	4×10^7	4×10^7	2×10^6	2×10^6
pH 稳定范围（长程）	3～12	3～12	3～12	3～12
pH 稳定范围（短程）	1～14	1～14	1～14	1～14

　　Superose 的机械稳定性很好，适合于高速分离过程，即使在使用高黏度洗脱剂如 8mol/L 尿素时仍能保持较高流速，在 pH7、121℃反复进行高压灭菌不会对凝胶结构产生明显影响。填充好的 Superose 层析柱应当保持在 4～40℃范围内，否则会对柱效产生不利影响。Superose 的化学稳定性也很好，能耐受 0.2mol/L NaOH、0.01mol/L 盐酸、1mol/L 醋酸、去污剂如 1% SDS、促溶盐类、变性剂如 8mol/L 尿素和 6mol/L 盐酸胍等。Superose 介质可能会带有很少量的离子基团，但洗脱剂的离子强度大于 0.15 就可以完全排除因此而造成的吸附作用。该介质有时会与组分之间产生疏水作用而吸附一些组分，例如，一些疏水性或是芳香族的肽类、膜蛋白或脂蛋白会因为疏水作用而造成洗脱的延迟，疏水作用会对分辨率产生一定的影响。

　　（4）Bio-Gel A

　　Bio-Gel A 系列凝胶是由伯乐（Bio-Rad）公司开发生产的，其结构与安玛西亚的 Sepharose 系列相同，是利用琼脂糖分子自发聚集的特性形成的凝胶。根据琼脂糖含量的不同，Bio-Gel A 系列凝胶分为五种型号，其琼脂糖含量从 2%～10%不等，而每种类型的凝胶根据颗粒大小又分为粗、中、细三种规格，其有关参数可以参考产品说明书。由于结构上的相似性，Bio-Gel A 系列凝胶的性质也与 Sepharose 系列类似，温度稳定性较差，仅在 2～30℃范围内稳定，其 pH 稳定范围在 4～13。该介质主要用于蛋白质、多肽和 DNA 等的纯化。

　　3. 聚丙烯酰胺凝胶

　　与前两类介质不同，聚丙烯酰胺凝胶并非天然产物，而是通过化学方法合成的介质。合成过程是以丙烯酰胺（简写为 Acr，CH_2＝$CH-CONH_2$）为单体，以 N,N'-亚甲基双丙烯酰胺（简写为 Bis，CH_2＝$CH-CO-NH-CH_2-NH-CO-CH$＝CH_2）为交联剂，在催化剂存在的情况下聚合，经特殊工艺生成的球状网孔结构凝胶珠，其局部结构见图 5.11。制备过程中控制丙烯酰胺的用量及丙烯酰胺与 N,N'-亚甲基双丙烯酰胺的比例即可得到不同交联度的凝胶。

　　目前常见的聚丙烯酰胺凝胶是伯乐公司提供的 Bio-Gel P 系列凝胶，根据交联度不同，该系列凝胶分为七个型号，分别用 Bio-Gel P 之后加一个数字表示，数字越大表示交联度越小，而数字越小则交联度越大。每个型号的凝胶又有粒径不同的规格，其部分参数见表 5.4。

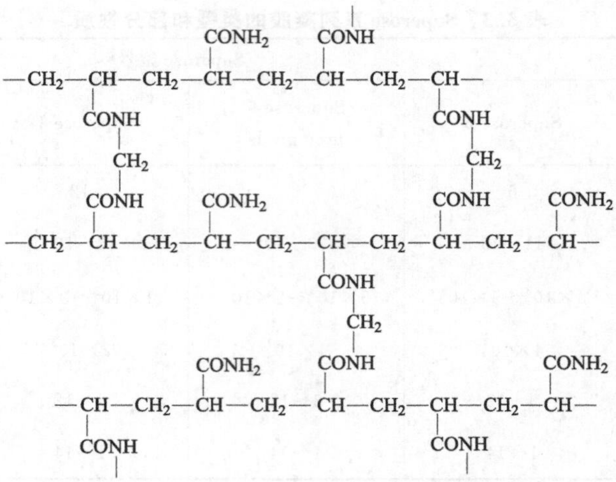

图 5.11　聚丙烯酰胺的局部结构示意图

表 5.4　Bio-Gel P 系列凝胶的类型和部分性质

Bio-Gel P 型号	规格	水化颗粒直径/μm	得水值/(mL/g 干胶)	床体积/(mL/g 干胶)	分级范围	流速/(cm/h)
Bio-Gel P-2	细	45～90	1.5	3	$1×10^2～1.8×10^3$	5～10
	特细	＜45				＜10
Bio-Gel P-4	中	90～180	2.4	4	$8×10^2～4×10^3$	15～20
	细	45～90				10～15
	特细	＜45				＜10
Bio-Gel P-6	中	90～180	3.7	6.5	$1×10^3～6×10^3$	15～20
	细	45～90				10～15
	特细	＜45				＜10
Bio-Gel P-10	中	90～180	4.5	7.5	$1.5×10^3～2×10^4$	15～20
	细	45～90				10～15
Bio-Gel P-30	中	90～180	5.7	9	$2.5×10^3～4×10^4$	7～13
	细	45～90				6～11
Bio-Gel P-60	中	90～180	7.2	11	$3×10^3～6×10^4$	4～6
	细	45～90				3～5
Bio-Gel P-100	中	90～180	7.5	12	$5×10^3～1×10^5$	4～6
	细	45～90				3～5

　　Bio-Gel P 系列凝胶在理化特性方面与 Sephadex G 系列比较接近，但 pH 稳定性不如后者，较强的酸或碱会造成酰胺键的水解。在 pH5.5～6.5 范围内可以承受高压灭菌。该系列凝胶可以在 SDS、尿素、盐酸胍、20％乙醇等溶液中安全使用。

　　4. 复合结构凝胶

　　有些类型的凝胶在结构上是由两种组分共同组成的，就形成了复合结构的凝胶。

　　（1）Sephacryl HR

　　Sephacryl High Resolution（HR）系列凝胶是由安玛西亚公司开发生产的新型复合型

高分辨率凝胶介质，其结构由烯丙基葡聚糖通过 N,N'-亚甲基双丙烯酰胺交联而成，具有很高的机械强度和亲水性。此类凝胶的网孔特性由葡聚糖组分来控制，形成分级范围不同的五种类型，其部分参数列于表 5.5。

表 5.5　Sephacryl HR 系列凝胶的类型和部分性质

Sephacryl HR 型号	水化颗粒直径/μm	分级范围			pH 稳定范围（长程）	pH 稳定范围（短程）
		球状蛋白	葡聚糖	DNA 排阻限/bp		
S-100 HR	25～75	$1\times10^3\sim1\times10^5$	—	—	3～11	2～13
S-200 HR	25～75	$5\times10^3\sim2.5\times10^5$	$1\times10^3\sim8\times10^4$	118	3～11	2～13
S-300 HR	25～75	$1\times10^4\sim1.5\times10^6$	$2\times10^3\sim4\times10^5$	118	3～11	2～13
S-400 HR	25～75	$2\times10^4\sim8\times10^6$	$1\times10^4\sim2\times10^6$	271	3～11	2～13
S-500 HR	25～75	—	$4\times10^4\sim2\times10^7$	1078	3～11	2～13

Sephacryl HR 介质的颗粒尺寸分布较窄，如果填充良好，层析柱的柱效能够达到每米 9000 个以上的理论塔板数，在较低的流速条件下分离时能获得高分辨率。Sephacryl HR 系列凝胶在机械、理化特性上均优于传统凝胶介质。由于其机械强度高，能承受高的背景压力，适合于在高流速下进行快速分离，即便在 8mol/L 尿素这样的高黏度条件下，该介质仍能以较快的流速运行。Sephacryl HR 在 pH7 时能承受 121℃、30min 反复高压灭菌而不会对层析行为产生明显影响。Sephacryl HR 介质的 pH 稳定性较好，可以用 0.5mol/L NaOH 溶液作为清洗试剂，在层析柱中对介质进行原位（in situ）清洗，其后必须立即用水或缓冲液洗至中性。该介质化学稳定性好，其分离行为不受去污剂、促溶盐类、变性剂等的影响。Sephacryl HR 还能在多种有机溶剂存在下使用，但从水相过渡到有机相时凝胶床体积会发生变化。

（2）Superdex

Superdex 系列凝胶是由安玛西亚公司开发的一类新型凝胶过滤介质，是目前分辨率和选择性最高的凝胶介质之一。Superdex 是将葡聚糖与高度交联的琼脂糖颗粒共价结合而形成的，属于复合型凝胶。在该凝胶的结构中，琼脂糖基质决定了凝胶具有高度的理化稳定性，而葡聚糖链决定了凝胶的层析特性。Superdex 系列同样有着适用于不同分级范围的若干型号，表 5.6 列出了该凝胶的部分参数。

表 5.6　Superdex 系列凝胶的类型和部分性质

Superdex 型号	颗粒直径/μm	分级范围		pH 稳定范围（长程）	pH 稳定范围（短程）	流速/(cm/h)
		球状蛋白	葡聚糖			
Superdex peptide	11～15	$1\times10^2\sim7\times10^3$	—	3～12	1～14	100
Superdex 30 prep grade	24～44	$<10^4$	—	3～12	1～14	100
Superdex 75 prep grade	24～44	$3\times10^3\sim7\times10^4$	$5\times10^2\sim3\times10^4$	3～12	1～14	100
Superdex 75	11～15	$3\times10^3\sim7\times10^4$	$5\times10^2\sim3\times10^4$	3～12	1～14	100
Superdex 200 prep grade	24～44	$1\times10^4\sim6\times10^5$	$1\times10^3\sim1\times10^5$	3～12	1～14	100
Superdex 200	11～15	$1\times10^4\sim6\times10^5$	$1\times10^3\sim1\times10^5$	3～12	1～14	100

Superdex 75 和 Superdex 200 的分级范围大致与 Sephadex G-75 和 Sephadex G-200 相当。Superdex peptide 和 Superdex 30 prep grade 适合于分离肽、寡聚核苷酸、小分子蛋白质等分子量小于 10000 的物质。Superdex 系列凝胶颗粒尺寸很小，且大小分布均匀，填充

成层析柱后柱效非常高，其中制备级的 Superdex prep grade 层析柱的柱效可达到每米 13000 个理论塔板数，而高分辨率级的 Superdex HR 层析柱柱效可超过每米 30000 个理论塔板数，因此这类凝胶介质即使运行在很高的流速下仍能获得非常高的分辨率。

Superdex 系列凝胶以高交联度琼脂糖为基质，刚性良好，能承受很高的流速，这是传统凝胶介质无法达到的。在 8mol/L 尿素条件下，该介质仍能以较快的流速运行。Superdex 物理稳定性良好，pH7 条件下能够承受高压灭菌。填充好的 Superdex 层析柱应当在 4～40℃温度范围内使用，超出此温度范围会破坏柱效，此时必须重新装柱。该介质的 pH 稳定性良好，常规的清洗方案是用 0.5mol/L 的 NaOH 溶液或 0.5mol/L 的盐酸进行原位清洗，但之后必须立即用水或缓冲液洗至中性。凝胶的分离行为不受去污剂、促溶盐类、变性剂等的影响。该介质同样能在有机溶剂中使用。Superdex 介质可能带有少量负电荷基团，当洗脱剂离子强度非常低时，会出现带正电荷物质洗脱延迟而带负电荷物质被排斥的现象。当洗脱剂离子强度大于 0.15 时即可完全排除此现象。

（3）UltroGel AcA

UltroGel AcA 系列凝胶是由 Reactifs IBF 公司开发生产的，是琼脂糖和聚丙烯酰胺混合型凝胶介质，利用聚丙烯酰胺作为基质，在其中填充琼脂糖成分，由于聚丙烯酰胺的机械强度优于琼脂糖，因此该系列凝胶介质在机械和理化稳定性上强于普通的琼脂糖凝胶。

根据琼脂糖及聚丙烯酰胺的含量不同，UltroGel AcA 系列凝胶有几种具有不同分级范围的型号，该凝胶的型号用 UltroGel AcA 后面加两个数字表示，这两个数字分别表示了凝胶中聚丙烯酰胺和琼脂糖的含量，显然，这两个数字越大，凝胶网孔越小，分级范围越低；反之，这两个数字越小，凝胶网孔越大，分级范围越高。

5. 其他类型的凝胶

（1）交联聚苯乙烯凝胶 Bio-Beads

Bio-Beads 系列凝胶介质是由伯乐公司开发生产的一类适合在非极性有机溶剂中进行层析的凝胶介质，其结构由交联聚丙烯酰胺所组成，是以苯乙烯为单体、二乙烯苯为交联剂聚合而成的，其网孔结构由交联剂的用量及合成时所用稀释剂的种类所决定。根据交联度的不同，Bio-Beads 系列凝胶分为若干型号，分别以 Bio-Beads S-X 后面加上一个数字表示，该数字即为这种型号凝胶的交联度。

由于聚苯乙烯分子的网孔结构比较小，形成的并非是大孔型凝胶，Bio-Beads 系列凝胶的分级范围比其他类型的介质低，适合于分子量较小的组分的分离纯化。但聚苯乙烯的强度很大，因此该系列凝胶的机械强度好，在强酸和强碱环境中都具有良好的稳定性，在中性 pH 条件下甚至能够承受 200℃以上的温度。Bio-Beads 系列凝胶适合于在非极性有机溶剂体系中使用，例如苯、甲苯、二甲苯、邻二氯苯、三氯代苯、二氯甲烷、四氯化碳、二甲基甲酰胺、四氢呋喃等。要注意的是凝胶在不同有机溶剂中形成的床体积是不同的。该系列凝胶不能在水和极性有机溶剂如乙醇、丙酮中使用。

（2）聚乙烯醇凝胶 Toyopearl

Toyopearl 系列凝胶是由 TosoHass 公司开发研制的，其基本结构由交联聚乙烯醇组成，是一类具有多孔型三维网状结构、含有丰富的羟基因而骨架表现为高度亲水性的凝胶介质。根据交联度的不同，Toyopearl 又可分为具有不同分级范围的若干型号，每种型号按凝胶颗粒大小又有粗、细、超细等规格。Toyopearl 系列凝胶理化稳定性好，能耐受强酸性和强碱性环境，在中性条件下能够在 121℃高压灭菌。该系列凝胶能够在含尿素或盐酸胍的溶液中及有机溶剂中使用，溶剂的改变对凝胶床的体积影响很小。

三、 GFC 实验技术

　　一般在层析种类及方案初步设计好后，就需要着手对选择好的凝胶介质、层析柱、洗脱剂、样品等进行准备，装柱，平衡，加样，洗脱，样品检测并收集，层析柱的清洗和再生，这些方面统称为层析实验技术，系统示意图见图 5.12。

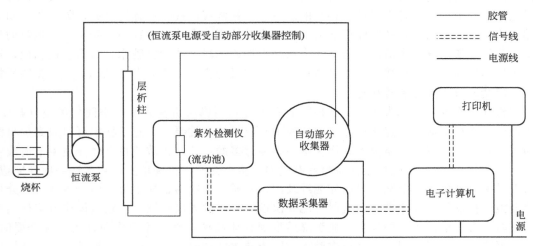

图 5.12　凝胶层析系统示意图

（一）凝胶的准备

　　目前市售各类凝胶过滤介质中绝大多数介质是以已溶胀好的形式出售的，介质保存在适当的贮存剂中形成悬浊液。此类介质一般无需预处理，使用前静置使介质沉降，倾去上清液，按湿胶∶洗脱剂＝3∶1（体积比）的比例添加洗脱剂，搅匀后即可装柱。这步操作的目的是为了此后能使层析柱较快完成平衡过程。也有少数类型的凝胶介质是以固态干胶形式出售的，典型的如 Sephadex G 系列介质，在使用前需要进行溶胀。溶胀是介质颗粒吸水膨胀的过程，膨胀度（得水值）与基质种类、交联度及洗脱剂种类等有关。为了填充一根选定的层析柱需要称取多少量的干胶是可以计算的：

$$干胶用量（g）＝\pi r^2 h/膨胀度 \tag{5.6}$$

式中　　r——层析柱的半径，cm；

　　　　h——层析柱的高度，cm。

　　膨胀度（mL 床体积/g 干胶）的数据可以从商品参数中查到。实际操作时，考虑到计算值会存在偏差以及操作中会有一定的损失，称取的干胶量应当比计算值略有放大。溶胀过程通常将干胶放置在蒸馏水或者缓冲液中进行，根据介质交联度的不同，完全溶胀所需时间差别很大。通常在常温下需数小时至数天，而在沸水浴中仅需 1～5h，并且在高温下溶胀还能起到脱气的作用，因此人们乐于选择沸水溶胀法。在溶胀过程中应避免强烈搅拌，例如用磁力搅拌子的搅拌会导致凝胶颗粒破裂而产生大量碎片。溶胀完毕，用倾滗法除去漂浮在液面上的细小颗粒，冷却至室温后即可装柱。

（二）装柱

1. 填充过程

装柱对于任何层析技术都是一个重要环节，装柱质量的好坏直接影响到分离效果，填充得不好的层析柱会导致柱床内液体流动不均匀，造成区带扩散，大大影响分辨率，也会对层析流速产生影响。目前市售的层析柱大致分为两类：一类是传统的层析柱，柱两端的接头位置固定，装柱时拧紧下端，将介质填充至靠近上口的部分，在平衡和层析时凝胶床上方都需保留一段水柱，防止洗脱剂从上口流入时对凝胶床面产生扰动，这类层析柱加样时需拧开上口手工加样；另一类是带有可移动接头的层析柱，柱两端的接头位置均可调，装柱时先固定下端接头，加入所需体积的凝胶后插入上端接头并拧紧，在拧紧过程中凝胶床上方多余的液体从接头上连接的管子中流出，装柱完成后柱内形成一段连续的凝胶床，与预装柱相似，这类层析柱加样时不需拧开接头，而是通过注射器或泵进样，可实现自动操作。后一类层析柱可以与成套的分离纯化装置相连。

层析柱应在支架上垂直放置。装柱之前先用洗脱剂将层析柱底部死空间内的空气排空，具体操作可将柱下端接头连接恒流泵，洗脱剂从层析柱下端泵入，直至柱中可以看到少量液体为止。将已处理好的介质放置在烧杯中，倒掉过多的液体，大致使得沉降介质：上清液＝3：1（体积比）。介质太稠在装柱时容易有气泡产生，介质太稀则填充过程无法一次性完成，而需等过多的液体从柱下端流出后才能继续注入介质，很容易在柱中形成多个界面。将介质悬液轻微搅拌混匀，利用玻棒引流尽可能一次性将介质倾入层析柱，注意液体应沿着柱内壁流下，防止有气泡产生。如果当介质沉降后发现柱床高度不够，需再次向柱内补加介质时，应将已沉降表面轻轻搅起，然后再次倾入，防止两次倾注时产生界面。如果填充完发现柱床内有不连续的界面，应将介质倒出重新装柱。介质倾注完毕后应关闭柱下端出口，静置等待凝胶完全沉降。对于上述传统层析柱，在床面上端留下一段液柱，然后拧紧上端接头，完成装柱；对于带有可调接头的层析柱，小心地插入上端接头并排出床面上多余的液体。

在装柱过程中，随着凝胶柱的形成以及液体流经层析柱，在柱内会产生一定的背景压力，该压力值随着柱床的增加和流速的增加而升高。而各类不同的凝胶介质能够承受的背景压力是不同的，装柱时必须参照所用介质的耐压值，严格控制床高和流速。装柱时的背景压力一旦超过凝胶所能承受的压力，硬胶颗粒将会破碎产生大量碎片，软胶则会发生变形使层析柱外水分部变小，压力进一步增大而无法操作。当然，静水压的大小取决于凝胶床的上端与柱出口处之间的垂直距离，因此对于软胶，人们常常采用升高柱出口端位置的方法来降低静水压。

2. 填充质量的评估

装柱完成后，在层析之前应当对装柱情况进行检查，简单的方法是将柱子对着亮光，利用透过光检查柱床是否规整，是否有气泡或界面存在。进一步的评估填充质量可以通过对有色物质进行层析并观察区带情况来实现，蓝葡聚糖 2000 是最常用的标记物，其分子量在两百万左右，将其配制成 2mg/mL 的溶液加样至凝胶柱并进行洗脱，观察有色区带通过凝胶床时的变化情况可以检验填充效果，填充良好的凝胶柱在洗脱时区带保持均匀、平稳地向下移动。此法还能同时测定出层析柱的 V_o 值。

3. 柱的平衡

平衡的目的是为了确保层析柱中凝胶颗粒网孔和间隙中的液体与洗脱剂在组成、pH 和离子强度等方面达到完全一致，这样在加样和洗脱过程中就能使待分离组分始终在所需的溶液环境中，有利于目标分子活性的保持和层析行为的稳定性。凝胶柱的平衡相对来说比较容易完成，理论上柱内所有组分在一个床体积（V_t）会完全被洗脱，因此用一个柱体积的洗脱剂通过层析柱就能实现平衡，但人们通常采用 2～3 个床体积的洗脱剂通过层析柱来确保其完全达到平衡。平衡过程中因为不受分辨率的限制，可以采用比层析时更快的流速来缩短操作时间，但也应注意流速不能超过介质标称的最大流速。

（三）样品和洗脱剂的准备

选择缓冲液时首先要考虑的是在纯化过程中维持合适的 pH，在此 pH 下目标分子稳定性良好。大多数凝胶过滤在中性 pH 附近进行。有的凝胶介质本身会带有少量的负电荷，这会对按分子大小分离的凝胶过滤层析结果产生影响，因此洗脱剂需要具有一定的离子强度，通常 0.15mol/L 的离子强度足以排除溶质与介质之间任何的离子作用。

为了延长介质特别是高分辨率介质的使用寿命，得到好的分离效果，溶液中不应有颗粒状物质存在。因此洗脱剂配制时采用的试剂应当是分析纯，而所用的水应当为纯水。洗脱剂配制完毕在使用前，最好对其进行过滤。一般来说，所使用的分离介质颗粒越小，对样品溶液的澄清度要求越高。在使用平均粒度 90μm 以上的介质时，使用孔径为 1μm 的滤膜进行过滤就能够达到要求。在使用平均粒度小于 90μm 的介质时，应使用孔径为 0.45μm 的滤膜进行过滤。需要无菌过滤或澄清度特别高的样品时，可使用孔径为 0.22μm 的滤膜进行过滤。需要的话可通过加热的方式对洗脱剂进行脱气，以防长时间的使用在层析柱内产生气泡。如果层析柱的背景压力大于 10bar[●]，则脱气操作完全可以省略，因为在这么大的压力下气体分子会完全溶解于洗脱剂而不会形成气泡。

层析前样品如果是固体，可以将其溶于一定体积的洗脱剂中；如果是液体样品，则可以直接加样。待层析的样品中同样必须无颗粒状物质存在。而颗粒状物质通常主要出现在粗样品中，其成分多为细胞碎片、不溶性蛋白质聚合物、脂质污染物等。如果样品已经经过一定步骤的纯化比如层析后一般不会含有颗粒物。浑浊的样品在上柱前必须先通过过滤或离心除去颗粒状物质。过滤时一般使用孔径为 0.45μm 的滤膜，当样品体积非常小或滤膜对目标分子有吸附作用时，为了减少样品的损失，选择在 $10000 \times g$ 离心 15min 也能有效除去颗粒物。

样品的黏度是影响上样量和分离效果的一个重要方面，高黏性的样品会造成层析过程中区带不稳定及不规则的流型，产生所谓的"黏性手指效应"，层析图谱中洗脱峰出现明显的异常，严重影响分辨率，并且这种分辨率的下降并不能通过降低流速而得到缓和。在黏度控制上，通常样品相对于洗脱剂的黏度应小于 1.5mPa·s，对于常用缓冲体系，此黏度标准相应于球状蛋白的最大浓度为 70mg/mL。如果样品黏度过高是浓度高造成的，用洗脱剂或水稀释样品可以达到降低黏度的目的；如果黏度是样品中核酸等杂质引起的，可通过添加大分子聚阳离子化合物如聚乙酰亚胺或鱼精蛋白硫酸盐将其沉淀，或添加核酸内切酶来降低黏度。

（四）加样

层析柱平衡完成，样品和洗脱剂准备完毕后，就可开始加样和洗脱了。加样过程是将一定体积的样品添加至层析柱顶端，并使其进入凝胶柱。

● 　$1bar = 10^5 Pa$。

1. 加样量

凝胶过滤层析对加样量的要求比较高，层析时介质对样品没有专一性吸附，分子大小不同的组分以不同速度随流动移动，此过程中逐步形成多个区带。区带移动过程中由于涡流扩散、两相间不平衡及纵向扩散，区带不可避免地会变宽而对分辨率产生影响。层析时样品的添加量主要受分辨率的限制，样品体积/柱体积的比值增大会导致分辨率 R_s 下降。

对于分析型分离和难度比较大的分级分离，加样体积应为床体积的 $0.5\%\sim5\%$，更小的加样比例并不能进一步改善分辨率。对于具体实验的加样量，需根据样品组成和性质、凝胶介质及想得到的分离程度来确定。在高精度分析型凝胶过滤中，样品浓度、带电性质等也会对分离效果产生影响，因此最佳的加样体积应根据实验结果进行优化后获得。对于组别分离和难度不大的分级分离来说，应考虑增加加样体积来获得高的分离能力和较小的样品稀释度。具体操作时，可以根据层析图谱中分离距离的极限来确定最大加样体积。一般来说，在脱盐、缓冲液交换等组别分离时加样体积可以达到床体积的 30% 而仍然能够保持足够的分辨率。如果需要样品有很高的回收率，可以将比例适当减少至 $15\%\sim20\%$。

2. 加样方法

加样是将一定体积的样品溶液添加至柱床的床面，依靠重力或泵提供的压力使样品进入床面的过程。在加样过程中样品溶液应尽可能均匀添加至床面，这样在柱床的横截面上样品能够均匀进入；另外要防止液流破坏床面的平整性，否则会造成区带形状变差，洗脱峰变宽，从而对分辨率产生很大影响。

加样的方法有多种，如果采用成套液相层析系统，一般通过进样器或注射器等，最终利用泵将样品溶液加入柱床。

对于不带可调接头的传统填充柱，常见的加样方法有排干法和液面下加样法。排干法是最常用的，所需设备最少，但对操作的要求较高。加样前先将层析柱上口拧开，让床面之上的液体靠重力作用自然排干，当床面刚好暴露时将层析柱下端阀门关闭。阀门的关闭时机必须选择恰当，过早关闭床面上仍留有少量液体会对样品产生稀释作用，关闭过晚会导致床面变干。用吸管将样品轻轻铺加到床面上，注意不能破坏床面的平整，以免造成区带的扭曲和倾斜，然后打开柱下端阀门，受重力作用样品溶液进入床面，当样品刚好完全进入时关闭阀门。必要时用少量洗脱剂洗涤层析柱上端，打开阀门使洗涤液也进入床面，最后用洗脱剂充满层析柱内床面上端空间，拧紧层析柱上口，即可以用恒流泵泵入洗脱剂开始洗脱。液面下加样法则是将层析柱上口拧开，不排干凝胶床面之上的液体，而是利用带有长的针尖的注射器将样品溶液轻轻注入液面下，使其平铺在床面上，注意采用此方法时样品溶液的密度必须大于洗脱剂，这可以通过向样品溶液中添加葡萄糖、NaCl 或其他惰性分子来实现。打开柱下端阀门后，同样依靠重力，样品会进入床面，然后拧紧柱上口，即可开始洗脱。

（五）洗脱

样品进入层析柱后，应立即用洗脱剂对样品进行洗脱，以防样品在层析柱中扩散。通常洗脱过程以一个恒定的流速使洗脱剂通过层析柱，而这个恒定流速由静水压或者泵来控制。多数情况下在层析柱前安装一个泵来有效控制流速，分析型层析时采用高精度的泵有利于获得高的精确性和重复性，而很多情况下一个带有硅胶管的蠕动泵即能达到要求。使用成套液相层析系统时，流速参数可在电脑中利用相关软件设定。

凝胶过滤层析时可采用的最大流速受多种因素的限制，例如层析柱的结构和材料、柱的尺寸、连接方式、泵的类型及介质的机械强度等。其中最关键的因素是介质的强度，流速不能超出该介质的最大流速限制，另外操作时层析柱内产生的背景压力也不能超过该介质所能承受的最大压力。组别分离和大规模制备型分离时，前者由于很容易达到所需分辨率，采用高流速可有效缩短分离时间，后者对分离速度、生产效率有比较高的要求，而对分辨率的要求相对较低，因此这两种情况可尽量采用高流速。在分析型分离时对分辨率的要求较高，因此通常会采用相对较低的流速。对于分子大小不同的组分，最佳流速的数值是不同的。在低流速下，高分子量溶质由于具有较长的传质时间，在两相中平衡情况良好而产生尖锐的洗脱峰，但低分子量溶质由于扩散系数较大，纵向扩散严重，区带变宽而产生宽的洗脱峰，而高流速下情况恰好相反。所以应当根据目标物质的分子大小区间来确定合适的流速，也有人采用在较低的流速下起始洗脱并逐渐增加流速的方法取得了好的分离效果。在实验过程中，最佳流速往往需要根据层析结果进行优化后才能得到。

（六）样品的检测、收集和处理

样品进行层析时，各组分的分离情况、目标分子的洗脱情况等都反映在层析图谱中，而层析图谱的获得需要检测器的存在。在层析图谱中，横坐标是时间或洗脱液体积，纵坐标是检测器的读数。在一套层析系统中，检测器与层析柱的下端相连，柱中流出的洗脱液直接进入检测器的流动池，由检测器测出相应的读数，对映不同的组分浓度。

根据样品中组分性质的不同，有多种不同的检测器可供选择。最常用的是紫外（UV）检测器，大多数紫外检测器属于固定波长检测器，可以在两到三个固定的波长如 280nm、254nm、214nm 下测定洗脱液的吸光度，而与成套层析系统相连的一般是更高档的连续波长检测器，人们可以根据目标组分的吸收光谱来确定检测波长。对于蛋白质样品，通常在 280nm 有最大吸收，而核酸类物质在 254nm 附近有最大吸收。在远紫外区能产生吸收的物质种类很多，因此选用波长小于 220nm 的紫外线对样品进行检测时，杂质和洗脱剂的成分很可能对检测产生干扰。很多紫外检测器都提供了双波长、三波长甚至更多波长的同时检测，从而有助于对样品中不同成分进行对照比较，生成较全面的层析图谱。当目标分子是含有色氨酸的蛋白质或进行衍生化后产生荧光的物质，可使用荧光检测器进行检测，该方法的灵敏度和选择性均明显优于 UV 检测。对于在紫外区无吸收或虽然有吸收但受其他物质干扰较大的样品，采用示差折射检测器进行检测是比较合适的，例如在检测糖类或糖蛋白以及一些聚合物等物质的分离时常用到该检测器。示差折射检测器的灵敏度在多数情况下低于 UV 检测。溶质绝对大小的测定可通过质谱（MS）完成，近年来开发出了在线 LC-MS 检测器，此检测方法虽然昂贵，但为分析型凝胶过滤提供了一种不错的选择。电化学方法也被用于层析柱洗脱液的检测，已有报道对凝胶过滤后含巯基的蛋白质进行测定。在脱盐过程中通常需要记录离子强度，在此情况下可使用配有流动池的电导检测器。有时将不同的检测器串联在一起使用可以获得更好的效果。如果需要对组分进行更专一性的分析时，需要对洗脱液进行部分收集，随之进行特定的化学反应。

当 $R_s = 1$ 时，两个组分的洗脱峰并未完全分离，但此时两种组分间产生的相互干扰是很小的，必要时弃去与相邻峰产生干扰的分部，可以得到较纯的组分。但是当目标分子的洗脱峰呈现不对称，或者与另一组分靠得很近时，就需要对收集到的样品进一步分离纯化。当然，即便目标分子洗脱峰与其他组分的洗脱峰已完全分开，也不能断定已经获得纯的产物，可能有分子大小相近的杂质出现在同一洗脱峰中，因此还需进行纯度鉴定。对于已经达到纯度要求的样品，可以通过冷冻干燥获得固体粉末。

（七）介质的再生、清洗和贮存

理论上说，在洗脱剂具有一定离子强度的情况下，样品中所有组分都应当在一个柱体积内被洗脱，因此根据层析图谱或是根据采用流速和已层析的时间，当洗脱液体积超过一个柱体积时洗脱即可停止，如果还有样品需分离此时即可加样。然而样品中的某些组分可能会与介质产生离子作用、疏水作用或是亲和作用等而导致洗脱延迟，因此为确保所有组分的洗脱，实验中通常会使用 1.5～2 个柱体积的洗脱剂来完成洗脱过程。

事实上，根据样品组成的不同，每次层析结束后总是会有一定数量的物质如变性蛋白质、脂类等污染物比较牢固地结合在介质上，用洗脱剂无法将其洗脱。它们的残留会干扰以后的分离纯化，影响组分在层析时的表现，造成分辨率的下降，并可能对样品造成污染，以及使得层析柱背景压力上升，甚至堵塞层析柱。因此，应根据样品中污染物质含量的多少，在每次或连续数次层析后，彻底清洗掉层析柱中的结合物质，恢复介质的原始功能。

清洗过程根据介质的结构和稳定性不同有着不同的方法，通常凝胶的制造商会提供介质再生和清洗的方法。清洗过程既可以在层析柱内进行，使一定体积的清洗剂通过层析柱，也可以将介质从柱中取出，清洗完再重新装柱。当然，如果所用层析柱是预装柱，则必须在层析柱内清洗，将其拆卸会导致柱效严重下降。在清洗方法上，最为常规的是采用碱洗，根据介质的 pH 稳定范围（短程）不同，用 0.1～0.5mol/L 的 NaOH 溶液对介质进行清洗除去污染物。如果清洗是在层析柱中进行，一般可用 1 个柱体积的 NaOH 溶液通过柱子，如果介质的稳定性较差，也可以只用 1/2 个甚至 1/3 个柱体积的 NaOH 溶液通过柱子以减少介质接触碱液的时间，清洗完成后应当立即用 2～3 个柱体积的缓冲液或水将介质洗至中性pH。如果清洗在柱外进行，可以将介质浸泡在 2～3 个柱体积的 NaOH 溶液中 15～30min，然后用布氏漏斗将碱液滤掉，立即用缓冲液或水将介质洗至中性 pH。除了采用 NaOH 溶液清洗之外，非离子型去污剂及乙醇也是常用的凝胶介质的清洗剂。

有些时候介质被一些比较特殊的组分所污染，用常规的清洗方法不能将这些污染物除去，此时必须针对污染物的类型，采取一些比较特殊和专一的清洗方法。当然采用这些方法的前提是介质在这种清洗条件下具有较好的稳定性。

浸泡在溶液中的层析柱和介质在很少使用的情况下容易出现微生物生长的现象，尤其是葡聚糖和琼脂糖类型的凝胶介质，易于感染会分泌糖苷酶的微生物，导致基质聚合物中的糖苷键降解而破坏了介质的结构。聚丙烯酰胺类型的介质虽然本身不易被微生物降解，但如果所处溶液中有微生物生长，同样会导致其结构和化学性质的改变。因此，无论是层析柱还是介质，在长期不使用时，不建议浸泡在对于微生物生长来说营养丰富的缓冲液如磷酸盐缓冲液中，另外，在其浸泡的溶液中添加适当的抑菌剂是必需的。抑菌剂的种类很多，应当根据介质来选择适当的抑菌剂。常用的抑菌剂包括：0.002% 的双氯苯双胍己烷（洗必太），20% 乙醇，0.001%～0.01% 的苯基汞盐，0.02%～0.05% 的叠氮钠，0.01mol/L 的 NaOH，0.05% 的三氯丁醇等。如果以层析柱形式保存，则用 2 个柱体积的含有抑菌剂的溶液通过层析柱；如果介质在柱外保存，可以直接将其浸泡在含抑菌剂的溶液中。

一般情况下，将介质或层析柱在较低的温度下保存也有利于抑制微生物的生长，但必须注意贮存温度不得低于贮存溶液的冰点，否则一旦形成冰晶会导致凝胶颗粒的破裂。

四、 GFC 的应用

（一）脱盐及缓冲液交换

高分子（如蛋白质、核酸、多糖等）溶液中的低分子量杂质，可以用凝胶层析法除去，这一操作称为脱盐。二十世纪六十年代初开始，凝胶过滤就被用于蛋白质等大分子溶液的脱盐，与透析法相比，凝胶过滤脱盐具有样品处理量大、操作时间短、不影响生物大分子活性等突出的优点。

脱盐过程和缓冲液交换都属于组别分离，目标分子和盐类等在分子大小上存在很大的差异，很容易达到所需的分辨率，因此对于介质和层析柱的效率要求较低。常用的介质有 Sephadex G-10、G-15、G-25，Bio-Gel P-2、P-4 等，柱长与直径之比为 5～15，样品体积可达柱床体积的 25%～30%。为防止蛋白质脱盐后溶解度降低形成沉淀吸附于柱上，一般用醋酸铵等挥发性盐类缓冲液使层析柱平衡，然后加入样品，再用同样缓冲液洗脱，收集的洗脱液用冷冻干燥法除去挥发性盐类。缓冲液交换往往是离子交换层析前对样品的预处理手段，以下步离子交换层析的起始缓冲液作为脱盐时的洗脱液即可达到目的。

（二）分子量的测定

凝胶过滤法能够在很宽的 pH、离子强度、温度范围内测定天然非变性条件下生物分子的分子量，测定过程较为简单。

凝胶过滤法测定分子量的基础是公式 $K_{av}=a-b\log M_r$，即有效分配系数 K_{av} 与溶质分子量的对数 $\log M_r$ 之间的线性关系。对于特定的凝胶柱，由于外水体积和柱体积是恒定不变的，在一定分子量范围内，洗脱体积 V_e 与 $\log M_r$ 之间也存在线性关系。

利用上述线性关系，人们通过将几种已知分子量的物质加样至层析柱，分别测出洗脱体积 V_e，同时计算出这些分子相应的 $\log M_r$ 值，并以 V_e 对 $\log M_r$ 作图，即得到该层析柱的分子量标准曲线。然后在相同的条件下对需要测定分子量的物质进行层析，测出其 V_e 值，根据标准曲线即可求出该物质的分子量。

凝胶过滤层析时溶质的洗脱体积不仅与分子量有关，还与分子形状密切相关，具有相同分子量的球状分子和纤维状分子在洗脱性质上差异很大。因此，在进行分子量测定时，选用的分子量标准应当与所测目标分子有着相似的形状。

（三）混合物分级分离

凝胶过滤层析是所有层析技术中唯一的按分子大小进行分离的技术，因此，将凝胶过滤与其他层析技术结合使用往往可以获得较为理想的纯化效果。

蛋白质、肽类、酶等生物分子结构和功能研究是热点领域，已报道采用凝胶过滤分离此类物质的方法不胜枚举。例如 M. Franzini 采用一种高效凝胶过滤层析方法应用于 γ-谷氨酰转肽酶的级分分析，使转肽酶分析的特异性和灵敏度都得到较大提高；R. Wang 对两种凝胶层析方法 Superdex-200 HR 和 Sephacryl S-1000 纯化一种百合花病毒的效果进行比较发现，前者的纯化倍数和收率较高；C. Vignaud 等用凝胶过滤 Superdex peptide 分离和鉴别由谷氨酸和半胱氨酸形成的含二硫键的氧化物，可使一定条件下反应所得的三种主要物质 GSSG、GSSC、CSSC 得到较好的分离，层析结果和条件见图 5.13。

凝胶过滤可将高分子 DNA 与小分子分开，如可用于从聚合酶链反应（PCR）中去除寡核苷酸引物，以及任何需要变换溶解 DNA 的缓冲液成分的场合等。

在多糖的分离纯化和分子量分布分析中，凝胶过滤层析的应用也得到了广泛报道。例如 M. Palm 采用 Superdex 30PG 分离不同蒸汽处理后的杉木半纤维素的低聚物的分子量分布，结果见图 5.14，显然仅处理 2min 的高分子的分布比例明显高于处理 5min 的。

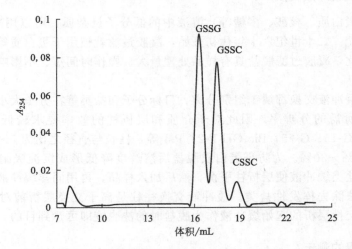

图 5.13　几种含二硫键的化合物在 Superdex peptide 柱上的分离
流动相：0.1mol/L 醋酸钠缓冲液，pH 5.6；样品：含 GSH（2mmol/L）、
CSH（1mmol/L）、SOX（30nkat），在 pH5.6 反应 30min 后的混合物 0.5mL

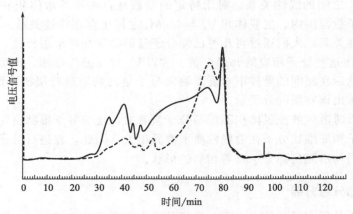

图 5.14　不同蒸汽处理下杉木样品的 Superdex 30PG 分离图谱
200℃，蒸汽处理 2min（实线）；200℃，蒸汽处理 5min（虚线）

此外凝胶层析在脂质体的分离方面也有较为广泛的应用。在分离一些小分子时还可以利用相对特异的大分子与之结合后成为大分子的特点而与其他相对较小的分子分开，例如 R. Chaudhary 等开展在蓝葡聚糖存在下采用凝胶过滤层析从水牛脑下垂体中分离提取黄体激素的研究，取得了较好的分离效果。

（四）重组蛋白的复性

重组蛋白的复性方法很多，凝胶过滤复性则是基于变性蛋白聚集体、不同程度的变性蛋白、复性蛋白及变性剂等分子大小不同而分离，凝胶介质为变性蛋白提供了变性剂"无限稀释"的复性空间，有效分隔了各个蛋白质分子，抑制了分子间因疏水作用而导致的聚集，有助于变性蛋白重新折叠成有活性的蛋白质所需的空间构象。

第四节　离子交换层析

离子交换层析（lon-exchange chromatography，IEC）是发展最早的层析技术之一。20世纪30年代人工合成离子交换树脂的出现对于离子交换技术的发展具有重要意义。基于苯乙烯-二乙烯苯的离子交换树脂至今仍是最广泛使用的一类离子交换树脂。但它并不十分适合对生物大分子如蛋白质、核酸、多糖等的分离，因为：①树脂交联度太大而颗粒内网孔较小，蛋白质分子无法进入颗粒内部，只能吸附在表面，造成有效交换容量很小；②树脂表面电荷密度过大，使蛋白质在其上吸附得过于牢固，必须用较极端的条件才能洗脱，而这样的条件往往易造成蛋白质变性；③树脂的骨架是疏水性，一旦与蛋白质之间发生疏水相互作用，也容易造成蛋白质变性失活。

20世纪50年代中期，Sober和Peterson合成了羧甲基（CM-）纤维素和二乙氨乙基（DEAE-）纤维素，这是两种亲水性和大孔型离子交换剂，其亲水性减少了离子交换剂与蛋白质之间静电作用以外的作用力，而大孔型结构使蛋白质能进入网孔内部从而大大提高了有效交换容量，而纤维素上较少的离子基团有利于蛋白质的洗脱，因此这两种离子交换剂得到了极为广泛的应用。此后，多种层析介质特别是颗粒型介质被开发和合成，包括交联葡聚糖凝胶、交联琼脂糖、聚丙烯酰胺以及一些人工合成的亲水性聚合物等，以这些介质为骨架结合上带电基团衍生而成的离子交换剂也层出不穷，极大地推动了离子交换技术在生化分离中的发展和应用。

一、IEC 相关理论

（一）基本原理

离子交换层析分离生物分子的基础是待分离物质在特定条件下与离子交换剂带相反电荷因而能够与之竞争结合，而不同的分子在此条件下带电荷的种类、数量及电荷的分布不同，表现出与离子交换剂在结合强度上的差异，在离子交换层析时按结合力由弱到强的顺序被洗脱下来而得以分离。离子交换层析的原理和一般步骤如图5.15所示。

蛋白质、多肽、核酸、聚核苷酸、多糖和其他带电生物分子正是如此通过离子交换剂得到了分离纯化，即带负电荷的溶质可被阴离子交换剂交换，带正电荷的溶质可被阳离子交换剂交换。

（二）基本理论

1.离子交换作用

离子交换剂由不溶性高分子基质、荷电功能基团和与功能基团电性相反的反离子组成。在水溶液中，与功能基团带相反电荷的离子（包括缓冲液中的离子、蛋白质形成的离子）依

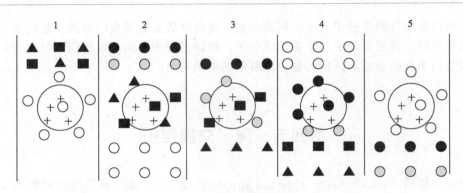

图 5.15　离子交换层析原理图

○ 起始缓冲液中的离子；◐ 梯度缓冲液中的离子；● 极限缓冲液中的离子；■ 待分离的目标分子；▲ 需除去的杂质

1—上样阶段，此时离子交换剂与平衡离子结合；2—吸附阶段，混合样品中的分子与离子交换剂结合；

3—开始解吸阶段，杂质分子与离子交换剂之间结合较弱而先被洗脱，
目标分子仍处于吸附状态；4—完全解吸阶段，目标分子被洗脱；

5—再生阶段，用起始缓冲液重新平衡层析柱，以备下次使用

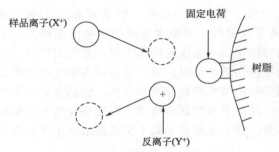

图 5.16　离子交换层析中进行的离子
交换过程（以阳离子交换树脂为例）

靠静电引力能够吸附在其表面（如图 5.16 所示）。这样，各种离子与离子交换剂结合时存在竞争关系。

无机离子和交换剂的结合能力与离子所带电荷成正比，与该离子形成的水合离子半径成反比。也就是说，离子的价态越高，结合力越强；价态相同时，原子序数越高，结合力越强。在阳离子交换剂上，常见离子结合力强弱顺序为：

$$Li^+ < Na^+ < K^+ < Rb^+ < Cs^+$$
$$Mg^{2+} < Ca^{2+} < Sr^{2+} < Ba^{2+}$$
$$Na^+ < Ca^{2+} < Al^{3+} < Ti^{4+}$$

在阴离子交换剂上，结合力强弱顺序为：$F^- < Cl^- < Br^- < I^-$

目的物与离子交换剂的结合能力首先取决于溶液 pH，它决定了目的物的带电状态，此外还取决于溶液中离子的种类和离子强度。起始条件，溶液中离子强度较低，上样后，目的物与交换剂之间结合能力更强，能取代离子而吸附到交换剂上；洗脱时，往往通过提高溶液的离子强度，增加离子的竞争性结合能力，使得样品从交换剂上解吸，这就是离子交换层析的本质。

2. pH 和离子强度 I 的影响

pH 和离子强度 I 是控制蛋白质离子交换行为、分辨率、回收率等的重要因素。

pH 决定了目标分子及离子交换剂的带电荷情况，因而是决定目的物是否发生吸附的最重要参数。分离时，应控制 pH 使得目标分子和离子交换剂带相反的电荷。一方面，离子交换剂有一个工作 pH 范围，在此范围内能够确保离子交换剂带充足的电荷。另一方面，溶液的 pH 直接决定了目标分子带电荷的种类和数量，选择适当的 pH，能够保证目标分子与离子交换剂带相反电荷而被吸附；同时如果 pH 距离目标分子等电点过远，则造成目标分子与离子交换剂结合过于牢固而不易洗脱。

在选择操作 pH 时还需特别注意目标分子的 pH 稳定范围，若超出此范围会造成目标分子活性丧失，导致回收率下降。特别是要考虑到由于陶南效应（Donnan）的存在，离子交换剂表面 pH 与溶液 pH 是不一致的。离子交换剂是亲水的，其表面有一层水膜，水膜里可以看作是离子交换剂的微环境。在阳离子交换剂表面的微环境中，H^+ 被阳离子交换基团吸引而 OH^- 被排斥，造成交换剂表面 pH 比周围缓冲液中 pH 低 1 个 pH 单位；而阴离子交换剂表面的微环境中，OH^- 被阴离子交换基团吸引而 H^+ 被排斥，造成交换剂表面 pH 比周围缓冲液中 pH 高 1 个 pH 单位。例如，某蛋白质在 pH5 时被阳离子交换剂吸附，实际上该蛋白质在交换剂表面是处在 pH4 的环境中，若此蛋白质在此 pH 条件下不稳定将会失活。大多数蛋白质在 pH4 以下稳定性都会下降而使回收率很低。

由于溶液中的其他离子与目标分子竞争结合到离子交换剂上，因此离子种类和离子强度 I 是影响目标分子结合和洗脱的另一重要因素。低离子强度下，目标分子通过荷电基团结合至离子交换剂上带相反电荷的功能基团上；当竞争离子浓度即离子强度 I 逐渐升高时，目标分子逐渐被置换下来。绝大多数目的物在 1mol/L 的盐浓度下能够被洗脱，因此在探索条件阶段，人们常把洗脱盐的终浓度定为 1mol/L。事实上在溶液中盐类还常扮演稳定目的物结构的角色。另外，不同离子从交换剂上将目的物置换下来的能力是不同的，并且离子类型还对分辨率和不同蛋白质的洗脱顺序产生影响。

3. 疏水相互作用和氢键

虽然目的物与离子交换剂发生结合主要依靠相反电荷之间的离子键，但实际上此过程中还可能存在其他的作用力，常见的就是疏水相互作用和氢键。

疏水相互作用主要出现在使用带非极性骨架的离子交换剂时，例如离子交换树脂，特别是聚苯乙烯树脂，骨架带有较强的疏水性，能与目的物分子中的一些疏水性氨基酸残基之间通过疏水相互作用结合。现代 HPLC 中仍有部分介质以树脂为骨架。氢键主要出现在使用以亲水性高分子为骨架的离子交换剂，如以 Sephadex 或 Sepharose 为基质的离子交换剂，骨架糖链中的羟基、羧基等基团能够与目的物分子中带亲水侧链的氨基酸残基之间形成氢键。当目的物与杂质在电性质方面很接近时，这些额外的作用力在分离时起着决定性的作用，据此往往可实现分离。

4. 离子交换动力学

离子交换的发生及进行的程度即离子交换平衡取决于离子作用，而离子交换动力学则取决于离子交换剂的颗粒结构。

离子交换剂的骨架是具有网孔状结构的颗粒状凝胶，而荷电功能基团均匀分布在凝胶颗粒的表面及网孔内部，可交换分子依据分子量的不同，不同程度地进入凝胶颗粒内部，将荷电功能基团上的反离子置换下来而自身结合到离子交换剂上。

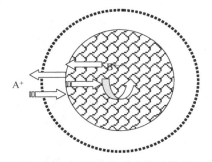

图 5.17　离子交换动力学示意图
（以阳离子交换剂为例）

从动力学角度分析，整个过程可分为五个步骤（图 5.17）：①可交换分子在溶液中经扩散到达凝胶颗粒表面。亲水性的凝胶和水分子发生氢键作用，从而在凝胶表面束缚了一层结合水构成水膜，水膜的厚度取决于凝胶的亲水性强弱、层析时流速的快慢，亲水性越强、流速越慢，水膜越厚，反之水膜越薄。可交换分子通过扩散穿过水膜到达凝胶表面的过程称为膜扩散，速度取决于水膜两侧可交换分子的浓度差。

②可交换分子进入凝胶颗粒网孔，并到达发生交换的位置，此过程称为粒子扩散，其速度取决于凝胶颗粒网孔大小（交联度）、交换剂功能基团种类、可交换分子大小和带电荷数等多种因素。③可交换分子取代交换剂上的反离子而发生离子交换。④被置换下来的反离子扩散到达凝胶颗粒表面，也即粒子扩散，方向与步骤②相反。⑤反离子通过扩散穿过水膜到达溶液中，也即膜扩散，方向与步骤①相反。

根据电荷平衡的原则，一定时间内，一个带电分子进入凝胶颗粒，就有与该分子所带净电荷数相当数量的反离子扩散出凝胶颗粒。上述五个步骤实际上就是膜扩散、粒子扩散和交换反应三个过程。其中交换反应通常速度比较快，而膜扩散和粒子扩散速度较慢，当溶液中可交换分子浓度较低时，膜扩散过程往往最慢而成为整个过程的限制性步骤；当溶液中可交换分子浓度较高时，粒子扩散过程往往最慢而成为整个过程的限制性步骤。灌注层析填料，从层析动力学角度分析，就是通过独有的二元孔网络结构，可使粒子扩散速度大大提高，从而使整个过程效率提高。

（三）离子交换的分辨率

同其他层析分离一样，离子交换的效果常用两个目标峰的分辨率（R_s）来描述。

一个纯化系统能够达到的分辨率取决于该系统的选择性、效率和容量，这是柱层析中的三个最重要的参数。R_s的解析表达式为：

$$R_s = \frac{1}{4} \times \frac{\alpha - 1}{\alpha} \sqrt{N} \times \frac{k'}{1 + k'} \tag{5.7}$$

式中　α——选择性；

　　　N——柱效率；

　　　k'——容量因子。

1. 容量因子

容量因子 k' 又称保留因子，是层析分离中常用的组分保留值表示法。

$$k' = (t_R - t_0)/t_0 = (V_R - V_0)/V_0 \tag{5.8}$$

式中　t_R，V_R——溶质的保留时间和保留体积；

　　　t_0，V_0——非滞留组分的保留时间和保留体积。

一般来说，容量因子 k' 的取值与可交换分子在固定相（离子交换剂）和流动相（缓冲液）中的分配性质、层析温度及固定相和流动相的体积比有关，而与柱尺寸和流速无关。

2. 柱效率

柱效率用在特定实验条件下层析柱的理论塔板数 N 来表示，通常表示为每米层析床所包含的理论塔板数。其计算公式：

$$N = 5.54 \left(\frac{V_R}{W_h} \right)^2 \tag{5.9}$$

式中　V_R——洗脱峰的洗脱体积；

　　　W_h——洗脱峰半峰高（$h_{1/2}$）时对应的峰宽。

柱效率下降会导致层析时区带变宽，也就是洗脱峰的峰宽变大。导致区带变宽的原因之一是可交换分子在层析柱床中发生纵向扩散。采用尺寸较小的凝胶颗粒作为离子交换剂的基质，可有效减小能够发生纵向扩散的距离，从而大大提高柱效率。现代离子交换介质中有些是以很小的颗粒作为基质的（小于 $3\mu m$），它们有非常高的柱效率，但它们往往是非孔型的，可交换分子只能结合在其表面，因而此种离子交换剂的交换容量会下降。另外，随着基质颗粒的减小，层析时产生的背景压力会增大，不利于进行快速、大规模的层析。除基质颗粒大小外，实验技术是影响柱效率的另一重要因素，层析柱床面不平整、柱床内有气泡等都会导致柱效率下降，因此层析过程中操作条件的控制对层析效果影响很大。

3. 选择性

选择性是一个系统分离不同蛋白质峰的能力，习惯用相对保留值 α 来表示。α 定义为：

$$\alpha = \frac{k'_2}{k'_1} = \frac{V_{R2} - V_0}{V_{R1} - V_0} \approx \frac{V_{R2}}{V_{R1}} \tag{5.10}$$

式中　k'_1，k'_2——洗脱峰 1 和 2 的容量因子；

　　V_{R1}，V_{R2}——洗脱峰 1 和 2 的洗脱体积；

　　　　V_0——非滞留组分的洗脱体积。

从对分辨率的影响上来看，好的选择性往往比高的柱效率更为重要（图 5.18）。

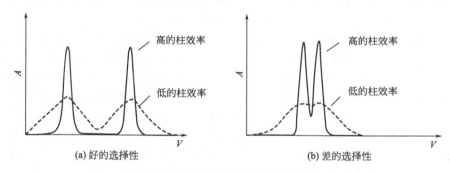

图 5.18　选择性和柱效率对分辨率的影响

影响到离子交换层析时选择性的因素包括：离子交换剂上功能基团的性质和数量，pH 和离子强度等实验条件。由于上述实验条件是容易进行调控的，因而人们更乐于通过控制实验条件来提高选择性，从而获得好的分辨率。

根据前面所述 R_s 的解析表达式可知，为了提高一个分离过程的分辨率 R_s 以达到满意的分离效果，必须满足以下条件：①$\alpha > 1$，当 $V_{R1} = V_{R2}$ 时 $\alpha = 1$，此时两峰完全重叠，分辨率为 0，α 的值越大，两洗脱峰相距越远，分辨率越高；②N 尽可能大，理论塔板数越大，柱效率越高，分辨率也越高；③$k' \neq 0$，根据 k' 的计算公式，当两种蛋白质的洗脱体积 V_{R1} 和 V_{R2} 均等于非滞留组分的洗脱体积 V_0 时 $k' = 0$，此时无法实现分离，分辨率为 0，选择合适的层析条件，使得至少一种蛋白质在离子交换剂上发生吸附，就能满足 $k' \neq 0$，增加 k' 的值将提高分辨率 R_s，有利于分离。

二、 IEC 介质

IEC 介质（离子交换剂）是离子交换层析的基础，它们决定着分离过程的分辨率，同时还决定着分离的规模和成本，现代离子交换技术的进步得益于优质高效离子交换剂的研制和应用。

（一）基本结构

离子交换剂由水不溶性基质和共价结合在基质上的带电功能基团组成，带电功能基团上还结合有可移动的与功能基团带相反电荷的反离子（又称平衡离子）。反离子可被带同种电荷的其他离子取代而发生可逆的离子交换，此过程中基质的性质不发生改变。

　　离子交换剂所带功能基团分为酸性基团和碱性基团两类，其中带酸性功能基团的离子交换剂在工作 pH 范围内解离放出质子而带有负电荷，能够结合溶液中带正电荷的离子（阳离子），因此被称为阳离子交换剂；而带碱性功能基团的离子交换剂在工作 pH 范围内结合质子而带有正电荷，能够结合溶液中带负电荷的离子（阴离子），因此被称为阴离子交换剂。

　　基质是一类水不溶性的化合物，理想的基质应当满足以下条件：①有较强的机械稳定性，能适合高流速的需要；②具有亲水性，至少在颗粒表面应当是亲水性的；③高化学稳定性，在很宽的 pH 范围内保持稳定，耐去污剂、有机溶剂、耐高温，从而方便层析前后的清洗和消毒灭菌；④高的交换容量，以满足分离较大规模样品的需要；⑤球形，颗粒直径均匀；⑥价格尽可能便宜以降低分离成本。

（二）功能基团和酸碱性质

　　带电功能基团决定了离子交换剂的基本性质，功能基团的类型决定了离子交换剂的类型和强弱，它们的总量和有效数量决定了离子交换剂的总交换容量和有效交换容量。

　　根据功能基团是酸性基团还是碱性基团，离子交换剂分为阴离子交换剂和阳离子交换剂。此外，根据功能基团的解离性质，离子交换剂还可分为强型离子交换剂和弱型离子交换剂。强弱并不是指可交换分子与交换剂结合的牢固程度，而取决于带电功能基团的 pK_a 值。强型离子交换剂带有强酸性或强碱性功能基团，其 pK_a 值很低或很高，远离中性，因此解离程度大，在很宽的 pH 范围内都处于完全解离状态；弱型离子交换剂则带有弱酸性或弱碱性功能基团，其 pK_a 值与强型离子交换剂相比靠近中性，工作 pH 范围较窄，超出此范围会造成解离程度下降，带电荷数量明显减少。当层析 pH 远离 pK_a 时，无论是强型还是弱型离子交换剂都能牢固吸附可交换分子。结合上述两种分类方法，离子交换剂可以分为强酸型（强阳）、强碱型（强阴）、弱酸型（弱阳）和弱碱型（弱阴）四种。

　　表 5.7 列出了较为常用的离子交换功能基团的名称和种类。强酸型交换剂中最常用的是磺基，弱酸型最常用的是羧基，强碱型最常用的是季铵基，弱碱型最常用的是氨基。除了磷酸基，其他功能基团一般都只带单个正电荷或负电荷。

表 5.7　常见的离子交换功能基团

类型	名称	英文符号	功能基团
阴离子交换剂	二乙基氨乙基	DEAE	$-OCH_2CH_2N^+H(C_2H_5)_2$
	季铵基乙基	QAE	$-OCH_2CH_2N^+(C_2H_5)_2CH_2CH(OH)CH_3$
	季铵基	Q	$-OCH_2N^+(CH_3)_3$
	三乙基氨乙基	TEAE	$-OCH_2CH_2N^+(C_2H_5)_3$
	氨乙基	AE	$-OCH_2CH_2NH_3^+$
阳离子交换剂	羧甲基	CM	$-OCH_2COO^-$
	磺丙基	SP	$-OCH_2CH_2CH_2SO_3^-$
	磺甲基	S	$-OCH_2SO_3^-$
	磷酸基	P	$-OPO_3H_2$

（三）离子交换剂的部分性质

1. 粒度

　　用于生化分离的离子交换剂的颗粒直径一般都在 $3\sim300\mu m$ 范围内。基质颗粒大小直接关系到分离效果，细颗粒的介质常适用于分析型分离，大颗粒介质适合于制备型分离。除颗粒大小，基质颗粒的均匀程度对分离效果的影响也很大，颗粒直径越均一，分离效果越好。

2. 交联度和网孔结构

离子交换剂的基质是通过交联剂将线性大分子交联形成的网孔状颗粒。不同的离子交换剂使用不同的交联剂，如聚苯乙烯树脂使用二乙烯苯作为交联剂，葡聚糖和纤维素交换剂使用环氧氯丙烷作为交联剂，琼脂糖交换剂使用二溴丙醇作为交联剂。交联度的大小影响着离子交换剂的很多特性，包括机械强度、膨胀度、网孔大小、交换容量等。一般交联度越高，网孔的孔径越小；交联度越低，网孔孔径越大。离子交换常用介质具有网孔状结构，层析时往往具有分子筛和离子交换双重功效。

3. 电荷密度

电荷密度是指基质颗粒上单位表面积的取代基（功能基团）的数量，它决定着离子交换剂的交换容量、膨胀度等性质。对小分子进行离子交换时，离子与功能基团按1∶1的摩尔比结合，交换剂上功能基团密度越大，工作能力越强，高电荷密度的离子交换剂具有优势。但蛋白质类大分子进行离子交换层析时，决定交换容量方面，交联度比电荷密度重要得多。如果基质颗粒孔径太小以致蛋白质分子不能进入颗粒网孔，即使颗粒表面电荷密度很大，交换容量也不高。此外，蛋白质类分子带电荷数量往往较多，与交换剂上功能基团结合不是1∶1的摩尔比关系，而是多点结合，过高的电荷密度会导致蛋白质在离子交换剂上结合过于牢固而难以洗脱，极易造成蛋白质变性，回收率下降。因此，适合蛋白质类分子离子交换的介质电荷密度往往较低。

4. 膨胀度

膨胀度又称吸水值，是指当干态的离子交换剂在水溶液中吸水后造成体积膨胀的程度，通常用每克干胶吸水膨胀后的体积（mL）来表示。影响离子交换剂膨胀度的因素如下：

① 基质种类。一般来说，具亲水性基质的离子交换剂膨胀度要大大高于具有疏水性基质的离子交换剂，前者膨胀度可达到 60mL/g 干胶，而后者有时在溶液中体积变化非常小。

② 交联度。无论是哪一类离子交换剂，其膨胀度都随着交联度的增加而下降。

图 5.19 显示了四种基于交联葡聚糖凝胶 Sephadex 的离子交换剂在不同交联度下的膨胀度情况，由于 Sephadex G-25 交联度高于 G-50，所以相应地 A-50 和 C-50 交换剂膨胀度分别高于 A-25 和 C-25。

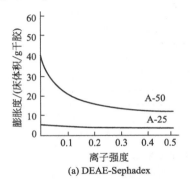
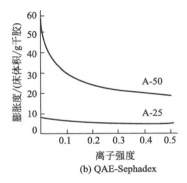

(a) DEAE-Sephadex　　　(b) QAE-Sephadex

图 5.19

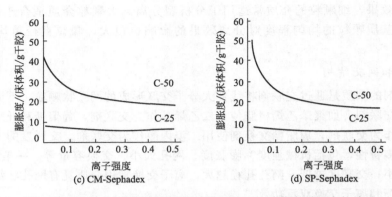

图 5.19　离子交换剂的膨胀度与交换剂类型和溶液离子强度的关系

层析柱：15mm×300mm；操作压力：30cmH₂O（1cmH₂O＝98.0665Pa）；

缓冲液：(a) 和 (b) 为 pH7.6 的 Tris-HCl 缓冲液，(c) 和 (d)

为 pH4.3 的醋酸缓冲液；离子强度用 NaCl 进行调节

③ 带电基团的强弱。在相同交联度的情况下，Sephadex A-50 和 C-50 系列的离子交换剂比它们的基质 Sephadex G-50 膨胀度大得多，原因在于功能基团带同种电荷，相互排斥而扩展了凝胶颗粒的体积。同样的道理，强酸型和强碱型离子交换剂由于带电荷数量多于相应的弱酸型和弱碱型离子交换剂，其膨胀度相应地也比后者高。

④ 溶液的离子强度和 pH。对于某种特定的离子交换剂，膨胀度不是常数，其数值受到溶液离子强度和 pH 值的影响，特别是交联度较小的交换剂，其结构强度不如交联度较大的交换剂，其膨胀度更易受上述因素影响（见图 5.20）。

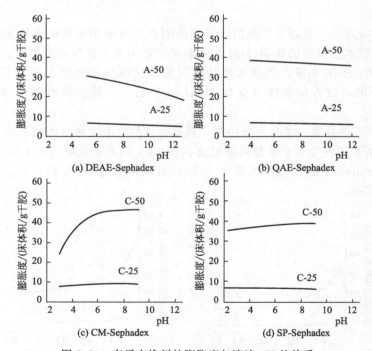

图 5.20　离子交换剂的膨胀度与溶液 pH 的关系

层析柱：15mm×300mm；操作压力：30cmH₂O（1cmH₂O＝98.0665Pa）；

缓冲液：(a) 和 (b) 使用咪唑-乙二胺缓冲液，(c) 和 (d) 使用磷酸缓冲液，离子强度均为 0.05

应当指出，让离子交换剂在具有一定离子强度的缓冲液中充分膨胀，可以使颗粒网孔增大并保持孔径稳定，这对于交换剂的交换容量和分离效果都是有帮助的。所以离子交换剂使用前要进行预溶胀。

5. 交换容量

交换容量是指离子交换剂能够结合溶液中可交换离子的能力，通常分为总交换容量和有效交换容量。

总交换容量又称总离子容量，用每克干介质或每毫升湿胶包含的带电功能基团的数量来表示，其数值的大小取决于离子交换剂的取代程度也就是电荷密度。总交换容量可以通过酸碱滴定的方法来测定，也就是利用交换剂上的酸性或碱性基团同已知浓度的酸碱发生反应，利用物质的量关系算出交换剂上功能基团的数量。也可使得离子交换剂和某种小的离子之间发生完全交换，然后通过测定该离子的含量算出总交换容量。

总交换容量并不反映交换剂对可交换分子的结合情况，因为交换剂所能结合某种分子的数量与该分子的大小、交换剂的网孔结构及所选择的实验条件等多种因素有关。因此，人们提出了有效交换容量的概念，指每克干介质或每毫升湿胶在一定的实验条件下吸附某种分子的实际容量。由于有效容量是一个变值，在说明其数值时应当同时指出实验条件，比如 pH 和离子强度。表 5.8 列出了几种常用的基于 Sephadex 的离子交换剂的总交换容量和对特定蛋白质的有效交换容量。

表 5.8　几种常用离子交换剂的交换容量[①]

离子交换剂名称	总交换容量		有效交换容量/(mg/mL 湿胶)				
	/(μmol/mg 干胶)	/(μmol/mL 湿胶)	甲状腺球蛋白 (669kDa)	人血清白蛋白 (68kDa)	α-乳清蛋白 (14.3kDa)	免疫球蛋白 G (160kDa)	牛碳氧血红蛋白 (69kDa)
DEAE-Sephadex A-25	3.5±0.5	500	1.0	30.0	140.0	—	—
DEAE-Sephadex A-50	3.5±0.5	175	2.0	110.0	50.0	—	—
QAE-Sephadex A-25	3.0±0.4	500	1.5	10.0	110.0	—	—
QAE-Sephadex A-50	3.0±0.4	100	1.2	80.0	30.0	—	—
CM-Sephadex C-25	4.5±0.5	550	—	—	—	1.6	70.0
CM-Sephadex C-50	4.5±0.5	170	—	—	—	7.0	140.0
SP-Sephadex C-25	2.3±0.3	300	—	—	—	1.1	70.0
SP-Sephadex C-50	2.3±0.3	90	—	—	—	8.0	110.0

① 测定实验条件：流速 75cm/h，阴离子交换剂使用的起始缓冲液为 pH8.3、0.05mol/L 的 Tris-HCl 缓冲液，阳离子交换剂使用的起始缓冲液为 pH5.0、0.1mol/L 的醋酸缓冲液，极限缓冲液为含 2mol/L 的 NaCl 的相应的起始缓冲液。

有效交换容量又分静态容量和动态容量的概念，这是由于层析过程中的流速对有效容量的影响较大。在流速为零，蛋白质有充足的时间从流动相扩散到固定相并吸附在交换剂上，此时离子交换剂对蛋白质的吸附可以达到饱和，对应的结合容量即为静态容量。在流速很低时测出的有效交换容量近似于静态容量。而当层析流速增大后，蛋白质来不及使离子交换剂达到完全饱和，这种在特定流速下测出的有效交换容量为动态容量，它在数值上总是小于静态容量。

　　某种离子交换剂对特定蛋白质的静态容量的测定可采用试管小样法。具体操作如下：取若干支试管，分别往其中加入相同体积的已经用起始缓冲液平衡好的离子交换剂，再分别加入一系列不同浓度的蛋白质溶液，混合振荡确保充分吸附，然后分析上清液中是否含有蛋白质成分，根据能使上清液中无蛋白质的最大蛋白质浓度可以计算出每毫升离子交换剂所能吸附的蛋白质的上限，此即为静态容量。

　　测定动态容量则必须在层析条件下进行。取一定体积的离子交换剂装柱，用起始缓冲液平衡，在特定的流速下加样至层析柱上端，注意样品应当溶于起始缓冲液，浓度在 $1\sim5\mathrm{mg/mL}$。为确保离子交换剂满负荷吸附蛋白质，应不停地加样直至紫外检测器测出有蛋白质从柱下端流出，并且检测器上吸光度的读数达到最大值的一半（不含蛋白质的起始缓冲液吸光度为 0，样品蛋白质溶液为 100%），停止加样，用起始缓冲液将不能吸附的蛋白质继续洗出，使柱下端流出液的吸光度回到 0 附近，此时柱内的离子交换剂处于此流速下的最大吸附状态，而柱内液体中又不含不被吸附的蛋白质。改变缓冲液条件，使得蛋白质从层析柱上解吸，收集洗脱液，测定出其中的总蛋白质，除以离子交换剂体积后可算出该交换剂在此流速下的动态容量。

（四）离子交换剂的类型

1. 离子交换树脂

　　树脂是一类通过化学方法合成的具有特殊网状结构的不溶性高分子化合物，网状结构的形成往往通过单体聚合时加入一定比例的交联剂来实现。树脂本身又分为许多种类，最常见的包括聚苯乙烯树脂、聚异丁烯酸树脂、聚丙烯酸树脂、酚醛树脂等。再通过化学方法往树脂骨架上引入功能基团就得到离子交换树脂。离子交换树脂种类很多，不同的生产厂家生产的离子交换树脂所标称的型号和名称各不相同，但有的在性能上是非常相似的。

　　前面已经提到，由于树脂孔径过小，大分子无法进入颗粒内部造成有效交换容量太小，以及电荷密度太高，会使大分子结合过于牢固而不易洗脱。尽管离子交换树脂在脱盐、小分子的氨基酸及短肽的分离中有着非常广泛的应用，但通常不用于蛋白质类大分子的层析。

2. 离子交换纤维素

　　基于纤维素的离子交换剂是最早用于分离蛋白质类大分子的离子交换剂之一，于 1954 年由 Peterson 和 Sober 最先报道，在当时蛋白质的层析领域是一个重大突破，而这类交换剂至今仍在广泛使用。纤维素离子交换剂的特点是表面积大，开放性的骨架允许大分子自由通过，同时对大分子的交换容量较大。纤维素的亲水性结构使其表面结合着四倍于自身质量的结合水，形成的交换剂与蛋白质之间结合时离子键以外的作用力，如疏水相互作用等很低，这使得层析时洗脱很方便，并且蛋白质活性的回收率高。

　　离子交换纤维素存在着纤维状和微粒状两种不同的物理形态。纤维状的交换剂是将纤维素直接衍生化，连接上功能基团而形成的。纤维素分子是由葡萄糖通过 β（$1\rightarrow4$）糖苷键连接形成的大分子，天然状态下相邻的多糖链之间形成数量巨大的氢键，从而在这些区域形成微晶结构，微晶区域周围又散布着非晶型（无定形）区域。微粒状的交换剂是将纤维素进行部分酸水解，除去了大部分非晶型区域后经衍生化形成的，这样的处理使交换剂的外水空间增大，结构也更为牢固，并且电荷分布更均匀。

　　英国的 Whatman 公司是最早生产离子交换纤维素的企业之一，产品种类较多，如表 5.9 所示。其中 DEAE-纤维素和 CM-纤维素属于常规生化分离中最常用的介质类型。

表 5.9　Whatman 公司的离子交换纤维素

纤维素 名称	功能基 团性质	基质 类型	工作 pH 范围	流速 /(cm/h)	蛋白质容量 /(mg/mL)
DE51	弱碱	微粒状	2～9	40	30
DE52	弱碱	微粒状	2～9	40	120
DE53	弱碱	微粒状	2～9	40	120
QA52	强碱	微粒状	2～12	40	140
DE92	弱碱	纤维状	2～9	75	40
QA92	强碱	纤维状	2～12	75	40
SE52	强酸	微粒状	2～12	40	200
SE53	强酸	微粒状	2～12	40	280
CM52	弱酸	微粒状	4.5～10	40	180
SE92	强酸	纤维状	2～12	75	180
CM92	弱酸	纤维状	4.5～10	75	200
P11	强弱混合	纤维状	3～10	30	40

　　Pharmacia 公司生产的 DEAE-Sephacel 是另一种常用的纤维素离子交换剂。它是将微晶纤维素的微晶区先解体，然后再重新形成珠状结构的凝胶，颗粒直径在 $40～160\mu m$。维持交换剂结构的主要作用力还是纤维素分子间的氢键，此外还通过环氧氯丙烷交联强化凝胶结构，在此基础上再连上功能基团。DEAE-Sephacel 的一些特点见表 5.10。

表 5.10　Pharmacia 公司的 DEAE-Sephacel 离子交换剂

名称	DEAE-Sephacel
类型	弱阴离子交换剂
总交换容量/(μmol/mL)	95～135
排阻极限	1×10^6
有效交换容量/(mg/mL)	甲状腺球蛋白 6.4
	人血清白蛋白 150
	α-乳清蛋白 120
粒度/μm	40～160
稳定 pH 范围	2～12
灭菌条件	Cl^-型在 pH7 时可在 121℃灭菌 30min
保存条件	20%乙醇中

3. 离子交换葡聚糖

　　离子交换葡聚糖是 Pharmacia 公司以两种交联葡聚糖凝胶 Sephadex G-25 和 G-50 为基质，连接上四种不同的功能基团后形成的离子交换剂。这类交换剂的型号中分别用字母 A 和 C 代表阴离子交换剂和阳离子交换剂，用数字 25 或 50 代表其基质是 Sephadex G-25 或 G-50。

　　Sephadex 具有亲水性和很低的非特异性吸附的性质，因而很适合作为离子交换剂的基质，由于这种基质具有分子筛效应，使得这类交换剂分离大分子时同时具有离子交换作用和分子筛效应。葡聚糖离子交换剂在交换容量方面要明显大于纤维素离子交换剂。对于分子量小于 30000 的蛋白质，以 Sephadex G-25 为基质的 A-25 和 C-25 比以 Sephadex G-50 为基质的 A-50 和 C-50 有着更大的交换容量；而对于分子量在 30000 到 100000 之间的蛋白质，A-50 和 C-50 由于凝胶颗粒网孔孔径较大，其交换容量要明显大于 A-25 和 C-25；若蛋白质的分子量大于 100000，对于 25 系列和 50 系列的交换剂，分子的交换与结合都仅发生在颗粒表面，25 系列的葡聚糖交换剂因总交换容量高而表现出优势。交联度较小的 50 系列的葡聚糖交换剂，其膨胀度大于 25 系列，并受离子强度和 pH 的影响。当离子强度由 0.01mol/L 增加到 0.5mol/L 时，一根 DEAE Sephadex A-50 或 CM Sephadex C-50 层析柱的体积会缩小至原来的一半。体积变化跨度过大时，样品有陷入网格之危险，应尽量避免。

4. 离子交换琼脂糖

这是一类在交联琼脂糖凝胶的基础上连上功能基团形成的离子交换剂，这类凝胶比葡聚糖凝胶更显多孔结构，由于其孔径稍大，对于分子量在 10^6 以内的球状蛋白质表现出很好的交换容量。琼脂糖离子交换剂的多糖链排列成束，不同程度的交联使得束状结构进一步强化，因此该介质表现牢固，体积（膨胀度）随离子强度或 pH 的变化改变很小。离子交换琼脂糖常用的有 Pharmacia 公司的 Sepharose 系列和 Bio-Rad 公司的 Bio-gelA 系列。Pharmacia 公司的 Sepharose 离子交换剂又包括了 Sepharose CL-6B、Sepharose High Performance（Sepharose HP）、Sepharose Fast Flow（Sepharose FF）、Sepharose Big Beads（Sepharose BB）等系列。

Sepharose CL-6B 系列是由交联琼脂糖凝胶 Sepharose CL-6B 引入功能基团而来的，属于大孔型珠状离子交换剂，这类离子交换剂有较好的分辨率，较高的交换容量，适合于各类大分子的分离。使用时具体特性可仔细查阅商品说明。

Sepharose High Performance 是基于高度交联琼脂糖的颗粒状交换剂，凝胶颗粒粒径平均为 $34\mu m$，高的交联度赋予该介质极好的物理稳定性，其体积不随 pH 和离子强度而改变，小的粒度使该介质具有很高的效率和选择性，因此在层析时有很高的分辨率，是 Sepharose 系列中颗粒最细、分辨率最高、化学稳定性最好的一类。该系列主要有 Q Sepharose High Performance 和 SP Sepharose High Performance 两种介质，都属于强离子交换剂。Pharmacia 还将 Sepharose High Performance 介质填充成预装柱出售，商品名为 HiTrap、HiLoad 和 BioPilot，其柱尺寸顺序增大，分别满足从实验室到小规模生产等不同规模分离的要求。

Sepharose Fast Flow 是基于高度交联琼脂糖的颗粒状交换剂，其凝胶颗粒粒径要大于 Sepharose High Performance 系列，平均为 $90\mu m$，这使得它比后者具有更好的流速性能，其线性流速最大可达 750cm/h，适合大规模分离纯化的要求。Sepharose Fast Flow 系列常见的包括四种介质，覆盖了强阴、强阳、弱阴、弱阳四种类型。Pharmacia 也将 Sepharose Fast Flow 预装成 HiLoad 柱出售。

Sepharose Big Beads 同样是基于高度交联琼脂糖的颗粒状交换剂，其凝胶颗粒粒径更大，平均为 $200\mu m$，大的粒度赋予该介质极好的流速特性，即使在分离黏性样品时仍能保持高的流速，因此非常适合大规模分离使用。该系列主要有 Q Sepharose Big Beads 和 SP Sepharose Big Beads 两种介质，都属于强离子交换剂。

Bio-Rad 公司开发的 Bio-Gel A 系列是基于 4% 交联琼脂糖的离子交换剂，主要有 DEAE Bio-Gel A 和 CM Bio-Gel A 两种，它们同样具有物化稳定性高、回收率好等特点。

5. 高效离子交换剂

高效离子交换剂指的是在中压层析或高压层析中使用的粒度较小而有一定的硬度、分辨率很高的一类离子交换剂，其中包含了很多种类。

Pharmacia 公司的 SOURCE 系列离子交换剂是在聚苯乙烯-二乙烯苯的表面连接上亲水基团后再结合功能基团而形成的。聚苯乙烯-二乙烯苯的刚性结构确保了该交换剂有很高的硬度，能够承受非常高的流速，使分离时间大大缩短；亲水的表面极大地降低了蛋白质和基质之间出现疏水相互作用的可能性，非特异性吸附很低，因此蛋白质活性的回收率很高。SOURCE 系列有两种不同的基质粒度，$15\mu m$ 和 $30\mu m$，分别称为 SOURCE15 和 SOURCE30，小的粒度赋予该介质很高的分辨率。基质大而均一的孔径赋予其很大的表面积，在从小肽、寡核苷酸到大分子蛋白质的很大的分子范围内都表现出好的交换容量和分辨率。SOURCE 系列交换剂所连接的功能基团主要有 Q 和 S 两种，Pharmacia 公司已将 SOURCE 系列离子交换剂预装成 RESOURCE 柱出售。

MonoBeads 系列离子交换剂是 Pharmacia 公司开发的又一类高效离子交换介质。其基质成分与 SOURCE 系列类似，也是聚苯乙烯-二乙烯苯的结构连上亲水基团形成亲水表面。MonoBeads 系列的基质粒度比 SOURCE 系列更小，仅为 $10\mu m$，并且粒径分布非常均匀，误差仅 $\pm 0.5\mu m$，MonoBeads 的名称就由此而来。高硬度、单分散性的特点使该介质能够在很高的流速下使用，并且不会造成背景压力过高；小而精细的粒度赋予该介质极高的效率，所有预装的 MonoBeads 层析柱每米的理论塔板数都在 25000 左右；由于没有非特异性的吸附作用，该介质对蛋白质总量和活性的回收率都很高。MonoBeads 系列离子交换剂主要包括 Mono Q 和 Mono S 两种类型，它们都已制成预装柱出售。

高效离子交换剂的种类还有很多，比如 TosoHaas 公司的 DEAE-3SW 和 CM-3SW，它们采用的基质是二氧化硅，外面覆盖带有功能基团的亲水层；Bio-Rad 公司的 DEAE-5-PW 和 CM-5-PW，采用基质为合成高分子有机聚合物，等等。尽管适用于中高压层析的高效离子交换剂种类众多，但实验表明有着相同功能基团、孔结构和颗粒尺寸的交换剂的层析行为是非常类似的。

与常规离子介质相比，高效介质的分辨率有很大的提高，能够取得令人满意的纯化效果；其缺点是介质的成本更高，处理样品的数量较小，不适合于大规模的制备。事实上，高效介质一般不用于对粗提取物进行分离纯化，因为其容量十分有限并且粗提取物中大量的杂质容易污染高效介质。在对粗提取物进行了初步的纯化操作，去除了大部分杂质后，高效介质由于其高分辨率，对再进一步纯化和最后的精制阶段是十分有用的。

6. 非孔型离子交换剂

在离子交换剂的研制过程中，人们为了获得高的有效交换容量趋向于开发大孔型的介质。然而在高效液相层析中，现在又开发出一些非孔型离子交换剂，用这类介质进行层析时，所有的结合都发生在颗粒表面，由于蛋白质在流动相和固定相间的扩散距离很小，分离过程可以很快完成，又由于该介质的粒度非常小，因此分辨率非常高。实际上，这类介质是在牺牲了容量的前提下，可以比网孔型介质分离速度快 $5\sim 6$ 倍的基础上获得比后者更高的分辨率。所以这类介质适合于在纯化阶段的后期进行分析型或微量制备型的分离纯化。

Pharmacia 公司的 Minibeads 系列离子交换剂就属于这类介质，其基质为非孔型亲水性聚合物，颗粒直径很小，仅为 $3\mu m$，Minibeads 的名称也由此而来，并且颗粒非常均匀，具有单分散性的特点，这使得介质在高流速下仍能保持较低的背景压力。Minibeads 系列的交换剂有两种：MiniQ 和 MiniS。Pharmacia 公司将其制成预装柱 MiniQ PC3.2/3 和 MiniS

PC3.2/3 后出售。

7. 其他离子交换剂

TosoHass 公司的 Toyopearl 系列离子交换剂是以聚乙烯醇 Toyopearl 凝胶作为基质，连接上不同功能基团后形成的，目前商品化的仅 DEAE-和 CM-Toyopearl 两种。Toyopearl 为多孔型三维网状结构，含有丰富的羟基，骨架表现为高度亲水性，衍生而成的离子交换剂结构牢固，稳定性较好，pH 和离子强度对体积影响不大。

Parath 等人制备了兼性离子交换剂，在基质上连接上如 β-丙氨酸、对氨基苯磺酸、精氨酸等偶极离子，由于在兼性离子周围电场电压下降快于单位电荷，蛋白质从这类介质上解吸更为容易。蛋白质也以兼性离子形式存在，其所带正负电荷都能与交换剂结合，而缓冲液中的阴、阳离子也都能与蛋白质竞争结合位点。与通常的交换剂相比，蛋白质在兼性离子交换剂上结合时将有着一定的定向形式，这与蛋白质分子表面的电荷分布又是直接相关的。因此，用通常的离子交换剂不能得到很好分离效果时，采用兼性离子交换剂有时能取得意外的良好效果。

离子交换剂是离子交换技术的关键所在，其本身的研制和开发仍在不断进行之中，它们是推动生化分离技术不断进步的一个重要方面。

三、 IEC 实验技术

（一） IE 层析条件的确定

离子交换层析条件的选择主要包括 IE 的选择，层析柱的尺寸，起始缓冲液的种类、pH 和离子强度，洗脱缓冲液的 pH 和离子强度等。

1. IE 的选择

离子交换剂的种类很多，没有一种离子交换剂能够适合各种不同的分离要求，必须根据分离的实际情况，选择适合的离子交换剂，这中间包含了选择适合的基质和功能基团。选择离子交换剂主要的依据包括：分离的规模、分离的模式、目标蛋白质分子大小和等电点及化学稳定性等性质。

对于分析型分离和实验室小规模制备型分离，一般采用常规的柱层析技术；而对于大规模工业化分离，有柱层析、膨胀床吸附、分批分离等多种模式可供选择。在大规模分离中采用柱层析一般在分离的中后期，此时大多数杂质已经被除去，选用柱层析可获得良好的分离效果，因此介质的流速特性和交换容量应当作为重要参数。

为了能满足快速分离的要求，所选择的介质应当能够在承受高的流速的前提下有着较低的背景压力。由于样品的数量大，高的有效交换容量是必需的，因此介质应当具有大孔型的结构和较高的取代程度。此外，该介质还必须能够满足原位清洗（CIP）的要求，对于大规模的层析柱，每次分离后将介质倒出清洗和再生，然后重新装柱将是难以想象的。在这类分离中，基于交联琼脂糖的离子交换剂是比较合适的。

其次是这步离子交换在整个目标分子的纯化所处的阶段及所要求的分辨率。在预处理和初分级阶段，离子交换的目的是提取和浓缩目标分子；而在细分级和最后精制阶段，离子交换的目的应当是除去样品中混有的杂质，获得单一组分。一般来说，考察层析操作优劣的指标包括分辨率、速度、容量和回收率。但在优化其中的某个指标时，其他指标往往会发生不利的变化，尽善尽美是达不到的，人们所追求的目标就是根据分离所处的阶段，对其中一到两个指标进行优化，其余的指标是次要的，只作一定的参考。

接着应考虑目的物的分子大小和离子交换剂的有效交换容量。离子交换剂的取代程度决定了其总交换容量，而对于某种分子的有效交换容量，还取决于这种分子是否能够到达功能基团的表面并发生结合，在此过程中基质网孔的孔径起着决定性的作用。如果目标分子不能进入离子交换剂的网孔结构，而只是与基质颗粒表面的功能基团结合，将会大大降低有效交换容量。因此，在分离分子量较大的目标分子时，需要采用孔径尺寸较大的基质。在各种离子交换剂中，基于纤维素和琼脂糖的交换剂所形成的孔径是最大的，一般目的物分子量通常都低于它们的排阻极限。在分离分子量较小的目的物时，网孔较小的介质具有一定的优势，基于交联葡聚糖的交换剂属于此类。

以上考虑主要针对离子交换剂基质的选择，而在确定所选用的基质后，选择何种功能基团是另一个关键所在，这主要取决于目标分子的电性质和 pH 稳定性。

以蛋白质为例，在最理想的状态下，待分离样品中目标蛋白质和主要杂蛋白质的等电点 pI 及电荷随 pH 的变化情况已经有所了解（可通过绘制蛋白质滴定曲线来实现），则功能基团很容易确定。如图 5.21 所示，假定图中实线代表目标蛋白质的滴定曲线，虚线代表样品中主要杂蛋白质的滴定曲线，那么可以获得如下信息：目标蛋白质的 pI＝7.0，pH＜7 将带净的正电荷，而 pH＞7 将带净的负电荷；主要杂蛋白质 pI＝8.2，pH＜8.2 将带净的正电荷，而 pH＞8.2 将带净的负电荷；图中两条曲线在 pH9.0 时纵坐标（两种

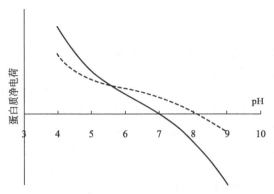

图 5.21　根据滴定曲线确定起始 pH

蛋白质的电荷）差异最大，当然 pH 进一步增大这种差异还可能进一步增大，但随 pH 的增大，蛋白质的稳定性会迅速下降，导致活性的回收率下降，而陶南效应会进一步增强蛋白质的变性，所以在蛋白质的离子交换层析中很少使用高于 9 的 pH。事实上，当 pH 大于 7.5 以后，两种蛋白质的电荷差异已经能够满足分离的要求，但 pH7.5 距离目标蛋白质的 pI 较近，目标蛋白质所带净电荷较少，为了确保目标蛋白质具备充足的电荷与离子交换剂结合，选择 8.0～8.5 之间的 pH 是比较合适的，此时目标蛋白质带负电荷，所以应选择一种碱性功能基团，也就是选择阴离子交换剂。

多数情况下，人们对样品的了解程度并没有达到上述要求，此时离子交换剂功能基团的选择依赖于对目的物的等电点和 pH 稳定性的了解。如分离蛋白质，当对目标蛋白质的 pI 和电性质一无所知时，鉴于大多数的蛋白质 pI 小于 7，可以优先考虑选用阴离子交换剂，层析时采用的 pH 可通过试管小样法确定。

在选择好使用阳离子或是阴离子交换剂以及层析的起始 pH 后，还必须在强型或弱型离子交换基团中选择一种。强、弱离子交换剂之间最大的差异在于适用的 pH 范围不同，强离子交换剂在较宽的 pH 范围内能保持带电荷状态，而弱离子交换剂只能在较窄的 pH 范围内使用。如果在较为极端的 pH 下才能获得最好的分辨率而目标蛋白质在此 pH 下又能保持稳定，那么毫无疑问应当选择强离子交换剂。多数蛋白质的 pI 在中性或略偏酸性的范围内，进行分离时采用的 pH 也往往靠近中性（pH6～8），此时无论选强离子交换剂还是弱离子交换剂都能实现分离，习惯上人们较多采用弱型的离子交换剂。

还有一种离子交换方法虽然使用相对较少，但有时也能获得令人满意的效果，那就是使目标蛋白质在起始条件下不发生吸附而直接从层析柱中流出，形成穿透峰，而多数杂蛋白质在此条件下都被吸附在层析柱上，从而达到分离的目的，该过程也被称为起始相洗脱。

2. 层析柱的尺寸

柱的尺寸通常用内径（mm）×高度（mm）来表示，据此可计算出另外两个常用指标：柱体积（mL）和高径比。

同其他高选择性的吸附技术一样，离子交换层析通常选用短的层析柱，即高径比小的层析柱，典型的离子交换柱高度在5～20cm，高径比一般小于5。在大规模的分离过程中，当分离参数确定后，可以通过简单地增加层析柱的直径来达到扩大分离规模的目的。但同溶剂洗脱是例外，从上样到目标蛋白质洗脱始终使用同一种缓冲液，此时需要高径比大的层析柱，因为多种蛋白质在柱上同时发生迁移，层析柱越长，区带间的距离拉得越大，分辨率就越高。

3. 缓冲液的选择

一般的原则是，进行阳离子交换时，选用缓冲离子为阴离子的缓冲物质；进行阴离子交换时，选用缓冲离子为阳离子的缓冲物质。当然这并不绝对，但是当选用的缓冲离子与功能基团带相反电荷时，应特别注意在上样前确保层析系统与起始缓冲液之间在pH和离子强度上都达到平衡。在此前提下，选用何种类型的缓冲物质取决于层析时的pH条件，后者又与目的物的等电点有关。确定了起始pH以后，根据缓冲物质的pK_a值，选用pK_a与起始pH很接近的物质作为缓冲成分。例如，某蛋白$pI=6.5$，选用DEAE-Sephadex C-50作为层析介质，起始缓冲液pH定为8.0，则可以选择Tris缓冲液（$pK_a=8.06$），该成分在此pH下有着很好的缓冲能力。至于起始缓冲液的浓度，一般情况下低一些比较合适，过高的浓度将会带来额外的溶液离子强度的增加，可能对目的物的吸附产生影响。当然，为了获得最好的效果，起始缓冲液的离子强度可以采用能使目的物发生吸附的最高离子强度，而洗脱则采用使目的物解吸所需的最低离子强度，至于这些离子强度分别为多少，可以通过试管小试法确定。

以上确定缓冲液的方法是建立在目的物的等电点已知的基础上的，但在更多情况下，人们对目的物的性质未必清楚，此时缓冲液及起始pH的确定可以通过试管小试法确定。具体操作如下：①准备10支15mL试管；②每管加入0.1g基于交联葡聚糖的离子交换剂或1.5mL基于琼脂糖或纤维素的离子交换剂；③配制一系列浓度为0.5mol/L的不同pH的缓冲液，相邻两种缓冲液的pH相差0.5个单位，如果使用阴离子交换剂，这个系列的缓冲液pH分布在5～9，如果使用阳离子交换剂，这个系列的缓冲液pH分布在4～8，注意随着pH的不同可能需要选择不同的缓冲物质，因为任何一种缓冲物质都很难在如此广的pH范围内保持良好的缓冲能力；④各取10mL上述不同pH的缓冲液分别加入10支试管中用以平衡交换剂，混合一段时间后弃去上清液，再分别加入10mL新鲜缓冲液，反复10次后可以使试管内的交换剂在pH上完全与缓冲液达到平衡（之所以采用高浓度的缓冲液是为了使离子交换剂能迅速在pH方面达到平衡，此过程通常远远慢于离子强度方面达到平衡）；⑤再用10mL低浓度（交联葡聚糖交换剂可采用0.05mol/L的浓度，琼脂糖和纤维素交换剂可采用0.01mol/L的浓度）的同一pH的缓冲液洗涤各试管中的交换剂，反复5次可确保试管内的交换剂在离子强度方面与起始缓冲液保持一致；⑥各支试管中加入相同数量的样品，混合放置5～10min；⑦使离子交换剂沉降，分析上清液中目的物含量，结果如图5.22（a）所示。从图5.22(a)中可以看出，当起始缓冲液pH大于7.0时，目的物可以完全吸附在离子交换剂上，因此选择 pH7.0～7.5 作为起始 pH。在此 pH 范围内，如果进行阳离子交换层析，可选择磷酸盐缓冲液或 Hepes 缓冲液等；如果采用阴离子交换层析，可选择 Tris 缓冲液或三乙醇胺等。如果离子交换层析过程中，在完成吸附后采用改变 pH 的方法来洗脱目的物，那么从图 5.22(a) 中可以看出选择 pH5.0 的洗脱缓冲液可以达到目的。

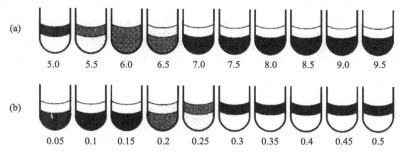

图 5.22　试管法确定起始 pH 和离子强度
(a) 确定起始 pH 为 7.0；(b) 确定起始盐浓度为 0.15mol/L，洗脱盐浓度为 0.3mol/L

　　在离子交换层析中，确定起始缓冲液的离子强度时，多数情况下人们直接采用由缓冲物质提供离子强度的方法，即不额外往缓冲液中添加非缓冲盐，缓冲物质的浓度（一般为 0.02～0.05mol/L）决定了离子强度，只要起始 pH 选择合适，在此离子强度下目的物完全能够与交换剂结合。但有些蛋白质在这种低的离子强度下可能会与交换剂结合过于牢固而难以洗脱，甚至导致结构破坏，此时在吸附阶段就应当往起始缓冲液中额外添加非缓冲盐来提供较高的离子强度，减弱蛋白质与交换剂之间的作用力，具体非缓冲盐的浓度应当是多少，可以通过试管小试法确定。另外，多数情况下在完成吸附后，人们通过增加洗脱液离子强度的方式将目标蛋白质从层析柱上洗脱下来，洗脱缓冲液就是由起始缓冲液添加特定浓度的非缓冲盐组成，而非缓冲盐所需的浓度同样可以通过试管小试法确定。试管法确定起始和洗脱缓冲液所需离子强度的具体操作类似于起始 pH 的确定，只是 10 支试管中分别用相同 pH 而不同浓度非缓冲盐的缓冲液分别平衡，相邻两管非缓冲盐的浓度相差 0.05mol/L，然后加入等量样品，充分混合后对上清液目的物含量进行分析，结果见图 5.22(b)。从图 5.22(b) 可看出，0.15mol/L 是使目的物能够吸附的最高非缓冲盐浓度，而 0.3mol/L 是使目的物发生解吸的最低非缓冲盐浓度，由此确定，起始缓冲液中应添加非缓冲盐使其终浓度为 0.15mol/L，而洗脱缓冲液中非缓冲盐浓度增加到 0.3mol/L，而这两种缓冲液的缓冲物质组成、浓度及 pH 均应相同。

　　选择缓冲液时除了考虑缓冲物质成分、pH 和离子强度外，有时还需要注意其他一些问题。如前所述，当离子交换后的洗脱组分需要进行冷冻干燥时，应考虑选用挥发性的缓冲物质，以尽可能少地将杂质成分带入最终产品中。

　　在有些情况下，离子交换的缓冲液中还会添加一些其他的化合物，其作用主要有：增加目的物的溶解度、提高层析分辨率、保护待分离物质等。如膜蛋白存在于生物膜中，其表面是疏水区，与生物膜中疏水性的脂质成分以疏水相互作用结合，这类蛋白质在水中是不溶的或溶解度很低。往溶液中添加非离子型或兼性离子型去污剂可以使膜蛋白溶解并分散在水溶液中，便于层析的进行。某些情况下，添加特定的物质还能提高层析时的分辨率。例如，在分离一些蛋白质时，添加甜菜碱或牛磺酸能减少蛋白质聚集体的形成及与交换剂的结合，从而提高了分辨率。有的中性聚合物如聚乙二醇（PEG）能与蛋白质竞争溶液中的水分子，这将增加蛋白质与离子交换剂的相互作用而提高分辨率。近来有研究表明，PEG 也有类似于分子伴侣（chaperon in）的作用而有助于蛋白质的折叠复性。过去，PEG 对蛋白质的稳定机理一直被认为是在蛋白质分子表面形成一个保护层。近年来的研究表明，作为共溶剂的PEG 对蛋白质的保护作用机制实际上是共溶剂的加入改变了溶液热力学性质，使得天然蛋白质在溶液中的稳定性得到增强。另外，分离过程中有时还需添加酶抑制剂。如在蛋白质分离过程中，样品体系中有蛋白酶存在，会造成目标蛋白质被水解，使回收率下降，添加蛋白酶的抑制剂能够有效保护目标蛋白质不被降解。丝氨酸蛋白酶常用的抑制剂是苯甲磺酰氯，巯基蛋白酶常用的抑制剂是碘乙酰胺，金属蛋白酶可采用金属螯合剂作为抑制剂。

以上是离子交换层析前对交换剂、缓冲液、起始条件等进行选择的一般原则，而在实际的实验研究中，任何一套实验方案最终是要通过实践来检验并不断优化的。

（二） IE 的准备

选择好离子交换剂后，进行层析前，必须先将离子交换剂准备好，这包括离子交换剂的预溶胀和清洗、装柱以及用起始缓冲液平衡层析柱直至流出液在 pH 和离子强度方面与起始缓冲液一致。

1. IE 的预处理

各种不同的离子交换剂在使用前所需进行的预处理程序是不同的。

Source 系列、MonoBeads 系列和 MiniBeads 系列等细颗粒介质通常产品供应商已经将其制成预装柱出售，使用前不需预处理，直接用起始缓冲液平衡后即可加样。

基于琼脂糖的 Sepharose 系列和 Bio-Gel A 系列离子交换剂，以及 DEAE-Sephacel 交换剂是以液态湿胶形式出售的，一般也无需预处理，使用前倾去上清液，按湿胶：缓冲液 ＝ 3：1（体积比）的比例添加起始缓冲液，搅匀后即可装柱。

基于 Sephadex 的离子交换剂以固态干胶形式出售，使用前需要进行溶胀。溶胀是介质颗粒吸水膨胀的过程，膨胀度与基质种类、交联度、带电基团种类、溶液的 pH 和离子强度等有关。溶胀过程通常应将交换剂放置在起始缓冲液中进行，完全溶胀在常温下需 1～2 天，在沸水浴中需 2h 左右，而且在高温下溶胀还能起到脱气的作用。在溶胀过程中应避免强烈搅拌，例如用磁力搅拌器搅拌可能导致凝胶颗粒破裂。另外对 Sephadex 类干胶进行溶胀时不能使用蒸馏水，因为在溶液离子强度很低的情况下，交换剂内部功能基团之间的静电斥力会变得很大，容易将凝胶颗粒胀破。

基于纤维素的离子交换剂也是以干态形式出售的，使用前需要进行溶胀。纤维素的微晶结构是不会被静电斥力破坏的，故可以用蒸馏水进行溶胀，沸水浴加热能够加快此过程。离子交换纤维素在加工制造过程中会产生一些细的颗粒，它们的存在会对流速特性产生影响，应当将其除去。具体方法是将纤维素在水中搅匀后进行自然沉降，一段时间过后将上清液中的漂浮物倾去，然后再加入一定体积的水混合，反复数次即可。有些纤维素产品制造完成后未经处理，其中含有很多杂质成分，使用前必须进行洗涤。洗涤的方法是先用 0.5mol/L 的NaOH 浸泡半小时，倾滗除去碱液，用蒸馏水将交换剂洗至中性，再用 0.5mol/L 的 HCl浸泡半小时，再洗至中性，又用 0.5mol/L 的 NaOH 浸泡半小时，最后洗至中性即可。酸碱洗涤顺序也可反过来，用酸-碱-酸的顺序洗涤。酸碱处理的顺序决定了最终离子交换剂上平衡离子的类型，对于阴离子交换纤维素，一般用碱-酸-碱的顺序洗涤，最终平衡离子是OH^-；对于阳离子交换纤维素，一般用酸-碱-酸的顺序洗涤，最终平衡离子为 H^+。洗涤完以后，必须用酸或碱将离子交换纤维素的 pH 调节到起始 pH 才能装柱使用。

离子交换树脂有的以固态颗粒形式出售，有的以液态形式出售，使用前的处理方法类似于离子交换纤维素，也需要先倾滗除去细的颗粒，然后用酸碱轮流洗涤，洗涤时所使用的酸碱浓度大于纤维素交换剂所使用的酸碱浓度，一般可用 2mol/L 的 NaOH 和 HCl 进行处理。

2. 装柱

装柱是层析技术的一个重要环节，装柱质量的好坏直接关系到分离效果，一根填充得不好的层析柱会导致柱床内液体不均匀地流动，造成区带扩散，大大影响分辨率。

装柱之前首先用缓冲液将层析柱底部死空间内的空气排空，具体操作可通过将柱下端接口连接恒流泵，将缓冲液泵入层析柱下端，直至柱中可以看到少量液体为止。将预处理好的离子交换剂放置在烧杯中，倾去过多的液体，大致使得交换剂：上清液＝3：1（体积比），轻微搅拌混匀，利用玻棒引流尽可能一次性将介质倾入层析柱。注意液体应沿着柱内壁流下，防止有气泡产生。当介质沉降后发现需要再往柱内补加交换剂时，应当将沉降表面轻轻搅起，然后再次倾入，防止两次倾注时产生界面。

3. 平衡

平衡过程的目的是为了确保离子交换剂上的功能基团与起始缓冲液中的平衡离子间达到吸附平衡。判断层析柱是否已经达到平衡是通过检验柱下端流出的洗脱液与起始缓冲液在 pH、电导和离子强度方面是否达到一致，由于在这几个指标中通常 pH 最难达到平衡，所以往往检测洗脱液的 pH 即可。

对于一些弱型离子交换剂，由于本身具有一定的缓冲能力，直接用起始缓冲液是很难将其平衡至起始 pH 的，此类交换剂在装柱前就应当用酸或碱将其 pH 先调节至起始 pH，装柱后再用起始缓冲液进行平衡。有时为了加快离子交换剂达到平衡的速度，先选择与起始缓冲液有着相同 pH 但是浓度更大（如 0.5mol/L）的缓冲液平衡层析柱，由于其缓冲能力更大，较短时间内交换剂在 pH 方面就达到了平衡，再换用起始缓冲液进行平衡，最终使洗脱液在离子强度方面也与起始缓冲液一致。

4. 样品的准备

在任何形式的层析中，想要获得好的分辨率及延长层析柱的使用寿命，样品中必须无颗粒状物质存在。通常颗粒状物质主要出现在粗样品中，其成分多为细胞碎片、不溶性蛋白质聚合物、脂质污染物等，而层析后获得的样品中都不会含有颗粒物。因此浑浊的样品在上柱前必须通过过滤或离心除去颗粒状物质。一般来说，所使用的分离介质颗粒越小，对样品溶液的澄清度要求越高。在使用平均粒度 90μm 以上的介质时，使用孔径为 1μm 的滤膜进行过滤就能够达到要求。在使用平均粒度小于 90μm 的介质时，应使用孔径为 0.45μm 的滤膜进行过滤。需要无菌过滤或澄清度特别高的样品时，可使用孔径为 0.22μm 的滤膜进行过滤。当样品体积非常小或滤膜对目的物有吸附作用时，为了减少样品的损失，选择在 10000×g 离心 15min 也能达到除去颗粒物的目的。

样品的黏度是影响上样量和分离效果的一个重要方面，高黏性的样品会造成层析过程中区带不稳定及不规则的流型。因此样品相对于洗脱剂的黏度有一定的限制，通常样品黏度最大不超过 4cP❶，对应的目的物浓度不超过 5％。

在离子交换层析上样前必须确保样品溶液在 pH 和离子强度方面与起始缓冲液一致，这样才能保证在起始条件下目的物能吸附在离子交换剂上（在起始相洗脱中保证目的物不被吸附而杂质发生吸附）。对于固体样品，将其溶于起始缓冲液并校对 pH 即可实现；对于蛋白

---

❶　1cP＝10^{-3}Pa・s。

质溶液，可以按一定的比例与浓缩形式的起始缓冲液（pH 相同而浓度为起始缓冲液的 2～10 倍）混合，具体比例根据缓冲液浓度及样品体积进行计算，使混合溶液的离子强度与起始缓冲液达到一致。要想使样品溶液的离子成分与起始缓冲液完全相同，最好的方法是进行缓冲液交换或透析操作。缓冲液交换一般是通过 Sephadex G-25 凝胶过滤层析来实现的，将样品加到已经用起始缓冲液平衡好的凝胶柱上，蛋白质等大分子从外水空间流出，而样品溶液中的小分子进入凝胶颗粒内部，由此大小分子间实现了组别分离，当蛋白质从凝胶柱下方流出时，已经溶于起始缓冲液体系中了。采用透析法时，将样品置于透析袋内，放置在盛有起始缓冲液的大烧杯中，不停搅拌，使透析袋内外离子达到平衡，往烧杯内更换新的起始缓冲液，反复数次可使样品溶液与起始缓冲液在 pH 和离子强度方面达到一致。当样品的体积很大时，无法采用凝胶过滤或透析法，此时可以通过稀释样品的方法使其离子强度与起始缓冲液一致，再用酸碱调节 pH 至起始 pH，同样能够确保目的物发生吸附。

（三）加样

当层析柱和样品都准备好以后，接下来就是将样品加到层析柱上端，使样品溶液进入柱床，目的物完成吸附，并用起始缓冲液将不发生吸附的杂质洗去。

1. 加样量

虽然在实验方案设计时，应当考虑根据所需分离样品的量来确定层析柱的规格和离子交换剂的用量，但在很多情况下，往往刚好相反，人们需要根据已有实验条件，即层析柱和离子交换剂的规格，来确定层析时的最大加样量。

理论上，将所使用的离子交换剂的有效交换容量乘上层析柱柱床的体积就可以计算出最大加样量。但事实上有效交换容量并不是常数，它随目的物种类的不同而有不同的取值。样品溶液中的杂质组分往往也能与离子交换剂结合，它们的种类和数量会影响到目的物的实际交换容量。因此，在离子交换层析中为了获得理想的分离效果，建议加样时样品中目的物的含量不应超过其有效交换容量的 10%～20%。

以上是通过理论计算的方法来确定加样量，实践中有时目的物的含量是未知的，样品中杂质成分对有效交换容量的影响可能也比较复杂，此时可以通过试管小试法来确定最大加样量。具体的操作类似于用试管小试法确定起始 pH 和离子强度。在 10 支试管中分别加入相同数量的离子交换剂，用起始缓冲液充分洗涤、平衡，然后往 10 支试管中分别加入数量递增的样品溶液，相邻两支试管间加样量的差值是恒定的，充分混合完成吸附，分析上清液中目的物的含量。上清液中不含目的物而加样最多的试管对应的加样量即为试管条件下的最大加样量，根据试管内以及层析柱床离子交换剂的体积可以计算出层析条件下的最大加样量。考虑到层析时随流速增加动态交换容量会下降，实际的加样量必须低于最大加样量。

2. 加样方法

加样是将一定体积的样品溶液添加至柱床的床面，依靠重力或泵提供的压力样品进入床面的过程。在加样过程中样品溶液应尽可能均匀地添加至床面，这样在柱床的横截面上样品能够均匀进入；另外要防止液流破坏床面的平整性，否则会造成区带形状变差，洗脱峰变宽。

加样的方法有多种，如果采用的是成套液相层析系统，一般都提供标准的加样方法，如通过进样器或注射器等，最终利用泵将样品溶液加入柱床。加样时的流速会影响到样品的吸附，一般来说，如果起始条件下目标蛋白质能够较为牢固地吸附在交换剂上，则加样的流速可以取较大的值；而如果起始条件与目标蛋白质解吸条件相距不远，流速应当慢一些，保证目的物有充足的时间发生吸附。对于黏度相对较大的样品，加样时流速也不能太大。对于预装柱，柱的上端一般带有液流分配器，能保证样品加入时平均分布在床面上并均匀进入柱床。

对于自装柱，常见的加样方法有排干法和液面下加样法。排干法是最常用的，所需设备最少，但对操作的要求较高。加样前先将层析柱上口拧开，让床面之上的液体靠重力作用自然排干，当床面刚好暴露时将层析柱下端阀门关闭，此时柱内液体不能继续流出，用吸管将样品加到床面上，但一定要注意不能破坏床面的平整，以免造成区带的扭曲和倾斜，然后打开柱下端阀门，受重力作用样品溶液进入床面，必要时用少量起始缓冲液洗涤层析柱上端，打开阀门使洗涤液也进入床面，最后用起始缓冲液充满层析柱内床面上端空间，拧紧层析柱上口，即可以用恒流泵泵入起始缓冲液完成吸附过程并洗去不吸附物质。液面下加样法则是将层析柱上口拧开不排干床面之上的液体，而是利用带有长的针尖的注射器将样品溶液轻轻注入液面下，使其平铺在床面上。注意采用此方法时样品溶液的密度必须大于起始缓冲液，这可以通过往样品溶液中添加葡萄糖来实现。打开柱下端阀门后，同样依靠重力，样品会进入床面，然后拧紧柱上口，用起始缓冲液进行洗涤。采用这两种方法加样时不存在流速过快的问题。

样品进入柱床后，接着就用起始缓冲液洗涤柱床，将起始条件下不能被吸附的物质从柱中洗去，在层析图谱上形成穿透峰。通常在层析柱下端连接一个紫外检测器，根据测定出的280nm处吸光度来指示出峰情况。洗涤过程一般需进行到出峰后紫外吸收重新回到初始值附近为止。一般来说洗涤所需起始缓冲液的量不会超过两倍柱体积，在理想状态下甚至一个柱体积的起始缓冲液即可完成洗涤过程。流速对清洗过程不会产生大的影响，因此必要时特别是大规模分离时可以适当提高洗涤流速来缩短分离时间。如果层析的起始条件是预先摸索过的，目的物此时不会出现在穿透峰中，因此洗涤时柱下端流出的洗脱液不需进行收集。而如果采用的是起始相洗脱，目的物在起始条件下不发生吸附，而其他杂质成分被吸附在层析柱上，那么应当对洗脱液进行分部收集，洗涤完毕将穿透峰对应的分部合并可得到经过纯化的目的物溶液。

（四）洗脱

多数情况下，在完成了加样吸附和洗涤过程后，大部分的杂质已经从层析柱中被洗去，形成穿透峰，即样品已实现部分分离。然后需要改变洗脱条件，使起始条件下发生吸附的目的物从离子交换剂上解吸而洗脱。如果控制洗脱条件变化的程度，还可以实现不同的组分在不同时间发生解吸，从而对吸附在柱上的杂质进一步分离。

1. 洗脱机制

洗脱前可用一到几个床体积（当骨架体积不考虑，$V_o + V_i \approx V_t$）洗去不吸附的物质。Sephadex系列在第一个床体积中往往还存在分子筛效应。所以洗脱前，实际上也进行了一定的分离。

被结合和吸附的物质不改变条件是否能从柱上洗脱下来？应该说这和溶质与离子交换剂结合的强弱有很大的关系。溶质在柱上吸附或交换的量的多少，可用吸附平衡常数或称为分布系数 σ 来表示。其定义可用数学式表示为：

$$\sigma = 被吸附的某溶质量/某溶质总量 = 固定相/（动相＋定相）$$

吸附平衡常数 σ 的取值在 $0\sim1$ 之间，不同 σ 值下，溶质的吸附强度不同，被洗脱的难易程度也会出现变化。

若 $\sigma = 0$，溶质没被吸附，可能不带电或带相同电荷，在一个柱体积被洗脱，$V_e = \dfrac{1}{1-\sigma}$ $(V_o + V_i) = V_t$；若 $\sigma = 1$ 或接近 1，目的物可被完全吸附或几乎完全吸附，$V_e = \dfrac{1}{1-\sigma} V_t \rightarrow \infty$；若 $\sigma = 0.9$，溶质 90% 被吸附，$V_e = \dfrac{1}{1-\sigma} V_t = 10V_t$。不同 σ 值时，如不改变初始条件，溶质所需的洗脱体积见表 5.11。

讨论 σ 的影响因素：

① pH 影响到电性与电量，可使 σ 发生变化；

② 离子强度增大，可使 σ 下降，减弱溶质的吸附；

③ 溶质的电荷分布、离子交换剂的电荷分布及位阻效应对溶质的 σ 都有影响；

④ 溶质的浓度与 σ 呈反比关系。

表 5.11 不同吸附平衡常数 σ 下溶质所需的洗脱体积

σ	动速/液速 $= 1-\sigma$	V_e
1	0	∞
0.995	0.005	200
0.99	0.01	100
0.9	0.1	10
0.8	0.2	5
0.6	0.4	2.5
0.5	0.5	2
0.4	0.6	1.6
0.1	0.9	1.1
0	1	1

根据上述讨论的洗脱机制，要使蛋白质从离子交换剂上解吸而被洗脱，采取的方法有：

① 改变洗脱剂的 pH，这会导致蛋白质分子带电荷情况的变化，当 pH 接近蛋白质等电点时，蛋白质分子失去净电荷，从交换剂上解吸并被洗脱下来。对于阴离子交换剂，为了使蛋白质解吸应当降低洗脱剂的 pH，使目标蛋白质带负电荷减少；对于阳离子交换剂，洗脱时应当升高洗脱剂的 pH，使目标蛋白质带正电荷减少，从而被洗脱下来。

② 增加洗脱剂的离子强度，此时蛋白质与交换剂的带电状态均未改变，但离子与蛋白质竞争结合交换剂，降低了蛋白质与交换剂之间的相互作用而导致洗脱，常用 NaCl 与 KCl。

③ 往洗脱剂中添加特定离子，某种特定的蛋白质能与该离子发生特异性相互作用而被置换下来，这种洗脱方式称为亲和洗脱。

④ 往洗脱剂中添加一种置换剂，它能置换离子交换剂上所有蛋白质，蛋白质先于置换剂从柱中流出，这种层析方式称为置换层析。

2. 阶段洗脱

阶段洗脱分为 pH 阶段洗脱和离子强度阶段洗脱。

pH 阶段洗脱是用一系列具有不同 pH 的缓冲液进行洗脱，pH 的改变造成目的物带电状态的改变，会在某一特定 pH 的缓冲液中被洗脱而与在其他阶段被洗脱的杂质之间实现分离。此方法再现性较好，不同 pH 的缓冲液也易于配制，但注意目的物被洗脱时的 pH 往往靠近其等电点，须防止目的物在层析柱中发生等电点沉淀，所以分离前有必要测试在使用的 pH 和离子强度条件下样品组分的溶解度。

离子强度阶段洗脱是使用具有相同 pH 而离子强度不同的同一种缓冲液进行洗脱，不同的离子强度通常通过添加不同比例的非缓冲盐来实现。最常用的非缓冲盐是 NaCl，也可通过添加乙酸铵等挥发性盐的方法来增加离子强度，或直接增加缓冲液中缓冲物质的浓度来增加离子强度，例如，起始缓冲液采用 pH6.5、0.02mol/L 磷酸盐缓冲液，而洗脱缓冲液采用 pH6.5、0.15mol/L 磷酸盐缓冲液。增加离子强度后，减弱了可交换分子与离子交换剂之间的静电作用力，首先使一些带净电荷较少、吸附得不太牢固的物质解吸而被洗脱下来；再次增加离子强度，使结合得更为牢固的一些物质被洗脱，目的物将在特定离子强度的缓冲液中被洗脱而与在其他离子强度下被洗脱的杂质实现分离。

阶段洗脱技术简单、易于操作，对于一些层析条件已经清楚的蛋白质往往有较高的分辨率。图 5.23 显示了用离子强度的梯度洗脱和阶段洗脱分离牛血清蛋白效果的比较，可以看出阶段洗脱要优于梯度洗脱。

但阶段洗脱有时效果并不理想，图 5.24 显示了用离子强度阶段洗脱和线性梯度洗脱某混合物的分离效果，显然阶段洗脱效果较差，峰 2 和峰 6 在线性梯度洗脱时又分辨出几个组分，而峰 3 和峰 4 实际上是同一组分，在阶段洗脱时却被分成两个洗脱峰。因此采用阶段洗脱时，设计各阶段的洗脱条件和解释分析结果时必须十分谨慎，若相邻两个阶段间 pH 或离子强度条件变化过大，会使得吸附强弱较为接近的不同组分在同一阶段被洗脱，此时典型的洗脱峰具有陡峭的前沿和拖尾的后沿。而两个阶段间洗脱条件变化过小，则可能会因为洗脱剂的洗脱能力太弱而形成宽而拖尾的洗脱峰。另外，如果某阶段未完全将解吸蛋白质洗下就过早更换洗脱剂，拖尾现象会造成错误洗脱峰的出现。因此，在初次分离目标蛋白质时，人们往

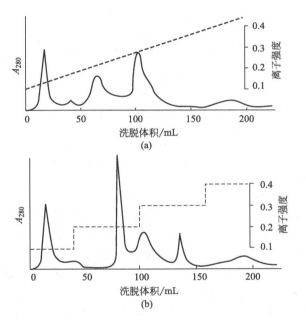

图 5.23　离子强度线性梯度洗脱和阶段洗脱分离牛血清蛋白图谱

层析柱尺寸：1.5cm×26cm；离子交换剂：QAE-Sephadex A-50；样品：4mL 3%冻干牛血清；洗脱缓冲液：pH6.5，0.1mol/L Tris-HCl；流速：0.2mL/min

(a) 线性梯度洗脱，NaCl 浓度 0~0.5mol/L；

(b) 阶段洗脱，各阶段 NaCl 浓度以 0.1mol/L 递增

往先采用连续梯度洗脱，待确定了样品的特性和洗脱条件后再考虑采用阶段洗脱来优化分离效果，缩短操作时间。

3. 梯度洗脱

梯度洗脱与阶段洗脱原理上是相同的，但由于洗脱剂的洗脱能力是连续增加的，洗脱峰的峰宽一般会小于阶段洗脱，拖尾现象也会得到明显的改善甚至完全消除，并且不会造成同

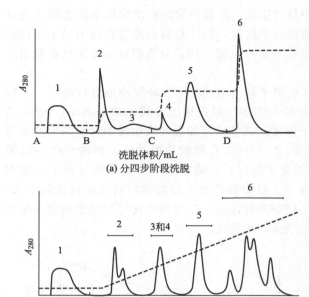

图 5.24　离子强度阶段洗脱和线性梯度洗脱效果对比
图中阶段洗脱由于洗脱条件变化过快，其洗脱峰 2 和 6
在梯度洗脱时又分辨出不同组分，而阶段
洗脱时的洗脱峰 3 和 4 实际上为同一组分

一组分被分离成几个峰的现象，常常能获得较高的分辨率。梯度洗脱也分为 pH 梯度洗脱和离子强度梯度洗脱。

获得连续线性 pH 梯度比较困难，它无法通过按线性体积比混合两种不同 pH 的缓冲液来实现，因为缓冲能力和 pH 具有相关性，并且 pH 的改变往往会使得离子强度同步发生变化，因此 pH 梯度洗脱很少被使用。

离子强度梯度洗脱即盐浓度梯度洗脱是离子交换层析中最常用的洗脱技术，它再现性好而且易于产生，只需将两种不同离子强度的缓冲液（起始缓冲液和极限缓冲液）按比例混合即可得到需要的离子强度梯度，此过程中缓冲液的 pH 始终不变。起始缓冲液是根据实验确定的起始条件而选择的由浓度很低的缓冲物质组成的特定 pH 的缓冲溶液，通常缓冲物质浓度在 $0.02 \sim 0.05$ mol/L。极限缓冲液是往起始缓冲液中添加了非缓冲盐如 NaCl 后得到的，也可以是缓冲物质和 pH 与起始缓冲液相同但缓冲物质浓度

较高的缓冲溶液，其中前一种方法使用较多。例如，某离子交换层析的起始缓冲液为 pH6.5、0.05mol/L 的 Tris-HCl 缓冲液，极限缓冲液为含 1mol/L NaCl 的 pH6.5、0.05mol/L 的 Tris-HCl 缓冲液，将两种缓冲液按一定的比例混合，可以得到 NaCl 浓度在 $0 \sim 1$mol/L 之间连续变化的离子强度梯度。

在层析过程中梯度缓冲液可以通过梯度混合器来获得。最简单的梯度混合器由通过一根导管连接的两个烧杯组成，图 5.25 为市售梯度混合器，它们都是根据连通器原理来产生连续变化的梯度。容器 A 中首先放置的是起始缓冲液，容器 B 中放置极限缓冲液，容器 A 和 B 通过管路相通，容器 A 内置搅拌装置（常用磁力搅拌子）并且底部有管路导出。开始时，装入容器 A 内的起始缓冲液和装入容器 B 内的极限缓冲液的液面高度应保持相同，

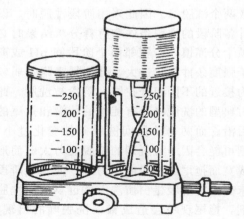

图 5.25　梯度混合器装置图

这样，打开 A、B 间的管路，当容器 A 中液体作为洗脱缓冲液流出时，其液面下降，根据连通器原理，容器 B 中的极限缓冲液会通过管路流到 A 中，使容器 A 和 B 的液面高度始终保持一致，此过程中容器 A 中的洗脱缓冲液离子强度在不断增加，到两个容器中液体都用完的时刻，容器 A 中的洗脱缓冲液等价于极限缓冲液。在洗脱过程中的某一时刻，梯度混

合器中流出的梯度缓冲液中的盐浓度（如 NaCl 浓度）可以根据以下公式计算得出：

$$c = c_2 - (c_2 - c_1)(1 - V/V_0)^{A_2/A_1} \qquad (5.11)$$

式中　c——容器 A 中流出洗脱剂体积为 V 时洗脱缓冲液的盐浓度，mol/L；

　　　c_1——起始缓冲液中的盐浓度，一般为 0；

　　　c_2——极限缓冲液中的盐浓度；

　　　V——已经从梯度混合器中流出的洗脱剂的体积，L 或 mL；

　　　V_0——梯度洗脱剂的总体积，是起始缓冲液和极限缓冲液体积的总和；

　　　A_1——容器 A 的横截面积，cm^2；

　　　A_2——容器 B 的横截面积，cm^2。

　　盐浓度梯度曲线可以有不同的形状，当 $A_1 = A_2$ 时，即盛放起始缓冲液和极限缓冲液的容器横截面积相同时，产生的是线性梯度；当 $A_1 < A_2$ 时，即盛放起始缓冲液的容器横截面积小于盛放极限缓冲液的容器横截面积时，产生的是凸形梯度；当 $A_1 > A_2$ 时，即盛放起始缓冲液的容器横截面积大于盛放极限缓冲液的容器横截面积时，产生的是凹形梯度（图 5.26）。如果层析采用的是成套液相层析系统，仪器内都含有梯度产生装置，不需额外的梯度混合器，通过两个泵或者一个泵联一个转换阀，可以任意地由起始和极限缓冲液产生线性、凸形、凹形以及更为复杂的混合型梯度，并且这种梯度的产生可以通过计算机程序进行控制，操作时只需配制好两种缓冲液，即可在计算机中用软件对所需梯度进行设置，层析时系统会自动调节泵的流速来产生所需的梯度缓冲液。

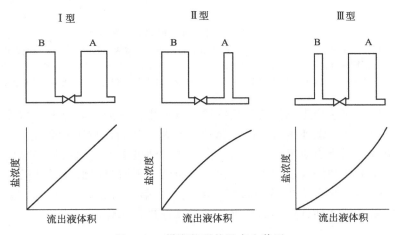

图 5.26　梯度的形状及产生装置

　　在选择梯度的形状时，如果是对目的物首次进行离子交换分离，强烈建议采用线性梯度，多数情况下 NaCl 的浓度范围可选择在 0～0.5mol/L 之间变化，线性梯度洗脱的结果可以作为进一步优化分离过程的依据，通过改变梯度的形状和斜率来提高分辨率，也可以根据目的物被洗脱时的盐浓度确定进行阶段洗脱的条件。凸形梯度有利于改善梯度末尾部分的分辨率，凹形梯度有利于改善梯度起始阶段的分辨率。混合型梯度可以在组分吸附能力相近需要改善分辨率的位点提供足够的分辨率，而在对分辨率不作要求的位点采用陡峭的梯度缩短时间，从而实现分辨率和分离速度的最佳结合。但混合型梯度形状的确定绝不是随意的，而是根据线性梯度洗脱结果进行优化而来的。

　　除了梯度的形状，梯度的高度和斜率也影响着分离的速度和效果。梯度的高度是指起始缓冲液与洗脱终止时梯度缓冲液中盐浓度的差值，梯度的斜率是指梯度的高度与完成此梯度时所用洗脱剂体积（或时间）的比值。通常较低的斜率有利于改善吸附能力相近组分之间的分辨率，但会导致洗脱峰峰宽加大和分离时间的延长；相反，较大的斜率可以实现快速分离，得到尖锐的洗脱峰，但不同组分之间的分离度差异会减小。图 5.27 显示了不同斜率的梯度洗脱在分离效果上的差异，从图中可以看出，斜率降低后分辨率得到改善。

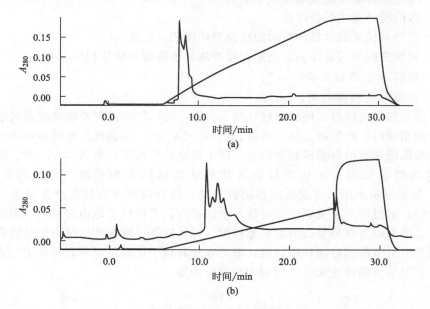

图 5.27　梯度斜率对分辨率的影响

层析柱：Mono Q HR5/5；样品：部分纯化的强啡肽转化酶；起始缓冲液：pH7.0、20mmol/L Tris
缓冲液；极限缓冲液：含 1mol/L NaCl 的 pH7.0、20mmol/L Tris 缓冲液；流速：1mL/min
（a）在 20 个柱体积内 NaCl 浓度从零增至 1mol/L；（b）在 20 个柱体积内 NaCl 浓度从零增至 0.4mol/L

在洗脱过程中，流速会影响到待分离物质的分辨率。在分离低分子量物质时，由于分子在固定相和流动相之间扩散速度快，能迅速达到平衡，层析时的流速仅受到介质机械强度、系统压力等的限制。但蛋白质等大分子物质由于扩散速度慢，达到吸附和解吸平衡需要一定的时间，这将限制加样和洗脱过程中的流速。多数情况下适当降低洗脱过程的流速可以提高层析的分辨率，但会延长分离所需的时间，因此，在第一次分离时可以选择一种适中的流速，根据层析结果是否达到分辨率的要求，再对流速进行优化。

4. 亲和洗脱

亲和洗脱是往洗脱剂中添加能与目的物发生特异性相互作用的离子而将目的物从离子交换剂上置换下来的洗脱方式。在亲和洗脱中，解吸是特异性的。

亲和洗脱经常用于酶的离子交换分离，使用离子状态的底物作为洗脱物质，底物和离子交换剂带同种电荷，利用酶和底物之间的专一性结合可以使酶蛋白解吸，这种洗脱方式又称底物洗脱。典型的例子是以 1,6-二磷酸果糖作为洗脱剂，从 CM-纤维素层析柱上洗脱果糖-1,6-二磷酸酶，底物分子完全解离时带四个负电荷，而果糖-1,6-二磷酸酶由四个亚基组成，每个亚基都能结合一个底物分子，因此该酶与底物结合后其净电荷的变化达到 16 个单位，这足以将其从阳离子交换剂上洗脱下来。

5. 置换层析

在置换层析中，采用特殊的置换物质来进行洗脱，置换剂与离子交换剂之间具有很强的亲和性，因此包括目的物在内的所有物质都从层析柱上被置换下来，以相同的速率先于置换剂从柱下端流出，形成一系列矩形的洗脱峰。在置换洗脱时，不存在一个目的物被洗脱而其他杂质仍被吸附的条件，被洗脱的不同组分之间也不存在取代吸附关系。置换剂常见的是一些多聚离子，它们带大量与交换剂上功能基团相反的电荷，因此与交换剂之间有着非常高的亲和力。

在离子交换中置换层析较少被使用，一般很难找到合适的置换剂能够将不同组分进行较好的分离。不过也有成功应用的报道，Peterson 和 Liao 等研究了用置换层析的方法分离 β-乳球蛋白，将 100mg β-乳球蛋白样品加样至 3.5mL TSK-DEAE 层析柱后，用 pH7.0 的磷酸钠缓冲液完成吸附并洗去穿透组分，然后用羧甲基葡聚糖和硫酸软骨素作为置换剂洗脱，得到两个矩形洗脱峰。该法的优势是其容量为普通离子交换层析的两倍。

（五）样品的收集和处理

通常层析柱的下端连接一个紫外检测器，用于检测蛋白质、核酸类组分的洗脱过程，而紫外检测器又连着分部收集器，用以收集柱下端流出的洗脱液。人们通过测定洗脱液在 280nm 处的吸光度可以判断组分何时被洗脱，以及各洗脱峰分别分部收集在哪几支试管中。分部收集后则需要通过测定目的物的活性或其他性质来判定目标分子。

有时会出现目标蛋白质与其他组分未能完全分开的情况，这时需要选择方法对收集到的目的物分部进行进一步分离。比较棘手的是目的物组分在层析时被分离成多个洗脱峰，导致这种现象的原因是多方面的，可能是加样量过大造成的，也可能是起始条件过分远离解吸条件，目的物结合过于牢固而造成部分变性引起的。目的物如果是多亚基的蛋白质，亚基之间发生解聚也会导致多洗脱峰的出现。遇到这种现象时应对其产生原因进行分析，通过改变层析条件予以排除。

采用冷冻干燥的方法可以对收集的分部进行浓缩或得到固体样品粉末，如果层析时使用了挥发性缓冲物质作为洗脱剂，此过程将比较方便，并且在固体中没有缓冲物质残留。乙酸铵是常用的挥发性缓冲物质，由于氨比乙酸更易挥发，在冻干过程中 pH 会下降，从乙酸中冻干会使一些蛋白质发生聚集，为了避免这种情况应将 pH 调节至 7~8。要注意的是冻干可能会使蛋白质的结构产生可逆改变。

（六）IE 再生、清洗、消毒和贮存

每次层析完后，往往还有一些结合比较牢固的物质残留在离子交换剂上，如变性蛋白质、脂类等，它们的残留会干扰正常的吸附，并可能对样品造成污染，甚至堵塞层析柱。因此，每次使用后，应彻底清洗掉柱中的结合物质，恢复介质的原始功能。

再生过程根据介质的稳定性和功能基团不同有着不同的方法，通常离子交换剂的制造商会提供介质再生和清洗的方法。一般情况下，人们采用最终浓度达到 2mol/L 的盐溶液清洗层析柱可以除去任何以离子键与交换剂结合的物质，选择盐的种类时应使其含有离子交换剂的平衡离子，以使得再次使用前的平衡过程更容易进行。NaCl 是最常规的选择，其中的 Na^+ 是大多数阳离子交换剂的平衡离子，而 Cl^- 是大多数阴离子交换剂的平衡离子。当层析柱上结合了以非离子键吸附的污染物后，用盐溶液无法将其除去，此时应选择更为严格的清洗方案，碱和酸是良好的清洗剂，但使用时应注意离子交换剂的 pH 稳定性。通常基于琼脂糖的离子交换剂可以用盐溶液和 0.5mol/L 的 NaOH 进行清洗；基于纤维素的离子交换剂用盐溶液和 0.1mol/L 的 NaOH 进行清洗；基于葡聚糖和琼脂糖的交换剂应避免 pH 小于 3 的酸性环境，它们可以用 1mol/L 的乙酸钠（用强酸调节 pH 至 3）和 0.5mol/L 的 NaOH 交

替清洗。脂类或脂蛋白污染物可以用非离子型去污剂或乙醇来清洗。高效离子交换介质和预装柱通常都是原位清洗（CIP），将清洗剂直接通过泵加入层析柱，污染物从柱下端被洗出，清洗后柱效率几乎不受影响。对于自装柱，既可以进行原位清洗，但清洗剂的使用往往会使柱床的体积发生很大的变化，也可以将交换剂从层析柱中取出后进行清洗。

细胞和微生物的生长不仅会严重污染样品，还会影响离子交换柱的层析特性，并可能堵塞层析柱，因此在离子交换剂使用前和贮存前都应进行消毒操作。在层析前，最常用消毒方法是以 NaOH 溶液清洗层析柱，NaOH 同时具有清洗和消毒的效果。如果离子交换剂需长期贮存，应将其浸泡在防腐剂中，阴离子交换剂可浸泡在含 20％乙醇的 0.2mol/L 乙酸中，阳离子交换剂可浸泡在含 20％乙醇的 0.01mol/L 的 NaOH 中，有时也可使用叠氮钠等其他防腐剂。

对从未使用过的介质，应放置在密闭容器中在 4～25℃的温度范围内保存。对已使用过的介质，在彻底清洗后浸泡在含防腐剂的溶液中于 4～8℃范围内保存。

（七） IE 的规模化

离子交换因其具有很高的样品吸附容量，不但在实验室分离中广泛被使用，而且适合于规模化纯化蛋白质，并且离子交换剂具有从稀溶液中浓缩蛋白质的能力，也适合于从大体积的样品如发酵液中纯化所需蛋白质。一般对于实验室小规模的制备，一根体积为 500mL 的层析柱能够基本满足需要，而在工业化应用中，层析柱的体积可以被放大到 100～200L。

离子交换放大过程中的规则是，保持层析时上样、吸附和洗脱的条件不变，这里包括样品的组成、离子交换剂的种类、样品介质比、起始和洗脱缓冲液的组成和 pH 及离子强度等，在此基础上根据样品量放大柱体积、洗脱剂的体积、流速等参数。其中柱体积是随样品体积的增大而线性增大的，并且柱体积的增大主要通过选用内径大的层析柱来实现，柱高一般不宜有太大的增加，否则会造成分离时间的增加和样品峰宽的加大。至于洗脱剂的体积，无论采用哪种洗脱方法，也都是随样品体积增加而增加的。层析时的流速有两种常用的表示方法，即线性流速（cm/h）和体积流速（mL/min），一般在讨论离子交换剂的流速特性和动力学时采用的是线性流速，而在实际操作过程中通过泵直接调节控制的是体积流速，它们之间的换算关系为：体积流速（mL/min）＝线性流速（cm/h）×层析柱截面积（mm^2）×10^{-2}/60。在放大过程中应保持线性流速不变，而体积流速将随层析柱截面积的增大而增加。

大量样品的分离中使用的离子交换剂应当具有良好的物理和化学稳定性，基质颗粒通常不宜太小，因为基质粒度的大小与层析柱内的背景压力直接相关，相同的粒度情况下，颗粒直径分布均匀有利于保持相对较低的背景压力。另外由于大规模分离时交换剂用量很大，介质的价格也是必须考虑的。在大规模分离中为保证液流均匀进入柱床，还必须在柱床的上方设计一个液流分配器，这种分配器往往采用多口注入方式。

最后还要注意的是在常规离子交换层析时，上样前必须保证样品溶液和起始缓冲液在 pH 和离子强度方面保持完全一致，这可以通过缓冲液交换或者透析等手段来实现。但体积巨大的样品显然无法进行上述操作，此时可以通过对样品进行稀释，直至其与起始缓冲液离子强度一致，然后再用酸碱调节样品溶液 pH 使其与起始 pH 一致，这样，虽然样品溶液在缓冲物质和盐的组成上与起始缓冲液并不相同，但由于 pH 和离子强度方面的一致性，也能确保目标蛋质白质吸附在层析柱上。

四、 IEC 的应用

离子交换层析技术已广泛用于各学科领域。主要用于分离氨基酸、多肽及蛋白质，也可用于分离核酸、核苷酸等及其他带电荷的生物分子。

（一）混合物的分离

基于离子交换层析技术的分离原理，待分离的混合物只要有带电荷的物质，就能采用该技术。如果目的物本身带电荷，可通过选择合适的离子交换剂类型、控制起始条件来使其和混合物中其他分子产生带电荷差异，吸附程度不同，从而可通过优化洗脱条件得到较好的分离；如果目的物本身不带电荷，该步则可以通过控制条件，设计让尽可能多的杂质被吸附在柱上，往往同样可达较好的分离效果。

不同规模应用离子交换层析时，在填料及分离条件相同的情况下，往往能达到相似的分离效果。例如 T. Ishihara 等开展了蛋白质快速规模化离子交换层析与研究规模的分离效果比较（图 5.28），电泳结果表明最后的分离效果基本相似。

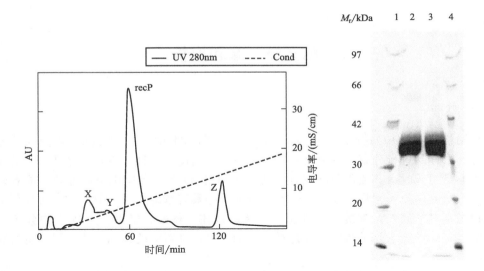

图 5.28　蛋白质快速规模化离子交换层析图谱及不同规模分离样品的电泳图谱

条件：V_t 2.5L，流速 7.58cm/min，SP Sepharose HP 柱，流动相

pH8.0，1mg 蛋白质/mL 树脂样品负荷

1 和 4—分子量标准；2—5mL V_t 规模的层析分离样品；3—2.5L V_t 规模的层析分离样品

在实际应用中离子交换层析技术往往与其他层析组合应用，或自身串联形成二维或三维层析，其组合实例在本书第七章中专门介绍。

离子交换层析在蛋白质类物质的分离上仍然是最经典的，且不断与时俱进。而目前的研究趋势体现在不断强化理论分析，拓宽应用角度，提高应用效率上。例如 L. Xu 等开展了以蛋白质的三维结构为基础，预测蛋白质在离子交换层析上的保留时间的研究；T. Brucha 等以不同的保留模型研究蛋白质表面修饰后对层析保留行为的影响；T. Arakawa 等研究精氨酸对蛋白质疏水作用层析和离子交换层析吸附和洗脱的影响，发现添加适量精氨酸在两种层析中都能减小蛋白质聚集的趋势，从而可大大提高目的蛋白质的回收率。P. C. Havugimana等研究蛋白质组学中采用双重高效离子交换层析对样品进行预处理，可达更好的蛋白质组学分析结果。

离子交换层析在其他生物活性类物质的分离上研究实例多且不局限于规模，分离前期甚至不以装柱的形式应用。例如 A. Toribio 等开展强阴离子离心分部层析的方法快速规模化分离一种白芥子硫苷化合物的研究，取得了较好的分离效果。

（二）蛋白质的复性

蛋白质的离子交换层析复性方法，一般采用三种缓冲液体系：①变性缓冲液溶解蛋白质，并使伸展的变性蛋白质吸附到离子交换层析介质表面；②用复性缓冲液向层析柱梯度进液以取代柱中的变性缓冲液，有利于蛋白质在层析柱上自发地折叠；③用高浓度盐离子的洗脱缓冲液把折叠后的蛋白质洗脱出来。显然离子交换层析同样可有效分隔蛋白质分子，抑制分子间的聚集作用，并可通过条件变化帮助变性蛋白质重新折叠复性，最终达复性与分离的双重效果。为提高层析复性的效果，近年来的研究倾向于层析与其他复性方法联合使用，例如 Q. M. Zhang 等研究一种离子交换层析与人工分子伴侣相结合的新型蛋白质复性方法，可使蛋白质的复性率得到较大的提高。

第五节　亲和层析

一、基本原理

亲和层析（affinity chromatography，AFC）是利用生物分子和其配体之间的特异性生物亲和力，对样品进行分离。其显著特点表现在：①高度选择性，特别是在从大量的复杂溶液中分离痕量组分时，其纯化程度有时可高达 1000 倍以上；②操作条件温和，能有效地保持生物大分子的构象和生物活性，回收率比较高；③具有浓缩效果。但亲和层析仅仅适用于具有生物亲和对的底物，如酶、活性蛋白、抗原抗体、核酸、辅助因子等生物分子以及细胞、细胞器、病毒等超分子结构，且针对不同的底物，其对应的亲和配体、层析材料和层析条件也不同。

亲和层析的定义和分类因人而异。广义上说，亲和层析包括基于传统的离子交换类配体之外的所有吸附层析，如固相金属螯合层析、共价层析、疏水层析等。这些层析的吸附特异性差别很大。狭义上说，亲和层析仅仅针对能形成生物功能对的特异相互作用，如酶与其抑制剂、抗原与其抗体等，即生物亲和层析和免疫亲和层析。这里除介绍狭义亲和层析外，还介绍染料配体亲和层析、金属螯合亲和层析和共价层析。

亲和层析中生物分子与配体之间的特异结合类型主要有：酶的活性中心或别构中心通过次级键与专一性底物、辅酶、激活剂或抑制剂相结合，抗体与其抗原、病毒或细胞等相结合，激素、维生素等与其受体或运载蛋白结合，生物素与抗生物素蛋白/链霉抗生物素蛋白结合，凝集素与对应糖蛋白、多糖、细胞等结合，核酸与其互补链或一段互补碱基序列结合，细胞表面受体与其信号分子等的结合。不同生物对之间结合的特异性尽管存在高低差异，但它们之间都能够可逆地结合和解离，可由此进行蛋白质、多糖、核酸或细胞的分离和纯化。

亲和层析的分离过程主要有以下几步（图 5.29）：

① 选择合适的配体；

② 将配体固定在载体上，制成亲和吸附剂，而配体的特异性结合活性不被破坏；

③ 当样品液进入亲和柱时，其中的特定生物分子与亲和吸附剂相结合，而被吸附在柱上；

④ 未被吸附的杂质可随缓冲液洗掉；

⑤ 用洗脱液将结合在亲和吸附剂上的特定生物分子洗脱下来。

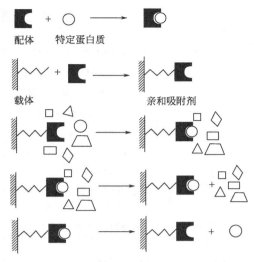

图 5.29　亲和层析操作过程

二、亲和配体

（一）亲和配体的要求

良好的亲和配体应具备下列性质：

① 配体必须与待分离生物分子形成可逆复合物。配体既要能有效地与生物分子结合，又要能有效地与生物分子解离，且不会对生物分子和配体产生不可逆影响。

② 配体对待分离生物分子具有合适的特异性。根据分离要求，既可以选择高特异性的、只识别待分离生物分子的配体，也可以选择基团特异性配体。

③ 配体-生物分子复合物应能稳定一定时间，以便在层析过程中产生有效阻滞。

④ 配体应具有合适的化学性质以利于固定到载体上，并且既能特异性地与待纯化的生物分子相结合，又存在另一个与载体相结合的位点。

亲和层析时，合适的配体-生物分子间的结合平衡常数 K_a 应在 $10^3 \sim 10^8$ mol/L 之间，即解离平衡常数 K_D 应在 $10^{-3} \sim 10^{-8}$ mol/L 之间。如果配体-生物分子间的亲和相互作用太强，即结合常数过高，就需要极端的洗脱条件，这时往往导致蛋白质变性。但是如果 K_D 能随着洗脱条件的调整而明显改变，则适宜选择高亲和性的配体。

（二）亲和配体的类型

亲和配体主要分为专一性小分子配体、基团特异性小分子配体、专一性大分子配体和基团特异性大分子配体。

专一性小分子配体包括固醇类激素、维生素和特定酶抑制剂等，它们仅与样品液，如细胞抽提液或体液中的一个或少数几个蛋白质相结合。但即便如此，有时也会发生非特异性吸附，这时可制备一个无配体的二次吸附剂，将样品液先流经此二次吸附剂，以除去非特异性吸附成分，然后再进行正常的吸附和解吸。

基团特异性小分子配体的种类最多，包括许多酶的辅助因子及其类似物，以及仿生染料、硼酸衍生物和许多氨基酸、维生素等（见表 5.12）。具有代表性的有 5'-AMP、ATP、NAD、NADP、Cibacron Blue F3G-A 和 Procion Red HE-3B。它们可用于纯化许多蛋白质和酶，特别是 NAD、NADP 依赖性脱氢酶和激酶，以及干扰素、白蛋白等。常用的氨基酸类配体为赖氨酸，它可纯化纤溶酶原、纤溶酶和纤溶酶原激活剂。多用生理缓冲液吸附，用含 0.5mol/L NaCl 的相同缓冲液洗去杂蛋白，最后用 0.2mol/L ε-氨基己酸特异洗脱目的蛋白质。

表 5.12　基团特异性亲和配体

小分子配体	目标蛋白质	大分子配体	目标蛋白质
5'-AMP	NAD 依赖性脱氢酶、ATP 依赖性激酶	Poly(U)	真核 mRNA、Poly(U)结合蛋白
ATP	ATP 依赖性激酶	凝集素	糖蛋白
NAD	NAD 依赖性脱氢酶	蛋白质 A/蛋白质 G	IgG 或 IgG 对应抗原
NADP	NADP 依赖性脱氢酶		
苯基硼酸盐	糖蛋白	钙调蛋白	钙依赖性酶
Cibacron Blue F3G-A	NAD(P)依赖性脱氢酶、激酶、磷酸酶、白蛋白、干扰素	肝素	某些凝固蛋白、血浆蛋白、脂蛋白、核酸相关酶、受体等
Procion Red HE-3B	NAD(P)依赖性脱氢酶、干扰素、抑制蛋白、纤溶酶原		
赖氨酸	纤溶酶、纤溶酶原、纤溶酶原激活剂		

目前许多商品化亲和吸附剂都是将基团特异性配体偶联到一系列载体上。应用最广的是将仿生纺织染料 Cibacron Blue F3G-A 偶联到 6％交联琼脂糖珠上、将 Procion Red HE-3B 偶联到 Sepharose CL-6B 上和将 5'-AMP 偶联到 4％琼脂糖珠上。

专一性大分子配体主要是指能发生特异性蛋白质-蛋白质相互作用的特定蛋白质。常见的有抗体-抗原的结合，以及亚基间、多酶复合物间及大分子激素-受体间的相互作用，其中免疫作用最具代表。对这类配体应注意防止蛋白质配体的掉落、变性或被降解。

免疫吸附剂既可以用抗原也可以用抗体作亲和配体。pH 值降低至 2～3 即能解吸下抗原。作为亲和配体，单克隆抗体相对于多克隆抗体具有明显的优势，微量抗原经此一步，就可能纯化几千倍，而且单克隆抗体免疫吸附剂可重复使用几百次。但是单克隆抗体比较贵，且用于亲和吸附剂的单克隆抗体必须很纯，这时可以先用蛋白质 A/蛋白质 G 亲和柱纯化抗体，也可以先用常规的阳离子交换层析、疏水层析、凝胶过滤层析等纯化抗体。

基团特异性大分子配体包括分离糖蛋白的凝集素、纯化 IgG 的蛋白质 A 和蛋白质 G、分离多种钙依赖性酶的钙调蛋白、纯化一些凝固蛋白和血浆蛋白及酶的肝素等（表 5.12）。其中蛋白质 A 是来自于金黄色葡萄球菌的表面蛋白，它具有特异的、可同大多数哺乳动物的 IgG-型抗体的不变区域 Fc 相结合的能力，但是它们的相互作用与抗体的 Fab 组分无关，因此可用于纯化各种 IgG。

三、亲和吸附剂

（一）配体的选择

用于制备亲和吸附剂的配体除了应满足亲和性、特异性要求外，还应能承受偶联过程中的溶剂作用，并拥有至少一个功能基团，以便偶联到载体上，且偶联后不妨碍其与目标分子的结合。一般来说，大分子配体，如蛋白质等的结构和功能在被固定后都不会受影响，但小分子配体在偶联后可能会发生较大的变化，这时可进行适当的化学修饰。

在将配体固定化时，应保证其与载体形成稳定的共价键，不至于从载体上脱落下来，特别是在单点吸附时。另外还需确保配体完整。为了提高纯化效果及防止非特异性吸附，应尽量提高配体的纯度。

（二）载体的选择

理想的载体既要对样品不产生非特异性吸附作用，又要有足够的可同配体相结合的功能基团；既要高度亲水、中性，又要不溶于水；要具有化学和物理稳定性，一定的机械强度和均匀性；并且载体必须是孔径较大的多孔性材料，不会阻止蛋白质通过。高比表面积的亲水凝胶适合于做亲和层析的载体，其中琼脂糖最理想，天然琼脂糖的唯一弱点是其化学和物理稳定性较差，但交联琼脂糖的稳定性得到改善，目前 4% 交联琼脂糖是最常用的亲和层析载体。其他的亲和层析载体还有纤维素、交联葡聚糖、聚丙烯酰胺、多孔硅胶、多孔玻璃，以及聚丙烯酰胺和琼脂糖的混合物。其中纤维素载体主要用于核酸亲和层析，而且由于它比琼脂糖便宜，因此在大规模工业应用中具有优势。

由于多糖类载体的机械强度较差，难以提高洗脱速率，且容易滋生微生物，故其在工业上的应用和发展受到限制，多用于实验室规模。而硅胶和多孔玻璃等无机载体的机械强度高，且可通过各种活化偶联反应增加配体的牢固度，又不利于微生物的生长，因而近年来其应用前景看好。但是硅胶上可利用的活性基团较少，且它对蛋白质等有较强的非特异性吸附作用，只在低 pH 范围内稳定，因此人们试图将硅胶用高分子进行涂层处理。另外一些合成高分子材料，如交联聚苯乙烯、交联聚甲基丙烯酸等，具有良好的刚性、均匀的粒度、较大的孔径和广泛的 pH 适应性，对生物样品也具有较好的相容性，也适于用作亲和层析载体。

传统的低压亲和层析凝胶珠的直径为 $100\mu m$ 左右，而高效液相亲和层析的凝胶珠直径为 $5\sim30\mu m$，且要求具有更高的凝胶硬度，因此多用多孔硅胶和低径琼脂糖。

（三）连接臂的选择

当配体比较小，而待分离生物分子比较大时，由于载体表面的邻近效应会限制配体与生物分子的结合，这时通过连接臂连接配体和载体，就不会阻止配体与生物分子的结合。连接臂的长度非常重要，一般其甲基数目为 $6\sim8$。

连接臂一般为线性脂肪族碳氢链，链的两端各带有一个功能基团，其中一个功能基连接到载体上，多为伯氨基；另一端的功能基团因所连接的配体不同而不同，通常为羧基或氨基。最常用的连接臂有 6-氨基己酸、1,6-己二胺和 3,3′-二氨基二丙胺。目前市场上有接好连接臂的商品化载体出售（表 5.13）。

表 5.13　接有连接臂的亲和层析用载体

载体	连接臂	供应商
琼脂糖	3-氨基丙基和琥珀酰氨基丙基	Bio-Rad
	3,3′-二氨基丙基和琥珀酰二氨基丙基	Bio-Rad
	1,2-二氨基乙烷,1-二氨基己烷,3,3′-二氨基二丙胺	ICN
	1,6-己二胺,6-氨基己酸	Pharmacia
	3,3′-二氨基丙基胺,对苯甲酰基-3,3′-二氨基丙基胺	Serva
	氨基烷基(2,4,6,8,10)	Miles
聚丙烯酰胺-琼脂糖	1,6-己二胺,6-氨基己酸	IBF
多孔玻璃	氨基丙基,氨基己基	Merck

（四）亲和吸附剂的制备方法

制备亲和吸附剂之前，通常要用合适的缓冲液清洗平衡载体。这一过程可在布氏漏斗中进行。用选定的缓冲液反复悬浮、抽滤载体，每次悬浮都应保持足够时间，以确保载体内成分与缓冲液进行充分交换，直至除去不良成分或将载体平衡好。最后应将平衡好的载体完全抽干，特别是当要将载体转移到有机溶剂中进行活化时。

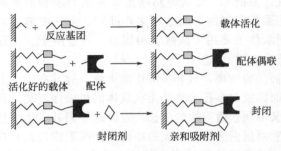

图 5.30　亲和吸附剂的制备过程

固定化过程分为三步，先用适当的化学方法将载体活化，以便在载体上接上反应基团，使它能与配体上的功能基团发生反应；然后再与配体共价偶联；最后封闭载体上剩余的裸露活化基团，就得到亲和吸附剂了（图 5.30）。良好的亲和吸附剂的连接键应尽可能稳定，以避免配体从载体上泄漏下来。亲和吸附剂制备好后，还应测定载体上偶联的配体的浓度。

第一步活化过程一般是在载体上引入亲电基团，此亲电基团接着与配体上的亲核基团（如氨基、羟基、巯基等）发生反应。有时载体的活化结构非常稳定，可保存很长时间之后再进行配体偶联，对于这类载体，目前市面上有预活化好的载体供应。但是如果活化后的载体不稳定，应立即进行配体偶联。

载体活化好后，既可以将配体直接偶联上去，也可以先在载体上接入一连接臂，然后再进行配体偶联。有时在活化载体的同时，就可以插入一连接臂。

目前有多种方法可以完成载体活化和配体偶联过程。载体和配体的性质不同，则偶联方法也有差异。当某一种偶联方法的结合效率低或导致配体失活时，应选择其他的偶联方法。下面依次介绍一些主要的方法。由于各种方法的关键都在于活化和偶联两步，而封闭步骤基本一致，因此这里只涉及活化和偶联方法。

1.多糖类载体亲和吸附剂的主要制备方法

（1）溴化氰法

溴化氰法是最常用的配体固定化技术，含氨基的配体，特别是多肽和蛋白质，都能容易地用此法偶联。

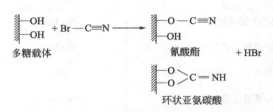

图 5.31　溴化氰对多糖类载体的活化反应

载体活化时，溴化氰和多糖类载体（如珠状琼脂糖）的羟基反应，使其活化为高反应性的氰酸酯和环状亚氨碳酸等（图 5.31）。溴化氰的用量为 $50\sim300\,mg/mL$ 凝胶，这决定于需偶联的配体的量。活化反应一般稳定在高 pH（pH11～12）下进行，以保证多糖的羟基（$pK=12$）处于脱质子化状态。由于氰酸酯在低温下稳定且在碱性条件下会水解，因此活化反应结束后应立即用冰蒸馏水抽滤洗涤。操作正确的话，活化的氰酸酯-多糖载体能以悬液或冻干状态稳定很长时间。

由于在载体活化的碱性条件下，大多数溴化氰（＞95％）都会发生水解而产生氰酸盐离子，只有少于2％的溴化氰能形成有用的活化基团，因此人们对这种方法进行了改进，改用溴化氰和特定碱，如三乙胺（TEA）、二甲氨基吡啶（DAP）等形成的氰基转移复合物来取代溴化氰（图 5.32），以提高其亲电性，这样 20%～80% 的氰基都能转化成氰酸酯。但是这时活化反应应在有机溶剂/水混合液和低温下进行。

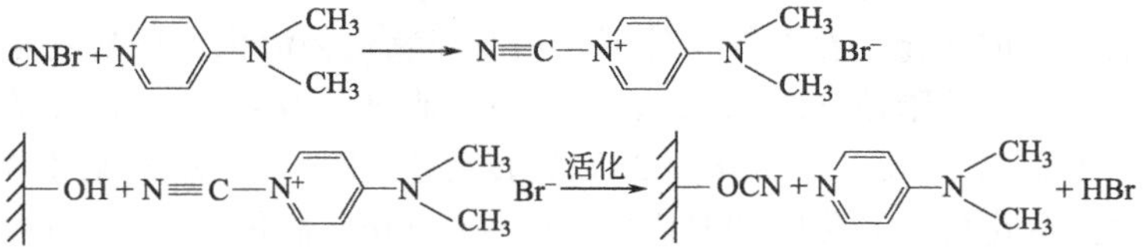

图 5.32　二甲氨基吡啶取代溴化氰对多糖类载体的活化反应

配体偶联时，活化的多糖与连接臂或配体上的氨基共价交联发生偶联反应，得到亲和吸附剂（图 5.33）。由于既要使配体的氨基处于非质子化状态，即 pH>配体的 pK_a，又要使氰酸酯稳定，因此偶联反应的条件为：在 4℃，pH7～8 碳酸或硼酸缓冲液中反应约 12h。亚氨碳酸盐还可作为共价交联剂而稳定载体。

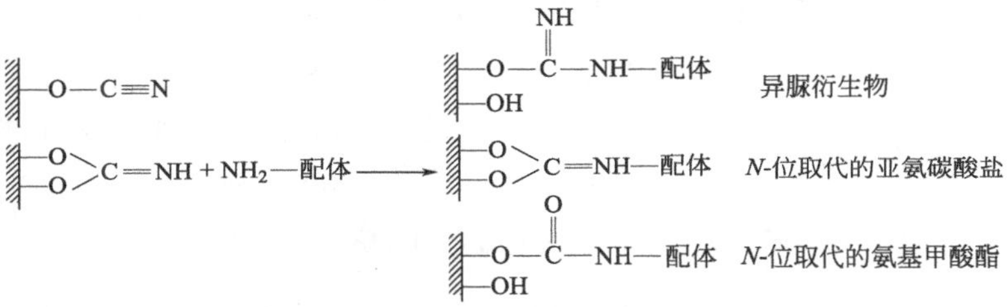

图 5.33　溴化氰活化多糖的配体偶联反应

溴化氰法制备亲和吸附剂的操作过程如下：

① 琼脂糖凝胶在低温下平衡：10g 水洗抽干的琼脂糖与 10mL 蒸馏水和 20mL 2mol/L 碳酸钠溶液混合悬浮，置于 0℃冰浴冷却。

② 活化：将 1g CNBr 溶于 1mL 乙腈/DMF/N-甲基吡咯烷酮中制成 10mol/L CNBr 溶液，之后立即加到凝胶悬浮液中，激烈搅拌 2min 进行活化。

③ 洗涤：快速用冰水抽滤洗涤，直至除去 CNBr，活化好的琼脂糖珠应立即进行偶联。

④ 用偶联缓冲液洗涤平衡（如 pH8.3，0.1mol/L NaHCO₃）。

⑤ 偶联：将待偶联的配体溶于含 0.5mol/L NaCl 的 pH8.3、0.1mol/L NaHCO₃ 或其他偶联缓冲液中（如 pH8～10 的低离子强度硼酸或磷酸缓冲液）；然后将洗好抽干的活化凝胶悬浮于此配体溶液中，室温下混合 2h 或 4℃混合过夜进行偶联。

⑥ 封闭：剩余的活化基团可在 pH8 的 Tris-HCl 缓冲液中放置 2h 后水解除去，或加入乙醇胺或 1-氨基-丙二醇除去未偶联的活化基团。

⑦ 依次用水、2mol/L 氯化钾洗涤数次以除去游离配体或乙醇胺。

溴化氰法简单、温和，因此是最常使用的亲和吸附剂制备方法。但它有三个缺点：

① 此偶联反应可逆，所得亲和吸附剂的异脲键对亲核进攻很敏感，在极端 pH 下会缓慢水解，在小分子胺作用下会发生氨解，导致配体脱落，因此不适于单点偶联配体的固定化。

② 溴化氰剧毒，建议采用预活化好的琼脂糖氰酸酯。

③ 溴化氰法生成的亲和吸附剂 N-取代异脲在生理条件下带正电（$pK_a \approx 9.5$），因而具有阴离子交换剂的作用。

（2）环氧法

环氧法也是一种较常用的制备亲和吸附剂的方法，主要用于含羟基、氨基和巯基的配体的固定化，特别是可用于糖类配体的偶联。另外此法还能自动引入连接臂。环氧试剂包括双环氧试剂（如双环氧乙烷类）和 3-氯-1,2-环氧丙烷等。

对于双环氧法，载体活化是在碱性条件下，用双环氧化物活化含羟基或氨基的凝胶，产生含一长亲水链的活化环氧琼脂糖（图 5.34）。如等量琼脂糖凝胶与 1,4-丁二醇-2-缩水甘油醚混合分散后，再加入等量 0.6mol/L NaOH，25℃旋转反应 8h，之后用蒸馏水洗涤以终止反应，即得到环氧琼脂糖。活化后环氧化物的取代度一般为 50μmol 活化基团/mL 凝胶。

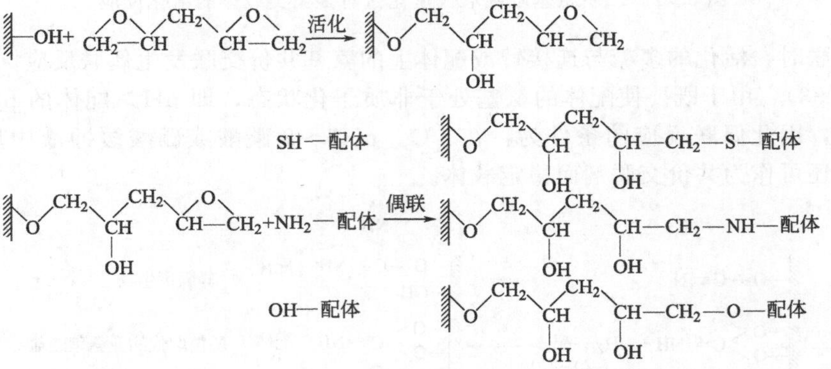

图 5.34　双环氧法制备亲和吸附剂的原理

活化时也会在载体中引入共价交联，虽然这会降低凝胶的孔径大小，但却能提高其稳定性和硬度。由于环氧基团在 pH 小于 8 时非常稳定，因此活化后的载体能储存很长时间。

配体偶联就是将活化琼脂糖上的环氧乙烷基团与亲核试剂（如含—SH、—NH₂ 或—OH 的有机分子）反应制备亲和吸附剂（图 5.34）。由于环氧基团在中性和酸性 pH 下很稳定，为了提高偶联效率，应升高偶联温度或 pH 值。对羟基类配体，偶联 pH 值应为 11～12；对氨基类配体，偶联 pH 则应大于 9；而巯基类配体的亲核性强，中性条件下即可偶联。因此此法不适于对不稳定的羟基和氨基类配体进行偶联。另外由于环氧乙烷基团的低反应性能，偶联后封阻时也很难除去残留活化基团，用乙醇胺封阻时需提高体系的 pH 值。

最常用的双环氧试剂是 1,4-丁二醇-二环氧甘油醚、乙二醇-双环氧丙基醚和 1,2：3,4-二环氧丁烷。3-氯-1,2-环氧丙烷对多糖凝胶的活化偶联过程与双环氧试剂非常类似，活化后也会在凝胶上引入环氧基团和共价交联，活化凝胶的性质也与双环氧试剂的类似，只是连接臂略短（图 5.35）。

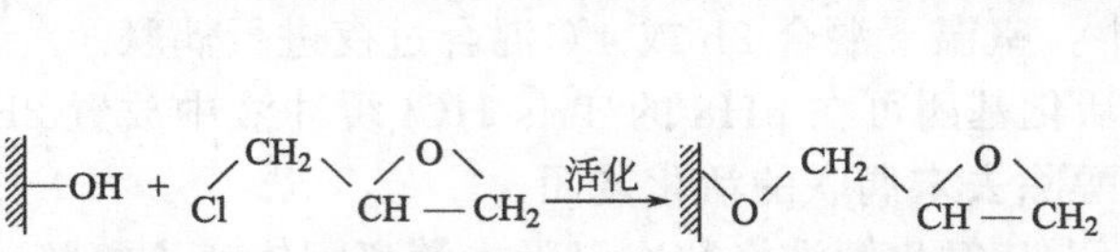

图 5.35　3-氯-1,2-环氧丙烷对多糖类载体的活化反应

此法的优缺点：

① 活化的同时产生一长链亲水连接臂。

② 活化偶联时不产生新电荷，从而不会产生非特异性吸附作用。

③ 环氧偶联得到的亲和吸附剂很稳定。

④ 双环氧法偶联的配体量要少于溴化氰法偶联的配体量。

（3）二乙烯砜法

与环氧法类似，二乙烯砜（divinylsulfone，DVS）也能将含羟基、氨基和巯基的配体固定到含羟基的载体上（图 5.36），而且其反应性能更强，因此偶联时的 pH 值可以比环氧法降低 1～2 个 pH 单位，非常适于偶联羟基配体，如糖类。但是制得的亲和吸附剂在碱性 pH 下不如环氧法制得的稳定，另外二乙烯砜剧毒且昂贵。

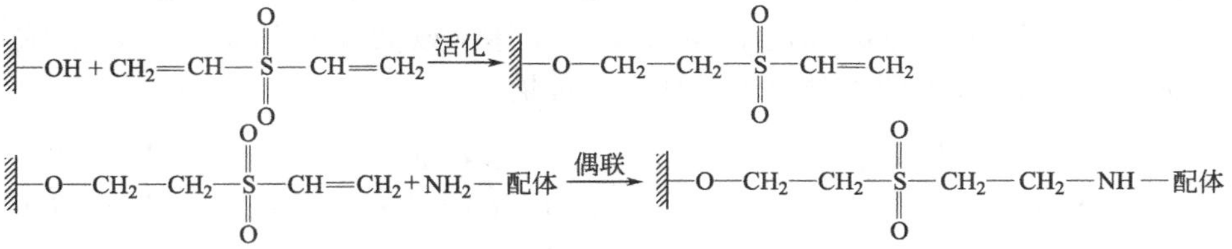

图 5.36　二乙烯砜制备亲和吸附剂的原理

（4）N,N'-二琥珀酰亚胺碳酸酯法

N,N'-二琥珀酰亚胺碳酸酯（DSC）适于将含氨基的配体固定到珠状琼脂糖上。

载体活化时，DSC 与载体上的羟基反应，产生羟基琥珀酰亚胺碳酸酯基（图 5.37）。活化反应是在含碱性催化剂，如三乙胺（TEA）的有机环境中进行的。由于羟基琥珀酰亚胺碳酸酯基在水溶液中会快速水解，使凝胶恢复到羟基结构，并释放 N-羟基琥珀酰亚胺，特别是在 pH 较高时，因此活化好的凝胶在进行配体偶联之前不应接触水。N-羟基琥珀酰亚胺在 261nm 具有光吸收，可由此估计凝胶的活化程度。

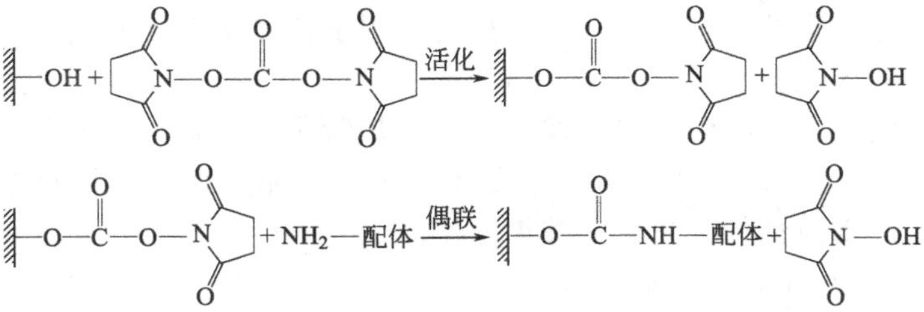

图 5.37　N,N'-二琥珀酰亚胺碳酸酯制备亲和吸附剂的原理

配体偶联时，高反应性的碳酸酯基与配体的氨基反应生成氨基甲酸酯（图 5.37）。偶联反应既可在中性（pH6～8）水溶液中也可以在有机溶剂中进行。不同于溴化氰法产生的异脲键，氨基甲酸酯非常稳定，且在亲和层析分离时不带电荷。

（5）羰酰二咪唑法

与 DSC 类似，羰酰二咪唑（carbonyldiimidazole，CDI）也用于活化含羟基的载体，并进而将含氨基的配体偶联到此活化载体上。

载体活化是在无水的有机溶剂中，用羰基化试剂如 N,N'-羰酰二咪唑（CDI）活化多糖类载体，产生活性咪唑碳酸酯基团。

配体偶联是在碱性条件下，活化的多糖与含伯氨基的配体反应生成稳定的氨基甲酸酯。由于 CDI 产生的咪唑碳酸酯不如 DSC 产生的羟基琥珀酰亚胺碳酸酯基活性强，偶联时的 pH 值需提高，一般使用 0.1mol/L pH8.5～10 的硼酸缓冲液在室温下进行。

DSC 和 CDI 法的优点在于：DSC 和 CDI 无毒且这两种方法的活化程度高；产生的亲和吸附剂无离子交换剂作用。但是由于 DSC 和 CDI 活化的琼脂糖在无水条件下稳定，多溶于丙酮中，使用（偶联）前需除去丙酮。

（6）碳化二亚胺交联法

碳化二亚胺是最早使用的亲和吸附剂制备用试剂，现在仍然广泛使用。

采用这种试剂，只需一步反应，就能在含羧基的载体（或配体）和含氨基的配体（或载体）之间生成稳定的酰胺键（图 5.38）。偶联反应是在弱酸性条件下（pH 5）将配体、载体和交联剂混合后进行的。第一步先在二亚胺的任一个 C＝N 键上引入羧基，从而产生高反应性的不稳定的异脲酯。异脲酯随后与氨基类配体（或载体）的氨基反应生成酰胺和 N, N′-二烷基脲。注意氨基类配体（或载体）应过量。

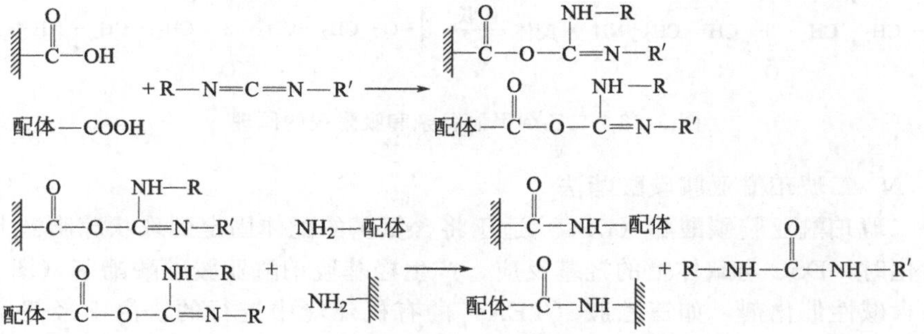

图 5.38　碳化二亚胺法制备亲和吸附剂的原理

反应初始阶段应注意调节 pH 值，一般几小时即可完成反应。碳化二亚胺相对不稳定且有毒，应小心操作。此法通常用于将氨基类配体偶联到具有羧基末端的连接臂上，或将羧基类配体偶联到具有氨基末端的连接臂上，当然也可用于将氨基类（或羧基类）配体直接固定到羧基（或氨基）载体上。

碳化二亚胺因侧链 R、R′而多种多样。二环己基碳化二亚胺不溶于水，只能溶于有机溶剂中，如二噁烷、二甲亚砜、80%（体积分数）吡啶或乙腈，因此面临着除去不溶性脲和其他副产品的问题。而水溶性的碳化二亚胺更方便。

2. 聚丙烯酰胺载体的亲和吸附剂制备方法

聚丙烯酰胺凝胶含有大量的酰胺基团，可用戊二醛法和肼解法活化，然后再将含氨基的配体固定到其活化基团上，这两种方法不能直接用于多糖类载体。另外氨乙基化和碱解作用也可用于活化酰胺基团，但很少使用，这里不做介绍。

（1）戊二醛法

戊二醛法对配体的活化偶联机理还不完全清楚。

载体活化：在 20～40℃下，用 25%戊二醛溶液（溶于 pH7.5、0.5mol/L 磷酸缓冲液中）将载体的氨基或酰氨基活化过夜。

配体偶联：在 40℃，同样的缓冲液中，配体的伯氨基与活化载体偶联。

此法的优点主要是简单、便宜，适宜对碱性 pH 敏感的配体进行活化偶联；此亲和吸附剂稳定，不会发生配体泄漏；在偶联的同时引入一连接臂。此法的缺点主要是在储存时戊二醛会发生聚合，且戊二醛有中等毒性。

（2）肼解法

肼对酰胺类载体来说也是一种特别有用的试剂。聚丙烯酰胺与肼共热后，就会产生丙烯酰胺酰肼。在盐酸存在下，将此酰肼载体用亚硝酸钠处理后，酰肼基团就会转变成活性酰叠氮，含氨基的配体随后就能偶联到活化载体上，形成稳定的酰胺键。一般来说，小分子配体能很好地偶联，而大分子配体的偶联效率较低。酰肼载体还可用于对含醛基和酮基的配体进行偶联。反应在 pH5 下进行，首先产生腙，腙随后在 pH9 时经硼氢化钠还原而稳定。

肼解法能简单地用于酰胺类载体，其他载体，如琼脂糖和多孔玻璃，在适当修饰后也能用此法进行活化和配体偶联。

3. 硅胶和多孔玻璃载体的亲和吸附剂制备方法

硅胶和多孔玻璃具有很好的形状稳定性，因此可承受高效液相亲和层析的高压，但是它们不能满足理想的亲和载体的其他要求，比方说它们疏水，含有带负电荷的硅烷醇基团等，因此需要进行化学修饰，以提高其表面的亲水性并掩盖其酸性硅烷醇基团，当然还需提供适于配体偶联的功能基团。

最常用的化学修饰方法就是采用诸如 γ-氨基丙基硅烷和 γ-环氧丙氧丙基硅烷等试剂进行硅烷化处理。前者能给载体引入氨基，从而可用前面介绍的交联法进行配体偶联，也可用合适的酐与其反应后转变成含羧基的载体，再进一步进行载体活化和配体偶联。后者能在硅胶或多孔玻璃上引入环氧基团，从而能像前面介绍的环氧法那样将含氨基、巯基或羟基的配体偶联到此活化载体上。由于空间屏蔽效应，只有少部分环氧基团被用于配体偶联，过量基团可用酸水解成二醇。二醇能赋予硅胶亲水性能，并减少不必要的蛋白质结合。

对于以上所介绍的各种活化偶联方法，由于偶联反应都在缓冲液中进行，因此应注意选择那些不会与配体发生竞争的缓冲液，如对氨基类配体进行偶联时，缓冲液中不应含有氨基类物质。另外，由于许多活化试剂有毒且挥发，因此建议在通风橱中进行活化反应及随后的清洗和抽干操作。配体偶联好后，剩余活化基团应使用小分子物质，如乙醇胺、巯基乙醇等封闭掉。

（五）裸露活化基团的封闭和亲和吸附剂的储存

将载体活化后，活化基团的浓度一般为 $5 \sim 25 \mu mol/mL$，而偶联上的配体的浓度为 $1 \sim 10 \mu mol/mL$，因此偶联后一些残存的活化基团还会保留在凝胶中，必须加入低分子量的化合物封闭这些基团。最常用的封闭试剂是 pH8.0 的 1mol/L 乙醇胺，用它与活化载体在室温下反应 1h 就可以封闭活化基团。另外还有巯基乙醇。如果用其他小分子物质，如甘氨酸，则必须检验一下它们是否会导致非特异性吸附。

在封闭的后期，应快速洗涤亲和吸附剂，以除去非共价结合的物质。洗涤时可使用碱性和酸性缓冲液变换离子强度进行洗涤，或针对特定系统用其溶剂进行洗涤。最后应将处理好的亲和吸附剂悬浮于含 0.02% 叠氮钠的合适缓冲液中，储存在 4℃。

为了能快速有效地完成活化、偶联和封闭过程，应将平衡好的、活化好的或偶联好的载体分散到体积尽量少的对应活化试剂、配体或封闭试剂中，得到稠密的但可反复混匀的浆液。由于凝胶珠比较脆弱，应避免使用搅拌等混合方式，在反应过程中可采用密闭旋转或振动方式进行混合。

（六）配体浓度的估计

将配体固定化到载体上后，需检测一下配体的浓度，以判断偶联过程成功与否。测定偶联上的配体的浓度有如下几种方法：

① 差示分析法：用加入的配体量减去洗脱液中游离配体量，即可得出偶联上的配体量。

② 直接测定法：直接测定制备好的亲和吸附剂上配体的浓度。可以根据配体的性质用分光光度法、蛋白质测定方法或特定基团测定方法来测定。

③ 放射分析法：对于具有放射活性的配体，可以很灵敏地测出固相化配体的浓度。

④ 水解法：当配体的测定不受大量的载体水解产物干扰时，可以用此法测定亲和吸附剂上配体的浓度。水解的方法可视配体、载体的偶联情况而定，可以采用酸水解或酶水解。

影响配体浓度的因素很多，包括载体和配体的性质、载体的活化方法及条件、载体和配体偶联反应的条件等。例如，在溴化氰活化的载体上，其活性基团通常比环氧法的多，因此配体的浓度可能就比较大。

四、 AFC 实验技术

亲和层析的操作过程与凝胶过滤层析和离子交换层析大体相似，但也有某些差别。其典型分离过程为：装柱、平衡、制备粗样、加样、洗去杂蛋白、洗脱和再生。

（一）样品制备

有些样品在分离纯化时只需一步亲和层析过程，无需进行样品处理。但如果样品量很大，或杂蛋白很多时，最好在亲和层析之前对样品进行预处理，以除去一些主要污染物，减少上样体积，提高亲和层析的分辨率和浓缩程度。常用的样品预处理方法有盐析法和离子交换层析法。另外，为了能够有效吸附，样品和亲和柱都应处于最佳的适于结合状态，这时可对样品进行透析，或用凝胶过滤层析脱盐并置换缓冲液，或加入特定化学试剂及调节 pH 值等。

对于复杂样品，如组织、培养的细胞、植物材料、发酵产物等，应首先进行分级分离粗提，如超声破碎、溶解、均质、抽提、过滤、离心等，才能用于亲和层析。

（二）装柱和平衡

亲和层析的柱大小和形状通常没有严格要求。由于亲和凝胶的吸附容量都比较高，因此多使用短粗的柱子，以达到快速分离，一般床体积为 $1 \sim 10 \mathrm{mL}$。如果目标底物量很大，可根据亲和吸附剂的吸附容量扩大柱尺寸。但是如果配体对目标分子的亲和性比较低（$K_d > 10^{-4} \mathrm{mol/L}$），则目标分子不会真正结合到柱上，而是被柱子所阻滞，这时目标分子的分离就依赖于柱的长度了，建议使用长柱子和低上样量（5％床体积），亲和柱的配体密度也应提高，并降低上样和洗脱时的流速。这与离子交换层析类似。

亲和层析时的装柱方法与凝胶过滤层析和离子交换层析一样。装柱后应使用几个床体积的不含样品的起始缓冲液进行平衡，起始缓冲液应确保目标分子最适于结合到柱上。

（三）样品吸附

上样过程就是目标分子的吸附过程。吸附的目的是使亲和吸附剂上的配体与待纯化生物分子间形成紧密结合物。由于生物分子与配体之间是通过次级键相互作用发生结合的，因此预先了解配体-目标生物分子间的相互作用类型将有助于选择合适的起始吸附缓冲液。如果其相互作用方式主要是疏水键，则提高离子强度和/或 pH 值将增强吸附，而低温会弱化疏水作用；若为离子键，则提高离子强度会促进解吸。另一种提高目标生物分子对亲和吸附剂亲和力的方法是增加固定化配体的浓度。有时延长吸附时间也能提高生物分子与固定化配体的结合程度，因此上样时流速应比较慢，以保证样品和亲和吸附剂有充分的接触时间，也可采用二次吸附，或分批式吸附解吸，或低样品量加样方式。对于标准的低压亲和层析，流速多为 $50 \mathrm{cm/h}$；而高效液相亲和层析的流速一般为 $50 \sim 125 \mathrm{cm/h}$。如果不了解生物分子与配体之间的相互作用类型，可预先用小样进行比较实验，以确定最佳吸附条件。

亲和层析的上样量并不重要，只要能确保目标分子与配体之间发生特异有效的结合，且不超过亲和柱的吸附容量即可。亲和层析分离过程可用紫外检测仪跟踪。

由于生物分子间的亲和力多受温度影响，通常亲和力随温度的升高而下降，所以在上样时可以选择较低的温度，使待分离的物质与配体有较大的亲和力，能够充分地结合；而在后面的洗脱过程可以选择较高的温度，使待分离的物质与配体的亲和力下降，以便于将待分离的物质从配体上洗脱下来。

（四）洗去杂蛋白

上样后，应使用几倍床体积的起始缓冲液洗去未吸附物质，直至紫外记录曲线回到基线。如果配体-蛋白质间的亲和力很高，则可以方便、稳定地将非特异吸附的蛋白质解吸下来。

如果亲和柱上存在较多的非特异性吸附，则解吸缓冲液应该处于最佳的起始吸附缓冲液和洗脱缓冲液之间，即如果某种蛋白质在低物质的量浓度的磷酸缓冲液中吸附，在 0.75mol/L NaCl 下洗脱，则可以采用 0.4mol/L NaCl 洗柱子，以观察是否能提高洗脱后样品的纯度。

（五）洗脱

洗去杂蛋白后，即可将解吸缓冲液转变成洗脱缓冲液，将目标分子洗脱下来，一般可采用特异性和非特异性解吸方法进行洗脱。

有效的洗脱策略主要有以下几个方面，排列越前的洗脱方法越温和。

1. 改变缓冲液的离子强度

如果配体与蛋白质间离子键占优势，则增加离子强度就能减弱蛋白质与配体间的非共价相互作用，从而将蛋白质从配体上解吸下来。这在染料配体亲和层析中非常典型，一般 1mol/L NaCl 就能达到有效解吸，必要时可继续提高 NaCl 浓度进行梯度洗脱。如果配体与蛋白质间疏水相互作用占优势，则降低离子强度能够有效地将蛋白质从亲和柱上洗脱下来。

2. 改变缓冲液的 pH 值

改变 pH 值，就会改变结合表面带电基团的电性和电量，从而破坏异性离子间盐桥的形成，并进而降低蛋白质与配体间相互作用的强度。一般降低 pH 值至 2～4 比较有效，偶尔情况下也可能提高 pH 值会有效。在洗脱后应尽快中和洗脱液，以防止洗脱下的生物分子发生变性。

3. 特异洗脱

特异洗脱又称亲和洗脱，就是使用游离配体，或其他能同配体或待洗脱蛋白质发生更强特异性亲和作用的分子，将蛋白质从固定化配体上竞争下来。特异洗脱常用于基团特异性亲和层析，这时既可采用单一成分也可用多种洗脱剂进行梯度洗脱。特异洗脱一般在中性 pH 下进行，比较温和，不会导致蛋白质变性。但是特异洗脱的价格可能会比较高，且洗脱下来的蛋白质可能很难与洗脱液分离，这时可用凝胶过滤层析进行脱盐解吸或透析分离。特异洗脱的例子有：用不同的核苷酸将脱氨酶从染料柱上洗脱下来，用游离糖将糖蛋白从凝集素柱上洗脱下来等。

4. 改变缓冲液的极性

当配体和蛋白质的结合比较强，且疏水作用占优势时，可尝试在缓冲液中加入 20％～50％（体积分数）乙二醇降低其极性，从而促进洗脱。这种方法比较温和有效，且不易使蛋白质变性。

5. 使用洗涤剂

对于极端疏水性蛋白质，如膜蛋白，在洗脱时最好加入洗涤剂，以降低其疏水相互作用。比较有用的洗涤剂有 Lubrol、Nonidet P-40 等，TritonX-100 虽可使用，但应注意它有紫外吸收。有时在整个纯化过程中都会加入低浓度的洗涤剂，以降低非特异性疏水吸附和凝聚，特别是在进行抗原-抗体纯化或处理膜蛋白时，这时其吸附洗脱步骤照旧。

6. 使用促溶剂

当配体与蛋白质间的亲和力很强，其他洗脱方法都失败时，可以采用促溶剂。促溶剂能破坏水的结构，降低配体-蛋白质间相互作用的强度，从而将蛋白质解吸下来。常用的促溶剂有 $1\sim3mol/L$ 硫氰化钾、$1\sim3mol/L$ 碘化钾、$4mol/L$ $MgCl_2$。

7. 使用蛋白质变性剂

$8mol/L$ 尿素、$6mol/L$ 盐酸胍也可能有效。对于促溶剂和变性剂，在使用之前，必须测试一下它们对蛋白质活性的影响。

另外有时改变温度也能够有效地洗脱目的蛋白质。

洗脱过程一般是亲和层析的最困难步骤，特别是当配体和蛋白质间的解离常数很低时。洗脱峰的展宽也是一个问题，这可能是由于蛋白质-配体间解离太慢或配体的亲和范围太宽所致，这时可采用反向洗脱来改善洗脱效果。梯度洗脱通常也能达到很好的洗脱结果。

（六）再生和保存

亲和柱再生的目的是除去所有仍然结合在柱上的物质，以使亲和柱能重复有效使用。在很多情况下，使用几个床体积的起始缓冲液再平衡就能再生亲和柱，或进一步采用高浓度盐溶液，如 $2mol/L$ KCl 进行再生。但有时，特别是当样品组分比较复杂，在亲和柱上产生较严重的不可逆吸附时，亲和吸附剂的吸附效率就会下降。这时应使用一些比较强烈的手段，如根据配体的稳定性升高和降低 pH 值、加入洗涤剂、使用尿素等变性剂或加入适当的非专一性蛋白酶进行再生。亲和吸附剂在储存时应加抑菌剂，如 $0.02g/100mL$ 叠氮钠。

（七）操作注意事项

亲和层析时所需亲和柱的总床体积取决于其吸附容量和分离类型。对于某一目的蛋白质，如果配体和洗脱条件有很高的选择性，则蛋白质的分辨率决定于亲和吸附剂本身，而基本不受柱长的影响，因此对于高亲和系统来说，短粗的柱子比较合适。

亲和层析的流速决定于载体的孔径和待纯化蛋白质的大小。流速应尽量慢，如果流速过快，在柱吸附饱和前，目的蛋白质就会出现在流出液中，并导致洗脱阶段峰脱尾，对于以琼脂糖做载体的亲和吸附剂，推荐采用 $10mL/(cm^2 \cdot h)$ 的线性流速。在洗去杂蛋白和再平衡步骤中可以采用快流速。

亲和层析的一个严重缺陷就是配体的渗漏问题。配体渗漏的原因可能在于固定化配体的不稳定性。配体渗漏后会降低亲和吸附剂的吸附容量。对于高亲和系统来说，痕量蛋白质的分离尤其会受制于配体的脱落情况。

五、 AFC 的特殊类型

（一）凝集素亲和层析

凝集素是一类来自于霉菌、植物和动物的蛋白质，它们能可逆地、选择性地同特定的糖残基结合，因此对于分离提纯含糖基的生物大分子，如糖蛋白、血清脂蛋白及膜蛋白等非常有用。通过与红细胞表面特异性受体结合，凝集素能凝集各种类型的红细胞，因此得名。

不同来源的凝集素表现出不同的特异性，但具有共同的结构性质。它们都由一种或多种亚基组成，一般为四亚基蛋白质，每个亚基都有糖基结合位点。如果是均聚体，则凝集素的多个结合位点就都识别同一种特异性糖基。如果是异聚体，则凝集素就具有结合两种以上不同糖基的能力。亲和层析中常用的凝集素见表 5.14。

表 5.14 亲和层析中常用的凝集素

凝集素	分子量	亚基数目	特异性	洗脱糖类	所需离子
伴刀豆球蛋白 A	55000	2/4	α-D-甘露糖 α-D-葡萄糖	α-甲基甘露糖 α-甲基葡萄糖	Ca^{2+},Mn^{2+}
扁豆凝集素	49000	2	α-D-甘露糖 α-D-葡萄糖	α-甲基甘露糖 α-甲基葡萄糖	Ca^{2+},Mn^{2+}
豌豆凝集素	49000	4(αβ)	α-D-甘露糖	α-甲基甘露糖	
蓖麻凝集素	120000	4	β-D-半乳糖	乳糖,半乳糖	
蓖麻凝集素	60000	2	α-D-N-乙酰半乳糖胺	α-D-N-乙酰半乳糖胺	
麦芽凝集素	36000	2	N-乙酰葡糖胺	N-乙酰葡糖胺	Ca^{2+},Mn^{2+},Zn^{2+}
大豆凝集素	110000	4	α-D-N-乙酰半乳糖胺	α-D-N-乙酰半乳糖胺,半乳糖	
植物血细胞凝集素	128000	4	α-D-N-乙酰半乳糖胺	α-D-N-乙酰半乳糖胺	Ca^{2+},Mn^{2+}

1. 凝集素的选择

由于不同的凝集素对不同的糖基有特异性（表 5.14），因此针对某一特定的目的糖蛋白，应选择合适的凝集素。例如，许多受体结合于麦芽凝集素，而细胞因子和其他生长因子则优先结合于伴刀豆球蛋白 A 或扁豆凝集素。选择凝集素时需考虑两个因素：糖蛋白上寡糖的性质和凝集素的可获得性。糖蛋白上的寡糖可分为几种类型，每种类型都有其特点，这些特点影响着它们与凝集素的结合，从而可作为选择亲和层析凝集素的一个重要参数。在不清楚待纯化糖蛋白的结构和性质时，应从一系列凝集素中筛选合适的。现在有一些商品化凝集素亲和吸附剂供应，也可以自行将纯的目的凝集素固定到合适的活化载体上。

2. 凝集素与载体的偶联

凝集素可以偶联到不同的活化载体上，常见的有以下几种类型：①固定到 CNBr-活化的Sepharose-4B 上；②固定到 Affigel 10 或 Affigel 15 上；③固定到 CDI-活化的琼脂糖上。Affigel 10 和 Affigel 15 是交联琼脂糖的 N-羟基琥珀酰亚胺酯，分别带 10 或 15 个原子长的连接臂，蛋白质通过其自由氨基与它们进行偶联（图 5.39）。在这里仅介绍将配体偶联到CDI-活化的琼脂糖上的过程，而将配体偶联到 CNBr-活化的琼脂糖上的方法将在免疫亲和层析中进行介绍。

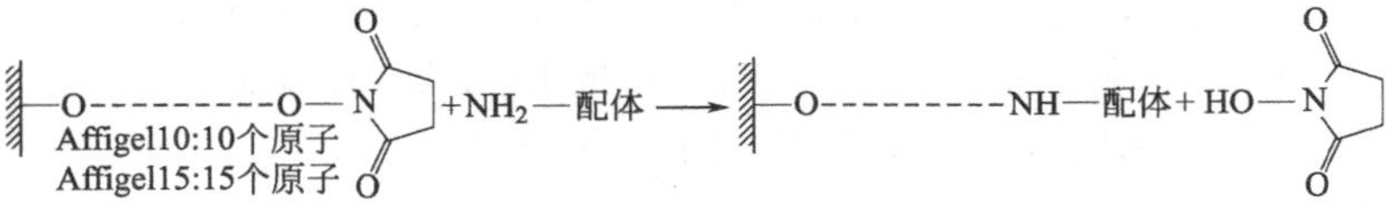

图 5.39 Affigel 与配体的偶联

在将凝集素偶联到活化载体上时，对于不同的凝集素，应在偶联缓冲液中加入相应的特异糖类和所需的二价离子。因为糖可以保护凝集素上的糖蛋白结合位点，防止这些位点被载体上的活化基团所交联，从而最大限度地保留糖蛋白结合位点。对于需要二价金属离子的凝集素，二价金属离子能引起凝集素三维结构的转化，从而导致糖结合位点的形成，因此在偶联之前应加入所需的二价离子。偶联时凝集素的浓度应低于 10mg/mL，因为当载体上固定过多的凝集素后，会产生空间位阻效应，干扰糖蛋白的结合。

将凝集素偶联到 CDI-活化的琼脂糖上的过程如下：

① 清洗 CDI-活化的琼脂糖载体：将 CDI-活化的琼脂糖置于漏斗内，抽滤除去丙酮，并用冰蒸馏水彻底清洗，切勿使凝胶块干燥。

② 配制凝集素溶液：用含 0.5mol/L 特异糖的 pH9.5、0.1mol/L Na_2CO_3 溶液（偶联缓冲液）配制 20mg/mL 凝集素溶液。

③ 偶联：将 1 体积湿凝胶加到 1 体积凝集素溶液中，4℃轻微混合 48h。

④ 封阻：用 pH9.5、0.1mol/L Tris 清洗，以封阻活化载体上未反应的位点。

⑤ 储存：依次用 3 体积 pH4.0、0.1mol/L 醋酸钠缓冲液，3 体积 pH8.0、0.1mol/L Na_2CO_3 洗两次，再用含 0.02％叠氮钠的 PBS 洗并储存于其中。

3. 凝集素亲和层析方法

（1）亲和柱的平衡

制备好固定化凝集素后，就可将其装柱，然后用五倍体积的平衡缓冲液（如含 0.1mol/L NaCl 和 1mmol/L 所需二价金属离子的 pH7.2、20mmol/L 磷酸缓冲液）清洗、平衡。亲和柱的大小决定于样品量及凝集素对糖蛋白的吸附容量。为了提高凝集素结合效率，可以在平衡缓冲液中加入至少 0.1mmol/L 二价金属离子，为了改善样品稳定性可加入 0.5％洗涤剂。

（2）样品的制备

用凝集素亲和层析分离的糖蛋白主要分为两类：水溶性糖蛋白和膜结合糖蛋白。前者包括细胞分泌蛋白和结构蛋白，如激素、胶原蛋白等；后者有转运蛋白和细胞表面识别标记，如受体等。

在制备水溶性糖蛋白样品时，应将样品溶解于生理 pH 的磷酸或 Tris-HCl 缓冲液中，缓冲液可采用比较高的离子强度；样品缓冲液中应含有 1mmol/L 所需的二价金属离子氯化物，且不能含有游离糖，以防止它们与糖蛋白竞争结合凝集素；样品缓冲液中应加适量抑菌剂，如 0.05％叠氮钠，以防止微生物污染。

在制备膜结合糖蛋白样品时，除了上面对水溶性糖蛋白的要求外，还必须设法将糖蛋白从细胞或膜上溶解下来，这时就需要在样品缓冲液中加入一些试剂，以破坏膜上蛋白质-脂、蛋白质-蛋白质间的相互作用。这些试剂包括强变性剂（如尿素、盐酸胍）、破膜试剂（如硫氰酸盐、碘化物）、有机溶剂（如乙醇、异丙醇）和洗涤剂。前三组试剂会导致蛋白质变性，因此多使用洗涤剂，但是对不同的膜结合糖蛋白，对其有效的洗涤剂也不同，且洗涤剂有可能影响糖蛋白与凝集素的结合效率，因此洗涤剂的浓度最好低于 1％。一般来说，非离子洗涤剂 Triton X-100、Nonidet P-40 的效果比较好。

用洗涤剂破坏细胞后，溶酶体蛋白酶会释放出来，因此最好加入蛋白酶抑制剂，常用的有二硫苏糖醇（DTT，抑制巯基蛋白酶）、EDTA 或 EGTA（抑制金属蛋白酶）、PMSF（抑制丝氨酸蛋白酶）、抑胃酶肽（抑制酸性蛋白酶）等。

（3）加样及吸附

样品按上述方式制备好后，离心除去沉淀就可直接上样，若要更好地将目的糖蛋白吸附在凝集素柱上，可降低上样时的流速。然后用平衡缓冲液洗 2～5 个床体积，以除去非结合蛋白质或同液洗脱蛋白质。

（4）目的糖蛋白的洗脱

在洗脱结合的目的糖蛋白时，通常在平衡缓冲液中加入对凝集素有亲和性的糖及其类似物（表5.14）或盐梯度溶液，以将目的糖蛋白置换下来，洗脱糖类的浓度一般为0～0.5mol/L。

由于疏水相互作用在糖蛋白与凝集素柱的结合中起重要作用，为了有效地洗脱，需要时可在加了特异性糖的缓冲液中再加入50％1,2-乙二醇，以减少疏水作用。由于硼酸根离子能与一些多糖形成复合物，因此也可以尝试采用硼酸缓冲液洗脱糖蛋白。有时改变pH值至酸性（但不低于pH3.0）或碱性（但不高于pH10.0），也能有效地将糖蛋白从固定化凝集素上洗脱下来，但必须保证目的糖蛋白的稳定性。将结合了糖蛋白的亲和柱于洗脱缓冲液中放置过夜，延长其解离时间，也可以提高产量。

总之，对不同的凝集素和目的糖蛋白，应采用不同的洗脱缓冲液，甚至将几种洗脱液组合起来，进行分步洗脱或梯度洗脱。

（5）固定化凝集素的再生和储存

层析后，先用含1mol/L NaCl的平衡缓冲液洗层析柱，再用含抑菌剂（如0.05g/100mL叠氮钠）的平衡缓冲液再生亲和柱，然后就可将固定化凝集素在4℃储存于此缓冲液中。

（二）免疫亲和层析

免疫亲和层析是利用抗原和抗体之间的高特异性亲和力进行层析分离的，它以抗原、抗体中的一方作为固定相，对另一方进行吸附分离，它能区分非常相近的抗原或抗体，并且只需一步就能从大量的复杂蛋白质溶液中分离出极少量的目的抗原或抗体，因此是目前最具选择性和最有效的纯化方法之一。

在进行免疫纯化时，必须使用单克隆抗体（简称"单抗"）或多克隆抗体，最好是单抗，由于要首先制备纯的针对性的单克隆抗体，因此免疫亲和层析是最昂贵的亲和方法之一。不过随着细胞融合技术的发展，可以利用的单克隆抗体越来越多，再加上大规模生产方法的应用，从而能有效地降低成本，使这一技术的应用更加广泛。现在免疫亲和层析已经成为具有很高应用价值的微量凝血因子的纯化和超浓缩手段，如第Ⅴ因子、第Ⅷ因子等。

这里仅介绍常用的通过固定化抗体纯化对应抗原的免疫亲和层析，而由固定化抗原纯化对应抗体的方法类似，但较少使用。纯化时需首先针对目的抗原，制备出纯的单克隆抗体，然后将此单抗固定到合适的载体上，得到免疫亲和吸附剂，再将其装柱，接着在合适的吸附、洗脱条件下，将含目的蛋白质的粗溶液上样、吸附、解吸，就可以得到纯的目的蛋白质。

1. 抗体的选择和纯化

成功的免疫亲和层析依赖于特定性质的单克隆抗体的选择，而且单抗对抗原要具有一定强度的亲和力，以便于有效吸附和洗脱，最好使其结合常数达10^7mol/L左右。生产单克隆抗体时可以用相对不纯的抗原免疫获得，这时经常会产生很多抗体，因此必须区分出合适性质的抗体，并将其纯化以用于制备免疫亲和试剂，制备过程及筛选依据见表5.15。纯化的抗体不仅可用于亲和层析，还可用于许多其他医药及生化分析等领域。

表5.15　单克隆抗体的筛选依据及免疫纯化试剂的生产过程

阶段	试验细胞系	筛选依据
杂交瘤的选择	50～200 种	滴定96孔微滴定板中生长的细胞系上清液,选择滴定值高的10～15 种
杂交瘤的培养	10～15 种	选择生长速度快、抗体产量高且稳定的5～8 种细胞系

阶段	试验细胞系	筛选依据
单克隆抗体的纯化	5~8 种	筛选出易纯化、稳定的 4~6 种优良细胞系
免疫吸附剂的制备	4~6 种	选择出一种最适合制备免疫吸附剂、抗原纯化效果最好的单抗

2. 抗体的偶联

有了单克隆抗体以后，免疫亲和层析的关键就是抗体的固定化方法和吸附抗原的洗脱方法，这时应特别注意蛋白质的稳定性。在进行抗体偶联时，应使抗体的抗原结合部位游离出来，即将 Fc 部位优先与载体相结合，而抗原结合部位 Fab 不被结合，且有较大的游离空间，以避免立体空间障碍，因此固定化抗体的密度应适量，不能太高，以充分发挥效率。

抗体偶联时最普遍使用的活化载体是 CNBr-活化的琼脂糖和 Affigel 10、Affigel 15。在这里仅介绍将抗体偶联于 CNBr-活化的琼脂糖上的方法，而配体与 Affigel 的偶联方法同凝集素亲和层析法。

（1）抗体的准备

在 4℃用新鲜的偶联缓冲液（含 0.5mol/L NaCl 的 pH8.3、0.1mol/L 硼酸钠缓冲液）透析抗体。所需的抗体量大约为：对单抗 1~10mg/mL 胶，对多抗 10~20mg/mL 胶。由于空间位阻效应，抗体量过多会导致效率降低。

（2）抗体的偶联

称取所需量的 CNBr-活化 Sepharose-4B 粉末（0.3g 粉末约等于 1mL 溶胀胶），注意勿使其吸潮而破坏 CNBr-活化位点，然后将其缓慢倒入 10 倍体积 4℃的 1mmol/L HCl 溶液中，轻微搅拌、分散凝胶颗粒。接着在室温下溶胀凝胶约 15min，再用 4℃的 1mmol/L HCl 溶液流洗凝胶，最后用 10 倍凝胶体积的 4℃偶联缓冲液洗凝胶。4℃下将 5 体积抗体溶液加到 1 体积平衡好的活化琼脂糖中，低速搅拌偶联 16~20h。取 1mL 反应上清液，测定其 OD$_{280}$ 值，若其接近 0 则表示偶联成功；然后用新鲜的偶联缓冲液洗胶。

（3）封阻未反应的活化基团

载体上剩余的 CNBr-活化基团可用过量伯胺化合物封阻，如乙醇胺、甘氨酸、1-氨基-丙二醇等。最常用的封阻试剂是乙醇胺。4℃下加入 pH8.0、1mol/L 乙醇胺或 1-氨基-丙二醇封闭载体上未偶联的活化基团；然后依次用高和低 pH 值的缓冲液（含 0.5mol/L NaCl 的 pH4、0.1mol/L 醋酸钠缓冲液；含 0.5mol/L NaCl 的 pH8.3、0.1mol/L 碳酸钠缓冲液）交替清洗凝胶三次，再用平衡缓冲液和洗脱缓冲液交替清洗；最后将其浸泡在含 0.1g/100mL 叠氮钠的平衡缓冲液中，4℃保存。

CNBr-活化的琼脂糖适合于大多数的研究目的，但 CNBr-活化的琼脂糖存在三个主要局限：①作为一种相对的软胶，它无法承受高流速或是用于大层析柱；②其排阻极限为 20×10^6，因此高分子量抗原无法进入胶内；③配体与载体间的共价键相对不稳定，固定化配体可能渗漏于抗原内。所以有时还需考虑选择其他合适的替代物。

3. 免疫亲和层析的层析过程

免疫亲和层析分为正向亲和层析和负向亲和层析。正向亲和层析是从粗溶液中纯化原；负向亲和层析是从部分纯化的溶液中除去特殊的抗原污染物。在进行纯化时需要重点考虑如何将抗原有效吸附到免疫亲和柱上，以及如何有效解吸吸附的抗原，且所有操作条件都应保证免疫亲和吸附剂和抗原的稳定性。

（1）平衡

平衡缓冲液通常为中性、低离子强度缓冲液，如 pH7.2、40mmol/L 磷酸钠缓冲液或磷酸盐缓冲液。在临用前应将免疫亲和吸附剂放置达室温，并用新鲜的无叠氮钠的平衡缓冲液置换，然后再将其装柱，用 10 倍以上床体积的平衡缓冲液平衡。

（2）上样

上样前粗抗原应溶于室温下的平衡缓冲液中，并通过离心、过滤等方法使其澄清，以防止免疫亲和柱被其堵塞。上样时的流速不可超过载体凝胶的推荐流速，否则可能抗原来不及吸附就被洗出；必要时样品可循环上样多次，以使亲和柱内的所有可结合位点都被抗原饱和。理论上讲每个固定化的单克隆抗体能结合两个抗原分子。但实际上抗体共价固定到载体上后，一般只有 10% 左右抗原结合位点还可以被结合。

（3）洗去杂蛋白

用约 10 倍凝胶体积的平衡缓冲液流洗层析柱，直至 280nm 的吸收值达到 0，这样可洗去非特异性结合的杂质分子。如果抗原-抗体复合物的亲和力很强，可以在平衡缓冲液中加入 0.5mol/L NaCl 或 KCl，充分洗去杂蛋白，这样层析产物会更纯。

（4）目的抗原的洗脱

破坏了抗原-抗体复合物之间的结合键，就能把抗原洗脱下来。这些结合键是一些弱相互作用，如离子键、氢键、范德华力等。洗脱时可以通过改变离子强度、pH 值、温度、表面张力和介电常数等方法而达到解吸抗原的目的。为了保留抗原和免疫吸附剂的活力，应先试用温和的洗脱条件，即先试一下增加离子强度，再试极端 pH 值、螯合剂、蛋白质变性剂和有机溶剂。洗脱时一般只要求 2 倍凝胶体积的洗脱液。

（5）亲和柱的再生

为了能重复使用免疫吸附剂，每次用后都应小心再生。先用 2～5 倍凝胶体积的洗脱缓冲液，再用 10 倍以上凝胶体积的平衡缓冲液流洗免疫亲和剂，最后将其储存于含 0.1% 叠氮钠的平衡缓冲液中。

（三）金属螯合亲和层析

金属螯合亲和层析又称固定化金属离子亲和层析、金属离子相互作用层析以及配体交换层析。这种方法介于高特异性的生物亲和分离方法和低特异性的吸附方法，如离子交换层析之间。这种层析对肽或蛋白质表面的特殊基团如组氨酸残基有特异性，因此是分离许多蛋白质的重要工具。它通过在载体上连接合适的螯合配体和金属离子而制成亲和吸附剂，固定相中金属离子的数目没有限制，但必须足够地暴露出来以便与蛋白质发生相互作用。

1. 作用原理

金属螯合亲和层析是基于蛋白质分子表面的组氨酸咪唑基、半胱氨酸巯基和色氨酸吲哚环能与铜离子、锌离子、镍离子间形成稳定的螯合物而进行分离的。层析载体通过一个合适的连接基团（A）而与螯合配体（L）相连；当加入金属离子（Me）后，螯合配体就与金属离子形成螯合物，并保留一些自由配位点，以便溶剂分子（E）或蛋白质分子可以结合上去；当蛋白质溶液流经此金属螯合载体时，蛋白质分子就螯合到金属离子的自由配位点上；这些配位点在随后的蛋白质解吸过程中被亲和性更强的溶剂分子所占据，从而将蛋白质解离下来；最后加入金属离子螯合剂 EDTA，将金属离子置换下来，就能使金属螯合材料再生（图 5.40）。

在金属螯合亲和层析中，载体、螯合配体和金属离子的选择并不复杂。常用的螯合配体

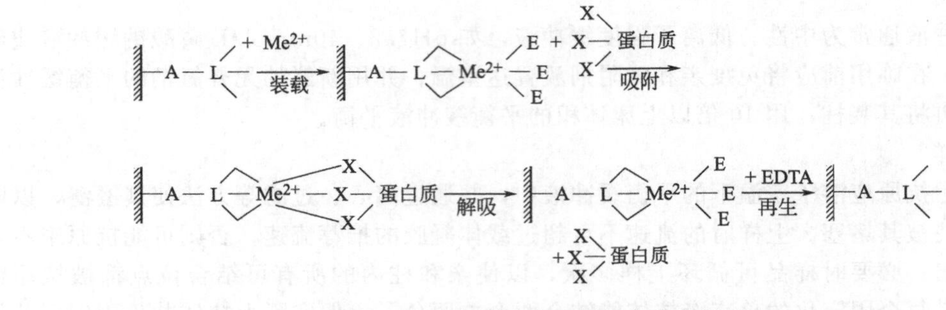

图 5.40　金属螯合亲和层析的分离原理

有亚氨基二乙酸（iminodiacetic acid，IDA）、三（羧甲基）乙二胺［N,N,N-（tricarboxy-methylethylene）diamine，TED］等。如果刚开始没有某一特定蛋白质的信息，可先选亚氨基二乙酸与较强的亲和转化离子 Cu^{2+} 进行固定化。如果其相互作用太强，可换用别的金属离子，如镍离子或锌离子；或选用别的对蛋白质低亲和性的螯合配体，如 TED。在层析分离时，蛋白质的二级、三级结构，即蛋白质链的空间排列起到重要作用，暴露在分子表面的组氨酸、半胱氨酸、色氨酸残基决定分离效果。另外，蛋白质分子的结合还受 pH 值的影响，低 pH 值能促进蛋白质解吸，而提高离子强度能抑制简单的离子吸附。因此通过选择合适的螯合配体、金属离子、pH 值和缓冲液组分、离子强度等就能有效地调整蛋白质的吸附、解吸，当然也可以用别的可与金属发生竞争性螯合作用的物质进行洗脱。

2. 层析材料

（1）载体的选择

金属螯合亲和层析最常用的载体也是珠状琼脂糖，其中通过双环氧法将亚氨基二乙酸偶联到 Sepharose 4B 和 Sepharose 6B 上多有报道。图 5.41 给出了以环氧乙烷活化的琼脂糖作为载体，以亚氨基二乙酸作为配体，以铜离子或锌离子作为螯合离子的金属螯合亲和吸附剂的作用图示。

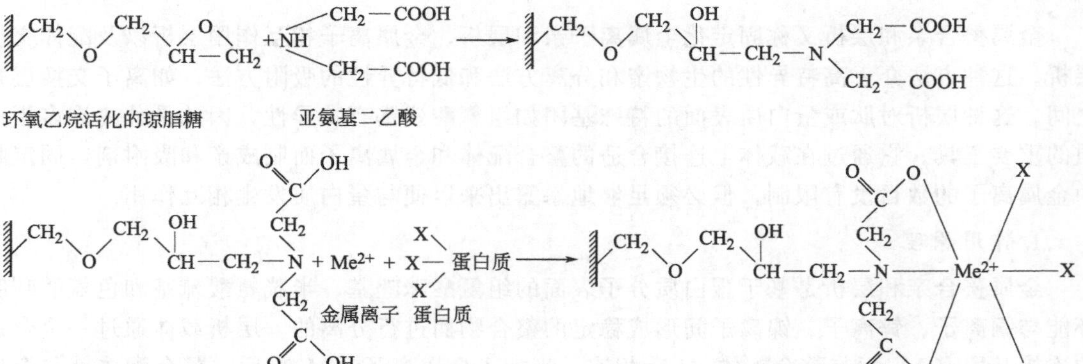

图 5.41　金属螯合亲和吸附剂图示

在高效液相金属螯合亲和层析中，多用亲水树脂、交联琼脂糖和硅胶作为载体，以亚氨基二乙酸作为螯合配体。

（2）螯合配体和金属离子的选择

金属螯合亲和层析一般使用特定的螯合配体。相对于阳离子交换剂而言，螯合配体的螯合基团对金属离子的结合能力更强，前者的结合能只有 $2\sim3\mathrm{kcal}$[❶]$/\mathrm{mol}$，而后者可达 $15\sim25\mathrm{kcal/mol}$。常用的螯合配体为 IDA 和 TED，前者有 3 个配位基团，后者有 5 个配位基团。另外还有含 3 个配位基团的 O-磷酸丝氨酸和含 4 个配位基团的羧甲基天冬氨酸螯合配体。

金属离子也会显著影响亲和分离效果。当金属离子与 IDA 衍生的多糖类载体形成金属螯合亲和吸附剂时，吸附剂与蛋白质发生亲和吸附的稳定性依金属离子而异：$Cu^{2+}>Ni^{2+}>Zn^{2+}>Co^{2+}>>Ca^{2+}$，$Mg^{2+}$，可由此选择合适的金属离子。$Cu^{2+}$、$Zn^{2+}$、$Ni^{2+}$ 一般含 6 个配位数，当与 IDA 形成螯合剂时，IDA 占据其中 3 个配位点，从而给溶剂或蛋白质留下另外 3 个配位点；而当与 TED 形成螯合剂时，TED 占据其中 5 个配位点，只给溶剂或蛋白质留下 1 个配位点，因此 TED 形成的螯合剂对蛋白质的吸附比较弱。另外，亲和柱上金属离子的容量也会影响蛋白质的保留时间。

3. 影响层析的因素

就内部因素而言，金属螯合亲和层析对蛋白质的纯化效果不仅决定于金属螯合亲和吸附剂的类型，如其螯合配体和金属离子（如前所述），还决定于蛋白质的结构。就外部环境而言，金属螯合亲和层析的纯化效果取决于吸附和洗脱条件的变化。

蛋白质表面的特定氨基酸残基决定了其对金属螯合亲和吸附剂的吸附能力，最重要的就是组氨酸的咪唑基，另外还有色氨酸的吲哚环和半胱氨酸的巯基。组氨酸的数目多寡决定了蛋白质吸附的强弱，其周围的微环境也会显著影响蛋白质的吸附和解吸。目前，在一些基因重组表达蛋白质的末端，设计了 6xhis 融合标记，以便于用金属螯合亲和层析法快速有效地纯化此重组蛋白质。

合适的缓冲系统也会影响蛋白质的吸附和解吸，主要是体系的缓冲液类型、pH 值和离子强度，以及洗涤剂等添加物。一般在吸附和解吸缓冲液中都要包含 $0.1\sim1.0\mathrm{mol/L}$ NaCl，以抑制样品和亲和胶之间的离子相互作用。提高 NaCl 浓度往往能促进蛋白质的解吸，有时适当的洗涤剂也会改善吸附和洗脱效果。

4. 层析过程

在进行金属螯合亲和层析之前，应根据待分离蛋白质的性质选择合适的层析材料和层析条件（如表 5.16）。金属螯合亲和层析的分离过程与常规亲和层析类似，也包括装柱平衡、上样吸附、洗去杂蛋白、洗脱和再生五步，但还需独立的金属离子装载过程，在装柱后进行。

表 5.16　蛋白质在金属螯合亲和层析上的结合强弱

系统参数		结合力由弱至强				
固定相	金属离子	Ca^{2+}	Co^{2+}	Zn^{2+}	Ni^{2+}	Cu^{2+}
	螯合配体	TED				IDA
	结合数量	低				高
流动相	pH	5		7		8
	缓冲离子	(EDTA)、柠檬酸盐		铵盐、Tris、乙醇胺		醋酸盐、磷酸盐

<hr>

❶　$1\mathrm{kcal}=4.1868\mathrm{kJ}$。

（1）装柱

将未螯合金属离子的凝胶，如 IDA-凝胶分散后倒入布氏漏斗，用 10 个床体积的蒸馏水清洗以除去储存液中的乙醇，即可装柱。装柱后应使用几个床体积的螯合试剂，如 EDTA 等流洗，以除去柱上残留的金属离子和蛋白质等，最后用几个床体积的水洗去多余的 EDTA。

（2）金属离子的装载和平衡

无金属离子的凝胶用水平衡好后，即可装载适当的金属离子，装载应在中性或弱酸性条件下进行，以防止 Cu^{2+}、Zn^{2+}、Ni^{2+} 等与 OH^- 形成沉淀。一般先流动加入 $1 \sim 3$ 倍床体积的 50mmol/L 金属离子溶液，再用 $3 \sim 5$ 倍床体积的水或适当缓冲液流洗，以除去过量金属离子，最后用 $5 \sim 10$ 倍床体积的起始缓冲液平衡后，即可上样。对于铜离子，可以用含 0.5mol/L NaCl 的 pH3.8、0.1mol/L 醋酸钠缓冲液装载，再用含 0.5mol/L NaCl 的 pH7.0、20mmol/L 磷酸起始缓冲液平衡。铜离子、镍离子的装载平衡可通过其蓝色、绿色监测出来。

如果凝胶的结合能力强，可反复使用多次，如 Cu^{2+}-、Ni^{2+}-IDA 柱，则在装柱后无需用 EDTA 螯合除去旧金属离子，也无需重新装载新金属离子，这时只需使用几个床体积的起始缓冲液平衡好柱子即可进行新样品的吸附洗脱。

（3）上样吸附

在上样前，样品也需按前面介绍的方法处理，以使其溶于起始缓冲液中，然后再上样吸附。缓冲液中的盐、尿素、洗涤剂、甘油等一般不会影响蛋白质的吸附，反而可能改善分离，因此在所有缓冲液中都加入 0.1~1.0mol/L NaCl。

（4）洗去杂蛋白

用几个床体积的起始平衡缓冲液流洗，以除去非结合的杂蛋白，直至 OD_{280} 回到基线。

（5）洗脱

将结合蛋白质解吸下来的洗脱方法有多种，可采用连续缓冲系统或不连续缓冲系统降低 pH 值进行 pH 梯度洗脱，或用咪唑、组胺或组氨酸提高浓度进行亲和梯度洗脱，或提高氯化铵、甘氨酸浓度进行梯度洗脱。也可在洗脱液中加入 EDTA 等螯合剂，将金属离子和吸附的蛋白质同时解吸下来。在这些方法中，都应保持高离子浓度。

进行 pH 梯度洗脱时，可先用五倍床体积含 0.5mol/L NaCl 的 pH5.8、0.1mol/L 醋酸钠缓冲液洗脱，再用 $10 \sim 20$ 倍床体积、pH 从 5.8 至 3.8 的缓冲液（含 0.5mol/L NaCl 的 0.1mol/L 醋酸钠缓冲液）进行线性梯度洗脱，最后用 pH3.8 的缓冲液洗至 pH 稳定，并使所有蛋白质都洗脱下来。或是直接用约 15 倍床体积、pH 从 7.0 至 4.0 的缓冲液（含 0.5mol/L NaCl 的 $20 \sim 50$mmol/L 醋酸钠缓冲液）进行线性梯度洗脱。

如果采用亲和梯度洗脱，则在制备好金属螯合层析材料后，就要先用五倍床体积含 20mmol/L 咪唑和 0.5mol/L NaCl 的 pH7.0、20mmol/L 磷酸钠缓冲液平衡，再用 $5 \sim 10$ 倍床体积含 2mmol/L 咪唑的以上缓冲液平衡 IDA-凝胶柱，上样后，先用含 2mmol/L 咪唑的 pH7.0 缓冲液洗去杂蛋白，再转变成含 20mmol/L 咪唑的 pH7.0 缓冲液进行线性梯度洗脱，将目的蛋白质解吸下来。

（6）柱的再生

先用含 50mmol/L EDTA 的平衡缓冲液洗 5 个床体积，再用 10 倍床体积蒸馏水清洗，此时柱子就可以重新用金属离子装载了。

金属螯合亲和层析目前还只是一种实验室规模的蛋白质纯化技术，但它具有走向大规模工业化应用的潜力。它的价格便宜，投资低，具有普遍的适用性，且金属离子配体具有很好的稳定性，吸附容量大，层析柱可长期连续使用，易于再生。

（四）拟生物亲和层析

拟生物亲和层析（biominetic AFC）是利用部分分子相互作用，通过模拟生物分子结构或特定部位，以人工合成的配基为固定相吸附目标分子的亲和层析。主要以染料配体亲和层析和多肽亲和层析为代表。

1. 染料配体亲和层析

以仿生染料，主要是含一氯或二氯三嗪基团的三嗪染料，作为配体的亲和层析，这些三嗪染料可偶联在含羟基的载体上，以纯化许多蛋白质和酶。常用的染料有 Cibacron blue F3GA（多芳香环的磺化物）和 Procion Red HE3B，其亲和吸附剂多以 Sepharose 作为载体，前者又称蓝色 Sepharose，后者称红色 Sepharose。染料配体亲和吸附剂能非常有效地用于串联纯化中。

与传统的生物配体亲和层析相比，染料配体亲和层析具有取材广泛、价格低廉、与蛋白质的结合容量高、稳定性好、不易被物理或化学物质所降解、易与载体偶联、适用范围广、通用性好等优点。因此，染料配体亲和层析已成为纯化生物大分子的一种重要方法。但它具有一定的阳离子交换作用，使用时应适当提高缓冲液离子强度来减少非特异性吸附作用。

（1）作用原理

蓝色染料 Cibacron blue F3GA 在结构上与核苷酸类辅助因子 NAD^+ 和 $NADP^+$ 很相似，将它偶联到 6% 交联琼脂糖珠上之后，可用于纯化 NAD^+、$NADP^+$ 依赖性酶，如各种激酶、磷酸酶、脱氢酶、DNA 聚合酶、限制性核酸内切酶等，以及白蛋白、干扰素、脂蛋白、血凝因子 II 和 IX 等。

红色染料 Procion Red HE3B 偶联到 Sepharose CL-6B 上以后，可用于纯化许多 $NADP^+$ 依赖性酶，如某些脱氢酶，以及其他非相关蛋白质，如干扰素、抑制蛋白、羧肽酶 G、多巴胺 β-单加氧酶、3-甲基巴豆酰-CoA 羧化酶、血纤蛋白溶酶原、丙酰-CoA 羧化酶等，说明它们之间的结合不仅仅依赖于特定基团，还依赖于离子键或疏水相互作用。

对染料配体进行化学改性，也可能提高它们的特异性和亲和力。一些研究表明，在与蛋白质发生相互作用时，染料分子中的蒽醌环并非必要的功能基团，而与三嗪环连接的尾基结构（氨基苯磺酸异构体等）和桥基结构（苯二胺类异构体）对蛋白质的吸附容量及选择性有显著影响。例如，重新合成的不带蒽醌环的均三嗪无色染料配体对小牛肠碱性磷酸单酯酶的分离纯化效果比 Cibacron Blue F3GA 还好。进一步合成的带有阴、阳离子基团的无色三嗪染料配体对胰蛋白酶的纯化效果比较好，而且这种阳离子无色亲和吸附介质具有原料价廉易得、容易制备、耐化学及酶降解等特点，适于大规模分离生产。

（2）层析材料

蓝色染料配体 Cibacron blue F3GA 和红色染料配体 Procion Red HE3B 一般偶联到 6% 交联琼脂糖珠，如 Sepharose CL-6B 上。三嗪染料法制备亲和吸附剂的主要过程如下：

① 准备载体：用水洗琼脂糖，并将 20g 湿重琼脂糖分散于 50mL 水中。

② 准备染料：将 200mg 染料溶于 20mL 水中。

③ 将载体和染料溶液彻底混合。

④ 先加入 10mL 20g/100mL 氯化钠溶液，室温放置 30min，再加入 20mL 5g/100mL 碳酸钠溶液，于 45℃ 偶联（对二氯三嗪染料，偶联约需 1h；对一氯三嗪染料，偶联约需 40h）。

⑤ 洗涤：用温水、6mol/L 尿素和 1g/100mL 碳酸钠洗亲和吸附剂，直至洗涤液无色。

⑥ 储存于含 0.02% 叠氮钠的 0.1% 碳酸钠溶液中。

目前有多家公司提供染料配体亲和层析材料，如 TOYOPEARL AF-Blue HC-650M 等。

（3）层析过程

染料配体亲和层析的分离过程基本与常规亲和层析类似。

2. 多肽亲和层析

多肽是亲和层析纯化生物大分子更有效的配基。因为它只含有一些氨基酸，所以即使脱落进入产物中也不会产生免疫反应。多肽配基与抗体配基比较起来稳定性更好。它们能在 GMP 条件下进行大规模的无菌生产，这样可以大大降低成本。与金属和染料相比，多肽具有较高的特异性，且通常是无毒的。多肽具有与蛋白质相似的结构，因此它们的作用通常是温和的，因此在分离过程中可以采取温和的洗脱条件，可以避免蛋白质的变性。

（五）共价层析

共价层析是在纯化对象和固定相之间形成了共价键。它首先利用亲和吸附剂与待分离生物分子共价结合，而将待纯化物吸附上去，之后再用适当的处理方法将共价键打开，从而将待纯化物释放出来。由于在层析过程中要求操作条件温和，共价键必须能方便地形成和断开，以便于将纯化对象有效地结合、解吸，因此最适合的共价键就是二硫键。共价层析结合和洗脱条件一般都很温和，可以多次重复使用。

1. 作用原理

目前的共价层析一般是利用巯基之间的二硫键相互作用，对含巯基的蛋白质进行分离纯化。巯基是一个反应能力较强，但在一定环境下又比较稳定的基团。巯基作为半胱氨酸的侧链基团，广泛存在于蛋白质中，并能通过氧化态（二硫化物）和还原态（硫醇）的变化而对蛋白质的构象和功能进行调节。

巯基可发生多种反应，对于共价层析来说，最具有实际意义且温和的就是两个巯基之间的氧化反应，将还原态巯基转化为氧化态二硫键；以及巯基-二硫化物之间的互换反应，即用另一个巯基化合物还原二硫键，以得到新的巯基化合物和二硫化物（图 5.42）。

氧化反应：$R—SH+SH—R' \longrightarrow R—S—S—R'+2H^++2e^-$
互换反应：$R—S—S—R'+R''—SH \longrightarrow R—S—S—R''+R'—SH$

图 5.42　巯基的主要反应

蛋白质大多含有数个半胱氨酸，这些半胱氨酸侧链上的还原态巯基有的暴露在分子表面，有的掩埋于分子内部，还有的在巯基之间形成二硫桥，从而形成氧化态。在很多情况下，暴露的还原态巯基处于蛋白质的活性中心或调节中心，与蛋白质的活性密切相关；而巯基之间形成的氧化态二硫桥往往参与维持蛋白质的构象。

巯基的氧化还原状态一般取决于其所处的蛋白质空间构象的微环境，而这可以通过调节体系的氧化还原状态进行改变。有时候适度地改变巯基的氧化还原状态并不影响蛋白质的活性，由此可对巯基类蛋白质进行分离纯化。首先利用活性二硫化物或二硫氧化物等亲和吸附剂与含巯基蛋白质之间的互换反应，可以将巯基类蛋白质吸附上去，随后再用别的巯基化合物还原二硫键，就能将吸附的巯基类蛋白质置换下来（图 5.43），从而达到分离纯化目的。

2. 层析材料

共价层析一般以琼脂糖珠作为载体，接上活性基团后作为共价层析凝胶材料。常用的共价层析活性基团为活性二硫化物和二硫氧化物。活性二硫化物一般采用 2-吡啶二硫化物，二硫氧化物一般为巯基磺酸盐或巯基亚磺酸盐（图 5.43）。

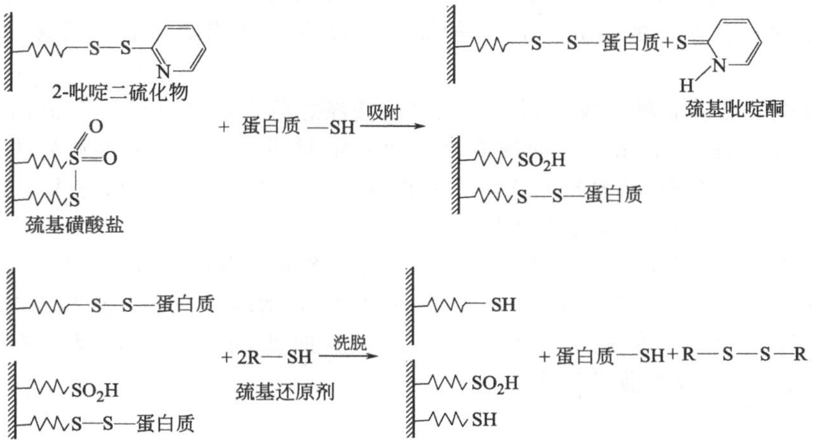

图 5.43　共价层析的分离过程

3. 层析过程

下面以最常用的 2-吡啶二硫琼脂糖共价层析材料为例，说明共价层析的层析分离过程。

（1）样品预处理

在上样前应去除样品中的小分子巯基化合物，如谷胱甘肽等，并用 EDTA 螯合掉金属离子，以防止它们与巯基发生反应。样品应溶解在 pH3～8、0.05～0.4mol/L 甲酸、醋酸、磷酸或 Tris 缓冲液中。上样量取决于样品中的巯基含量，上样前可测定一下。

（2）吸附

对于分子量大的蛋白质样品，应使用长连接臂和低交联度的 2-吡啶二硫琼脂糖。样品吸附时，多采用柱式操作，这时宜使用细长的柱子，流速可放慢，以确保样品吸附上去，并通过监测流出液中的巯基吡啶酮含量来估算结合上去的巯基蛋白质量，可通过巯基吡啶酮在 343nm 下的吸光度进行估算，但应注意它在 280nm 下也有光吸收。

（3）洗去杂蛋白

样品吸附上去以后，可采用几倍床体积的同样缓冲液洗去未结合的和非特异性吸附的杂蛋白，这时应注意监测流出液的吸光度。洗涤缓冲液的选择取决于样品的性能，一般可提高离子强度，如采用 0.1～0.3mol/L NaCl，以中和静电相互作用，必要时还可使用 Triton、吐温等洗涤剂。

（4）还原洗脱

对于 2-吡啶二硫琼脂糖来说，如果结合上去的蛋白质的量不够，还存在有未使用的 2-吡啶二硫化物活性基团，则在用别的巯基还原剂洗脱蛋白质时，会释放出硫代吡啶酮，从而污染洗脱下的蛋白质，因此需采用两步还原洗脱。第一步先用等物质的量的还原试剂去除更易还原的未反应硫代吡啶基团，然后经适当洗涤后，再用过量小分子巯基化合物置换下结合在凝胶上的目标蛋白质，一般采用含 10～25mmol/L 二硫苏糖醇（DTT）或 25～50mmol/L β-巯基乙醇的 pH8 缓冲液进行洗脱。

（5）再生

层析结束后，凝胶转变成巯基形式，必须再生为活性二硫化物或二硫氧化物，才能再次使用。在再生之前，首先应将凝胶彻底转变成巯基还原态形式，并除去所有游离态含硫化合物。将凝胶置于漏斗内抽滤洗涤，加入含 5mmol/L DTT 的 0.1mol/L、pH7.5 磷酸钠缓冲液混合浴化 45min，将洗脱时可能产生的凝胶上的其他二硫化物还原成巯基化合物，然后抽滤除去置换下的游离二硫化物和过量 DTT，并用磷酸缓冲液多次抽洗以确保除净 DTT。

对于 2-吡啶二硫琼脂糖凝胶的再生，在凝胶洗涤好后，将凝胶与含 1.5mmol/L 2,2′-二吡啶二硫化物的 0.1mol/L 磷酸缓冲液混合浴化一定时间，之后彻底抽滤除去过量 2,2′-二吡啶二硫化物即可。当配体容量比较大时，应提高 2,2′-二吡啶二硫化物的浓度至 20mmol/L，这时必须用 20%～30% 的乙醇缓冲液进行溶解。

巯基磺酸凝胶一般只可再生数次。在凝胶还原成巯基态并洗涤好后，进行真空干燥，取 15g 干燥凝胶，悬浮于 45mL pH5.0 的 0.2mol/L 醋酸钠缓冲液中，边振荡边分四次加入 1.8～2.2mL 过氧化氢，保温氧化反应 30h，之后抽滤洗净过氧化氢，并用 pH5.0 的 0.2mol/L 醋酸钠缓冲液平衡保存即可。

六、 AFC 的应用

利用生物分子特异性进行分离的 AFC 技术，近年来发展很快，应用面日趋广泛，甚至许多新发展出来的单元融合技术都与它相关。下面列举的是其应用较为成熟的几个方面。

（一）抗体和抗原的纯化

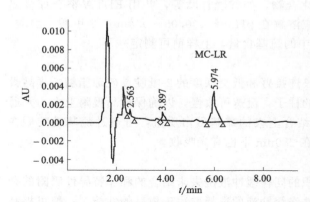

图 5.44　免疫亲和层析柱净化后水样的 HPLC 谱图

抗原和抗体之间具有高度特异性和亲和性，主要可采用前面所介绍的免疫亲和层析法，特异性高，纯化效果好；也可以用蛋白质 A 或蛋白质 G 亲和层析柱，但特异性不高。此类研究和应用很多。如肖付刚等用 CNBr-activated Sepharose 4B 和微囊藻毒素-LR 的单克隆抗体制备了免疫亲和层析柱，建立了免疫亲和层析柱-高效液相层析测定水样中的微囊藻毒素-LR 的方法。该法检出限为 5ng/L，线性定量范围为 10～500ng/L。实验结果显示，免疫亲和层析柱特异性好，一次净化能除去绝大部分干扰物，净化效果明显优于现有的固相萃取柱（图 5.44）。

（二）酶的纯化

酶纯化时，可以将其底物、辅助因子或抑制剂偶联到载体上，通过酶与其底物或辅助因子或抑制剂的特异性相互作用进行分离纯化，也可以采用凝集素亲和层析法；如果酶蛋白上含有特定的辅助因子或特定序列结构，如 NAD^+、金属离子、数个组氨酸残基等，也可以采用染料配体亲和层析、金属螯合亲和层析等方法。例如史锋等利用金属螯合亲和层析法纯化带 6xhis 末端的基因重组酶，只经过一步分离过程，就能将痕量的标记蛋白质从复杂的细胞裂解物中提取出来。层析条件与结果见图 5.45 和表 5.17。

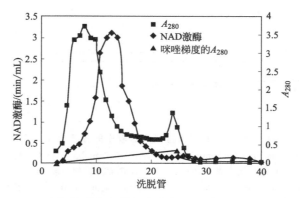

图 5.45　Ni-金属螯合亲和层析法分离 6xhis 标记的 NAD 激酶图谱

层析条件：$10V_t$ 起始缓冲液 [20mmol/L KPB（pH7.5）、0.1mmol/L NAD、0.5mmol/L

二硫苏糖醇、0.5mol/L NaCl、10mmol/L 咪唑] 平衡；$8V_t$ 溶于起始缓冲液中的 10mmol/L→0.5mol/L

咪唑梯度缓冲液解吸；强螯合剂 0.05mol/L EDTA，0.5mol/L NaCl 再生

表 5.17　NAD 激酶经 Ni-金属螯合亲和层析后的纯化情况

项目	蛋白质/mg	NAD 激酶活性/U	回收率/%	相对酶活/(U/mg)	纯化倍数
细胞提取液	880	11	100	0.0125	1
Ni-金属螯合亲和层析	4.6	6.3	53.68	1.3679	107

（三）糖蛋白等其他物质的纯化

糖蛋白的纯化可采用凝集素亲和层析法，或以苯基硼酸盐作为配体，通过苯基硼酸盐与顺二醇之间共价复合物的形成来实现分离。如果要提高分离的专一性，也可以将某一特定糖蛋白的特异性受体制备成亲和吸附剂，通过它们之间的专一性相互作用进行层析分离纯化。

脂蛋白的纯化可针对其脂基团的疏水性能采用疏水层析进行分离，或是制备特异性更高的亲和吸附剂进行分离纯化。

硼酸类亲和层析是亲和层析中重要的一类。在碱性条件下，硼酸基团能与顺二羟基结构作用，生成稳定的五元环络合物，酸性条件下络合被打开。这一特性赋予了硼酸类亲和层析材料富集提取含有顺二羟基结构的各类生物分子的能力，其中苯硼酸为功能基的硼酸类亲和层析材料应用最多，已报道的富集、纯化、分离的应用很广，典型的如各种核苷、修饰核苷、核糖核苷、寡核苷酸等的分离，核苷肽类生物分子的分离，儿茶酚类生物分子的分离，儿茶酚雌激素与其他激素的分离，某些糖类及糖蛋白的分离，以及一些酶的分离等。如 X. C. Liu 报道采用一种硼酸亲和层析检测人血液中的糖基化血红蛋白，使糖基化和非糖基化的血红蛋白在得到较好分离的前提下，得到更准确的检测，层析结果见图 5.46。

（四）蛋白质的复性

亲和层析具有高效、高分辨率的优点，也可用于蛋白质的折叠复性。其主要机理是配基与目标蛋白质间的特异性亲和作用，将变性蛋白质分子保留在柱中使其与变性剂分离，然后在洗脱过程中进行复性。金属螯合亲和层析是其中应用最多的一种，金属配基可与蛋白质分子中组氨酸产生单点的相互作用，这种特异的作用不受强变性剂的影响，可达到目标蛋白质和变性剂分离的效果。选用适宜的缓冲液，采用分步或梯度洗脱就可以使蛋白质复性。

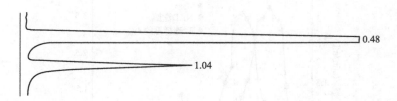

图 5.46　硼酸亲和层析检测人血液中的糖基化血红蛋白

柱尺寸：4.5mm（i.d.）×50mm；吸附缓冲液：0.25mol/L pH8.8 醋酸铵缓冲液；

洗脱缓冲液：含 0.1mol/L 甘露醇和 0.14mol/LNaCl 的吸附缓冲液；流速：2.0mL/min；

样品：20μL 全血与双蒸水 1∶200 混合物，血红蛋白在 415nm 检测；

结果：第一个峰（0.48min）是非糖基化的血红蛋白，第二个峰（1.04min）是糖基化的血红蛋白

　　F. Li 等研究微孔生物材料上固定一种染料亲和配基的方法进行模式蛋白过氧化氢酶的层析复性研究，选择 6mol/L 尿素作为变性剂，通过优化洗脱条件，蛋白质回收率可达75%，过氧化氢酶的复性率可达 57%。

　　此外，亲和层析还可以与先进的分析手段相结合成为新型结构活性天然产物识别与获取的一种新方法。屈晶等综述报道将亲和层析法与层析-波谱联用技术结合起来，即将活性筛选与化学筛选在线集成应用，可大大提高活性天然产物发现的效率和概率，加快药物先导化合物和创新药物的研制速度。例如 M. Cristina 等应用亲和层析法，用血管紧张素转化酶（ACE）作为固定化配基，对向日葵和油菜籽中具有血管紧张素转化酶抑制作用的肽类成分进行了分析。徐筱杰等利用亲和层析与 LC/MS 相结合，对 *Peganum nigellastrum* 中的抗肿瘤成分进行了鉴定。

第六节　反相层析

　　反相层析（reversed phase chromatography，RPC）是根据溶质与固定相之间的疏水作用，在非极性固定相上，用极性相对较大液体作为流动相，进行物质分离分析的一种液相层析方法。它是目前高效液相层析分离中使用最广泛的一种分离模式。

　　反相层析法的建立追溯到 1950 年，Howard 和 Martin 用正辛烷作为固定相，水作为流动相进行石蜡油的液-液层析分离，并且把这种方法命名为反相层析。所谓"正相"或"反相"，主要是指固定相和流动相的相对极性大小。在传统的分配层析中，是以极性相对较大的材料作为固定相，以极性较小的溶液作为流动相，在进行层析时，样品中极性较低的组分因为分配系数较大而率先随流动相流出层析柱，而极性较高的组分分配系数较小因而滞留在固定相时间较长，较晚流出层析柱。而反相层析刚好与此相反，其固定相非极性强而流动相极性相对较高，样品中组分被洗脱的顺序是极性较高的组分先流出，极性较低的后被洗脱。

　　反相层析技术的发展是与高效液相层析（HPLC）发展相伴随的，在当代液相层析领域，反相高效液相层析（RP-HPLC）已成为非极性键合或烃类键合相层析的同义词。据统计，自 1976 年以来，高效液相层析分析工作的 70% 是在非极性键合固定相上进行的。并且随着该技术的发展，过去用硅胶或离子交换层析进行的分离，现在用 RP-HPLC 也能有效地完成。

反相层析技术的成功很大程度上归因于固定相的发展。在反相层析发展的早期阶段，反相吸附剂由纤维素或其他聚合物基质吸附非极性组分如长链烷烃等组成，这类系统缺乏长期稳定性，并且对很多生物分子表现出较低的分辨率（resolution，R_s）。此后逐渐出现了键合正烷烃基团的琼脂糖材料，但此类介质的非极性配基容易丢失。直到出现了化学键合非极性配基的、具有中孔或大孔型结构、粒径在 $5\sim10\mu m$、粒径和孔径分布狭窄的 RP-HPLC 介质后，才使反相层析成为有效地对生物分子进行分离分析的手段。反相层析可以分离的溶质范围很宽，从极性较大的寡肽、小分子有机物到疏水性较强的生物大分子均能用此手段进行分离。此外，反相层析的广泛应用也得益于流动相的特殊溶剂效应和大范围的溶剂强度变化，从极性很大的纯水流动相到非极性溶剂，其溶剂洗脱强度的变化使溶质保留值的差别可以达到 $1\sim2$ 个数量级，这就为很宽范围内的生物分子提供了分辨能力，甚至一些极性分子如氨基酸也可通过反相层析分离。因此 RP-HPLC 已成为一种通用液相层析技术，广泛应用于生物分子的分离纯化和分析过程。

一、 RPC 原理

（一） RPC 概念

反相层析分离的原理是基于溶质分子与固定相中键合在基质上的疏水性配基间的疏水相互作用。尽管溶质分子的疏水性很难量化，但不同的溶质分子由于疏水性强弱的差异，分子内疏水基团分布的不同，与固定相之间作用力强弱有所不同，从而在洗脱过程中按疏水作用力由弱到强的顺序得以分离。层析时溶质在两相中的分布取决于反相介质的性质、溶质的疏水性和流动相的组成。在初始条件下，溶质从流动相中吸附至反相介质，通过改变流动相的组成使溶质在固定相上的结合强度发生变化并逐渐解吸而被洗脱。图 5.47 是反相层析过程的示意图。①用具有合适的 pH、离子强度和极性的起始流动相充分平衡反相层析柱使之处于起始条件，流动相的极性通过添加有机修饰剂来控制，有时也通过添加离子配对试剂如三氟乙酸等来控制；②在起始条件下样品被加到反相介质上，样品中的组分由于与介质间的疏水作用被滞留在反相层析柱上；③开始洗脱，通过增加流动相中有机修饰剂的百分比调节流动相的极性使疏水性较小、结合不牢固的组分率先被洗脱下来，而疏水性强的组分仍然保留在层析柱上；④进一步提高流动相中有机修饰剂的比例从而提高洗脱能力，将吸附较牢固的组分也完全洗脱下来，确保层析柱再次使用前所有发生结合的物质均被移走；⑤反相层析柱的再生，回到起始条件。

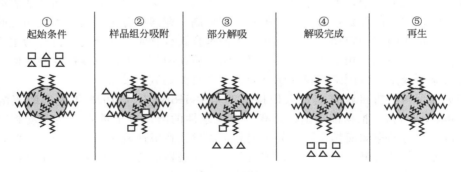

図 5.47　反相层析过程示意图

（二）溶质分子的疏水性质

反相层析的固定相通常键合了疏水性的烷烃基团，并且疏水基团在基质表面的覆盖率也比较高，所以溶质分子在反相层析柱上的保留行为与其疏水性质有关。溶质的疏水性质是由其化学组成决定的，有机分子中由于碳链结构的存在，绝大多数具有不同程度的疏水性。其中带有长的烃链、脂环、芳香环结构的有机分子有着较强的疏水性，而带有羧基、羟基、氨基等强极性基团的有机分子疏水性相对较弱。随着反相层析技术的发展，人们逐渐用此方法来分离纯化中、高分子量的生物分子，该技术目前已成为寡肽、多肽、蛋白质、寡聚核苷酸等分离纯化中不可缺少的一种手段。寡肽的疏水性质完全取决于其氨基酸组成。根据氨基酸的侧链基团不同，人们将氨基酸分为极性氨基酸和非极性氨基酸，常见的非极性氨基酸包括色氨酸、苯丙氨酸、甲硫氨酸、丙氨酸、缬氨酸、亮氨酸、异亮氨酸等。显然，构成寡肽的氨基酸中非极性氨基酸数量越多，侧链基团疏水性越强，寡肽疏水性也就越强。寡聚核苷酸本身属于极性分子，其分子中的磷酸基团和核糖（或脱氧核糖）基团都是高度极性的，但由于碱基部分是疏水性的，利用反相层析也能很好地分离寡聚核苷酸。多肽和蛋白质的情况则要复杂得多，这两者属于生物大分子，均由氨基酸组成，不同的多肽和蛋白质的差异在于氨基酸组成和排列顺序不同。多肽和蛋白质的疏水性质与非极性氨基酸含量间并没有直接联系，这是因为生物大分子会形成特定的空间构象，各个氨基酸分布在空间构象的不同位置，而决定其疏水性的是那些分布在大分子表面的氨基酸。在对蛋白质空间构象的研究中人们发现，多数球状蛋白质在形成高级结构时倾向于将非极性氨基酸分布在分子内部，而将极性氨基酸分布在分子表面，这样整个蛋白质表现出较强的亲水性，能溶于水溶液。随着研究的深入，人们认识到在蛋白质形成特定的空间构象时，疏水作用扮演着重要角色，分布在大分子内部的疏水基团间的疏水相互作用稳定了蛋白质的三维结构。有些类型的蛋白质，例如与生物膜结合的膜蛋白，将大量非极性氨基酸分布在分子表面形成疏水区域，这些区域在蛋白质进入生物膜的磷脂双层，跨越生物膜的信号传导等过程中起重要作用，而这些区域的存在赋予蛋白质以很强的疏水性而易于吸附在反相层析介质表面。即使是亲水性的球状蛋白质，大多数在天然状态下分子表面也会拥有一定比例的疏水区域，而这部分区域与其生物活性往往也是相关的。反相层析的高分辨特性使其能够区分这些分子在疏水性质方面的细微差异，而有效地进行分离。

（三）反相层析的保留机理

反相层析中溶质的保留机理多年来一直是人们研究的内容，曾经提出过多种假设和理论。在反相层析发展初期，人们用吸附和分配行为来解释保留机理，认为当介质表面键合单层疏水基团时，溶质的保留行为主要受吸附机理控制，即溶质分子因为与固定相之间存在特定的作用力而被吸附在固定相表面；当介质表面键合聚合物时，溶质的保留行为主要受分配机理控制，即溶质在固定相上的结合与脱离受到溶质在两相中的溶解度的控制。然而在很多情况下都很难用吸附和分配来解释保留行为及建立有关的数学模型。

目前关于反相层析机理普遍被人们接受的是由 Horvath 于 1976 年提出的疏溶剂理论（solvophobic theory）。根据该理论，具有一定疏水性的溶质分子进入极性流动相时，会在流动相中占据相应的空间而排斥一部分溶剂分子而导致在极性溶剂中形成一个空腔，当溶质分子随流动相的推动接触到固定相时，溶质分子的非极性部分会将附着在非极性固定相上的溶剂膜挤开，直接与固定相上的疏水基团相结合，构成单分子吸附层，而极性部分暴露在溶剂中。也就是说我们通常所说的溶质分子被"吸附"在固定相表面，实际上是由于溶质分子的疏水部分与极性溶剂之间的斥力造成的，而不是非极性溶质和非极性固定相之间的微弱的非极性作用力的缘故。溶质分子的这种疏溶剂斥力是可逆的，当流动相极性减弱时，疏溶剂斥力下降，溶质从固定相表面"解吸"而随着流动相被洗脱下来。

疏溶剂理论假设反相层析介质是表面均匀密集地覆盖着非极性配基的颗粒，溶质分子由于受到极性流动相的斥力而以其疏水部分结合至固定相的非极性配基上，除此之外溶质与固定相之间不存在其他任何相互作用。然而很多反相介质是以硅胶为基质的，而键合在硅胶表面的非极性配基不可能很均匀，在一定条件下，硅胶表面残余的硅醇基能与溶质发生相互作用而对溶质的保留行为起决定作用，这种现象称为"亲硅醇基效应"（silanophilic interaction）。因而溶质的保留行为除了受疏溶剂效应控制外，还受亲硅醇基作用的影响，其保留行为服从"双保留机制"。硅醇基与溶质的作用主要包括：微酸性的硅醇基能解离释放出质子而带负电荷，与带正电荷的溶质发生静电吸附；硅醇基有形成氢键的能力，与溶质的一些极性基团形成氢键作用。亲硅醇基效应常常导致一些不良的层析行为，例如，溶质保留值的重复性较差，层析图中洗脱峰脱尾等，因此人们在反相层析时不希望出现所谓的双保留机制。通过控制流动相的 pH 在酸性范围内可以抑制硅醇基的解离，从而避免出现静电作用。而较好的反相介质合成技术使得硅胶表面均匀覆盖非极性配基，同时对残余的硅醇基进行了屏蔽，基本排除了亲硅醇基效应的影响，使得层析行为具有良好的重复性。随着新型反相层析介质的开发，出现了基于聚苯乙烯等高分子聚合材料的反相介质，从根本上消除了亲硅醇基效应的影响。

（四）反相分离过程中的参数

1. 反相层析的分辨率

关于层析过程中的分辨率（R_s）在诸多章节中都已经提到，包括反相层析在内的任何层析分离过程的目的都是为了获得足够的分辨率从而将目标组分从混合样品中分离出来，达到纯化目的。

一个纯化系统能够达到的分辨率由三个基本参数所控制，即该系统的选择性、效率和容量因子，这是柱层析中的三个最重要的参数。

由于反相层析过程中通过控制实验条件可以使得目标分子的保留时间（或保留体积）远远超过非滞留组分的保留时间（或保留体积），根据 k' 的计算公式其取值可以非常大，这一点对分辨率的提高是有利的。具有很高的容量因子也是包括离子交换层析、反相层析等在内的层析技术所共有的特点，而凝胶过滤层析则完全不同，由于所有的组分都在一个柱体积（V_t）被洗脱，即 $V_R \leqslant V_t$，其 k' 的取值有一个上限。关于层析系统的效率 N 和选择性 α 在凝胶过滤层析等章节已进行了讨论，它们在液相层析理论中具有普遍的适用性。由于反相层析技术是伴随着 HPLC 技术同时发展的，开发并商品化的反相层析介质大多具有很小的颗粒直径（$5\sim30\mu m$）、良好的单分散性、窄的孔径分布，因而反相层析柱的效率通常都很高，其理论塔板数大多可以达到每米几万个，如此高的柱效对于分辨率的提高是十分有利的。反相层析的选择性受到反相介质表面配基的种类、分布及合成方法，流动相的组成和性质，洗脱过程中条件的多重影响。因而选择合适的反相介质，确定合理的实验条件对于获得良好的选择性都是十分关键的。

2. 反相层析中影响分辨率的重要参数

在反相介质已确定的情况下，影响层析分辨率的因素主要包括：流动相的组成、洗脱模式、层析柱尺寸、流速、温度等。

（1）流动相的组成

流动相组成会影响到层析过程的容量因子和选择性，从而对分辨率产生影响。反相层析的流动相与其他层析技术有很大的不同，最为明显的是含有机溶剂。很多层析体系所用流动相是具有特定 pH 和离子强度的缓冲液，因此缓冲液有时就成为流动相的代名词。但是反相层析中较少使用缓冲液这一名词，因为所用流动相中通常不含缓冲盐，其缓冲能力也很弱。

反相层析的流动相由水、有机溶剂、酸、离子对试剂（ion pairing agent）等组成。层析所用的起始流动相一般是水溶液体系或含较少量有机溶剂的体系组成，极性较大，有利于溶质结合至固定相表面。有机溶剂又称为修饰剂（modifier），其作用是降低流动相极性。反相层析中流动相极性越低，其洗脱能力越强。因此对样品进行洗脱时，人们通过不断提高流动相中有机溶剂的比例将各样品组分按疏水性由弱到强的顺序洗脱。在洗脱接近结束时流动相中有机溶剂的比例一般都很高，甚至达到 100%。往流动相中加入酸的目的是调节 pH 至酸性范围内，其作用是多方面的。首先对于基于硅胶的反相介质，层析必须在偏酸性条件下进行，pH＞7.5 将造成介质不稳定。其次酸性条件有助于抑制离子化作用，包括抑制溶质的酸性基团和硅胶介质的硅醇基发生解离，这可以消除亲硅醇基效应，使保留行为完全受疏溶剂效应控制。此外溶质分子离子化状态的改变会对其保留行为产生影响，因此不同 pH 下进行反相层析往往得到不同的分离效果。离子对试剂的作用是通过离子作用与溶质分子结合，而这种结合会引起溶质疏水性质的改变从而调节溶质的保留行为。

（2）洗脱模式

根据反相层析原理，溶质按疏水性强弱的不同，与固定相结合的牢固程度不同。在起始条件下，极性很强的组分不能结合在固定相上而直接被洗脱，其余组分结合在固定相表面，为了将这些组分洗脱下来，必须降低流动相的极性，即增加流动相中有机溶剂的比例。因此，反相层析的洗脱过程流动相的组成随时间而变化，变化的方式可以有两种：阶段洗脱和梯度洗脱。阶段洗脱是用一系列流动相进行的同溶剂洗脱，即在某一段洗脱区间用一种组成不变的流动相进行洗脱，到下一段区间再换用另一种极性较低的流动相进行洗脱，这样，随着时间进程所用流动相的洗脱能力越来越强，但在每段区间内流动相都是固定的，直至洗脱完成。而在梯度洗脱过程中流动相的组成不断地发生连续变化，有机溶剂的比例不断提高，洗脱能力连续增强，流动相从开始洗脱时的起始流动相向着最终流动相连续过渡。洗脱时采用的梯度有多种，最常用的是线性梯度，对复杂样品进行分析分离或是在洗脱的开始阶段或终了阶段需要特别高的分辨率时，也会使用到凹形梯度或凸形梯度。反相层析中所用的洗脱模式、梯度的形状和斜率等都会影响到分辨率，理想的实验条件是通过多次实验优化后得到的。

（3）层析柱的尺寸

层析柱的尺寸由其内径和柱长所规定，内径大小影响到纯化规模而对分辨率没有影响，柱长对分辨率的影响则视溶质种类而定。对于小分子有机物，增加柱长可提高柱效而改善分辨率，而蛋白质、多肽、核酸等大分子的分辨率对柱长的敏感程度较低，这是因为大分子在固定相的结合对流动相变化非常敏感，它们在固定相上的解吸是在很窄的有机溶剂变化范围内发生的，因此分离生物大分子时常采用短柱就能达到所需分辨率，同时还能缩短分离时间。

（4）流速

流速对于反相层析的影响是多方面的，一般来说，流速对于小分子的分离影响较大而大分子对流速的变化敏感性较低。通常过高的流速会导致涡流扩散严重，样品在固定相和流动相之间的平衡变差，造成区带严重变宽，层析图谱中洗脱峰宽度加大，分辨率下降；但是过低的流速同样是不提倡的，特别在使用柱长较长的层析柱时，会导致样品组分纵向扩散加剧，也会使分辨率下降，并且分离时间延长，不利于样品的稳定性和较大规模分离的要求。

（5）温度

温度也是层析操作中的重要参数，对反相分离的结果有深刻的影响。对于所有层析技术而言，提高层析温度能够降低流动相的黏度，增加传质速度，减少区带变宽现象，从而改善分辨率。因此在分离低分子量物质时，升高反相层析柱的柱温是优化分离效果的常用的和有效的手段，但是在分离生物大分子时，需要考虑分子的稳定性问题而谨慎控制。

二、　RPC 介质

（一）介质的基本结构

反相层析介质由多孔基质颗粒键合疏水性的配基组成，典型的反相介质颗粒直径在 $5 \sim 30 \mu m$ 之间。由于具有较小的颗粒直径，反相介质填充形成的层析柱普遍有较高的柱效。

作为基质必须具备的特点是多孔性，在水相和有机相中的稳定性和不溶性，良好的化学和机械稳定性。在反相层析领域使用时间最长、应用最广泛的基质是硅胶，图 5.48 显示了硅胶表面的化学基团。硅胶作为基质优势在于其在常用的反相层析条件（酸性条件）下具有良好的稳定性、多孔性和很高的机械强度，并且键合疏水配基的过程简单，配基的表面密度和分布也易于控制。但硅胶的最大缺点是在高pH 条件下非常不稳定，pH＞7.5 时会逐渐溶解。因此，人们开发出

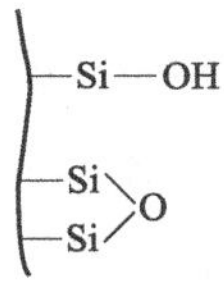

图 5.48　硅胶基质的表面基团

以合成有机物作为基质的反相介质，其中最常用的是聚苯乙烯-二乙烯苯基质，该基质是以苯乙烯为单体、二乙烯苯为交联剂共聚合形成的高分子网状结构，控制交联剂用量可以合成具有不同孔径的颗粒。聚苯乙烯广泛用作离子交换剂的基质，因其具有优良的化学稳定性，特别是在强酸强碱条件下良好稳定性而被用于合成反相介质，弥补了硅胶基质的缺陷，使得反相层析在广泛的 pH 范围内都能应用。

反相介质的选择性主要由键合在基质上的配基类型所决定。最常用的配基是线性的正烷烃基团（n-烷基），如 n-辛基（C_8）、n-十八烷基（C_{18}），此外也会采用 n-丙基、n-丁基、n-丙基苯基、二苯基等疏水基团。对于硅胶基质将配基键合至固定相的过程是通过三烷基氯硅烷与硅胶表面的硅醇基反应实现的。反应过程中，如果配基是较大的 n-辛基或 n-十八烷基，由于空间位阻关系，会有相当一部分硅醇基未被衍生化，它们的存在会在层析时导致不利的亲硅醇基效应。因此，在基于硅胶的介质合成中，在键合上长链烃基后，还会用短链的小分子硅烷，如三甲基氯硅烷或三乙基氯硅烷与残留的硅醇基反应，由于这两种硅烷的空间位阻很小，可以把所有残留的硅醇基都覆盖掉，这一过程称为末端封闭（end capping）。除了配基的类型，配基键合至基质的操作过程、配基的覆盖密度等都会影响到介质的选择性，因此，稳定的介质制备技术对于不同批次间层析结果的重复性至关重要。

（二）介质的参数和性质

1. 粒径和孔径

介质的颗粒尺寸用颗粒直径即粒径来衡量。粒径大小直接关系到分离效果，颗粒越小，层析柱的理论塔板数就越大，柱效和分辨率高。反相介质的粒径一般在 $5 \sim 30 \mu m$ 之间，小于常用的凝胶过滤介质和离子交换剂，有着较高的柱效。但粒径减小会造成介质的结合容量

变小，层析的背景压力增大，限制流速的提高。因此粒径小的反相介质（<15μm）适用于分析型和微量制备分离，而粒径大的反相介质适用于制备型分离。除粒径的大小，介质粒径分布的均匀程度对分离效果影响也很大，粒径越均一分离效果越好。HPLC介质合成技术的进展使得人们已经可以获得粒径分布非常均一的介质，从而为获得高分辨率打下了基础。

反相基质通常都是多孔性的颗粒，其孔隙的大小即孔径也是介质的重要参数之一，一般在10～50nm之间。孔径的大小直接影响到介质的结合容量，孔径较小的介质会将生物大分子排阻在颗粒之外，只能与颗粒表面的疏水配基作用，从而使介质的结合容量较低。而小分子溶质的结合容量受孔径的影响较小。通常人们采用孔径在10nm左右的介质来分离小分子物质，而采用孔径在30nm以上的介质来分离生物大分子。

2. 配基密度

配基密度或者称为配基的覆盖率是用来表征基质颗粒表面结合配基的程度的指标。通常情况下反相介质有着较高的配基密度，这一方面可以保证溶质在介质上的结合强度，另一方面可以尽量屏蔽掉基质表面的基团以免对层析产生不利影响。对于长链配基而言，较高的配基密度还使得相邻配基间产生疏水作用而有利于配基的稳定性。为了使层析结果具有高分辨率和良好重复性，在介质合成时需要保证配基密度的恒定及配基在基质上分布的均匀性。

3. 结合容量

结合容量是指介质能够结合溶质分子的能力，用每毫升反相介质能结合溶质的质量（mg）表示。结合容量可分为有效结合容量和动力学结合容量。有效结合容量是静态条件下介质结合溶质分子的容量，而动力学结合容量则是特定流速下介质的结合容量。动力学结合容量总是低于有效结合容量，并且加样过程流速越高，动力学结合容量越低。溶质分子在反相介质上的结合容量取决于溶质分子的理化性质、介质的特性和结合时的实验条件。溶质的分子大小、疏水性，介质的多孔性、配基密度，流动相的组成、pH，操作流速等均会对结合容量产生影响。

4. 机械强度

作为HPLC介质，必须具有高的机械强度。硅胶被广泛用作反相基质正是由于其突出的机械强度，而作为反相基质的聚苯乙烯交联度一般在12%以上，也具有很好的强度。层析介质的机械强度一般采用可承受的最大操作压力（MPa）或最大线性流速（cm/h）来表示。

5. 理化稳定性

关于反相介质的理化稳定性，人们所关心的主要包括介质的温度、pH稳定性和在不同组成的流动相中的稳定性。在温度稳定性方面，反相介质的表现明显不如凝胶过滤介质和离子交换剂，无法进行高温灭菌，但在正常的操作温度下均能保持稳定。而pH稳定性很大程度上取决于基质组成。作为反相介质，能够耐受高浓度的有机溶剂是必需的。此外，理想的介质还能耐受较高浓度变性剂、去污剂、促溶盐等具有较强破坏性的试剂的存在。

（三）几种常见的反相介质

国内外开发和生产反相介质的公司较多，其产品的基质和配基类型、规格等方面大多具有相似性。以下以安玛西亚公司的几种商品化介质为代表介绍一下反相层析介质的特性。

1. SOURCE™ RPC

SOURCE RPC系列是基于刚性、单一尺寸聚苯乙烯颗粒的反相介质，设计用于各种肽、蛋白质、寡聚核苷酸等的分析型和制备型分离纯化，能够在高流速条件下实现对样品的快速、可重复、高容量和高分辨率分离。根据介质的粒径不同，该系列包括 SOURCE 5RPC、SOURCE 15RPC 和 SOURCE 30RPC 三个规格的介质，其主要特性列于表 5.18。

表 5.18　SOURCE RPC 系列介质的主要特性

项目	SOURCE 5RPC	SOURCE 15RPC	SOURCE 30RPC
基质种类		聚苯乙烯-二乙烯苯	
粒径/μm	5	15	30
建议线性流速/(cm/h)	100～480	200～900	100～1000
pH 稳定性（长程）		1～12	
pH 稳定性（短程）		1～14	
动力学结合容量（流速为300cm/h）	约 80mg 杆菌肽/mL	约 10mg 牛血清白蛋白/mL，约 50mg 胰岛素/mL	约 14mg 牛血清白蛋白/mL，约 72mg 胰岛素/mL
应用	高分辨率的分析和微量水平的纯化	肽、蛋白质、寡聚核苷酸等的小规模制备型纯化	肽、蛋白质、寡聚核苷酸等的大规模纯化

SOURCE RPC 系列介质由于聚苯乙烯基质的特性而具有良好的 pH 稳定性，在 pH1～12 范围内能长期保持稳定使其能适用于任何反相层析实验所需 pH 条件，而在 pH1～14 范围内的短程稳定性使之能用强酸或强碱对其进行彻底充分的清洗，延长了介质的使用寿命。SOURCE RPC 能够耐受反相层析中常用的任何有机溶剂，同时对 6mol/L 的盐酸胍、0.1% 的 SDS 等具有良好的耐受能力。SOURCE RPC 系列介质的均一性和球形特征赋予其良好的液流性质，较低的背景压力使其在很高的流速下仍然能够保持良好的分辨率。

2. μRPC C2/C18

μRPC C2/C18 是以粒径为 3μm 的多孔硅胶微粒为基质，键合二碳和十八碳的烷烃基团形成的反相介质。由于其非常小的粒径，即使处理成分非常复杂的样品仍能获得高的效率和优秀的分辨率，因此该介质十分适合用于肽谱分析、分析型和极微量纯化过程。μRPC C2/C18 介质以预装柱形式出售，有两种不同的规格（表 5.19），其中 μRPC C2/C18 PC 3.2/3 反相柱相对粗而短，适用于微量制备；μRPC C2/C18 PC 2.1/10 反相柱相对细而长，有着更高的分辨率，适用于复杂样品的分析及肽谱分析等。μRPC C2/C18 介质在反相层析所用的有机溶剂中稳定性较好，但由于其基质的特性决定了其 pH 稳定范围较窄，仅能在 pH2～8 范围内使用，超出此范围介质会发生降解。该介质对变性剂、去污剂等试剂具有良好的耐受力。操作的温度范围须保持在 4～40℃ 之间。

表 5.19　μRPC C2/C18 反相层析柱的特性

项目	μRPC C2/C18 PC 3.2/3	μRPC C2/C18 PC 2.1/10
尺寸（内径×柱长）/mm	3.2×30	2.1×100
效率/(N/m)	>90000	>100000
最大操作压力/MPa	15	25
粒径/μm	3	3
孔径/nm	12	12
pH 稳定性	2～8	2～8
建议流速/(mL/min)	0.01～1.2	0.01～0.25
结合容量/(μg 蛋白质/柱)	0.2～500	0.01～500

3. Sephasil Protein/Sephasil Peptide

Sephasil 系列介质是以多孔硅胶作为基质的，与基于聚苯乙烯的 SOURCE RPC 系列介质有着不同的选择性。根据分离对象不同，Sephasil 系列具有多种不同的规格可供选择。在键合的配基方面，Sephasil 系列介质有三种不同配基，分别为 C4、C8 和 C18，其疏水性依次增强。Sephasil 介质提供两种不同的粒径，分别是 $5\mu m$ 和 $12\mu m$，前者适用于高分辨率分析和纯化，后者适用于制备型纯化。而 Sephasil Protein 和 Sephasil Peptide 介质的区别在于前者的孔径较大，为 30nm，允许蛋白质等生物大分子进入，因而适用于蛋白质的分离纯化；而后者的孔径较小，在 10nm 左右，更适合于较小的生物分子如肽类等的分离纯化。由于所用基质成分相同，Sephasil 系列介质的理化稳定性和 μRPC C2/C18 介质十分相似，pH 稳定范围较窄，对常用有机溶剂和其他添加剂稳定性良好。适用的温度范围为 4～70℃之间。

三、 RPC 流动相

反相层析所用流动相通常由多种成分组成，包含水、一至两种有机溶剂、调节 pH 的缓冲组分、调节溶质选择性的离子对试剂等，有时还需其他种类的添加剂。

由于反相层析一般都是在 HPLC 系统中运行，对流动相的纯度有着非常严格的要求。用于制备流动相的所有有机溶剂、缓冲盐、离子对试剂等都必须是高纯度的，通常选用纯度级为"HPLC 级别"的，在无法得到此纯度级试剂时，至少也应当使用分析纯的试剂。另外，流动相所用的水也必须是不含任何金属离子的超纯水。流动相中一旦含有杂质成分会对层析结果产生不利影响，出现额外的洗脱峰（称为"ghost"峰），并可能污染已经纯化的生物分子，同时使得层析柱的使用寿命大大下降。

（一）有机溶剂

在反相层析时将有机溶剂添加至流动相中来降低其极性，从而增强洗脱能力。由于反相层析大多在 HPLC 平台上进行，此时实验者只需准备两种流动相，即起始流动相（流动相 A）和最终流动相（流动相 B），其中流动相 A 为水相或有机溶剂体积分数较低的溶剂-水混合相，而流动相 B 则是有机溶剂体积分数较高的溶剂-水混合相甚至不含水的纯有机相。然后根据需要在 HPLC 软件中设定洗脱模式是阶段洗脱还是梯度洗脱，对于阶段洗脱设定阶段数目和时间以及各阶段流动相中有机溶剂的体积分数，对于梯度洗脱设定梯度的形状和斜率等，则 HPLC 系统能够在各洗脱阶段自动混合产生所需的流动相。

反相层析对所用有机溶剂的要求是能够与水互溶，有较低的紫外截止波长和较低的黏度，因而常用的溶剂种类并不多，表 5.20 列出了一些常用有机溶剂的性质。在所有溶剂中最为常用的是乙腈和甲醇，它们都具有黏度低、UV 截止波长低等优点。低的黏度使其适合于在高流速下使用而不会产生很高的背景压力，并且溶质分子在此溶剂中传质速度快，容易达到平衡，而低的 UV 截止波长使其在对样品检测时不会产生干扰。异丙醇由于极性很低而具有很强的洗脱能力，对于分离疏水性很强的分子及清洗反相层析柱是有利的，但其黏度较高，不利于传质，在采用中低速运行时往往也会产生较大的背景压力。

表 5.20　反相层析中常用有机溶剂的部分性质

溶剂	沸点/℃	UV 截止波长/nm	黏度(20℃)/cP
乙腈	82	190	0.36

续表

溶剂	沸点/℃	UV 截止波长/nm	黏度（20℃）/cP
甲醇	65	205	0.60
乙醇	78	210	1.20
1-丙醇（正丙醇）	98	210	2.26
2-丙醇（异丙醇）	82	210	2.30
四氢呋喃	66	212	0.50
水	100	<190	1.00

　　多数情况下，反相层析的流动相采用的是二元系统，即由水和一种有机溶剂组成，但根据分离的实际需要，也可以采用两种甚至两种以上的溶剂构成三元、四元的流动相系统，以期获得合适的洗脱强度和最佳的选择性。但是在分离多肽和蛋白质时应当慎用多元流动相，这是因为复杂的溶剂体系会导致多肽和蛋白质的沉淀和变性。

（二）流动相的 pH 控制

　　在反相层析中，流动相 pH 值的改变会引起溶质选择性和保留值的改变，其原因是流动相 pH 的改变会影响到溶质的解离状态、固定相表面残留硅醇基和其他吸附基团的解离情况以及添加至流动相的可解离组分的离子平衡。因此，层析过程中 pH 的控制对获得高分辨率至关重要。图 5.49 为不同 pH 对选择性影响的实例，两种肽在 pH2 条件下无法分离开，而在 pH12 条件下获得了良好的分离。

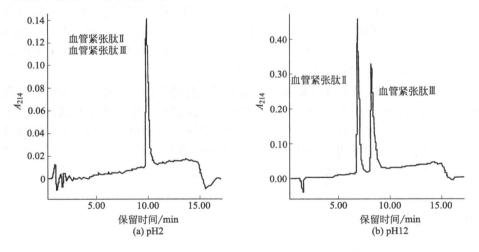

图 5.49　在 pH2 和 pH12 条件下分离血管紧张肽Ⅱ和血管紧张肽Ⅲ
样品：血管紧张肽Ⅱ，0.25mg/mL；血管紧张肽Ⅲ，0.25mg/mL；
层析柱：RESOURCE RPC 3mL，6.4mm×100mm；
流动相 A：（a）0.1%TFA，pH2；（b）10mmol/L NaOH，pH12；
流动相 B：（a）0.1%TFA，60%乙腈-水溶液；（b）10mmol/L NaOH，60%乙腈-水溶液；
梯度：10min 内 10%～65%B。流速：2mL/min

　　多年来反相层析所用流动相条件多在低 pH 下（通常 pH2～4 之间），这一方面是由于开发较早的基于硅胶的反相介质在高 pH 下不稳定。另一方面，在很多情况下低 pH 条件也表现出一定的优越性，比如：很多样品组分在低 pH 下有较好的溶解性；低 pH 抑制了样品组分中酸性基团及硅胶上硅醇基的解离；由于目前还不明确的原因，多数蛋白质和肽类在低于其等电点的 pH 条件下操作可以获得更高的选择性；在低 pH 时可采用低的离子强度，更易于回收样品，等等。用来调节流动相 pH 的通常是质量分数 $0.05\%\sim0.1\%$ 或浓度 $50\sim100mmol/L$ 的酸，常用的酸包括三氟乙酸（TFA）、七氟丁酸（HFBA）和正磷酸。当所需流动相 pH 接近中性时常用乙酸铵或磷酸盐来调节 pH。当然低的 pH 条件并不适合各种分离的要求，随着基于聚苯乙烯等有机聚合物的反相介质的出现，反相层析也经常在高于中性的 pH 值下运行。高 pH 条件有时能增加对样品组分的选择性，有时还能改善样品的溶解性和活性成分的回收率。高 pH 的流动相通常使用 NaOH 来调节控制。

酸、碱及缓冲液作为调节流动相 pH 的添加剂，对样品而言也是一种杂质成分，在层析后需要进一步去除。如果使用挥发性的酸或缓冲盐，层析后收集得到的样品经蒸发或冻干，它们会随有机溶剂一起去除；如果使用了非挥发性的添加剂，则需要额外的脱盐步骤将其从回收样品中分离。

（三）离子对试剂

离子对试剂也称为平衡离子，尽管在反相层析的流动相中并不是必需的，却也是经常添加的流动相组分。其主要作用是通过离子作用与溶质分子结合，改变溶质的疏水性质，从而使得样品组分的保留值和选择性发生变化，增加了将样品组分完全分离开的机会。离子对试剂对于溶质保留值的影响取决于溶质的性质、离子对试剂的种类和浓度。

目前常用的阳离子试剂包括：吡啶盐、十六烷基吡啶、NH_4^+、$CH_3NH_3^+$、$C_3H_9NH_3^+$、$C_6H_{13}NH_3^+$、$C_{12}H_{25}NH_3^+$、$HOCH_2CH_2NH_3^+$、$(HOCH_2CH_2)_3NH^+$、$(C_2H_5)_3NH^+$、$(CH_3)_4N^+$、$(C_2H_5)_4N^+$、$(C_3H_7)_4N^+$、$(C_4H_9)_4N^+$、吗啉盐、TEMED，等等；而常用的阴离子试剂包括：$H_2PO_4^-$、Cl^-、ClO_4^-、SO_4^{2-}、HCO_3^-、BrO_3^-、酒石酸盐、$HCOO^-$、CH_3COO^-、$C_2H_5COO^-$、$C_3H_7COO^-$、$C_6H_{13}COO^-$、CF_3COO^-、$CF_3CF_2COO^-$、$CF_3CF_2CF_2COO^-$、$C_4H_9SO_3^-$、$C_5H_{11}SO_3^-$、$C_6H_{13}SO_3^-$、对甲苯磺酸，等等。

离子对试剂中很多本身就是酸或碱，因而也同时起着维持流动相 pH 的作用。离子对试剂典型的使用浓度范围是 $0.01\%\sim0.1\%$ 或 $10\sim100mmol/L$。作为离子对试剂的要求是在高浓度的有机溶剂中有足够的溶解度，在用 UV 对样品进行检测时，所用离子对试剂对波长在 220nm 以上的紫外线不能有明显的吸收，如果使用带有芳香环的离子对试剂，则必须使用荧光、视差折射等其他检测方法。

四、 RPC 实验技术

（一）层析柱的准备

1. 介质类型的选择

反相层析中，选择介质时主要应当考虑的是样品组分的种类和性质、分离的规模及对分辨率的要求、流动相条件等。

在反相介质中，根据基质颗粒有无孔隙及孔径的大小可分为无孔型、小孔型和大孔型介质，其中无孔型介质的疏水配基都分布在颗粒表面，小孔型和大孔型介质的孔隙内部也分布有疏水配基。在分离大分子时一般选用大孔型反相介质，如 30nm 孔径的介质；在分离小分子时选用小孔型或无孔型介质。

样品组分的疏水性质是选择反相介质时另一个考虑因素，它决定着采用何种配基。相对于离子交换层析和凝胶过滤层析，反相层析过程中溶质分子的保留行为较难预测，这是因为溶质的疏水性质很难量化。根据人们长期实践的经验，首先对样品中目标组分的疏水性强弱有个大致的评估，对于疏水性弱的溶质，例如氨基酸、寡聚核苷酸、小分子极性有机物等，应当选用疏水性强的配基，最为常用的就是 C_{18}（十八烷基）配基；对于疏水性较强的溶质，应当选用疏水性较弱的配基，通常是 C_8（辛基）以下碳链的配基。多肽和蛋白质等生物大分子虽然大多是亲水性的，但极性低于其组成成分氨基酸，在使用长链配基时，可能由于与配基作用较强而需要用洗脱能力强的流动相才能洗脱，但其本身在高浓度有机溶剂中的稳定性往往较差，对于此类活性容易丧失的生物分子，建议采用配基较短（C_8 以下）的介质。

除了溶质的性质，分离的规模及对分辨率的要求也是在选择介质时必须考虑的因素。通常分离规模和分辨率的关系是负相关的，分离规模越大，对流速要求越高，对分辨率的要求及所能达到的分辨率越低；反之，分辨率越高，所能保证的分离规模往往越小。在介质的选择方面，主要是考虑其粒径的大小，粒径小的颗粒柱效及分辨率高，但产生的背景压力高，流速和分离规模小；粒径大的颗粒柱效和分辨率相对较低，但背景压力低，能采用高的流速。一般来说，在分析型和微量制备型分离时，可以选用粒径 $3\sim5\mu m$ 的介质，在较大量样品纯化时可以选用粒径 $15\mu m$ 以上的介质。

反相层析时的流动相条件则在很大程度上影响着选用何种基质的反相介质。这主要是考虑基质在所用流动相条件下的稳定性，典型的例子就是当采用 pH 大于 7.5 的流动相时，就不能再选用基于硅胶的反相介质，而是应当使用基于聚苯乙烯等聚合材料的介质。

2. 柱的尺寸和预装柱的选择

层析柱的尺寸由内径和柱长所界定，其取值主要取决于分离的规模和所需的分辨率，其中内径的取值与分离规模相关，而柱长和分辨率之间则存在一定的联系。同离子交换层析等吸附作用层析相类似，反相层析通常采用较短的层析柱。反相介质粒径普遍较小，本身有着较高的柱效，对于蛋白质等生物大分子，在采用梯度洗脱模式时，柱长增加 10 倍仅能使分辨率得到轻微改善，而与之相伴的却是背景压力的明显升高、分离时间的延长和回收率的下降，因此分离此类物质时用柱长较短（如 10cm 左右）的层析柱。而在分离成分较为复杂的肽类等较小的溶质分子时，增加柱长在一定程度上可以改善分辨率，因此在此类物质的分析型和微量制备分离时，可以选用较长的（如 30cm 甚至更长）层析柱。在柱长确定的情况下，层析柱的内径完全取决于分离的规模，分离规模越大，所需层析柱的内径越大。

反相层析介质都属于高效层析介质，粒径很小，对填充技术的要求很高，而填充过程稍有不当造成填充不均匀、产生不连续界面、引入小气泡等都会对柱效产生很大的影响。因此，很多反相介质制造商将介质以预装柱的形式出售。人们可以根据所选择的介质种类和层析柱尺寸直接选择对应的反相层析预装柱，预装柱在平衡后可以直接使用。

3. 柱的平衡

与其他层析技术一样，反相层析过程中当层析柱填充完毕或者预装柱选择好以后，在加样到层析柱之前必须确保层析柱进入起始状态，这是以流动相连续通过层析柱来实现的。对于反相层析来说，就是用流动相 A 对层析柱进行充分的平衡。有时为了防止层析柱上有微量杂质存在，也可先用 $2\sim3$ 个柱体积（column volume，CV）的流动相 B 清洗层析柱，然后再用流动相 A 平衡层析柱。但是从流动相 B 直接过渡到流动相 A 是不可取的，有机溶剂浓度的突然变化会造成介质结构的变化，影响柱效，因此一般的做法是运行一个有机溶剂浓度线性下降的梯度，在 $2\sim3$ 个柱体积内从流动相 B 连续过渡到流动相 A，最后用至少 5 个柱体积的流动相 A 通过层析柱，直至所有的检测信号达到稳定。

（二）流动相的选择和准备

流动相在层析中扮演着至关重要的角色，它直接决定着溶质的保留值、分离的选择性和分辨率，此外它还影响着溶质和介质的稳定性，因此流动相组分的选择和优化是获得良好分离效果的关键。

在有机溶剂方面，乙腈和甲醇是最为常用的两种，很多反相层析实验在条件摸索阶段以其中一种作为修饰剂，而后再根据分离情况确定是否需要更换其他修饰剂。当溶质在固定相上吸附较为牢固时，可以考虑采用洗脱能力较强的修饰剂如异丙醇等。溶质分子，特别是蛋白质等生物大分子在所用溶剂中的稳定性也是必须考虑的因素。至于流动相 A 和流动相 B 中有机溶剂的体积分数的取值，视溶质的疏水性，如果待纯化的目标分子在固定相上吸附较为牢固，则流动相 A 中修饰剂的体积分数可以高一些，使得疏水性弱的杂质不能发生吸附而直接清洗下来。流动相 B 中修饰剂的体积分数一般都很高，在目标分子被洗脱后用 100% 的流动相 B 可以对层析柱进行清洗，去除所有结合牢固的杂质。在分离样品性质不明的情况下，一般流动相 A 为水相，不含修饰剂，而流动相 B 为 100% 有机相。

反相层析多数在低 pH 条件下运行，流动相的 pH 通过添加一定浓度的酸来调节。其中三氟乙酸是常用的酸，它又是一种离子对试剂，因而同时起着调节流动相 pH 和溶质选择性的作用，其常用的浓度范围在 0.05%～0.1% 之间。随着基于多聚物的反相介质的出现，人们逐渐利用高 pH 条件来进行层析，其优点包括可以增加对选择性的控制，改善一些样品的溶解性和回收率。在中、碱性范围内，可以用乙酸铵、磷酸盐、NaOH 等调节流动相的 pH。

往流动相中添加离子对试剂可以改变溶质的保留值和选择性，获得较好的分离效果。由于离子对试剂是通过离子相互作用与溶质结合而改变后者的疏水性质和保留值的，因此离子对试剂的选择取决于溶质的带电荷状态。对于带正电荷的溶质应选择带负电荷的离子对试剂，如三氟乙酸等；对于带负电荷的溶质则应选用带正电荷的离子对试剂，如季铵盐等。

流动相配制过程中有固体试剂加入时，还需要用 $0.22\mu m$ 的微孔滤膜对流动相进行过滤以防存在颗粒状物质阻塞层析柱。

（三）样品的准备和加样操作

理想情况下应当将样品溶解于流动相 A 后进行加样，由于流动相 A 是实验中选择的起始条件，此条件下能确保目标组分与固定相结合。固体样品很容易做到这一点，但如果样品在流动相 A 中溶解性不好，可以考虑往流动相 A 中添加有机酸、盐类等试剂来增加样品的溶解性，多数情况下这些添加剂不会对分离产生影响。如果是液体样品，在体积较小时可直接加样，而体积较大时需考虑现有溶剂条件是否会影响目标分子的吸附，若没有影响也可直接加样，若会影响目标分子与固定相的结合则必须将样品转换到流动相 A 体系中，方法可以将样品冻干后重新溶于流动相 A，也可以通过凝胶过滤等方法进行体系交换。

由于反相层析所用介质均为小粒径的高效介质，对颗粒状杂质非常敏感，因而样品在加样前应当通过 $10000 \times g$ 离心 10min 或用 $0.22\mu m$ 微孔滤膜过滤除去任何可能存在的颗粒物。

反相层析柱通常是预装柱或带有可调接头的自装柱，连接于 HPLC 系统，因此加样操作是通过 HPLC 系统提供的标准进行的，一般是采用加样器或注射器，并利用泵的作用将样品溶液加入柱床，如果加样体积非常大，可以通过泵直接将样品泵入层析柱。

加样过程也是样品组分与固定相结合的过程，包括目标分子在内的在起始条件下能与固定相结合的溶质被吸附在层析柱上，不能与固定相结合的分子则随流动相从柱下端流出，形成外水分部或称穿透峰。加样后通常用 2 个柱体积的流动相 A 通过层析柱，完成样品的吸附并且将起始条件下不吸附的物质清洗下来。此后就进入洗脱步骤了。

（四）洗脱模式的选择和条件控制

1. 洗脱模式的选择

在洗脱模式方面，反相层析和其他吸附层析技术如离子交换等具有相似性，分为阶段洗脱和梯度洗脱。在一个特定的分离任务中采用何种洗脱方式，需根据样品的组成、分离的规模和目标、对目标分子保留行为的了解与否等多个因素来决定。

阶段洗脱的优点是操作简单，分离时间短，流动相的消耗比较少，另外其在多次操作过程中的重复性好于梯度洗脱。在用反相层析对样品进行脱盐时常采用阶段洗脱。此外在较大规模或工业化分离纯化样品时，如果分辨率能够达到要求，阶段洗脱由于分离快、消耗流动相少而更为适合。

梯度洗脱是采用修饰剂体积分数连续变化的流动相对吸附样品进行洗脱。描述一个特定梯度的参数包括梯度的形状、梯度的长度（长度用时间或体积来定义）、梯度的斜率。梯度的形状主要分为线性梯度和非线性梯度。其中线性梯度又可分为连续线性梯度和分段线性梯度，连续线性梯度从梯度的起始到终止过程中梯度的斜率始终不变［图 5.50(a)］，而分段线性梯度则是在洗脱过程中分为斜率不同的几个阶段［图 5.50(b)］，此两类线性梯度在反相层析中经常使用。非线性梯度中最为常见的是凹形梯度或凸形梯度，其中凹形梯度在洗脱的开始阶段有比较高的分辨率，而凸形梯度在洗脱临近终止的阶段有比较高

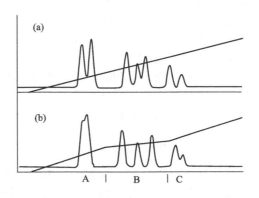

图 5.50　连续线性梯度和分段线性梯度的比较

在阶段 A 处下图斜率大于上图，分辨率较低；在阶段 B 处下图斜率小于上图，分辨率得到改善；在阶段 C 处下图斜率大于上图，分辨率也较低。由此可以根据目标分子被洗脱时的条件优化梯度的形状，从而获得最佳的分辨率

的分辨率，非线性梯度只在对分离过程有特殊分辨率需要时才使用。由于洗脱过程是从流动相 A 逐渐过渡到流动相 B，或者说，梯度刚开始时流动相 B 所占的比例为 0，此后随着梯度的发展，流动相 B 的百分比不断提高，直至达到 100% 流动相 B。因此，斜率的常用表示方法是单位时间内流动相 B 百分比的改变（%B/min）或单位体积内流动相 B 百分比的改变（%B/mL）。需注意如果用 %B/min 的形式来表示斜率，则流速的改变会造成斜率的改变。梯度的斜率对分辨率的影响很大，一般来说，斜率越小分辨率越高，但是与之相伴的是洗脱峰体积增加和分离时间延长。

2. 梯度条件的优化

在首次对某种特定样品进行反相层析分离时，人们对于样品组分的保留行为并不清楚，一般采用斜率小、长度较长的连续线性梯度。典型的条件如：流动相 A 为水相或含有低于 10% 的修饰剂，流动相 B 中修饰剂高于 90% 甚至为纯有机相，梯度长度为 10~30 个柱体积，从 0%B 线性过渡到 100%B，对于一根柱体积为 1mL 的反相柱，这种梯度的斜率在

3％～10％B/mL 之间。

为了实现更为理想的分离目标，一般都需对洗脱条件进行优化，优化的内容包括梯度的形状、斜率和长度等。如果仍不能达到满意的分离效果，则需考虑对流动相组成、柱温、流速等其他条件进行优化。优化的目标首先是分辨率，当然，人们也常常根据目测层析曲线来评价分离好坏。在分辨率达到要求的前提下，分离过程样品的回收率、分离时间等也都是优化的目标。

3. 流动相组分的优化

如果通过改变梯度的形状、斜率等仍然不能达到所需的分辨率，则应当考虑改变流动相的组成，这是因为流动相组成对层析过程的选择性影响很大，从而在很大程度上决定着分辨率，采用具有合适组成的流动相，配合合适的梯度，即使在分离非常复杂的样品时也能获得高的分辨率。流动相中有机溶剂种类、酸的使用和 pH 值、离子对试剂种类等都会对选择性和分辨率产生影响。

4. 其他洗脱条件的控制

从层析理论分析提高层析温度虽然对选择性的影响很小，但能降低流动相的黏度，增加传质速度，减少区带变宽现象，从而提高效率，对于改善分辨率是有利的。因此，在分离一些低分子量物质时，升高柱温也是一种较为常用的改善分辨率的方法。但在分离生物大分子时，一般在常温下操作。

在流速选择方面，各种商品化介质都有建议流速和最大流速等参数，实验所采用的流速必须低于介质的最大使用流速。从层析理论分析，降低流速在一定程度上可以提高柱效，但同时也会增加溶质的纵向扩散，过低的流速反而会造成分辨率下降，同时使分离时间延长。

（五）样品的检测和收集

和其他层析技术一样，反相层析中最为常用的也是紫外检测，通过测定洗脱液在紫外区的吸收强度来确定溶质分子的洗脱情况。在使用远紫外区的紫外线检测时，必须注意所使用的有机溶剂和添加剂的 UV 截止波长，尽可能选择截止波长较低的试剂，从而降低这些试剂的存在对检测产生的影响。事实上，在很多情况下，有机溶剂或添加剂等的存在总会对样品的检测产生一定的影响，主要表现为背景吸收的增加或者说层析图谱中基线的漂移。

除了紫外检测，还有其他的在线检测方法可供选用。对于能产生荧光的物质，使用荧光监测器往往比紫外检测有更高的选择性和灵敏度。例如对于多数肽和蛋白质，其色氨酸残基能产生荧光，用荧光检测时流动相中溶剂和离子对试剂等不会产生干扰，且检测限比紫外吸收法低。此外，视差折射检测器、电导检测器等也都能用于层析样品的在线检测。

反相层析一般都在 HPLC 平台上运行，样品的收集一般都使用分部收集器按体积、时间或洗脱峰进行分部收集。经过专一性方法确定目标组分在哪个分部后，收集该分部的样品，根据需要进行蒸发或冻干后可收获层析后产物。需要特别指出的是反相层析后得到的目标组分溶解在含有机溶剂的洗脱液中，并且往往 pH 条件也是在酸性范围，当分离物质是多肽和蛋白质时，这样的条件很容易引起其变性，因此在收集和处理样品时需要格外小心。一个可供参考的做法是将层析后样品直接收集在具有合适 pH 的缓冲液中，这样一方面将 pH 值调节至目标分子稳定的范围，另一方面也降低了有机溶剂的浓度，收集完毕再立即通过冻干等方法除去溶剂。

（六）层析柱的再生、清洗和贮存

一次层析操作结束，在运行下一次层析前必须完成层析柱的再生。常用方法是用 $2\sim5$ 个柱体积的流动相 B 流经层析柱移去残留在层析柱上的物质完成再生。再次层析前需用流动相 A 再次平衡层析柱，但为了防止流动相组分的剧烈变化破坏层析床，最好采用连续线性下降的梯度从流动相 B 过渡至流动相 A，再用 5 个柱体积的流动相 A 充分平衡层析柱。

反相层析柱在多次层析后需要清洗，一般来说，操作背景压力升高、分离过程分辨率下降、介质颜色加深等都是层析柱需要进行清洗的信号。反相层析柱一般采用原位清洗的方法，即使用特定的清洗剂通过层析柱来实现清洗。所使用的清洗剂一般是具有较强洗脱能力的有机溶剂，例如，典型的清洗操作可以是运行一个线性梯度从 0.1％TFA 水溶液过渡到 0.1％TFA 异丙醇溶液，然后用几个柱体积的 0.1％TFA 异丙醇溶液清洗层析柱，最后运行一个线性梯度从 0.1％TFA 异丙醇溶液重新回到 0.1％TFA 水溶液。对于基于有机聚合物的反相介质，由于其化学稳定性较好，可以用浓度 0.5mol/L 以下的 NaOH 溶液进行清洗，NaOH 是非常有效的清洗剂，用几个柱体积的 NaOH 溶液通过层析柱可以很有效地除去牢固吸附的杂质。

反相柱长期不用时保存在有机溶剂中，例如基于硅胶的介质常保存在纯的甲醇中，基于聚苯乙烯的介质常保存在甲醇或 20％乙醇中。

五、 RPC 的应用

反相层析因洗脱剂以有机溶剂为主且变化范围宽、具备分辨率高等特点，比较适合应用于各种小分子活性物质的分离分析和鉴定。如小肽、寡核苷酸、黄酮类化合物等。

（一）样品的脱盐

脱盐是分离不同阶段常常需要进行的常规技术，除透析（实验室）、超滤（不同规模）及凝胶过滤层析可以实现脱盐外，反相层析也能实现对蛋白质、肽类、寡聚核苷酸等脱盐的目的。由于反相层析属于吸附技术，容许待脱盐样品的体积很大，洗脱后的样品可在很小的体积范围内被洗脱，样品脱盐的同时还被浓缩，这一点比凝胶过滤层析脱盐更为有利（见图 5.51）。

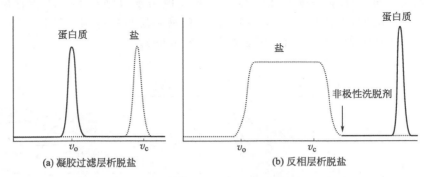

图 5.51　用凝胶过滤层析、反相层析脱盐

（二）混合物分离分析

1. 微量蛋白质的鉴定

微量蛋白质鉴定中常用的方法是通过 SDS-PAGE 或二维 PAGE 得到目标蛋白质对应的

区带或斑点，在胶内直接用蛋白酶对其进行降解得到特征性的肽段，用反相层析技术纯化这些特征性肽段，然后进行 Edman 序列分析，最后与蛋白质数据库内的序列进行对比排查得出结论。对微量肽段样品层析能达极高的分辨率，是反相层析技术的优势。

2. 重组蛋白的分离

J. B. Mills 等采用一步法反相高效液相层析从大肠杆菌细胞裂解液中纯化一种重组蛋白 TM 1-99（12837Da）。层析条件：细胞内容物用 1% TFA 萃取，高样品载量加于细孔 RP-HPLC C$_8$ 柱（2.1mm×150mm），乙腈（0.1%/min）平缓梯度洗脱。成功纯化了粗提液中的痕量样品（<0.1%），重组蛋白 TM 1-99 纯度和回收率都大于 94%，结果见图 5.52。

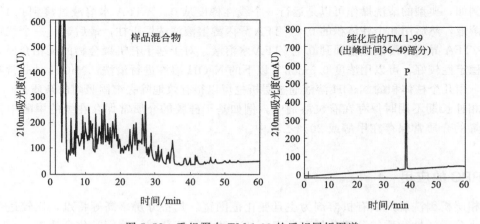

图 5.52　重组蛋白 TM 1-99 的反相层析图谱

反相层析技术通过介质的不断改良和发展，分离的效果和应用的范围也在不断地拓宽。例如孙敏等研究采用聚丙烯基交联修饰后，有效减少了硅胶表面的硅烷醇基，修饰的硅胶更加适合作为反相层析或离子交换层析的基质。马桥等研究了一种对环境 pH 敏感的可用于反相层析的固定相。通过嫁接聚合化的方法在硅胶表面共价交联上多聚物（AAc-*co*-BA），该多聚物由丙烯酸和丁基丙酸盐通过环氧乙烷交联。嫁接这种多聚物后的硅胶表面的特性与环境 pH 密切相关，低 pH 下表现疏水，高 pH 下表现亲水（结构和 pH 变化的关系见图 5.53）。这种可转换的特性使其可在不同模式的高效液相层析中应用。磺胺药物、大豆异黄酮的分离可在 pH 敏感固定相的 RPC 模式进行（图 5.54）。

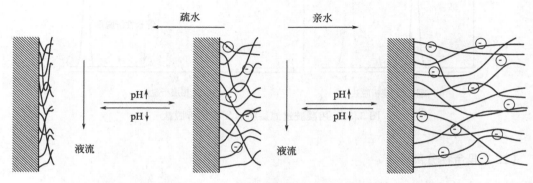

图 5.53　多聚物（AAc-*co*-BA）的结构和 pH 变化之间关系示意图

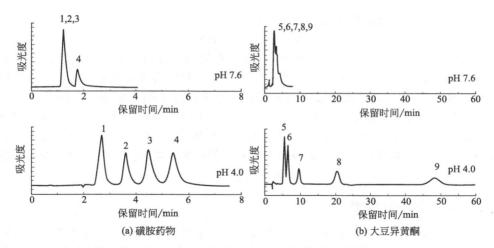

图 5.54　两种混合物在 pH4.0 和 pH7.6 条件下的反相层析图谱（流速 1.0mL/min；$\lambda=254$nm）
1—乙磺酰胺；2—磺胺嘧啶；3—磺胺二甲嘧啶；4—磺胺甲噁唑；
5—异黄酮苷；6—丙三醇；7—染料木苷；8—黄豆苷元；9—染料木黄酮

第七节　疏水作用层析

疏水作用层析（hydrophobic interaction chromatography，HIC）是采用具有适度疏水性的填料作为固定相，以含盐的水溶液作为流动相，利用溶质分子的疏水性质差异从而与固定相间疏水相互作用的强弱不同实现分离的层析方法。

关于在疏水作用层析条件下进行分离的概念最早在 1948 年就由 Tiselius 提出，该技术真正得到发展和应用是在 20 世纪 70 年代早期开发出一系列适合进行疏水作用层析的固定相以后。此后随着新型介质的开发生产和对机理认识的逐步深入，该技术得到了广泛应用，并且随着高效疏水作用层析介质的出现，HIC 已在 HPLC 平台上被使用，称为高效疏水作用层析（high performance hydrophobic interaction chromatography，HP-HIC）。

由于疏水作用层析的分离原理完全不同于离子交换层析或凝胶过滤层析等层析技术，使得该技术与后两者经常被联合使用分离复杂的生物样品。目前该技术的主要应用领域是在蛋白质的纯化方面，成为血清蛋白、膜结合蛋白、核蛋白、受体、重组蛋白等，以及一些药物分子，甚至细胞等分离时的有效手段。

一、 HIC 基本原理

（一）疏水作用

疏水作用是一种广泛存在的作用，在生物系统中扮演着重要角色，它是球状蛋白高级结构的形成、寡聚蛋白亚基间结合、酶的催化和活性调节、生物体内一些小分子与蛋白质结合等生物过程的主要驱动力，同时也是磷脂和其他脂类共同形成生物膜双层结构并整合膜蛋白的基础。

根据热力学定律，当某个过程的自由能变化（ΔG）为负值时，该过程在热力学上是有利的，能够自发发生，反之则不能。而根据热力学公式：

$$\Delta G = \Delta H - T\Delta S$$

ΔG 是由该过程的焓变（ΔH）、熵变（ΔS）和热力学温度（T）决定的。当疏水性溶质分子在水中分散时，会迫使水分子在其周围形成空穴状结构将其包裹，此有序结构的形成会导致熵的减小（$\Delta S < 0$），致使 ΔG 为正值，在热力学上不利。在疏水作用发生时，疏水性溶质分子相互靠近，疏水表面积减少，相当一部分水分子从有序结构回到溶液相中导致熵值增加（$\Delta S > 0$），引入了负的 ΔG，从而在热力学上有利。因此非极性分子间的疏水作用不同于其他的化学键，而是由自由能驱动的疏水分子相互聚集以减少其在水相中表面积的特殊作用。

（二）生物分子的疏水性

对于小分子物质，根据其极性的大小可以分为亲水性分子和疏水性分子，一般来说亲水性的小分子是很难与 HIC 介质发生作用的。但对于疏水作用层析的主要对象生物大分子如蛋白质而言，其亲水性或疏水性是相对的，即使是亲水性分子也会有局部疏水的区域，从而可能与 HIC 介质发生疏水作用，因此能够根据其疏水性的相对强弱不同进行分离。

以蛋白质为例，球状蛋白质在形成高级结构时，总体趋势是将疏水性氨基酸残基包裹在蛋白质分子内部而将亲水性氨基酸残基分布在分子表面。但实际上真正能完全包裹在分子内部的氨基酸侧链仅仅占总氨基酸侧链数的 20% 左右，其余均部分或完全暴露在分子表面。蛋白质表面的疏水性是由暴露在表面的疏水性氨基酸的数量和种类，以及部分肽链骨架的疏水性所决定的。因而可以认为蛋白质分子表面含有很多分散在亲水区域内的疏水区（疏水补丁），它们在 HIC 过程中起着重要的作用。然而研究表明不同的球状蛋白质的疏水表面占分子表面的比例差异并不大，但即使是疏水表面比例非常接近的蛋白质，其在 HIC 中的层析行为却可能有很大的差别。造成这一现象的原因是蛋白质分子表面的不规则性，即使是球状蛋白质，其分子表面也远非平滑球面，而是粗糙而复杂的，由于空间位阻的关系，有些疏水补丁是无法与 HIC 介质发生作用的，因此蛋白质在 HIC 中的层析行为不仅取决于分子表面疏水区的大小和疏水性的强弱，还取决于其疏水区在分子表面的分布。

（三）生物分子与疏水作用层析介质间的作用

HIC 介质是在特定的基质如琼脂糖上连接疏水配基如烷基或芳香基团组成的。HIC 介质与具有疏水性的生物分子间的作用被认为与疏水性分子在水溶液体系中的自发聚集一样，是由熵增和自由能的变化所驱动的。盐类在疏水作用中起着非常重要的作用，高浓度盐的存在能与水分子发生强烈作用，导致可以在疏水分子周围形成空穴的水分子减少，促进了疏水性分子与介质的疏水配基之间发生结合。因此在 HIC 过程中，在样品吸附阶段采用高盐浓度的溶液，使得目标分子结合在层析柱中，而在洗脱阶段，采用降低洗脱剂中盐浓度的方式使溶质与介质间的疏水作用减弱，从而从层析柱中解吸而被洗脱下来。对于以芳香基团作为疏水配基的介质来说，还存在潜在地发生 π-π 作用的可能，当待分离物质表面具有芳香基时，就会表现出疏水作用和 π-π 作用的混合分离模式。

较大的生物分子与介质发生结合时的情况是比较复杂的，一般来说每个分子被吸附的过程都会有一个以上的配基参与，换句话说，分子在介质上发生的结合是多点结合。Jennissen 等人在研究磷酸化酶 b 与丁基 Sepharose 介质结合动力学时发现吸附过程是多步反应过程，其中的限速步骤并非酶与介质接触的过程，而是酶在介质表面发生缓慢的构象改变和重新定向的步骤。

（四）疏水作用层析与反相层析的区别

从理论上看，HIC 和 RPC 是两种密切相关的液相层析技术，它们都是基于生物分子表面的疏水区域与层析介质上的疏水配基（烷基或芳香基）之间的疏水相互作用，然而在分子水平的层析机理以及实践层面上这两种技术是有所不同的。RPC 介质上疏水配基的取代程度大大高于 HIC 介质。RPC 介质可以认为是连续的疏水相，其配基如 $C_4 \sim C_{18}$ 烷基的取代程度通常在数百微摩每毫升凝胶；而 HIC 介质上配基如 $C_2 \sim C_8$ 烷基或简单芳香基的取代程度通常在 $10 \sim 50\mu mol/mL$ 凝胶范围内，可以看作是不连续的疏水相，在与生物分子结合时由一个或数个配基参与。那么很显然，疏水溶质与 RPC 介质间的作用力要比 HIC 介质强得多，需要使用有机溶剂梯度等剧烈的洗脱条件才能将溶质从层析柱中洗脱下来，对于球状蛋白质，在这样剧烈的洗脱条件下往往会发生变性，因此 RPC 更适合在水-有机溶剂体系中具有良好稳定性的肽和小分子蛋白质的分离纯化。而 HIC 过程的洗脱条件要温和得多，通常降低洗脱剂的盐浓度就能达到目的，因此 HIC 既利用了蛋白质的疏水性质，又能够在更为极性和低变性的环境中进行，因而在蛋白质的纯化中有着更为广泛的应用。

尽管这两种技术都是利用生物分子的疏水性质进行分离，但由于在吸附的分子机理上存在差异，它们对于同一组样品的选择性往往是不同的。例如，师治贤等人用疏水柱 TSK Gel Phenyl-5PW 和反相柱 SynChropak 对 12 种常见蛋白质进行层析，对选择性作了比较，如表 5.21 所示，各种蛋白质被洗脱的顺序全然不同。

表 5.21　12 种蛋白质在疏水柱和反相柱中的选择性比较

蛋白质种类	在 TSK Gel Phenyl-5PW 疏水柱中的保留时间/min	在 SynChropak 反相柱中的保留时间/min
细胞色素 c	0.6	12.6
肌红蛋白	0.8	14.6
核糖核酸酶 A	1.6	10.7
伴清蛋白	6.3	17.3
卵清蛋白	6.5	18.5
溶菌酶	8.5	14.3
β-葡萄糖苷酶	15.6	5.3
α-胰凝乳蛋白酶	16.6	13.6
α-胰凝乳蛋白酶原	18.1	16.8
乳过氧化物酶	19.5	20.3
牛血清白蛋白	20.5	17.1
铁蛋白	20.8	16.6

注：1.疏水作用层析，层析柱尺寸 55mm×200mm，流动相 A 为含 1.0mol/L Na_2SO_4 的 1mmol/L 磷酸钾缓冲液（pH7.0），流动相 B 为 10mmol/L 磷酸钾缓冲液（pH7.0），梯度为 20min 内 0→100%B，流速为 1mL/min。

2.反相层析，层析柱尺寸 4.6 mm×50mm，流动相 A 为 0.1%TFA 水溶液（pH2.0），流动相 B 为含 0.1%TFA 的 60%异丙醇溶液，梯度为 20min 内 0→100%B，流速为 1mL/min。

（五）影响疏水作用层析过程的参数

影响疏水作用层析过程的因素来自于固定相类型、流动相组成和层析条件。

1. 固定相

固定相条件，包括采用基质的类型、配基的种类和取代程度都会影响对样品的分离效果，这也是层析时合理选择层析介质的依据。

疏水配基的种类直接决定着目标分子在层析时的选择性，是选择疏水作用层析介质时首先要考虑的问题。常见的配基包括烷基和芳香基两大类，其中烷基配基与溶质间显示出单纯的疏水作用，而芳香族配基往往由于和溶质间存在 π-π 作用而呈现出混合模式的分离行为。对于烷基配基，烷基的链长决定着介质疏水性的强弱，同时还影响着介质的结合容量。在其他条件相同的情况下，HIC 介质对蛋白质的结合容量随着烷基链长的增加而增加。

在配基种类确定的情况下，取代程度的高低决定着 HIC 介质的结合容量和疏水作用强度。在介质上配基取代程度较低时，随着取代程度的增加，介质对蛋白质的结合容量会增加，这是由于配基数量的增加使得蛋白质在介质表面的结合位点增多，从而单位体积的介质能够吸附更多的溶质分子。但是当取代程度达到一定数值后，结合容量就会趋于稳定，此时进一步提高取代程度并不能再增加结合容量。这是由于空间位阻决定了单位介质表面只能结合特定数量的蛋白质，因此当这些表面饱和后结合容量就不再随取代程度而变化了。但是需注意的是取代程度的进一步上升将会使得与每个蛋白质发生作用的配基数量增加，从而使蛋白质更为牢固地结合于介质上而难于洗脱。

基质同样会对层析结果产生影响，具有相同配基种类和取代程度但不同基质的吸附剂会具有不同的选择性。通常 HIC 介质所采用的是高度亲水性的基质。

2. 流动相

流动相条件对 HIC 的影响主要表现在所用盐的种类和浓度、流动相的 pH 以及其他添加剂的影响。HIC 过程是在高盐浓度下实现样品的吸附，而后在低盐浓度下完成洗脱过程，显然，流动相中盐的种类和浓度是 HIC 中至关重要的参数。

不同的离子，特别是阴离子在 HIC 中的作用是不同的。有些离子存在溶液中时会促进蛋白质发生沉淀，它们能够增加疏水作用；而另一些离子的存在却会促进蛋白质的溶解，称为促溶盐类（chaotropic salt），它们的存在会破坏疏水作用。Hofmeister 系列指出了不同离子对疏水作用的影响（表 5.22）。表 5.22 中左边的离子能够促进疏水作用，因而经常在 HIC 中使用；而右边的离子属于促溶离子，它们能破坏疏水作用，有时在对介质进行清洗时可以用来洗脱一些结合特别牢固的杂质。

表 5.22　不同离子对疏水作用的影响

←蛋白质沉淀(盐析)效应增加

阴离子：PO_4^{3-}，SO_4^{2-}，CH_3COO^-，Cl^-，Br^-，NO_3^-，ClO_4^-，I^-，SCN^-

阳离子：NH_4^+，Rb^+，K^+，Na^+，Cs^+，Li^+，Mg^{2+}，Ca^{2+}，Ba^{2+}

蛋白质促溶(盐溶)效应增加→

在所用盐的种类已经确定的情况下，盐浓度的高低会影响溶质分子与介质的结合强度及介质的结合容量。盐浓度的升高能促进疏水作用，因此 HIC 通常都是在高盐浓度下加样并完成吸附，而通过降低洗脱剂中盐浓度的方法进行洗脱。除此之外，层析过程的起始盐浓度的高低还会影响介质对蛋白质的结合容量。

流动相的 pH 对层析行为的影响比较复杂。多数情况下 pH 升高会使得疏水作用减弱，而降低 pH 则增强此作用力，但是对于一些等电点较高的蛋白质，在高的 pH 下却能够牢固地结合在 HIC 介质上。

流动相中的其他添加剂主要指能够减弱疏水作用的醇类、去污剂、促溶盐类等，它们的存在能有效地将溶质分子从 HIC 介质上洗脱下来，同时它们还会影响分离过程的选择性。但是它们的存在一般会破坏蛋白质等生物大分子的空间结构，使后者丧失部分或全部活性，所以在 HIC 过程中尽量避免使用此类试剂。

3. 层析条件

除了固定相和流动相之外，层析过程中的一些其他条件，例如温度、流速等也会影响层析结果。其中温度对 HIC 的影响比较复杂，根据疏水性溶质在水相中相互作用的理论，疏水作用随温度的升高而增强，但另一方面温度的升高会对蛋白质的构象状态和在水中的溶解性等产生影响，从而表现为复杂的特征。由于温度对疏水作用的明显影响，在执行一个特定的层析任务时应当维持恒定的温度。流速对 HIC 的影响与其他层析技术类似，然而由于 HIC 的分离对象主要是蛋白质这类大分子，对流速的敏感性相对较低，因此流速的选择主要考虑分离时间和介质类型等因素。

二、 HIC 介质

（一） HIC 介质的基本结构

HIC 介质的结构与其他吸附技术所用的吸附剂相类似，由作为骨架的基质和参与疏水作用的配基组成。

许多类型的基质都可以用来合成 HIC 介质，但是使用最为广泛的是琼脂糖、硅胶和有机聚合物等。琼脂糖凝胶是很早就被采用的一种基质，至今仍被大范围使用，其优点是亲水性强，表面羟基密度非常大，衍生化后可以产生取代程度和结合容量较大的介质，并且其大孔结构可以容纳体积很大的分子，适合于大分子蛋白质的分离，而且 pH 稳定性良好。硅胶的特点是硬度大，有良好的机械稳定性，能够承受很高的流速和压力，适合于 HP-HIC 系统中使用。但是其表面可供衍生的基团少，pH 稳定性也差（pH2～8 范围内稳定），因此其应用受到了限制。但随后诞生了聚合物包裹技术，在硅胶或其他有机聚合物表面包裹一层带有可衍生基团的高分子材料，从而克服了硅胶基质的上述缺点，使其具备良好的层析性能而被广泛使用。

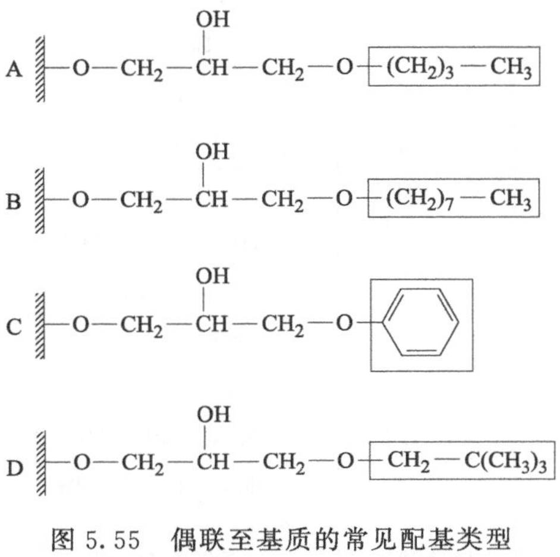

HIC 介质所用的疏水配基分为烷基和芳香基，与反相层析介质相比，其烷基通常在 C_8 以下，而很少使用疏水性更强的具有更长碳链的烷基，芳香基则多为苯基。图 5.55 显示了几种经常使用的疏水配基连接至基质的情况。

将疏水配基偶联至基质的方法视基质的表面基团而定，其中最有代表性的是羟基，琼脂糖基团带有大量的羟基，而硅胶及其他聚合物基质也会因表面包裹修饰后带上羟基。将疏水配基连接至羟基通常是使用带有环氧化物基团的配基分子

图 5.55　偶联至基质的常见配基类型
方框内部分为疏水配基，斜杠部分代表基质，剩余部分是将配基连接至基质的基团。配基类型：A 为丁基，B 为辛基，C 为苯基，D 为新戊基

与羟基发生成醚反应而形成稳定的共价键，环氧化物基团反应后开环形成配基与基质之间的连接部分：

$$M—OH + CH_2—CH—CH_2—OR \xrightarrow[\text{催化剂}]{BF_3Et_2O} M—O—CH—CH_2—CH_2—OR$$

式中，R 代表疏水配基，M 代表基质。通过调节两种反应物的比例可以方便地控制所得介质的配基密度。

（二）常见 HIC 介质的种类

表 5.23 列出了部分已经商品化的 HIC 介质（包括部分层析柱）的类型及特性。

表 5.23 部分商品化 HIC 介质和层析柱的类型与特征

	供应商	产品名称	配基种类	特性
传统包装	J. T. Baker	HI-Propyl	丙基	基质硅胶，粒径 $15\mu m$ 和 $40\mu m$，孔径 30nm 和 27nm
	Bio-Rad	Methyl HIC	甲基	基质异丁烯酸，粒径 $50\mu m$
		t-Butyl HIC	丁基	基质异丁烯酸，粒径 $50\mu m$
	Pharmacia	Phenyl Sepharose	苯基	基质琼脂糖，粒径 $34\mu m$
		Butyl Sepharose 4B	丁基	基质琼脂糖，粒径 $45\sim165\mu m$
		Octyl Sepharose CL-4B	辛基	基质琼脂糖，粒径 $45\sim165\mu m$
		Phenyl Sepharose CL-4B	苯基	基质琼脂糖，粒径 $45\sim165\mu m$
		Butyl Sepharose 4 Fast Flow	丁基	基质琼脂糖，粒径 $45\sim165\mu m$
		Phenyl Sepharose 6 Fast Flow	苯基	基质琼脂糖，粒径 $45\sim165\mu m$
		HiLoad Phenyl Sepharose	苯基	基质琼脂糖，粒径 $34\mu m$，预装柱
	SynChrom	SynChroprep	丙基	基质硅胶，粒径 $15\mu m$ 和 $30\mu m$，孔径 30nm
	TOSOHAAS	Ether-5PW	寡聚乙二醇	基质聚合物，粒径 $20\sim40\mu m$
		Phenyl-5PW	苯基	基质聚合物，粒径 $20\sim40\mu m$
		Ether 650	寡聚乙二醇	基质聚合物，粒径 $20\sim50\mu m$
		Butyl 650	丁基	基质聚合物，粒径 $40\sim90\mu m$
		Phenyl 650	苯基	基质聚合物，粒径 $50\sim150\mu m$
HPLC包装	J. T. Baker	HI-Propyl	丙基	基质硅胶，粒径 $5\mu m$ 和 $15\mu m$，孔径 30nm
	Biochrom Labs	Hydrocell C3 1000	烯丙基	聚合物，有孔型
		Hydrocell C4 1000	丁基	聚合物，有孔型
		Hydrocell C3 NP10	烯丙基	聚合物，无孔型
		Hydrocell C4 NP10	丁基	聚合物，无孔型
	Bio-Rad	Bio-Gel MP-7 HIC	甲基	基质聚合物，粒径 $7\mu m$，孔径 90nm
		Bio-Gel Phenyl-5PW	苯基	基质聚合物，粒径 $10\mu m$，孔径 100nm
	Beckman	Spherogel-HIC		基质硅胶，粒径 $5\mu m$，孔径 30nm
	Interaction	MCI GEL CQH3xs	丁基，苯基	基质聚合物，粒径 $10\mu m$

续表

供应商		产品名称	配基种类	特性
HPLC包装	Mitsubishi kasei	Hydrophase HP-Butyl	丁基	基质聚合物，粒径 10μm
		MCI GEL HIC	醚，丁基，苯基	基质聚合物，粒径 10μm，大孔型
	Pharmacia	Phenyl Sepharose	苯基	基质琼脂糖，粒径 13μm
		Alkyl Sepharose	新苯基	基质琼脂糖，粒径 13μm
	Showa Denko	Shodex HIC	苯基	聚羟甲基丙烯酸，大孔型
	Sigma	SigmaChrom HIC-Phenyl	苯基	交联多糖，粒径 12～15μm
	Supelco	Supelcosil LC-HINT	二醇	基质硅胶，粒径 5μm，孔径 10nm
	SynChrom	SynChropak	丙基，羟丙基，苯基	基质硅胶，粒径 6μm，孔径 30nm
	TOSOHAAS	Ether 5PW	寡聚乙二醇	基质聚合物，粒径 10μm，13μm，20μm，孔径 100nm
		Phenyl 5PW	苯基	
		Butyl-NPR	丁基	粒径 2.5μm，无孔型
	YMC	YMC-Pack-HIC	交联聚酰胺包裹丙基	基质硅胶，粒径 6.5μm，孔径 30nm
新型分离介质	Millipore	MemSep chromatography cartridges		衍生化的再生纤维素连续网状结构，1.2μm 孔
	Perseptive Biosystems	POROS PH POROS PE ROROS BU	苯基 苯基醚 丁基醚	PS/DVB 颗粒，用交联聚羟基聚合物包裹，大孔型
	POROS PE			

三、HIC 实验技术

（一）介质的选择和层析柱的准备

由于 HIC 介质的基质类型、疏水配基类型和取代程度都会影响到层析行为，因此在选择介质种类时对这些因素都需要进行考虑。

基质的类型会影响介质的选择性，但这种对选择性的影响往往是难以预测的，因此确定介质时带有经验性。然而层析过程中需要采用的流速和承受的压力在选择基质种类时必须予以考虑，若操作过程在 HPLC 系统中进行，则应当选用机械强度较大的刚性基质。此外，若待分离物质是分子量很大的蛋白质，并且样品量也较大，则应当选择大孔型基质，如琼脂糖凝胶，这样能够获得较高的结合容量；若待分离物质为较小的分子，或者样品量很小，但对于分辨率的要求较高，则可以考虑选用孔径较小的基质甚至非孔型基质，以便获得较高的柱效和良好的分辨率。

疏水配基类型和取代程度实际上决定了介质的疏水性强弱和结合容量的高低，配基（烷基）链长越长，取代程度越高，则疏水性越强；反之，链长越短，取代程度低，则疏水性越弱。在 HIC 介质中，烷基配基的链长大多在 C_4～C_8 之间，苯基的疏水性大致与戊基相当，不过由于可能与溶质发生 π-π 相互作用，它与戊基有着不同的选择性，寡聚乙二醇固定相的疏水性界于丁基与苯基之间。

选用何种疏水程度的介质，最终依据是目标分子的疏水性强弱，总体趋势是在分离疏水性弱的分子时选用疏水性强的介质，分离疏水性强的分子时选用疏水性弱的介质。如果目标分子疏水性很弱，在分离时需要确保有足够强的疏水作用使其能够与介质发生结合，提高结合时流动相的盐浓度是增加疏水作用的方法之一，但如果介质本身疏水性不够强，单方面提高盐浓度将是事倍功半，并且疏水作用层析时盐的消耗量很大，盐浓度的高低直接关系到分离过程的成本，另外含高浓度盐类的废水在排放时涉及环保问题，因此在可能的情况下，人们更愿意采用盐浓度较低的流动相，此时选用配基链长更长、取代程度更高因而有着更强疏水性的固定相将是十分有效的手段。反之，如果目标分子疏水性很强，则应当考虑该分子是否会与介质结合得过于牢固而难以洗脱，一般的考察方法是用不含盐的缓冲液作为流动相，看是否能够将目标分子从层析柱中洗脱，对于特别难以洗脱的物质，原则上通过往流动相中加入非极性溶剂可以达到洗脱目的，但是对于蛋白质等生物分子，有机溶剂的添加很容易造成其失活，因此在这种情况下，人们更愿意选用疏水性较弱的介质以减弱溶质与介质的结合强度。

由于在第一次进行层析时，样品中目标分子的疏水性并不能确定，因此在选择介质前可以进行一次预备实验对介质进行筛选。具体的方法一般是选出疏水性强弱存在明显差异的几种介质填充成很小规模的层析柱，以含有 1mol/L 硫酸铵的缓冲液作为流动相 A，不含盐的缓冲液作为流动相 B，采用盐浓度下降的线性梯度进行洗脱，观察目标分子与固定相结合及被洗脱的情况来确定合适的介质。

在层析柱的选择方面，由于疏水作用层析属于吸附层析技术，一般采用较粗而短的层析柱，其中柱长的选择一定程度上取决于所需的分辨率，而柱内径的大小与分离样品的规模有关。

（二）样品的准备

与其他层析技术相比，HIC 在样品准备方面的要求比较低，一般来说，往层析柱中加样前无需改变样品的缓冲液体系，所需采取的措施是往样品中添加足够浓度的盐，使样品溶液中的盐浓度达到与流动相 A 中基本一致，并根据需要调节样品溶液的 pH 使其满足吸附条件。往样品中添加盐时既可以以固体形式加入，也可以以浓缩盐储液形式加入，前一种方式有时会因为局部盐浓度过大导致出现沉淀，因此后一种加盐方式更为人们所常用。需要注意的是，有时为了确保目标分子发生吸附，需要很高的盐浓度条件，但在此盐浓度下部分样品组分会发生沉淀，为了解决此矛盾，可以采取样品如溶液中盐浓度适当低于流动相 A 中盐浓度的方式。加样前层析柱先用流动相 A 充分平衡，加样时虽然样品中盐浓度较低，但样品进入盐浓度较高的层析柱后还是能有效发生吸附。

与其他吸附层析技术类似，HIC 的样品体积主要受到样品中组分浓度和介质的结合容量的影响。对于稀释样品无需浓缩可以直接加样。但如果遇到上述样品溶液盐浓度低于流动相 A 的情况时一次加样体积不能太大，否则无法确保样品有效吸附。此时如果样品体积较大，可以采用将样品分做若干份进行加样的方式，加完一份样品后用一定体积的流动相 A 通过层析柱，重新提高柱中盐浓度，使组分完成吸附，再进行下一份样品的加样，如此循环直到样品添加完毕。

对于所有层析实验，黏度过大的样品均会导致层析结果不理想，遇到这种情况，同样可以通过稀释的方法降低样品黏度。另外在加样前样品中如有颗粒状物质，必须通过过滤或离心的方法除去。

（三）层析条件的确定和优化

确定层析条件的目标是在目标分子达到所需纯度的基础上，获得尽可能高的回收率，同时力求缩短分离所需时间、降低分离成本等。在 HIC 中，层析条件主要包括流动相 A、流动相 B、洗脱方式、层析柱的柱长、流速、温度等。

流动相 A 是层析的起始条件，在绝大多数情况下，人们采用使目标分子结合至层析柱而疏水性较弱的杂质不被吸附而穿透的方式。此时需要确定的是流动相 A 中缓冲液的种类、盐的种类和浓度、pH 等条件。确定缓冲液的种类主要考虑所需采用的 pH，缓冲液在此 pH 附近必须具备强的缓冲能力，此外所用缓冲盐不会对蛋白质的稳定性造成不利影响。由于流动相中盐浓度主要依靠额外添加的盐类维持，缓冲液中缓冲盐本身的浓度一般不需要很高，通常多在 0.01～0.05mol/L 之间，仅需具有足够的缓冲能力即可。不同盐类对疏水作用的影响在前面已经讨论过，在 HIC 中最有效并且使用最广泛的盐是（NH_4）$_2SO_4$ 和 Na_2SO_4，此外 NaCl 有时也被使用。不同的盐类除了对疏水作用的强度有影响外，在层析中表现出的选择性也会不尽相同。所以盐的浓度也随样品中目标分子的疏水性而异，使用（NH_4）$_2SO_4$ 作为层析盐时常用的浓度为 0.75～2mol/L，使用 NaCl 时浓度多在 1～4mol/L。在理想的状态下，所选择的盐的种类和浓度应当能够使目标分子结合在层析柱上，而主要的杂质成分不被吸附而穿过层析柱。在试探性实验中，1mol/L 的（NH_4）$_2SO_4$ 是常用的条件，根据洗脱后的出峰情况再对其进行调整。如果目标分子在洗脱过程的早期就从层析柱中洗脱，可以适当提高流动相 A 中盐的浓度，当然也可换用疏水性较强的介质；如果目标分子在洗脱过程中很晚才被洗脱，则可以适当降低流动相 A 中的盐浓度，或者换用疏水性较弱的介质。流动相 A 的 pH 条件对吸附过程至关重要，它直接影响着目标分子在介质上的结合强度及分离过程的选择性。但是 pH 对层析结果的影响并不存在一般规律，因此层析操作大多是在能够使目标蛋白质保持良好稳定性的 pH 条件下进行的。如果在这种 pH 下目标蛋白质与介质不能有效结合，或者层析结果选择性不佳，可以考虑对层析过程的 pH 进行优化，即分别在具有不同 pH 的流动相条件下进行层析，确定分离过程的最佳 pH。当然这个过程也必须考虑到目标蛋白质的稳定性，确保层析后目标蛋白质有足够高的活性回收率。

当样品被添加至层析柱，并用 1～2 个柱体积的流动相 A 通过层析柱完成样品的吸附过程后，就要对吸附样品进行洗脱了。HIC 中将样品洗脱的方式主要有三种：①采用降低流动相中盐浓度的方式洗脱。随着盐浓度的下降，样品组分与介质间的疏水作用不断减弱，从而各组分按疏水性由弱到强的顺序被洗脱，这是 HIC 中最常用的洗脱方式。②通过往流动相中添加有机溶剂，如乙二醇、丙醇、异丙醇等，降低流动相极性的方式洗脱。极性的降低会大大减弱疏水作用，从而使得一些与介质间存在强疏水作用、较难被洗脱的组分从介质上解吸而被洗脱。这种方式常常与第一种方式结合使用，即洗脱过程中在降低盐浓度的同时逐渐增加有机溶剂的浓度，但由于溶剂的存在往往对生物大分子的稳定性产生不利影响，因此这种洗脱方式仅限于在溶剂中稳定性良好的物质的分离。③往流动相中添加去污剂等试剂进行洗脱。去污剂本身能与介质发生强烈吸附，从而将结合在其上的目标组分置换下来，但是去污剂一般会破坏蛋白质的空间结构，并且有的与介质结合过于牢固而难以被清洗下来，对介质的再次使用非常不利，因此这种洗脱方式有较大的局限性，一般在分离膜蛋白时会采用。

对于最为常用的降低盐浓度的洗脱方式，又可分为梯度洗脱和阶段洗脱，其概念在离子交换层析等节中已有阐述。在进行试探性实验时首选梯度洗脱，并且一般采用简单下降的线性梯度，梯度的终点即流动相 B 多为不含盐的与流动相 A 具有相同 pH 的缓冲液。梯度的斜率直接影响着层析过程的分辨率，斜率较低的梯度能产生好的分辨率。但是另一方面，如果洗脱过程都是从 100％的流动相 A（或者表示为 0％流动相 B）过渡到 100％的流动相 B，斜率降低会使分离所需时间延长。解决这一矛盾的方法有两种，一种是在试探性实验后对梯度进行优化，采用复合梯度，在目标分子的洗脱峰附近降低梯度斜率以获得足够的分辨率，而在其他部分提高梯度斜率以缩短层析时间，当然这些部分组分间的分辨率会变差，但不会对目标产物产生影响 ［图 5.56(a)］。另一种优化方法是采用低的梯度斜率，同时根据首次层析时目标分子的出峰位置适当降低流动相 A 中的盐浓度或增加流动相 B 中的盐浓度，这样由于梯度的范围变窄，所需时间也会缩短，从而弥补斜率降低对分离时间产生的不利影响。对于特别复杂的样品，还能采用凹形、凸形等更为复杂的梯度形式以达到满意的分辨率。阶段洗脱的优势在于操作简单，不同批次间重复性良好，因此在大规模分离纯化中较常使用。在分析型分离时只要流动相条件选择恰当，阶段洗脱同样有一定的优势，可以缩短分离时间，得到浓度较高的分离后产物，同时也能提高分辨率，因为阶段洗脱相当于在每一阶段内部采用斜率为零的梯度进行洗脱 ［图 5.56(b)］。

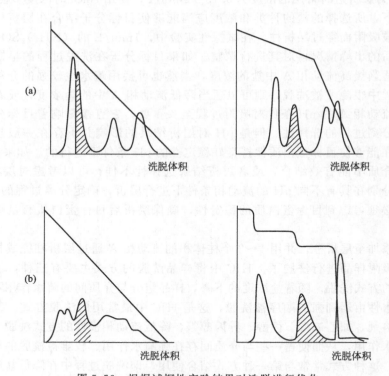

图 5.56　根据试探性实验结果对洗脱进行优化

（a）采用复合梯度洗脱；（b）采用阶段洗脱。阴影部分代表目标分子的洗脱峰，直线代表洗脱过程中盐浓度的变化

　　在 HIC 过程中温度对层析结果的影响是显著的，这是由于温度升高会增加疏水作用，这在前面已经提到过。因此从溶质结合至介质的角度看，升高温度是有利的，但是蛋白质等生物大分子在较高温度下会发生变性，所以事实上 HIC 过程并不主张在升高温度的条件下进行。但是对于特定的分离任务，操作过程的温度需要保持恒定，这样才能确保层析结果具有良好的重复性。

（四）层析介质的再生、清洗和贮存

对于不同类型的介质，再生和清洗的方法有所不同。最常规的再生方法是在洗脱过程完成后用蒸馏水清洗，如果有疏水性很强的物质如脂类、变性蛋白质等牢固结合在介质上，则需要用合适的清洗剂进行清洗，NaOH 溶液是其中常用的一种清洗剂，它在清洗层析柱的同时还能使微生物钝化灭活起到消毒的效果。此外，前面提及的促溶盐类的水溶液往往也是良好的清洗剂。HIC 介质在贮存时一般可以悬浮在 20% 的乙醇中，如果在水溶液体系中保存，则需添加一定量的防腐剂，以防止微生物的生长。

四、 HIC 的应用

HIC 已被广泛地应用于生物分子特别是蛋白质的分离纯化中，而且可作为变性蛋白质层析复性的主要应用技术。

（一）混合物的分离

李冲峰等将疏水层析技术用于从猪胰脏中分离纯化激肽释放酶，建立了一种简便、快速的分离提纯方法：将粗品溶解后经过硫酸铵沉淀处理，在比较三种疏水介质分离纯化的效果后（见图 5.57），进一步选择 Butyl Sepharose FF 疏水层析后得到目标蛋白质，分析其纯度大于 500U/mg，盐析和疏水两步纯化的收率大于 85.0%。

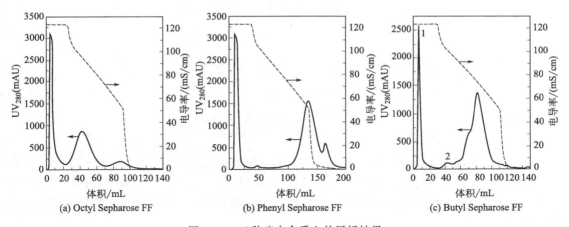

图 5.57 三种疏水介质上的层析结果

杨海荣等将一步冷乙醇沉淀后的血浆上清进行脱盐除乙醇，用阳离子交换介质 CM Sepharose FF 以透过式层析的模式吸附非白蛋白组分，再经 Butyl Sepharose FF 疏水层析后所得样品经 SDS-PAGE 银染显示一条单带，分析其纯度大于 99%，收率为 81.2%。

（二）蛋白质的复性

疏水层析同样可进行蛋白质复性并同时分离纯化。其主要原理：高盐浓度下，疏水层析介质与变性蛋白质之间以较强的疏水作用力相结合，防止了变性蛋白质分子的聚集或沉淀，而变性剂则能快速地随流动相一同流出，实现了变性剂与变性蛋白质的分离；然后，在变性剂浓度降低的微环境下，随着盐浓度的不断降低，变性蛋白质在解吸过程中重新正确折叠，

实现复性。

疏水层析复性应用的研究报道较多，例如关怡新等研究发现重组人 γ-干扰素（rhIFN-γ）在大肠杆菌中高效表达，并形成包含体。利用疏水作用层析（HIC）法对 rhIFN-γ 进行复性，在优化的线性尿素梯度复性条件下，尿素浓度在 10 个柱体积内从 6mol/L 下降到 2mol/L、流速为 1mL/min、上样量为 0.568mg 时，rhIFN-γ 的活性收率比稀释复性法提高 6.5 倍，蛋白质收率为 36 %，比活达 1.9×10^8 IU/mg。

同一种蛋白质在错误折叠和正确折叠两种不同状态下与疏水层析的介质结合情况不同，因此疏水层析也可以对它们进行分离。如赵荣志等利用疏水层析分离正确折叠与错误折叠的复合干扰素，可达到较好的分离效果（见图 5.58）。

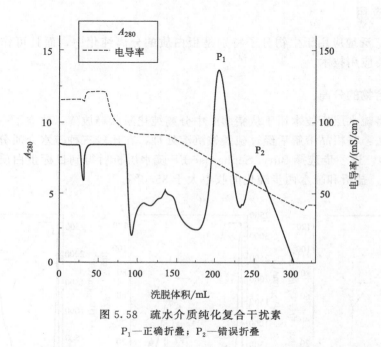

图 5.58　疏水介质纯化复合干扰素
P_1—正确折叠；P_2—错误折叠

此外，一些疏水层析介质的不断改进与开发，使疏水层析有更好和更广泛的分离应用前景，如在其基础上发展出来的疏水性电荷诱导层析（详见第七章）等；疏水层析的另一个发展趋势则是建立蛋白质的疏水特性与层析保留值之间的关系，从而实现预测待分离的蛋白质的保留时间。

◆ 参考文献 ◆

[1] 赵永芳.生物化学技术原理及应用.第三版.北京：科学出版社，2002.

[2] 谷振宇，苏志国.蛋白质的层析折叠复性.化工学报，2000，51：325-329.

[3] Gu Z Y, Su Z G. Urea gradient size-exclusion chromatography enhanced the yield of lysozyme refolding. Journal of Chromatgraphy A, 2001, 918：311-318.

[4] McCue J T, Cecchini D, Hawkins K, et al. Use of an alternative scale-down approach to predict and extendhydroxyapatite column lifetimes. Journal of Chromatography A, 2007, 1165：78-85.

[5] Suen R B, Lin S C, Hsu W H. Hydroxyapatite-based immobilized metal affinity adsorbents for protein purification. Journal of Chromatography A, 2004, 1048：31-39.

［6］ Franzini M，Bramanti E，Ottaviano V，et al. A high performance gel filtration chromatography methodfor c-glutamyl transferase fraction analysis. Analytical Biochemistry，2008，374：1-6.

［7］ Wang R Y，Wang J H，Li J，et al. Comparison of two gel filtration chromatographic methods for the purification of Lily symptomless virus. Journal of Virological Methods，2007，139：125-131.

［8］ Vignaud C，Rakotozafy L，Falguières A，et al. Separation and identification by gel filtration andhigh-performanceliquid chromatography with UV or electrochemical detection of thedisulphides produced from cysteine and glutathione oxidation. Journal of Chromatography A，2004，1031：125-133.

［9］ Cecile G M，Sylviane L，Michel O. Characterization of loaded liposomes by size exclusion chromatography. Journal of Biochemical & Biophysical，2003，56：189-217.

［10］ Palm M，Zacchi G. Separation of hemicellulosic oligomers from steam-treatedspruce wood using gel filtration. Separation and Purification Technology，2004，36：191-201.

［11］ Chaudhary R，Jain S，Muralidhar K，et al. Purification of bubaline luteinizing hormone by gel filtration chromatography in the presence of blue dextran. Process Biochemistry，2006，41：562-566.

［12］ Ishihara T，Kadoya T，Yamamoto S. Application of a chromatography model with linear gradient elutionexperimental data to the rapid scale-up in ion-exchange process chromatography of proteins. Journal of Chromatography A，2007，1162：34-40.

［13］ Brucha T，Graalfs H，Jacob L. Influence of surface modification on protein retention in ion-exchange chromatography evaluation using different retention models. Journal of Chromatography A，2009，1216：919-926.

［14］ Havugimana P C，Wong P，Emili A. Improved proteomic discovery by sample pre-fractionation usingdual-column ion-exchange high performance liquid chromatography. Journal of Chromatography B，2007，847：54-61.

［15］ Arakawa T，Tsumoto K，Nagase K，et al. The effects of arginine on protein binding and elution in hydrophobic interaction and ion-exchange chromatography. Protein Expression and Purification，2007，54：110-116.

［16］ Toribio A，Nuzillard J M，Renault J H. Strong ion-exchange centrifugal partition chromatography as an efficient method for the large-scale purification of glucosinolates. Journal of Chromatography A，2007，1170：44-51.

［17］ Xu L，Glatz C E. Predicting protein retention time in ion-exchange chromatography based on three-dimensional protein characterization. Journal of Chromatography A，2009，1216：274-280.

［18］ Zhang Q M，Wang C Z，Liu J F，et al. A novel protein refolding method integrating ion exchangechromatography with artificial molecular chaperone. Chinese Chemical Letters，2008，19：595-598.

［19］ 肖付刚，赵晓联，汤坚等. 微囊藻毒素-LR 免疫亲和层析柱的研制和应用. 分析化学，2008，36：99-102.

［20］ Liu X C. Boronic acids as ligands for affinity chromatography. Chinese Journal of Chromatography，2006，24：73-80.

［21］ Li F，Dong P J，Zhuang Q F. Novel column-based protein refolding strategy using dye-ligand affinity chromatography based on macroporous biomaterial. Journal of Chromatography A，2009，1216：4383-4387.

［22］ 汪家政，范明. 蛋白质技术手册. 北京：科学出版社，2000.

［23］ Garcia A A，Bonen M R，et al. Bioaffinity//Bioseparation Process Science. 北京：清华大学出版社，2002.

［24］ Queiroz J A，Tomaz C T，Cabral J M S. Hydrophobic interaction chromatography of proteins. Journal of Biotechnology，2001，87：143-159.

［25］ Mills J B，Mant C T，Hodges R S. One-step purification of a recombinant protein from a whole cell extractby reversed-phase high-performance liquid chromatography. Journal of Chromatography A，2006，1133：248-253.

［26］ Sun M，Qiu H D，Wang L C，et al. Poly (1-allylimidazole) -grafted silica, a new specific stationary phase for reversed-phase and anion-exchange liquid chromatography. Journal of Chromatography A，2009，1216：3904-3909.

［27］ Ma Q，Chen M，Yin H R，et al. Preparation of pH-responsive stationary phase for reversed-phaseliquid chromatography and hydrophobicinteraction chromatography. Journal of Chromatography A，2008，1212：61-67.

［28］ 李冲峰，王仁伟，刘淑珍等. 盐析与疏水层析相结合快速分离提纯猪胰激肽释放酶. 过程工程学报，2005，5：550-553.

［29］ 赵荣志，刘永东，王芳薇等. 疏水层析分离正确折叠与错误折叠的复合干扰素. 生物工程学报，2005，21：451-455.

［30］ 杨海荣，罗坚，董爱华等. 疏水层析结合冷乙醇沉淀纯化人血清白蛋白. 生物工程学报，2004，20：943-947.

［31］ Gabriela R C，Maria del C C P，Roberto G Z，et al. Novel hydrophobic interaction chromatography matrix for specific isolation and simple elution of immunoglobulins (A，G，and M) from porcine serum. Journal of Chromatography A，2006，1122：28-34.

［32］ Goyal D，Sahoo D K，Sahni G，et al. Hydrophobic interaction expanded bed adsorption chromatography（HI-EBAC）based facile purification of recombinant Streptokinase from *E. coli* inclusion bodies. Journal of Chromatography B，2007，850：384-391.

［33］ Mahn A，Lienqueo M E，Salgado J C. Methods of calculating protein hydrophobicity and their application in developing correlations to predict hydrophobic interaction chromatography retention. Journal of Chromatography A. 2009，1216：1838-1844.

第六章

电泳技术

第一节　概述

凝胶电泳是一种广泛使用的蛋白质和核酸分离分析技术，特别是聚丙烯酰胺凝胶电泳（polyacrylamide gel electrophoresis，PAGE）。

电泳（electrophoresis）就是在电场作用下各种胶体颗粒的迁移。具有不同电荷密度的生物大分子将以不同的速度迁移，从而得以分离。目前极少采用在自由溶液中进行电泳，而是使用凝胶支持介质进行电泳。凝胶既可以作为电泳缓冲液的内在支持物，也可以通过与蛋白质发生相互作用而积极参与分离过程。

电泳的种类很多，其分类和命名还没有统一，有的是根据分离原理命名，如等电聚焦、免疫电泳等；有的是根据凝胶介质命名，如聚丙烯酰胺凝胶电泳、琼脂糖电泳、淀粉凝胶电泳等。本章主要介绍以下几种经常使用的电泳：

① 天然聚丙烯酰胺凝胶电泳（native PAGE）；

② 十二烷基硫酸钠-聚丙烯酰胺凝胶电泳（SDS-PAGE）；

③ 等电聚焦（isoelectric focusing，IEF）；

④ 双向电泳（two-dimensional electrophoresis）；

⑤ 免疫电泳（immuno electrophoresis，IE）；

⑥ 蛋白质印迹（Western blotting）；

⑦ 毛细管电泳（capillary electrophoresis，CE）。

凝胶电泳是一种杰出的分析手段。通过电泳能获得样品组分信息，能帮助估计样品分子量和等电点及其分布，因此电泳是蛋白质纯化过程中重要的监测手段。蛋白质分子量的测定主要采用 SDS-PAGE，等电点的测定可使用等电聚焦。将两种基于不同分离原理的电泳方法进行组合还能大大提高分离效果。如由 SDS-PAGE 和等电聚焦组合成的双向电泳是目前可行的最有效的分析复杂蛋白质混合物的方法之一，也是目前蛋白质组学研究的主要分析手段。

一、基本原理

（一）蛋白质的电荷来源

电泳分离的基础是建立在蛋白质是带电颗粒这一事实上的。在一特定 pH 下，不同蛋白质分子由于氨基酸组成不同，所带电荷的电性和电量也不同，由此可进行蛋白质的分离和分析。大多数球形蛋白质是酸性的，等电点在 pH4～6 范围内。

（二）电泳迁移率

不同的带电颗粒在同一电场的运动速度不同，可用迁移率来表示。

迁移率即带电颗粒在单位电场强度下的泳动速度（mobility，m）：

$$m = v/E = (d/t)/(V/l)$$

式中　m——迁移率；

　　　v——迁移速度；

　　　E——电场强度；

　　　d——迁移距离；

　　　t——电泳时间；

　　　V——电压；

　　　l——凝胶长度。

由于球形分子在电场中所受的动力和阻力平衡，即

$$EQ = 6\pi r \eta v$$

式中　Q——被分离分子所带净电荷；

　　　η——介质黏度；

　　　r——分子半径。

于是有

$$m = Q/6\pi r \eta$$

即迁移率与球形分子的半径、介质黏度、颗粒所带电荷有关。

带电颗粒在电场中的迁移速度与本身所带的净电荷的数量、颗粒大小和形状有关。一般来说，所带静电荷越多，颗粒越小，越接近球形，则在电场中迁移速度越快；反之越慢。

（三）电渗

电渗就是流动相相对于固体支持介质的移动。由于电泳支持介质上含有带电基团，主要是酸性基团，如聚丙烯酰胺会在一定程度上脱氨化，琼脂糖含有一定比例的硫酸基和羧基，这些固定的带负电的基团会从缓冲液中吸引带正电的反离子，以保持系统的电中性。这些小的、高度水化的反离子是不完全固定的，它会偶然解离进溶液中，随着电压梯度被带向阴极，直至被凝胶介质上的下一带电基团所捕获。整体效果就是将液体从阳极转运到阴极。因此电泳时，带电颗粒的迁移速度是颗粒本身的迁移速度与电渗流携带颗粒的移动速度之矢量和。

电渗流的强度取决于凝胶的电荷密度、电压和缓冲液浓度。凝胶上固定电荷越多，意味着越多的反离子携带电渗流，电压越高则会增加反离子的迁移电压，而缓冲液浓度降低会迫使更高比例的电流运输反离子，从而使反离子移动更快。由于所有凝胶介质都含有带电基团，这使得等电聚焦的电渗影响格外显著，因为等电聚焦的电压特别高而且离子强度很低。因此在等电聚焦中，只有极低荷电的凝胶材料，如聚丙烯酰胺和电平衡的琼脂糖才能正常工作。为消除电渗现象可尽量选择无电渗或低电渗的电泳介质。

（四）影响电泳效果的因素

影响电泳速度及分辨率的内在因素是蛋白质分子本身的性质，主要是其在特定 pH 条件下的电性和电量，以及蛋白质分子的形状与大小。

而影响电泳速度的外在因素主要有电场强度，溶液的 pH 值和离子强度，电泳介质的性

能以及电泳时的温度等。电场强度越大则带电颗粒迁移越快，电泳时间越短。而溶液的 pH 值决定了带电颗粒的电性和电量，并进而影响其迁移速度。因此需选择合适的 pH 值，使欲分离的各种蛋白质所带电荷的电性相同且电量有较大的差异，以利于彼此的分离。溶液的离子强度应适当，即不可太高而干扰欲分离组分的迁移，又不可太低而起不到缓冲效果，合适的范围在 0.01~0.2mol/L 之间。电泳凝胶介质应均匀，对样品吸附力小，且拥有合适的电渗。电泳过程中产生的热量会造成样品扩散及烧胶，因此需控制电压或电流，而这会影响电泳迁移速度，也可安装冷却系统以改善产热。

影响电泳分辨率的主要是电泳介质，电压及冷却系统以及缓冲系统。由于样品的扩散和对流会干扰样品的分离，为此可使用支持介质以防止电泳过程中的对流和扩散。支持介质必须是化学惰性的，且均匀，化学稳定性好，并具有合适的电渗。高电压（电场强度）可以提高电泳的分辨率，但高压会导致凝胶过热甚至烧胶，因此凝胶的良好散热性是非常重要的，为此可以使用薄的平板胶及采用冷却装置。缓冲系统由于影响样品的电荷密度以及溶解性、稳定性等，会对电泳的分辨率造成影响。

（五）区带压缩技术

由于扩散，分离后的蛋白质区带随时间延长将不可避免地变宽，导致分辨率降低。这一影响可用不同的方法克服。在样品进入凝胶前以及在分离过程中和分离之后浓缩蛋白质带，都能减少区带变宽。常用的方法有降低样品离子强度、使用堆积胶（又称浓缩胶）以及使用孔径梯度凝胶等。前两种方法是使整个样品带在进入凝胶前被压缩，而最后一种方法是使各个蛋白质带在分离过程中被压缩。

最简单直接的样品压缩技术就是确保样品缓冲液的导电性低于电泳缓冲液，这将增加样品区带的场强，于是蛋白质将会在高场强影响下在样品区带内快速迁移，从而以比加样时更窄的带到达分离胶。缓冲液稀释 2~10 倍将会同比例地降低电导率，从而同比例地增加场强。由于迁移速度与场强成正比，这就导致蛋白质区带压缩 2~10 倍。

使用堆积胶能使样品在进入分离胶之前就在堆积胶内被压缩成一条窄带，而采用孔径梯度凝胶能使不同的蛋白质条带依据其 Stokes 半径大小被压缩在其孔径极限的凝胶浓度处，具体原理见本章第二节。

二、凝胶介质

最早的电泳是在自由溶液中进行的，但随后发现使用抗流动的支持介质能防止电泳过程中的对流和扩散，使被分离组分得到最大分辨率的分离，于是许多持水性支持物被采用。特别是有些介质还具有分子筛作用，从而能帮助分离。当然，分子筛效果依赖于蛋白质的大小和支持物的孔径。

电泳中使用的支持介质主要分为两类：无阻滞支持物和高密度凝胶。前者包括滤纸、醋酸纤维薄膜、纤维素、硅胶等。它们是化学惰性的，能将对流减到最小，其对蛋白质的分离仅取决于蛋白质的电荷密度，现在使用越来越少，多用于临床检验和医学分析。后者包括淀粉凝胶（由于质量不稳定且分离效果不好，已很少使用）、聚丙烯酰胺凝胶和琼脂糖凝胶。它们不仅能防止对流，降低样品扩散，还可以起到分子筛的作用，其对蛋白质的分离不仅取决于大分子的电荷密度，还取决于分子尺寸和形状。

聚丙烯酰胺和琼脂糖凝胶是蛋白质电泳中两种杰出的介质。在通常使用的浓度下，聚丙烯酰胺凝胶的孔径大小与蛋白质分子属于同一数量级，因此被认为是分子筛凝胶，而琼脂糖凝胶的孔径较大，被认为是非分子筛凝胶。

（一）聚丙烯酰胺凝胶

聚丙烯酰胺凝胶（polyacrylamide gel）是由单体丙烯酰胺（Acrylamide，Acr）和交联剂 N,N'-亚甲基双丙烯酰胺（N,N'-methylenebisacrylamide，Bis）在增速剂和催化剂的作用下聚合而成的三维网状结构的凝胶。其凝胶孔径可以调节。它是目前最常用的电泳支持介质，不仅可用于天然 PAGE，还可用于 SDS-PAGE 和等电聚焦等。

聚丙烯酰胺凝胶可通过化学聚合和光化学聚合反应而形成凝胶。

化学聚合一般用过硫酸铵（Ammonium persulfate，AP）作催化剂，N,N,N',N'-四甲基乙二胺（TEMED）作增速剂。碱性条件下 TEMED 催化 AP 生成硫酸自由基，接着硫酸自由基的氧原子激活 Acr 单体，并形成单体长链，Bis 将单体长链连成网状结构。增加 AP 和 TEMED 的浓度可加速聚合；碱性条件下胶易聚合，而酸性条件下由于缺少 TEMED 的游离碱，难以聚合，这时可用 $AgNO_3$ 作增速剂；低温、氧分子及杂质会阻碍凝胶的聚合。此法制备的胶孔径小且重复性好。

光化学聚合一般用核黄素作催化剂，TEMED 作增速剂，在光照及少量氧的条件下，黄素被氧化成有自由基的黄素环而引发聚合。此法制备的胶孔径较大且不稳定，但用此法进行酸性凝胶的聚合效果比较好。

制备聚丙烯酰胺凝胶的所有试剂应为分析纯，试剂不纯将会干扰凝胶的聚合，配试剂应使用双蒸水，贮液应避光保存，新鲜配制。注意 Acr 和 Bis 都是神经毒素，务必小心。

聚丙烯酰胺凝胶是多孔介质，其孔径大小、机械性能、弹性、透明度、黏着度及聚合程度取决于 T 和 C，$T=\text{Acr}\%+\text{Bis}\%$，为 Acr 和 Bis 的总百分含量；$C=\text{Bis}\times100\%/(\text{Acr}+\text{Bis})$，为交联百分含量。有效孔径随着 T 的增加而减少；T 恒定，C 为 $4\%\sim5\%$ 时，孔径最小，高于或低于此值则孔径变大，一般不使用 C 大于 5% 的凝胶。由于聚丙烯酰胺凝胶的孔径大小与蛋白质分子有相似的数量级，具有分子筛效应，因此能主动参与蛋白质的分离。利用孔径不同的凝胶能分离大小不同的蛋白质分子。

丙烯酰胺的浓度可以在宽广的范围内变化，但是低于 4% 以及高于 $30\%\sim40\%$ 无实际价值。在利用分子筛效果的 PAGE 中通常采用的 T 值是 $10\%\sim20\%$，C 一般是 $3\%\sim5\%$。当不需利用分子筛效果时，典型的凝胶成分应是 T5C3。

聚丙烯酰胺凝胶有很多优点。在一定浓度时，凝胶透明，有弹性，机械性能好；其化学性能稳定，与被分离物不起化学反应；对 pH 和温度变化不敏感；电渗很小，分离重复性好；样品在其中不易扩散，且用量少；凝胶孔径可调节；分辨率高。

聚丙烯酰胺凝胶可作为常规 PAGE、SDS-PAGE、等电聚焦、双向电泳及蛋白质印迹等的电泳介质。这些电泳主要用于蛋白质、酶等生物大分子的分离分析、定性定量及小量制备，并可用于测定蛋白质的分子量和等电点，研究蛋白质的构象变化等。

（二）琼脂糖凝胶

天然琼脂由琼脂糖和琼脂胶组成，它们都是由半乳糖和 3,6-脱水半乳糖交替组成的凝胶多糖，在其碳骨架上连接有不同含量的羧基和硫酸基。琼脂糖是带电更少、更纯的琼脂。

对蛋白质而言，琼脂糖是一种非分子筛凝胶，用其进行蛋白质分离时更易受到扩散的干扰，因此其分离效果一般不如聚丙烯酰胺凝胶，除非再结合其他的分离参数，如免疫电泳和亲和电泳。唯一一个使用琼脂糖具有优势的高分辨率电泳技术是等电聚焦。但是只有非常纯的含有极少量带电基团的琼脂糖才合适，那些少量的无法去除的负电基团可以通过引入完全等量的正电基团来平衡。这种琼脂糖可以从 Pharmacia Biotech 获得，商品名为 Agarose IEF。

琼脂糖凝胶具有如下特点：其孔径较大，因此可用于免疫固定、免疫电泳以及分离分子量比较大的物质，如 DNA；容易制胶；其机械强度较高；琼脂糖无毒；易于染色、脱色及储存电泳结果。但是琼脂糖凝胶具有不同程度的电内渗，凝胶容易脱水收缩。

常用 1％琼脂糖作为电泳支持物。其胶凝温度一般在 34～43℃，熔化温度在 75～90℃。

琼脂糖凝胶主要用于 DNA 分离、免疫电泳、亲和电泳、等电聚焦及蛋白质印迹等。

三、检测方法

在大多数情况下，当电泳结束后，被分离的蛋白质区带仍然保持在胶内，这时可以通过染色而显示出分离图谱，从而检测样品的分离情况。常用的全蛋白质染色方法是考马斯亮蓝法和银染法。考马斯亮蓝 R-250、G-250 的染色灵敏度达 0.2～0.5μg/带，此染料通过范德瓦耳斯键结合到蛋白质的碱性基团上，适用于对蛋白质和肽进行染色。银染法的灵敏度比考马斯亮蓝 R-250 高 100 倍。酸性的氨基黑 10B 染料也常用于蛋白质染色，但对 SDS-蛋白质染色效果不好。另外还有许多荧光染料，如丹磺酰氯、荧光胺等及更特异的染色方法。

考马斯亮蓝 R-250 使用最多。通常先用三氯乙酸和/或甲醛等试剂固定凝胶上的蛋白质，然后将凝胶浸泡于染色液（溶于稀释的乙酸/乙醇混合液）中染色，最后将凝胶浸于乙酸/乙醇脱色液中脱色，以去除多余的染料，直至背景清晰。用考马斯亮蓝可以对电泳凝胶上的蛋白质进行定量测定。

银染法更灵敏。目前有几家电泳试剂商提供即用型银染试剂盒，使得银染过程大大简便。通过对标准的蛋白质染色步骤进行稍微改进，脂蛋白也能成功地用银染法检测出来。

将特殊检测方法与一般的蛋白质染色法相结合，还可得到其他方面的信息。这些方法包括对脂类、碳水化合物和酶活进行染色。

具有抗原结合活性的蛋白质经常用蛋白质印迹（Western blotting）法检测（见本章第六节），即先将分离好的蛋白质转移到印迹膜上，然后将膜暴露于合适的标记抗血清中进行显色。这时如果同时采用全蛋白染色法（如考马斯亮蓝法），目标成分就能在全蛋白质图谱中准确定位。

染色后，考马斯亮蓝凝胶可以湿保存或干保存。湿胶应浸泡于 10％醋酸溶液中密闭保存。干胶可直接保存，干胶是将湿的平板胶用特殊的凝胶干燥器干燥后制得的，或在空气中自然干燥而得。自然干燥时为防止凝胶干裂，在最后一次洗胶溶液中应含有 10％甘油。

四、电泳仪器

现在常规使用的电泳仪器是凝胶电泳仪。凝胶电泳系统一般由电泳槽、电源和冷却装置组成，还有一些配套装置，如灌胶模具、染色用具、电泳转移仪、凝胶干燥器、凝胶扫描仪等。其中电泳槽是电泳系统的核心部分。电泳的电压则依据不同的电泳类型而不同，PAGE、SDS-PAGE 一般为 200～600V；载体两性电解质等电聚焦可达 1000～2000V；固相 pH 梯度等电聚焦则高达 3000～8000V；电泳转移宜采用低电压，大电流。有效的凝胶冷却系统可避免凝胶过热、烧胶，从而可提高电压，加大电场强度，进而加快电泳速度，提高电泳分辨率。

凝胶电泳按电泳仪形状分为管状电泳（又叫圆盘电泳）和平板电泳，平板电泳又分为垂直平板电泳和水平平板电泳。

（一）圆盘电泳

圆盘电泳（disc electrophoresis）（图 6.1）有上下两个电泳槽，上电泳槽有若干个孔，用于插电泳管。电泳管尺寸早期为长约 7cm，内径 5～7mm，现在则越来越长，越来越细，以提高分辨率和微量化。圆盘电泳的各电泳管分别制胶，因此不够简便、均一、准确，目前已很少使用，取而代之的是平板电泳，而其自身则演变成更细更长的毛细管电泳。另外由于圆盘电泳的凝胶管与电泳液直接接触，易导致液体泄漏、短路、断路等。圆盘电泳的凝胶柱粗，因此电压低、分辨率低、电泳速度慢；凝胶柱粗也会导致染色效果不好，且凝胶不利于保存。圆盘电泳主要用于早期的 PAGE 和 SDS-PAGE。

（二）垂直平板电泳

垂直平板电泳（图 6.2）有上下两个电泳槽，中间经垂直平板相连，凝胶夹在两块垂直的平行玻璃或塑料板之间，凝胶厚度一般为 0.75～3mm，样品加在凝胶上部的加样孔内，电泳时向下泳动。平板胶的优点在于能在一块胶内同时跑多个样，因此均一、可靠，并易于对比电泳图谱。平板胶的凝胶薄，表面积大，易于冷却，于是可使用较高的电压，因此分辨率高，电泳速度快；而且薄胶的染色效果好，又便于保存。垂直平板电泳也采用直接液体接触方式。现在它是 PAGE、SDS-PAGE 和蛋白质印迹的主要电泳方式。

（三）水平平板电泳

水平平板电泳（图 6.3）由分置于两侧的缓冲液槽和中间的水平冷却板上的凝胶组成，缓冲液与凝胶之间通过滤纸桥或凝胶条搭接，即采用半干技术电泳，样品加在凝胶上部，既可以加在样品孔内，也可以直接滴在凝胶表面。水平电泳的电极由固定型转变成可移动型。水平电泳系统的特别优势就在于其电极缓冲液用量很少。缓冲液凝胶条使用很方便，特别是当分析标记蛋白质时可大量减少放射性污染。水平电泳的另一特别优势在于良好的冷却系统，从而可采用高电压，既提高了分辨率，又缩短了电泳时间。水平电泳现在主要用于PAGE、SDS-PAGE、蛋白质印迹、等电聚焦、双向电泳和免疫电泳。

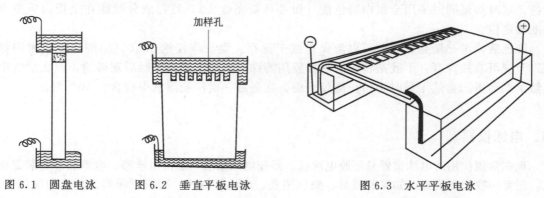

图 6.1　圆盘电泳　　　图 6.2　垂直平板电泳　　　　图 6.3　水平平板电泳

第二节　天然聚丙烯酰胺凝胶电泳

如前所述，分子筛介质能得到最高的分辨率，其中聚丙烯酰胺凝胶尤其杰出，因此聚丙烯酰胺凝胶电泳（PAGE）是蛋白质分离与分析中最常使用的电泳方法，包括天然聚丙烯酰胺凝胶电泳（native PAGE）和十二烷基硫酸钠-聚丙烯酰胺凝胶电泳（SDS-PAGE）。

一、基本原理

（一）天然 PAGE 的分离原理

天然 PAGE 对蛋白质的分离一方面基于蛋白质的电荷密度，即在恒定缓冲系统中不同蛋白质间同性净电荷的差异，另一方面基于分子筛效应，即与蛋白质的分子大小和形状有关（图 6.4），因此用天然 PAGE 不仅能分离含各种蛋白质分子的混合物，还可以研究其特性，如电荷、分子量、等电点乃至构象，并可用于蛋白质纯度的鉴定。

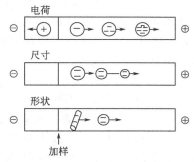

图 6.4　天然 PAGE 分离因素

（二）蛋白质堆积和电泳分离的浓缩效应

对于不连续 PAGE，包括不连续天然 PAGE 和不连续 SDS-PAGE，它对蛋白质的分离不仅仅基于上面所介绍的分子筛效应（和电荷效应），还基于其对样品的浓缩效应。样品的浓缩是通过分离胶上面的浓缩胶（又称堆积胶）完成的。浓缩胶必须对所有蛋白质都不能造成阻滞，因此使用低分子筛效应的大孔凝胶。样品在经过大孔径的浓缩胶浓缩后，再经过小孔径的分离胶进行分离。浓缩胶与分离胶之间不仅存在凝胶孔径的不连续性，还存在缓冲系统的不连续性。先导离子（如 Cl^-）存在于样品缓冲液及凝胶缓冲液中，先导离子是与待分离蛋白质（多数情况下带负电）具有同性电荷的迁移率很高的离子；尾随离子（如 Gly^-）加在电极缓冲液中，它是随着 pH 的不同而有不同解离度的蛋白质的同性离子。

在浓缩胶中，对于阳极电泳，由于 pH 值较低（pH 7 左右），尾随离子（如 Gly^-）仅有 0.1%～1% 解离（Gly^- 的 pK_a 为 9.6），因此有效迁移率很低，而带负电的待分离的蛋白质的迁移率介于先导离子和尾随离子之间。加压后，先导离子由于泳动快而与尾随离子分开，从而在其后留下一个离子真空区，这一区域的低离子强度导致高场强（电位梯度的不连续性），于是加速蛋白质与尾随离子的迁移，使其赶上但无法超越先导离子，这样蛋白质就被压缩在先导离子与尾随离子之间一个狭窄的区带上，得以浓缩，而浓缩胶的孔径较大，所有蛋白质都能顺利通过，同时被浓缩在一条窄带上。

蛋白质的等价电量浓度与前导离子在同一数量级，浓缩效果就会非常巨大，样品被浓缩成一条极窄的带。最后当样品进入分离胶后，由于 pH 值升高（pH 8.5 左右），尾随离子的解离度增加，其有效迁移率超过蛋白质，于是浓缩效应消失；而分离胶的孔径较小，于是通过分子筛效应（及电荷效应）蛋白质得以分离成多个区带。

值得注意的是堆积胶必须足够长，以确保在移动边界达到分离胶之前，蛋白质堆积得以完成。一般 5～10mm 就够了。那些移动到前导离子和尾随离子外面的蛋白质没有被浓缩。在天然 PAGE 的非变性条件及标准缓冲液系统下，没有什么蛋白质会移动得比前导离子快。许多蛋白质在其天然状态下比尾随离子移动更慢，甚至会向相反方向移动，这决定于蛋白质等电点和电泳缓冲液的 pH 值。而在 SDS-PAGE 中，所有蛋白质都带强的负电荷，因此比尾随离子移动快，小分子蛋白质可能移动到紧随前导离子处。通过选择合适的缓冲液及其浓度，蛋白质堆积的原理可用于不同 pH 值以分离不同类型的蛋白质。

二、天然 PAGE 的类型

按被分离蛋白质的电性，天然 PAGE 可分为阳极电泳和阴极电泳。

① 阳极电泳：为通常使用的电泳方式，pH 8.0～9.5，多数蛋白质带负电，向阳极迁移。

② 阴极电泳：仅用于分离碱性蛋白质，pH 4.0 左右，蛋白质带正电，向阴极迁移。

按电泳系统的连续性，PAGE（包括天然 PAGE 和 SDS-PAGE）可分为连续系统与不连续系统两大类，前者由于电泳体系中缓冲液 pH 值和凝胶浓度保持不变，因此无浓缩效应；后者由于电泳体系中缓冲液离子成分、pH 值以及凝胶浓度的不连续性，从而有浓缩效应，因此分辨率高。

① 连续电泳：只有分离胶，pH 值恒定，样品缓冲体系、凝胶缓冲体系、电极缓冲体系相同，只是离子强度不同。

② 不连续电泳：蛋白质先经浓缩胶浓缩，再经分离胶分离，其中分离胶可以是均一胶，也可以是梯度胶。均一胶中整块凝胶为同一浓度，而梯度胶是由连续改变的浓度梯度组成的，沿蛋白质迁移方向，浓度梯度逐渐增大，凝胶孔径变小。

在孔径梯度胶中，样品加在低浓度区，当蛋白质迁移进一更高密度的凝胶网络中时，来自凝胶的摩擦力或筛分效果增强，于是电泳迁移速度降低，当蛋白质到达其孔径极限的凝胶浓度时，其迁移速度达到 0，而孔径极限主要取决于蛋白质的 Stokes 半径。

梯度胶 PAGE 是一种可估计天然蛋白质分子量的多样化技术。为了更准确地估计天然蛋白质的分子量，梯度胶 PAGE 必须在使蛋白质高度带电的 pH 下进行，对大多数蛋白质来说这意味着碱性条件。标准条件是使用 pH 8.2～8.6 的缓冲液。梯度胶的分离图谱比均一胶更压缩，非常适于进行图谱扫描，可将分子量很大至很小的蛋白质在同一块凝胶上进行分离。

最简便的梯度胶制胶方法是从梯度混合器中将胶灌注至磨具中。如果使用合适的装置，可同时制备几块胶。目前有多种商品化制胶设备和电泳设备供应。

三、影响分离效果的因素

蛋白质在一块凝胶中的电泳迁移率取决于其电驱动力和摩擦阻力之间的平衡。电动力取决于电压和蛋白质带电量，而阻力取决于凝胶浓度和蛋白质大小。因此可被最优化的参数是缓冲液 pH 值、浓度和凝胶孔径。大多数情况下，对于中性和酸性蛋白质，标准条件是缓冲液 pH 值 8～9，分离胶凝胶浓度 7%～10%，对于碱性蛋白质，则采用相反电极和缓冲液 pH 值 4～5。

（一）缓冲系统

电泳缓冲系统包括缓冲液的 pH 值和离子组成及浓度。电泳缓冲系统选择的原则是保证样品的溶解度、稳定性、生物活性以及电泳的速度和分辨率。

1. 缓冲液 pH 值

对于天然 PAGE，由于蛋白质分离时需保持溶解状态，且其分离要依据其电荷密度，因此 pH 值的选择很重要,一方面要使蛋白质的电荷密度差别大以利于分离,另一方面要使蛋白质荷电多且带同性电荷以加速分离。由于有近半数蛋白质的等电点在 pH 4.0~6.5,因此常使用 pH 8.0~9.5 缓冲体系的阳极电泳。通常使用的有 Tris-HCl(pH 7.1~8.9)、Tris-Gly(pH 8.3~9.5)、Tris-硼酸(pH 8.3~9.3)、Tris-醋酸(pH 7.2~8.5)缓冲系统。对于碱性蛋白质可采用 pH 3.0~5.0(KOH-醋酸)的阴极电泳进行分离。

2. 缓冲液离子强度

缓冲液离子强度低,蛋白质迁移速度快,但电泳带较宽,体系的 pH 缓冲能力也较弱;离子强度高,蛋白质迁移速度慢,电泳带窄细,但由于高导电性而产生大量热,易导致蛋白质变性及烧胶。一般天然 PAGE 的离子强度应为 0.01~0.1mol/L,最常用的为 0.05mol/L。

阳极电泳和阴极电泳的缓冲系统列于表 6.1。

表 6.1 天然 PAGE 的缓冲系统

项目	阳极电泳	阴极电泳
样品缓冲液	同浓缩胶缓冲液,离子强度适当调整	同浓缩胶
电极缓冲液	pH 7.0~8.5(如 0.025mol/L Tris-0.2mol/L Gly)	pH 4.0~4.5(如醋酸-Ala)
浓缩胶缓冲液	pH 7.0 左右(如 0.01mol/L Tris-HCl),样品带负电	pH 5.0~6.0(如 KOH-醋酸)
分离胶缓冲液	pH 8.0~9.5(如 0.03mol/L Tris-HCl),样品带负电	pH 2.0~4.0(如 KOH-醋酸)
先导离子	在样品及凝胶缓冲液中,多为 Cl^-	多为 K^+
尾随离子	在电极缓冲液中,多为 Gly^-(pK_a 为 9.6)	多为 Ala^+ 或 Gly^+(pK_a 2.3)
反向离子	在样品、电极和凝胶缓冲液中,带正电	带负电

(二)凝胶浓度

对于天然 PAGE,凝胶的分子筛效应(凝胶孔径)与电泳分辨率、电泳速度密切相关,而凝胶的孔径大小决定于凝胶浓度,因此凝胶浓度的选择很重要。

一般可根据样品中蛋白质的分子质量范围选择合适的凝胶浓度(如表 6.2)。对于未知样品,可先选择 T 为 7.5% 的标准均匀胶进行试验,然后根据电泳分离效果的好坏及区带的迁移距离再选择合适的凝胶浓度,必要时可选择一定浓度范围的梯度胶分离复杂组分。

表 6.2 蛋白质分子质量范围与聚丙烯酰胺凝胶浓度的关系

$C=2.6\%$		$C=5\%$	
凝胶浓度 $T/\%$	分子质量范围/kDa	凝胶浓度 $T/\%$	分子质量范围/kDa
5	30~200	5	60~700
10	15~100	10	22~280
15	10~50	15	10~200
20	2~15	20	5~150

(三)助溶剂

在许多情况下,当蛋白质的生物功能可被用来获得其他相关信息时,天然状态下的电泳是最好的选择，至少是变性电泳的有力补充。但当蛋白质很难溶解时，往往需要使用助溶剂。

普通的球状蛋白质在标准缓冲液中具有良好的溶解性，分离时很容易保持天然构象和完整活性，不需要添加助溶剂。而疏水性膜蛋白和一些丝状蛋白质很难溶于普通缓冲液中。为了使这些蛋白质溶于电泳溶液中，必须使用强洗涤剂如 SDS 和还原剂（巯基乙醇、二硫苏糖醇等）以打开二硫键。苯酚、醋酸和尿素的混合物也被成功地用于溶解膜蛋白质。

所有类型的助溶剂，包括非离子、兼性离子、阳离子和阴离子洗涤剂都可以使用。为了使蛋白质处于其天然构型，最好首先试用尽可能温和的洗涤剂，如 CHAPS。对于那些非常难溶解的蛋白质，最后可求助于强洗涤剂如 SDS。SDS-PAGE 已成为一种专门的电泳方式。一些非同寻常的稳定的蛋白质在 SDS 中能保留活性，有时小心地用弱洗涤剂置换强洗涤剂也可以恢复蛋白质的活性。

四、蛋白质分子量的测定

用天然 PAGE 测定蛋白质的分子量时需排除电荷的影响，因此需测量蛋白质分子在不同浓度凝胶中的相对迁移率从而得到蛋白质的分子量。相对迁移率 R_f 定义为蛋白质对于指示剂的相对迁移距离。具体来说就是先用不同浓度的凝胶同时测量未知和已知分子量的蛋白质的相对迁移率；然后对不同蛋白质分子，以其相对迁移率的对数对凝胶浓度作图，得出一条直线，直线的斜率为阻滞系数，它与蛋白质分子量成正比（确切地说，阻滞系数与凝胶系统的交联度，分子的形状和分子量有关）；最后用已知分子量的蛋白质的阻滞系数对它们的分子量作图，得到一条直线，在此直线上根据未知蛋白质的阻滞系数可查得它的分子量。

五、天然 PAGE 的实验方法

任何一种凝胶电泳都要经历三个主要步骤：制胶、电泳和检测。另外还有一些辅助步骤，如样品准备等。天然状态下的 PAGE 是各种电泳的基础。

（一）制胶

1. 制胶装置及操作模式

在制胶之前，首先要将制胶模具准备好（图 6.5）。最早的 PAGE 实验采用垂直管状电泳，而现在主要采用垂直平板电泳以及水平平板电泳，特别是垂直平板电泳应用更普遍。

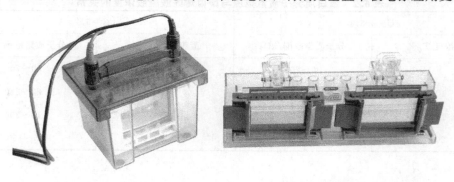

(a) 电泳槽　　　　　　　　　　　(b) 制胶模具

图 6.5　Mini PROTEAN 3 垂直电泳槽和制胶模具

对于管状（圆盘）电泳，将玻璃管下口封住，以防止胶液泄漏，胶液从顶部灌注。

对于垂直平板电泳，凝胶通常是灌注在两块垂直放置的玻璃板之间，左右两边和下面用0.5mm厚的弹性胶圈密封，并用夹子夹紧，或是左右两边密封并夹紧，而底部固定在弹性橡胶条上，以防止胶液漏出，凝胶溶液从顶部灌注。

对于水平平板电泳，也采用垂直灌注方式。垂直平板电泳先灌注分离胶，再灌注浓缩胶，而水平平板电泳则无顺序要求。

连续电泳只有分离胶，灌胶比较简单，而不连续电泳需依次灌注分离胶和浓缩胶。下面仅就不连续电泳中的阳极电泳的制胶方法作一介绍。

2. 配制贮液

在制胶和电泳前，应首先配制各类贮液，包括凝胶贮液、电泳缓冲液贮液和样品缓冲液贮液，见表6.3，这些贮液在4℃可稳定很长时间。

丙烯酰胺是神经毒剂，应戴手套操作。电泳试剂应达到电泳纯，并使用双蒸水配制溶液。

表6.3 典型的阳极天然 PAGE 贮液

贮液		组成
凝胶贮液	丙烯酰胺贮液	$T=30\%,C=2.6\%\sim3\%$
	4×分离胶缓冲液	pH 8.9,0.15mol/L Tris-HCl
	4×浓缩胶缓冲液	pH 6.8,0.05mol/L Tris-HCl
	过硫酸铵贮液	10g/100mL 过硫酸铵（AP）
电泳贮液	10×电极缓冲液	pH 7.2,0.025mol/L Tris-0.2mol/L Gly
样品贮液	5×样品缓冲液	pH 6.8,0.3125mol/L Tris-HCl,25%甘油,0.05%溴酚蓝

3. 制备分离胶

根据所需的凝胶体积和丙烯酰胺浓度配制分离胶溶液，如总量为10mL，T 为 $X\%$，则配方见表6.4。

表6.4 天然 PAGE 分离胶配方

丙烯酰胺贮液	4×分离胶缓冲液	双蒸水	10%AP	TEMED
$X/30\times10=(X/3)$ mL	10/4=2.5mL	$(10-X/3-2.5)$ mL	约50μL	5~10μL

其中前三样先混合好后，再依次慢速搅拌加入10%AP及TEMED，并立即混合好。溶液中应避免产生气泡，否则凝胶聚合不好。

分离胶溶液混合好后，迅速将胶液通过注射器或滴管注入凝胶模具中，达到所需高度后，在胶面上轻轻注入一层1~5mm的蒸馏水，然后静置20~60min，等待凝胶聚合。刚加入水层时，在分离胶溶液与水层之间有一界面，随后界面迅速消失，凝胶聚合后，在分离胶和水层之间又重新出现一个明显的界面。这时倾斜凝胶，可判断凝胶是否聚合。

凝胶应在20~60min内聚合，聚合的快慢可通过增减AP及TEMED的量来调节。若仍然无法达到满意的聚合，应检查各种试剂，如AP液是否过期，试剂中是否有杂质等。

4. 制备浓缩胶

待分离胶聚合后，先除去分离胶上的水层（用注射器或吸管吸出，或用滤纸吸出），然后根据浓缩胶的浓度和用量配制浓缩胶溶液，配制方法同分离胶，但注意 4×分离胶缓冲液应换为 4×浓缩胶缓冲液。

将浓缩胶溶液迅速、稳定地注入分离胶之上，直至顶部。对于垂直平板电泳，小心地在顶端倾斜插入梳子，待其齿底到达玻璃板顶部时，压平梳子，注意应避免齿端留有气泡。静置 30min 等待凝胶聚合，然后小心取出梳子及两边和底部的弹性胶圈，注意不要撕裂加样孔。对于圆盘电泳，由于样品是直接加在浓缩胶胶面上的，因此无需用加样梳产生加样孔。对于水平平板电泳，由于可在胶面上直接加样，因此可以先灌注浓缩胶，再灌注分离胶。

将凝胶梳拔出后，用吸管吸取少量电极缓冲液淋洗加样孔，以赶去凝胶表面的气泡。可预先配制 10×电极缓冲液贮液备用，见表 6.3，使用时稀释 10 倍即可。

平板胶制备好后，可立即进行电泳，也可以先不取出加样梳和胶圈，将夹住的胶板用薄膜封好，以免干裂，然后置于 4℃冰箱内，留待以后使用。

将凝胶放入电泳槽内，上下（或左右）电泳槽中加入电极缓冲液，使凝胶两端浸没在缓冲液中并排除气泡，然后接好电极，准备上样。

（二）加样

1. 样品预处理

样品一般溶解在特殊的样品缓冲液（见表 6.3，使用时应将贮液稀释 5 倍）中。样品溶液应达到适当的离子强度。若离子强度过高，可用样品缓冲液做流动相或置换液，通过透析法、Sephadex G-25 或 G-50 凝胶过滤层析法或超滤法进行脱盐处理。当样品的缓冲能力和离子强度很低时，可直接加入 1/4 体积 5×样品缓冲液进行混合。

只有溶液中的蛋白质分子才能用电泳进行分析。如果样品很难溶解，可用助溶剂助溶（如 TritonX-100），并在 10000r/min 下离心 10min，取上清加样，以免电泳时脱尾。特别是在冰箱中放置较长时间的样品，上样前必须离心除去沉淀物。这是电泳成功与否的关键。不过尽管如此，相对于层析法而言，电泳样品中的颗粒甚至纤维物质一般并不会严重影响电泳凝胶，但这些不溶性物质却很易破坏层析柱。

样品浓度应根据样品组分的复杂程度及目标蛋白质的含量来确定。若用考马斯亮蓝染色，以目标带的蛋白质浓度 0.5～2mg/mL 为佳。对未知样品，可做一个蛋白质 0.2～20mg/mL 的稀释系列，以寻找最佳浓度。

2. 蛋白质标样的准备

将合适分子量范围的 5～7 种标准蛋白质（市售或自行配制）混合溶解在样品缓冲液中，制备成蛋白质标样。

3. 加样

对于垂直平板电泳，用微量注射器吸取定量样品溶液，小心地伸入加样孔底部稳定加样，空孔中应加入样品缓冲液，以防止边缘效应。

对于水平电泳，可在胶面上直接加样，或在加样孔中加样。阳极电泳的样品加在阴极侧；阴极电泳的样品加在阳极侧。

对于圆盘电泳，样品直接加在浓缩胶胶面上。

（三）电泳

加好样后，接好电极，打开电源，将电压稳定在 200V 进行电泳。待溴酚蓝前沿到达电泳槽底部时，关闭电源，取出凝胶，准备染色。

在电泳过程中，要确保电泳缓冲液和凝胶保持良好的接触，防止短路和断路，保证电流的稳定。电泳时切勿使凝胶过热或产生温度梯度，否则将会导致边缘效应，即指示剂前沿呈现两边向上的曲线形，这时可以通过降低电压来改善电泳状况。电泳时如果出现指示剂前沿呈现两边向下的曲线形，则说明电泳装置不合适。

对于水平电泳，应先预电泳 20min，以除去凝胶中的不纯物，然后再加样。加样后，先进行 5～10min 低电压低电流电泳，使蛋白质分子顺利进入凝胶后，再调高到合适的电压、电流下进行电泳。

（四）检测

天然 PAGE 不破坏蛋白质的生物活性，可采用的检测方法很多，其中考马斯亮蓝染色法最常用，其检测灵敏度为 $0.2～0.5\mu g/$ 带。若要提高灵敏度可采用银染色法，检测灵敏度可达纳克（ng）级。另外还有荧光染色等方法。

1. 考马斯亮蓝染色法

考马斯亮蓝主要有 R-250 和 G-250 两种。R 为红蓝色，G 为蓝绿色。R-250 是三苯基甲烷的衍生物，而 G-250 是 R-250 的甲基取代物。R-250 常用于蛋白质染色，其染色方式多为三步法：先固定，再染色，最后脱色。也可固定和染色同时进行。G-250 多用于对小肽染色，其染色方式多为两步法：先同时固定和染色，再脱色。

考马斯亮蓝含有两个 SO_3H 基团，偏酸性，它结合在蛋白质的碱性基团上，并且与不同的蛋白质结合时呈现相同的颜色，颜色的深浅与蛋白质的量呈线性关系；在一定 pH 值时，蛋白质-染料复合物又可解聚。

首先固定半小时，固定可使蛋白质凝聚，防止其扩散，固定的时间可以延长。然后染色，染色时间取决于凝胶厚度等，时间不宜过长，否则增加脱色难度，一般低于半小时。最后脱色，脱色时应多次更换脱色液，直至背景脱净为止。搅拌和升温可加速染色和脱色过程。

在染色过程中应避免手指印留在电泳凝胶上，且染色用容器要用盖子或封口膜密封。

2. 银染色法

更灵敏的蛋白质染色方法是银染法。银染色的灵敏度达 2ng/带，银染时蛋白质带上的 $AgNO_3$ 被还原成金属 Ag 而沉积在蛋白质带上。

现在常使用即用型银染试剂盒进行银染。银染过程中蛋白质先固定、再显色。常用的固定剂有戊二醛、乙醇、甲醇、醋酸、三氯醋酸，固定能阻滞蛋白质在凝胶中的扩散。银染的显色方法主要有化学显色和光显色两种。前者又分为双胺银染法和非双胺化学显色银染法。双胺银染法是先将凝胶加到氢氧化胺和 $AgNO_3$ 中染色，然后再酸化显像，最后终止显色；非双胺化学显色银染法是先将凝胶固定，再加酸性 $AgNO_3$，在碱性条件下用甲醛还原，使 Ag^+ 转变成 Ag 而显像，最后酸化终止显色。光显色法是通过光使 Ag^+ 转变成 Ag。在这些方法中，非双胺化学银染法应用较多。

3. 荧光染料法

荧光染料可以是染料本身发荧光，或是染料与蛋白质的反应产物发荧光。荧光染料法分为电泳前预标记和电泳后再标记两种方法。

电泳前预标记蛋白质主要是采用丹磺酰氯、荧光胺、邻苯二甲酸二醛（OPA）等，特别是荧光胺近年来用得较多。由于游离荧光胺及其水解产物不发荧光，只有其蛋白质标记物发荧光，因此其显色无背景干扰，检测灵敏度可达 5ng。但是荧光胺和蛋白质发生反应后，会改变蛋白质在天然 PAGE 和 SDS-PAGE 中的迁移率。

电泳后蛋白质带的迅速定位可以用 OPA、荧光胺、1-苯胺-8-萘磺酸盐（ANS）进行荧光标记。OPA 法是先将电泳凝胶浸泡在含 0.07%～0.08% 巯基乙醇的 pH8.5、0.1mol/L 巴比妥钠或磷酸缓冲液中 10～25min，再置于 10mg/mL OPA 甲醇溶液中暗处理 15min，即可用紫外灯在 365nm 处观察荧光带，0.25μg 即可检到。ANS 法是将电泳凝胶浸泡在含 0.003g/100mL ANS 的 pH 6.8、0.1mol/L 磷酸缓冲液中 5～10min，即可用紫外灯观察荧光带。ANS 法不灵敏，大于 20μg 才能检到。

4. 其他染色方法

除了上面这些染色方法外，还有一些其他方法可用于蛋白质染色，如苯胺黑、氨基黑、丽春红 S、快绿 FCF 等。

对于特殊蛋白质，如糖蛋白、脂蛋白、含铁蛋白、酶等，既可以用一般的蛋白质染色方法，也可以针对性地利用其功能基团的特殊反应性质，采用更为专一性的染色方法，以获得更多的信息。具有抗原结合活性的蛋白质经常用蛋白质印迹（Western blotting）法检测。

相对而言，考马斯亮蓝、银染法应用广泛，因为电泳结果可被扫描、保存，而荧光法虽然较灵敏、方便，但难于保存电泳结果，因此其应用受到限制。银染法相对于考马斯亮蓝法灵敏度高，但实验繁杂，对试剂要求高，且会使某些蛋白质漏检，并使别的生物大分子显色，费用又昂贵，因此在对灵敏度无苛刻要求的情况下，多使用考马斯亮蓝染色法。

染色后，在加样处染色带过深，则说明样品分子量过大或溶解不好，浓度过高，应调节电泳的缓冲系统及凝胶浓度，并对样品进行适当处理。电泳凝胶中陷入气泡，也会导致蛋白质带畸变。若出现脱尾现象，则说明样品溶解不佳，可对样品进行助溶、离心处理。样品溶解不好，也常会导致电泳后凝胶表面出现纹理现象。

（五）电泳结果的保存

凝胶经染色后，应马上拍照或扫描，以记录电泳结果。需要的话，可将凝胶干燥保存。厚度大于 1.0mm 的厚胶必须用凝胶干燥仪进行干燥，否则凝胶会龟裂；而厚度小于 1.0mm 的薄胶既可用凝胶干燥仪干燥，也可采用自然干燥法。平板胶也可以浸泡在 7% 乙酸溶液中低温下密封保存，但时间仅为几个月。

（六）电泳后蛋白质条带的回收

用任何一种检测方法定位后，从胶上切下对应的带，然后将其简单地浸泡在缓冲液中，就可以容易地将纯化的蛋白质带回收下来。当然更有效的方法是利用等速电泳原理完成同步提取和浓缩。

六、天然 PAGE 的应用范围

天然 PAGE 主要用于分析样品组分并监测蛋白质纯化进程，还可在排除电荷干扰后测定蛋白质的分子量。由于天然 PAGE 在电泳后蛋白质还保持其生物活性，因此可用于分离并回收各种活性蛋白质，如酶、抗原、抗体、激素等，并可用于辅助研究天然蛋白质的构象。

第三节　SDS-聚丙烯酰胺凝胶电泳

蛋白质可被许多试剂变性，如尿素、盐酸胍、强的正或负离子洗涤剂等。其中，带负电的洗涤剂十二烷基硫酸，通常以钠盐形式存在，即十二烷基硫酸钠（SDS），被证明在聚丙烯酰胺凝胶电泳分离中非常有用。

一、SDS-PAGE 的分离原理

SDS-PAGE 的基础就在于十二烷基硫酸钠和蛋白质肽链之间非常强烈的相互作用导致 SDS-蛋白质复合物以一个整体迁移。SDS-蛋白质复合物的高电荷含量使它们具有高电泳迁移率，因此所需分离时间很短。而且 SDS 强烈的助溶效果使得几乎所有蛋白质都可进行电泳分析，包括那些不溶解性蛋白质如丝状蛋白质和疏水性膜蛋白。

SDS 是一种阴离子洗涤剂，作为变性剂和助溶性试剂，它能破坏蛋白质分子内和分子间的氢键及疏水相互作用，使分子去折叠，导致蛋白质构象改变。而巯基乙醇等还原剂可以打开蛋白质分子内的二硫键，使其分解为亚基。在电泳体系中加入 SDS 和强还原剂（如巯基乙醇、二硫苏糖醇等）后，蛋白质分子被解聚成多肽键并充分展开，因此电泳过程中蛋白质的生物活性丧失或减弱，但电泳后可恢复或部分恢复其活性。

SDS-PAGE 成功关键之一是蛋白质与 SDS 的结合过程，影响它们结合的因素主要有三个：一是溶液中 SDS 单体的浓度，二是样品缓冲液的离子强度，三是二硫键是否完全被还原。

低离子强度时，SDS 主要以单体形式存在，此时它可以与蛋白质结合生成蛋白质-SDS 复合物。当 SDS 单体浓度大于 1mmol/L 时，它与多数蛋白质结合成 1.4g SDS/g 蛋白质的柔软棒状物。由于 SDS 带有大量负电荷，当它与蛋白质结合后，蛋白质-SDS 胶束所带的负电荷大大超过了蛋白质原有的电荷量，从而掩盖了不同蛋白质分子间原有的电荷差异，使所有蛋白质都带有相同密度的大量负电荷，于是蛋白质间不存在电荷密度的差别。而 SDS-蛋白质复合物都是椭圆棒形，无形状差别，棒的长度与蛋白质亚基分子量有关，因此在 SDS-PAGE 中蛋白质仅存在分子或亚基大小的差别，而不受其原有电荷的影响，于是可利用凝胶的分子筛效应，即蛋白质的亚基分子量差异将各种蛋白质分开，因此 SDS-PAGE 常用于测定蛋白质亚基的分子量及鉴定纯度。

与天然 PAGE 相似，不连续 SDS-PAGE 对蛋白质的分离除了基于分子筛效应外，还基于其对样品的浓缩效应。

二、SDS-PAGE 的类型

在 SDS-PAGE 中，由于蛋白质与 SDS 结合后都带负电，因此是阳极电泳。

SDS-PAGE 也可分为圆盘电泳、垂直平板电泳和水平平板电泳。其中平板电泳经常使用。

SDS-PAGE 一般不采用连续电泳方式，而多采用不连续电泳方式，因为在 SDS-PAGE 中蛋白质间不存在电荷密度的差异，其分离主要取决于蛋白质亚基的分子大小。不连续电泳的分离胶可以是均一胶，也可以是梯度胶。

三、影响分离效果的因素

由于在 SDS-PAGE 中，蛋白质间不存在电荷密度的差别，其分离主要依据蛋白质的亚基分子量，因此凝胶浓度和电泳缓冲系统是影响 SDS-PAGE 分离效果的主要因素，另外 SDS 的质量也会影响分离效果。

（一）凝胶浓度

凝胶浓度决定凝胶孔径大小，并进而影响凝胶的分子筛效应。特别是对于 SDS-PAGE，由于电泳分离只取决于 SDS-蛋白质亚基胶束的大小，因此凝胶浓度的选择尤为重要。

应根据样品中蛋白质的分子质量范围选择合适的凝胶浓度（如表 6.5）。

表 6.5　蛋白质分子质量范围与 SDS-聚丙烯酰胺凝胶浓度的关系

$C=2.6\%$		$C=5\%$	
凝胶浓度 $T/\%$	分子质量范围/kDa	凝胶浓度 $T/\%$	分子质量范围/kDa
5	25～200	5	60～170
10	10～70	10	20～100
15	<50	15	10～50
20	<40	20	5～40

（二）缓冲系统

对于 SDS-PAGE，由于 SDS 对蛋白质的助溶作用以及负电荷的包裹作用，蛋白质的分离仅依据于亚基的分子大小，因此缓冲系统的选择较简单，只要利于分离并保持蛋白质的稳定以及不与 SDS 发生相互作用即可。最常用的缓冲系统为 Tris-甘氨酸缓冲液，其余还有磷酸缓冲液（多用于连续电泳）、Tris-醋酸盐缓冲液、Tris-硼酸盐缓冲液、咪唑缓冲液以及 SDS-尿素系统（用于分离低分子量蛋白质样品）。离子强度一般要求比较低，为 0.01～0.2mol/L。

SDS-PAGE 为阳极电泳，其缓冲系统类似于表 6.1 中的天然 PAGE 阳极电泳，但需加入适量 SDS，不连续电泳的凝胶缓冲液和样品缓冲液中还需加适量甘油。

在连续电泳中常使用相同的缓冲系统，只是离子强度不同。在不连续电泳中，样品缓冲液和凝胶缓冲液常采用同一系统，只是 pH 值和离子强度不同。一般采用低离子强度，且样品缓冲液的离子强度通常为凝胶缓冲液的十分之一，但 SDS 的含量应高于凝胶缓冲液。在凝胶缓冲液中一般加入 0.1％SDS，在样品缓冲液中加 1％～2％SDS 和 1％～6％巯基乙醇（或 3％二硫苏糖醇），并加适量溴酚蓝。电极缓冲液可采用与此相同或不同的缓冲系统，其中含 0.1％ SDS，它主要影响电泳的速度。

（三）SDS 的质量

SDS 的质量，尤其是烷基类似物的存在，会严重影响分离。SDS 的质量也会干扰蛋白质的复性。为了获得可重复的结果，只能使用高质量的 SDS，而且其他洗涤剂或烷基硫酸类似物只能在需要时严格控制使用。

四、蛋白质亚基分子量的测定

对于 SDS-PAGE，蛋白质的电泳迁移率仅取决于亚基分子量的大小，且与其对数成正比，而且在任何凝胶浓度时，相对迁移率 R_f 与分子量对数之间都存在线性关系，选择合适的凝胶浓度只是为了得到最佳分辨率。于是选择合适的标准蛋白和合适的凝胶浓度，经过一次电泳即可得到蛋白质亚基的分子量，而不像天然 PAGE 法需做多次电泳，因此 SDS-PAGE 是测定蛋白质亚基分子量的最简单可靠的方法。如果样品以还原和非还原两种状态电泳，则可以推测出共价连接的亚基数目。

分子量低于 10000 的小蛋白质或肽将不会严格地依据分子大小迁移，或是随缓冲液前沿迁移而根本没有分离。这些小肽-SDS 复合物与 SDS 胶束也具有相似的大小，而且所有低于 10000 分子量大小的肽将浓缩在 SDS-胶束前沿中。Swank 和 Munkres 在 SDS-PAGE 系统中（0.1%SDS，0.1mol/L Tris-磷酸，pH 6.8，$T = 12.5\%$）加入 8mol/L 尿素，成功地分离了分子量低至 1000 的肽，且其分离基本依据分子量大小。在聚丙烯酰胺梯度胶中（10%～30.2%），采用 Wyckoff 缓冲系统电泳，分子量 1500～100000 的蛋白质和肽都能在同一块胶中分离开。提高经典的 Laemmli 缓冲液的 pH 值，也能扩展分离的范围至较小的多肽。

一些蛋白质在 SDS-PAGE 中行为异常。糖蛋白不能像普通蛋白质一样，以同等程度结合 SDS，其分子量容易被高估 30%。对于极端带正电的蛋白质，如组蛋白等，SDS 的电量似乎被蛋白质本身的电量所中和，从而使得分子量的测定很困难。极端酸性的蛋白质如胃蛋白酶、木瓜蛋白酶和葡萄糖氧化酶，只能结合很少量的 SDS。

五、 SDS-PAGE 的实验方法

在 SDS-PAGE 中，样品缓冲液中必须含有 3～4 倍于蛋白质的 SDS 和足以断裂二硫键的 β-巯基乙醇或二硫苏糖醇，并在 95～100℃加热至少 3min，使蛋白质完全变性展开。由于每克伸展的蛋白质结合 1.4g 单体 SDS，因此通常在样品缓冲液中加 1～2g/100mL SDS、1%～5%巯基乙醇或 1.5%～3%二硫苏糖醇，在凝胶及电泳缓冲液中加 0.1%SDS。

为了保护样品，防止二硫桥再氧化，还原后可以将样品用碘乙酰胺烷基化处理。具体操作是在加热使样品变性后，立即加入碘乙酰胺至 2%浓度。烷基化经常能得到窄带并显著地改善实验结果。最好的实验结果来自于还原和烷基化样品，但是即使不将分子间二硫键还原，也能很好地估计分子量。未还原蛋白质在迁移时只慢 14%。在垂直电泳中，一般要在样品中加入蔗糖或甘油，以增加样品密度，使得容易操作。样品中加少量溴酚蓝既可以帮助操作，又可以作为痕量染料。

样品缓冲液最好与浓缩胶缓冲液相同，但要适当稀释。虽然原则上讲样品最好采用低离子强度，但是实际上样品中离子强度的不利影响并不太强，甚至可使用 0.8mol/L NaCl。

所需样品量主要依赖于检测方法的灵敏性。对于相对低灵敏度的考马斯亮蓝法，至少需要 500ng 蛋白质/带或 5～10μg 总蛋白质。而对于高灵敏度的免疫法、酶法或银染法，10～25ng 或更少就够了。

（一）制胶

SDS-PAGE 多采用不连续电泳方式，其制胶方法与天然 PAGE 的制胶方法基本相同，但由于凝胶中含有 SDS，易起泡、低温下又易结晶析出，因此单体贮液不需抽气，聚合时的

凝胶也不宜在 4℃ 放置。

1. 配制贮液

在制胶和电泳前，也应首先配制各类贮液，见表 6.6。

表 6.6　典型 SDS-PAGE 贮液

贮液		组成
凝胶贮液	丙烯酰胺贮液	$T=30\%,C=2.6\%\sim3\%$
	4×分离胶缓冲液	pH 8.8,1.5mol/L Tris-HCl 缓冲液,含 0.4%SDS
	4×浓缩胶缓冲液	pH 6.8,0.5mol/L Tris-HCl 缓冲液,含 0.4%SDS
	过硫酸铵贮液	10g/100mL 过硫酸铵(AP)
电泳贮液	10×电极缓冲液	pH8.3,0.25mol/L Tris-1.92mol/L Gly,1.0%SDS
样品贮液	5×样品缓冲液	pH6.8,0.4mol/L Tris-HCl,50%甘油,10%SDS,5%巯基乙醇,0.1%溴酚蓝

丙烯酰胺是神经毒剂，应戴手套操作。电泳试剂应达到电泳纯，并使用双蒸水配制溶液。

2. 制备分离胶

同天然 PAGE（见表 6.4），也是根据丙烯酰胺的浓度和凝胶的体积配制分离胶溶液，但需加入 0.1%SDS，根据聚合快慢调节 AP 和 TEMED 用量，使凝胶在 20～60min 内聚合。

3. 制备浓缩胶

同天然 PAGE，但需加入 0.1%SDS。

（二）制备样品和加样

将蛋白质溶液与 5×样品缓冲液以 4∶1（体积比）混合（蛋白质溶液过浓的话，需预先脱盐处理）后，在 100℃ 水浴中加热 3～5min，使蛋白质充分变性，再于 10000r/min 离心 5min，取上清液加样。其他同天然 PAGE。

（三）电泳

电泳缓冲液中含 0.1%SDS。余同天然 PAGE。

（四）染色和检测

多用考马斯亮蓝法和银染法。对于考马斯亮蓝法，在 SDS-PAGE 后，凝胶的固定和染色时间应比常规 PAGE 的长一倍左右，或用多倍体积染色液染色，以排除 SDS 的影响。对于银染法，在电泳后染色之前，必须将凝胶多次漂洗，以除去 SDS。

（五）电泳结果的保存

同天然 PAGE。

六、　SDS-PAGE 的应用范围

SDS-PAGE 主要用于分析样品组分，监测蛋白质纯化进程，并进行定性、定量，特别是可测定蛋白质的亚基分子量。相对于光散射、层析、超离心、渗透法等，SDS-PAGE 是测定蛋白质亚基分子量的一种简单、经济、快捷、高分辨率、高重复性的好方法。

SDS 变性条件下的电泳非常有效、快速、直接，因此有时 SDS-PAGE 会被不必要地使用。在某些情况下，当蛋白质的生物功能可被用来获得其他相关信息时，天然状态下的电泳应该是更好的选择，至少是 SDS 电泳的有力补充，特别是对于那些易于溶解的蛋白质来说。

但是对于那些很难溶解的蛋白质，如疏水性膜蛋白或某些丝状蛋白质，为了使它们溶于电泳溶液中，常常使用 SDS 和还原剂（巯基乙醇、二硫苏糖醇等）以打开二硫键。而有时通过小心地用弱洗涤剂置换强洗涤剂可以恢复蛋白质的活性。

第四节　等电聚焦

等电聚焦（isoelectrofocusing，IEF）是蛋白质在一个连续的、稳定的线性 pH 梯度上进行的电泳，此 pH 梯度建立在阳极和阴极之间，阴极的 pH 值高于阳极。蛋白质作为两性电解质，在 pH 值低于其等电点 pI 时带正电，在 pH 值高于其 pI 时带负电，因此不管蛋白质处于此梯度中的什么位置，它都会向其 pI 迁移。由于 IEF 具有聚焦效应（浓缩效应），因此它是目前一向电泳中分辨率最高的技术。

等电聚焦的关键是在凝胶中形成稳定的、连续的线性 pH 梯度。虽然早在 1929 年 Williams 和 Waterman 就描述了今天的等电聚焦的基本原理，早在 1959 年 Kolin 就首次将等电聚焦用于分离，但那时还无法使 pH 梯度稳定。当时等电谱技术可看做是第一代等电聚焦技术；直到 1969 年 Svensson 和 Vesterberg 成功地合成了"载体两性电解质"，才使得等电聚焦发展成通用工具，这就是后来的载体两性电解质 pH 梯度 IEF，被称为是第二代等电聚焦技术；固相 pH 梯度的使用起自于 1982 年 Immobiline 的合成。通过将弱酸、弱碱两性基团直接引入丙烯酰胺中（如 Immobiline），使得在凝胶聚合时就形成 pH 梯度，即 pH 梯度被固定成凝胶基质的一部分，而不会随着环境电场等条件变化。固相 pH 梯度 IEF 被称为是第三代等电聚焦技术；近年来发展起来的第四代等电聚焦技术，是将载体两性电解质与固相 pH 梯度结合起来的混合技术，它使 IEF 分离优势更为突出。

一、原理

（一）等电聚焦的聚焦效应

天然 PAGE 的缓冲系统是恒定的，因此样品易扩散，分辨率不高。而等电聚焦是在稳定的、连续的、从阳极至阴极线性提高的 pH 梯度中进行的电泳。在 pH 梯度中，当某一蛋白质处于其非等电点位置时，由于它带有净电荷，势必向异性电极方向迁移，即其等电点方向迁移，一旦抵达其等电点位置，因净电荷为 0 而停止迁移；即使蛋白质因扩散而进入邻近非等电点区，由于其带电，会被立即吸引回等电点处。因此蛋白质只能在其等电点位置被聚焦成一条窄带（图 6.6），于是等电聚焦的分辨率大大高于天然 PAGE。这种聚焦效应是等电聚焦高分辨率的保证。

IEF 对蛋白质的分离仅仅取决于蛋白质的等电点，因此可以在凝胶的任何位置加样，且无须加成窄带。

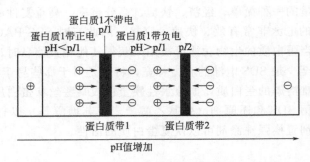

图 6.6　等电聚焦的聚焦效应

（二）等电聚焦的分辨率

在电场作用下，由载体两性电解质迁移而建立起 pH 梯度，或用 Immobiline 制胶而直接形成 pH 梯度，蛋白质被聚焦在其等电点处。电场作用下蛋白质的聚焦效果受扩散的制约。当将蛋白质运进区带内的电动力正好与将其运出区带的扩散力相平衡时，就形成稳态。

假设 pH 梯度线性连续，为 $d\mathrm{pH}/dx$；场强均一，为 E；不同蛋白质的扩散系数相同，为 D；所有蛋白质在单位 pH 下的电泳迁移率固定且相同，为 $du/d\mathrm{pH}$；则将两个蛋白质区分开来的最小 pI 差别为：$pI = -3\left[\dfrac{D(d\mathrm{pH}/dx)}{E(du/d\mathrm{pH})}\right]^{1/2}$。

降低扩散系数能提高等电聚焦的分辨率，而降低扩散系数的唯一途径就是增加介质的黏度，但这会使实验变慢，并减小蛋白质的电泳迁移率，从而降低分辨率，因此增加黏度不是改善分辨率的好办法。由于扩散系数与分子大小相关，因此大分子蛋白质比小分子蛋白质或肽聚焦更好。蛋白质在单位 pH 的电泳迁移率 $du/d\mathrm{pH}$ 越高，聚焦效果也会越好，但这是蛋白质的内在性质。当蛋白质带有许多 pK 值接近其等电点的基团时，其迁移率高，而大分子蛋白质比小分子蛋白质带有更多此类基团，因此大分子蛋白质更易于等电聚焦。

总的来说，等电聚焦的分辨率主要决定于 pH 梯度和场强。pH 梯度范围越窄，则分辨率越高，但聚焦时间会延长，且只能应用于 pI 范围很窄的蛋白质。对于载体两性电解质等电聚焦来说，窄 pH 梯度很难保持平滑；但是对于 Immobiline 固相 pH 梯度等电聚焦来说，窄 pH 梯度比宽 pH 梯度更易制备，这是其最大优势。场强越高，则分辨率越高，且能减少电泳时间。场强高就要求电压大及离子强度低，但电压过大会在凝胶中产生过多的热而导致烧胶。为了维持高电压，就必须提供有效的冷却系统，因此等电聚焦多采用水平平板凝胶。

载体两性电解质 IEF 的分辨率为 0.01pH，而固相 pH 梯度 IEF 的分辨率可高达 0.001pH。

由于等电聚焦的关键是要在凝胶中形成稳定的、连续的线性 pH 梯度，那么如何形成这种 pH 梯度呢？载体两性电解质 IEF 和固相 pH 梯度 IEF，在建立 pH 梯度时的原理和方法不同，将对此分别进行介绍。

二、载体两性电解质和 pH 梯度的形成

（一）载体两性电解质

载体两性电解质 pH 梯度等电聚焦的凝胶支持介质为琼脂糖或聚丙烯酰胺，其作用仅仅

为形成电泳凝胶；而协助 pH 梯度形成的则为游离的小分子载体两性电解质，它们通过在凝胶中迁移到固定位置而形成 pH 梯度。

载体两性电解质 pH 梯度的形成类似于蛋白质分子在 pH 梯度中的迁移和定位过程。在电极反应中，H^+ 在阳极形成，OH^- 在阴极形成，从而导致在阳极和阴极分别形成低和高 pH 值区域，而 pI 值低于体系平均 pH 值的两性离子会在靠近阳极处浓缩成一陡峭的梯度，如果它在其 pI 处具有良好的缓冲性能，就会在 pI 周围产生一 pH 平顶，大量这种物质若具有平均分布的 pI，则其平顶互相交盖而产生一连续的 pH 梯度。这种形成并稳定 pH 梯度的两性物质即统称为载体两性电解质。

载体两性电解质是一种缓冲能力强、导电性能好的两性电解质。良好的载体两性电解质首先必须在其等电点处具有很强的缓冲能力，以对抗样品对 pH 梯度的干扰，保证 pH 梯度的稳定。这就要求每个分子在接近其等电点处有许多 pK 值，所以大多数天然的两性分子，特别是大多数天然氨基酸，不能作为载体两性电解质。载体两性电解质还必须具有良好的均匀的导电性能，以保证电场的均匀、高电压和 pH 梯度的稳定；以及良好的溶解性能，以保证等电聚焦过程中 pH 梯度的形成和蛋白质的迁移。

实际上，由于在 pH 梯度的每一位置都有一个唯一的化学组成，因此在整个 pH 范围内缓冲容量和电导率都不同。低缓冲容量的区域更易扭曲，对于蛋白质上样量大的制备电泳，来自于蛋白质的缓冲容量会影响 pH 梯度。在电导率最低，也就是场强最高的区域会发生局部过热，这些区域决定了可使用的整体电压的高低。因此如果在整个 pH 梯度下都要保持最佳聚焦条件，就要求载体两性电解质有均一的缓冲容量和电导率。

目前有几种载体两性电解质产品，它们的分子量一般接近 1000，易与蛋白质分离。瑞典 LKB 公司的 Ampholine 是脂肪族多氨基多羧酸；瑞典 Pharmacia 公司的 Pharmalyte 是脂肪族多羟基多氨基多羧酸；德国 Serva 公司的 Servalyte 是脂肪族多氨基磺酸或多氨基磷酸。电解质的 pI 值在大多数羧基的 pK 值和大多数氨基的 pK 值之间。调节酸和胺的比例，就可得到不同 pH 范围的载体两性电解质。脂肪链越长，则载体两性电解质的 pH 值越连续，得到的 pH 梯度越平滑。

商用载体两性电解质的 pH 范围有宽 pH 范围和窄 pH 范围两种。宽 pH 范围一般是 pH 3～10，适用于扫描整个蛋白质图谱；窄 pH 范围则包括 pH 值从低到高的各种型号，每种型号的下限和上限之间一般相差 2 个 pH 值左右，适用于测定某个蛋白质的等电点，或是分析等电点很相近的蛋白质。一般最好不用窄梯度，因为其聚焦时间太长且聚焦带更易扩散。

（二）　pH 梯度的形成

pH 梯度由成百上千个载体两性电解质分子所维持，这些分子按等电点顺序排列且有部分交叉分布。在无电场时，所有载体两性电解质分子都荷电，但总的净电荷为 0，此时的 pH 值是其 pH 范围的平均值。当引入电场时，带不同电荷的载体两性电解质分子将向其异性电极方向迁移，直至到达其净电荷为 0 的位置。由于载体两性电解质具有很强的缓冲能力，使得它所处环境的 pH 值等于它本身的 pI。一定时间以后，所有不同 pI 的载体两性电解质分子都迁移到其对应的 pH 位置，于是形成从阳极至阴极 pH 值递增的 pH 梯度。

pH 梯度的线性决定于载体两性电解质的质量，而将两种或两种以上不同 pH 范围的载体两性电解质预混合，可产生均匀的缓冲能力和导电性，以及更为线性的 pH 梯度。

pH 梯度范围的稳定性则决定于载体两性电解质的质量、电泳时的电参数及凝胶系统的组成。在凝胶中添加甘油、蔗糖或山梨醇等（10%～15%），可增加黏度、减少电内渗、提高 pH 梯度的稳定性。

三、载体两性电解质等电聚焦方法

等电聚焦主要用于分析，很少用于制备。

传统的制备型等电聚焦是在垂直的冷却玻璃管中进行的，并通过蔗糖或甘油密度梯度防止热对流。另一种制备型等电聚焦采用水平床 Sephadex 凝胶，不过在制备凝胶板时，需要适当的步骤以产生正确的胶液密度。它能克服垂直管的许多缺点，如可以使用有效的冷却系统，从而可采用高电压，但是将蛋白质从 Sephadex 凝胶中洗脱出来比较困难，而且载体两性电解质的消耗量很大。因此这两种方法都有各自的缺点。目前 Bio-Rad 公司有一种制备型等电聚焦系统，是在螺旋管内的自由溶液中进行的。当根据等电点进行蛋白质的制备型分离时应首选层析聚焦法。有些蛋白质在层析聚焦的低离子强度下会形成复合物或凝聚，这时制备型等电聚焦仍是最好的选择。

分析型等电聚焦一般采用高电压和低离子强度，以提高分辨率。维持高电压必须具有良好的凝胶冷却系统，以防止凝胶过热而烧胶，因此一般采用水平薄胶。它具有高分辨率和良好的重复性能，且可同时扫描并对比多个样品。降低体系离子强度，不仅可提高分辨率，还能避免干扰 pH 梯度。

根据电泳介质的不同，IEF 分为聚丙烯酰胺凝胶 IEF 和琼脂糖凝胶 IEF。聚丙烯酰胺凝胶 IEF 只可分析分子量小于 30 万的蛋白质，不过它的带较窄，很少电渗影响和梯度漂移，重复性高；而琼脂糖凝胶 IEF 可分析分子量大至 200 万的大分子，但容易受电渗干扰，特别是在等电聚焦的高电压和低离子强度下，这时必须使用最纯的且电平衡的琼脂糖，不过琼脂糖凝胶易于制胶且无毒。

用于等电聚焦的聚丙烯酰胺凝胶浓度为 5%～8%，交联度约为 3%；而用于等电聚焦的琼脂糖浓度为 1%。胶内载体两性电解质的浓度为 2%～2.5%，2% 用于 2mm 胶，2.5% 用于 0.5mm 胶。载体两性电解质的导电性能越好，缓冲能力越大，则可使用的电压就越高，电泳时间就越短，分辨率越高，但电压过高易引起烧胶。

（一）制胶

目前商业上有已制备好的多种 pH 范围的聚丙烯酰胺等电聚焦凝胶供应，包括湿胶和干胶。干胶可用任何所需 pH 范围的载体两性电解质溶液溶胀。不过有时需要自行配制等电聚焦凝胶，包括聚丙烯酰胺凝胶和琼脂糖凝胶。

1. 制备聚丙烯酰胺凝胶

加有载体两性电解质的丙烯酰胺凝胶的聚合比加有 SDS 的及天然丙烯酰胺凝胶的聚合要困难，可提高温度至 30～40℃ 以加快聚合。中性和碱性范围的凝胶聚合可采用 AP-TEMED 化学聚合法，一般调整催化剂量使凝胶在 40min～1h 内聚合最好。催化剂过多会导致等电聚焦时烧胶。酸性范围的凝胶聚合比较困难，可采用亚甲基蓝-二苯氯化碘-甲苯亚磺酸或核黄素-二苯氯化碘-甲基亚磺酸光聚合法。

聚丙烯酰胺等电聚焦凝胶的制胶过程如下，基本类似于水平板天然 PAGE 的制胶过程，但有一些试剂的变化。

① 首先组装好灌胶模具，一般使凝胶厚度达 0.5～1mm。注意在上下两块玻璃板之间的密封垫圈上涂抹硅油，以获得良好的密封性。

② 配制 T 为 30%、C 为 3% 的丙烯酰胺单体贮液（注意有毒）。

③ 选取并配制合适 pH 范围的 40% 载体两性电解质溶液。有时还需配制山梨醇或甘油等中性小分子溶液，并使其在凝胶中的最终浓度达到 10%，以提高体系渗透压，对抗聚焦的载体两性电解质间不均匀的渗透压，防止在凝胶表面产生条带。

④ 配制凝胶溶液（如表 6.7）。在加入 AP 和 TEMED 之前，小心混合溶液，避免陷入气泡，必要时可用抽滤瓶抽气 5~10min；加入 AP 和 TEMED 后，即刻轻轻混匀。有时可不加 TEMED。

表 6.7　载体两性电解质 IEF 凝胶配方

总 X mL	30%丙烯酰胺单体	40%载体两性电解质	40%山梨醇或甘油	双蒸水	10%AP	TEMED
体积	$(X \times 6/30)$mL	$(X \times 2.4/40)$mL	$(X \times 10/40)$mL	$(X - 0.2X - 0.06X - 0.25X)$mL	$5X$ μL	$0.5X$ μL
终浓度	$T=6\%,C=3\%$	2.4%	10%		0.05%	0.05%

⑤ 灌胶。将凝胶溶液沿垫片缓慢稳定地注入灌胶模具内，注意避免产生气泡。

⑥ 待凝胶聚合后，从模具边缘可以看到光折射，此时即可取胶。

⑦ 将凝胶连同冷却装置放入电泳池中，检查凝胶是否有渗漏。

2. 制备琼脂糖凝胶

① 组装好灌胶模具，并在 70℃ 烘箱中保温。

② 将琼脂糖煮沸溶解在终浓度为 10% 的山梨醇或甘油溶液中，以防止等电聚焦时产生条带及水分蒸发。待温度降至 75℃ 时，加入特定 pH 范围的 40% 载体两性电解质溶液，至终浓度 2.4%（体积分数），溶解混匀，并使琼脂糖的终浓度达 1%。

③ 取出灌胶模具，倾斜着将上述溶液灌注到两块玻璃板之间，之后放平、冷却，使凝胶溶液凝固。

④ 取胶，拭去凝胶表面的水分以防止电泳时短路，然后将凝胶及冷却装置放入电泳池中。

（二）上样

等电聚焦样品的离子强度应尽可能低，最好溶解在双蒸水中，以避免盐离子对 pH 梯度的破坏及烧胶。为了促进样品的溶解，可加入两性离子，如 1% 甘氨酸或 2% 载体两性电解质助溶，这些试剂不会干扰 pH 梯度；或用一些解聚试剂，如 50% 二甲亚砜、50% 二甲基亚酰胺、90% 亚酰胺、33% 聚氧乙烯甘油醚等助溶。对于疏水蛋白质，可用尿素、无离子去污剂（如 Triton X-100、Nonidet P-40、Tween20、Tween40、Tween80 等）或两性离子去污剂（如 Chaps）助溶。

需要注意的是，尿素会分解成异氰酸铵，进而与蛋白质的伯胺发生反应，将其转变成带负电的基团，而降低蛋白质的等电点。好在在室温或低于室温下尿素分解得很慢，因此应使用新鲜配制的尿素，或在上样前预聚焦以去除异氰酸铵。

等电聚焦样品无需浓缩。其上样量取决于检测灵敏度和实验目的。若用考马斯亮蓝检测，则需 10~50μg 蛋白质。对于含 DNA 的黏稠的细胞粗提取液，可加入 DNA 酶或在靠近阳极处上样以除去 DNA。样品可用多孔塑料加样器上样或浸泡在滤纸片上上样，前者多用于聚丙烯酰胺凝胶，后者多用于琼脂糖凝胶。原则上讲，样品可加在凝胶的任意位置处（或加样孔内），但最好不要直接加在等电点处，以防止蛋白质沉淀而干扰实验结果。

（三）等电聚焦

上样后将凝胶两侧分别与阳极、阴极电极溶液相连。阳极、阴极电极溶液的作用是为了避免样品或载体两性电解质在阳极氧化或在阴极还原。电极液通常由不挥发的酸或碱配制而成。阳极、阴极电极溶液的 pH 值应比阳极、阴极端的 pH 值分别略低和略高。对于聚丙烯酰胺凝胶，宽 pH 范围等电聚焦的电极液通常为强酸（约 10mmol/L 磷酸）和强碱（约 20mmol/L NaOH），窄 pH 范围的电极液为弱酸（1mol/L 醋酸、低 2 个 pH 值的 2％载体两性电解质溶液）和弱碱（高 2 个 pH 值的 2％载体两性电解质溶液）。对于琼脂糖等电聚焦，阳极液多为 0.5mol/L 醋酸，阴极液多为 0.5mol/L NaOH。

将阳极、阴极分别与电源的正极、负极相连，接通电源，进行等电聚焦电泳。不同的电泳装置有不同的电参数，一般上限电压达 2000V，上限电流达 50mA。等电聚焦前期一般采用恒功率方式，后期达到稳态后多采用恒电压方式。

在电泳初期，多数载体两性电解质分子远离其等电点，因此荷电高，系统电导率高；随着载体两性电解质分子向其等电点迁移，其带电量不断减少，系统电导率随之降低并趋于稳态；当凝胶的电流接近最小值而降低缓慢时，pH 梯度即已建成。但是由于蛋白质分子比载体两性电解质迁移慢，应继续改由恒压方式电泳一定时间，以使蛋白质充分聚焦。

由于不同蛋白质的迁移率不同，其最适聚焦时间也不同，对于 10cm 聚焦长度，一般需要 1500～3000V·h 以完成聚焦。可通过将样品分别在阳极和阴极加样，或在电泳中期再加一次样，或聚焦不同时间，然后检查蛋白质带是否聚焦在同一位置，来检验聚焦是否完成。

酸性和碱性 pH 下的等电聚焦都比较困难。在低 pH 处，质子浓度高，因此场强很低，导致酸性蛋白质聚焦很慢且不确定。在极端碱性 pH 处，CO_2 会溶解，从而降低这一区域的 pH 值，并以 HCO_3^- 方式向酸性区域迁移，到达酸性端后又以 CO_2 形式释放，总体效果就是持续酸化 pH 梯度的碱性端，而且凝胶表面比底部更易受 CO_2 影响，致使区带倾斜。解决的办法就是去除体系的 CO_2，所用缓冲液应脱气或用 N_2 饱和水配制，电泳聚焦时应以氮气流洗。另外聚丙烯酰胺凝胶在碱性 pH 下不稳定，酰氨基易碱解而带负电，导致电渗和梯度漂移。琼脂糖凝胶在高 pH 值下更会发生梯度漂移。

（四）pH 梯度和等电点的测定

聚焦后，可用表面电极从阴极至阳极每隔 1cm 测定一 pH 值，或使用等电点标准蛋白质来获得 pH 梯度曲线。这时要确保聚焦完全，并要注意凝胶温度的干扰。当用表面电极测定 pH 时，还要注意溶剂成分的影响，另外高 pH 值的测定也不易准确。通过 pH 梯度曲线即可测得聚焦后的蛋白质的等电点。

（五）等电聚焦后凝胶的检测和保存

等电聚焦后的蛋白质条带需通过染色显露出来，通常用考马斯亮蓝染色法，也可用银染法，其染色方法与天然 PAGE 的染色方法相似。

凝胶先用固定液（如 10％三氯醋酸或 10％三氯醋酸/3.5％磺基水杨酸溶液）固定 30min；再用脱色液（如 25％乙醇/8％乙酸或 35％乙醇/10％乙酸溶液）或 95％乙醇浸洗，以除去凝胶中的载体两性电解质，防止它们与一些蛋白质形成不溶性化合物，而致使染色后无法脱尽；之后用考马斯亮蓝 R-250 染色液染色 10min，染色液中可加适量硫酸铜，因为它可被载体两性电解质螯合，便于除去载体两性电解质，从而易于脱色干净；最后用脱色液多次脱色直至背景无蓝色为止。酸性蛋白质通常难以被酸性固定液固定，也难以被带负电的考马斯亮蓝染料染色。

凝胶的保存及 IEF 结果的记录同天然 PAGE。

由于聚丙烯酰胺电渗很小，而琼脂糖电渗较高，因此聚丙烯酰胺凝胶等电聚焦的分辨率比琼脂糖凝胶等电聚焦的高。等电聚焦时，可先用宽 pH 范围等电聚焦电泳找出欲测蛋白质的 pI 位置，再用合适的窄 pH 范围 IEF 精确定位并测定其等电点。

四、固相 pH 梯度介质及其 pH 梯度的形成

固相 pH 梯度 IEF 和载体两性电解质 IEF 的主要差别就在于形成 pH 梯度的原理和方法不同，而其他方面都相似。大多数前面讨论的有关电泳方法同样适用于固相 pH 梯度 IEF。

（一）固相 pH 梯度介质

固相 pH 梯度所用的介质是一些具有弱酸或弱碱性质的丙烯酰胺衍生物，它们与丙烯酰胺和甲叉双丙烯酰胺具有相似的聚合行为，因此它们除了可以在滴定终点附近形成 pH 梯度外，还参与丙烯酰胺的共价交联，形成凝胶，从而形成固定的 pH 梯度。

固相 pH 梯度介质包括酸性丙烯酰胺衍生物和碱性丙烯酰胺衍生物。酸性丙烯酰胺衍生物含有一个弱的羧基，碱性丙烯酰胺衍生物含有一个叔氨基。在聚合过程中，这些弱酸、弱碱基团就共价结合到聚丙烯酰胺凝胶介质中，参与聚丙烯酰胺凝胶的形成。

现在主要的商品固相 pH 梯度介质是瑞典 LKB 公司的 Immobiline。

Immobiline 的 pK 值随实验条件，如温度、离子强度、溶剂的介电常数等而改变，因此电泳时要严格控制温度为 10℃。另外尿素等添加剂会降低水溶液的介电常数，并进而改变 Immobiline 的 pK 值，因此需形成凝胶后再用尿素液泡胀。

Immobiline 最大的问题就在于它的不稳定性。它易降解，脱去弱酸、弱碱基团，从而干扰 pH 梯度的形成和准确性；碱性 Immobiline 尤其易发生自聚合，进而使被分离的蛋白质分子发生沉淀；另外碱性 Immobiline 还会形成 N-氧化物，从而影响凝胶聚合。

（二）固相 pH 梯度的建立

目前主要有六种不同 pK 值的固相 pH 梯度介质，pK 3.6、pK 4.6、pK 6.2、pK 7.0、pK 8.5、pK 9.3。利用不同的组合可配制不同 pH 范围的凝胶。

首先，根据欲建立的 pH 梯度范围选择合适的缓冲组分和滴定组分，并由此配制酸性重液（含 25g/100mL 甘油）和碱性轻液。对于 1 个 pH 范围梯度的建立，可采用 $pH_{mid} \approx pK$ 的方式，即设计范围的中点 pH_{mid} 与缓冲组分的 pK 值接近，而滴定组分的 pK 值远离设计 pH 范围的两端，将缓冲组分与滴定组分以一定比例分别配制成酸性重液和碱性轻液（表 6.8）。对于窄范围 pH 梯度的建立，可在此基础上采用内插法得到。对于宽范围 pH 梯度的建立，其配方如表 6.9。

表 6.8 1 个 pH 范围的固相 pH 梯度配方

0.2mol/L Immobiline pK						pH 范围	0.2mol/L Immobiline pK					
3.6	4.6	6.2	7.0	8.5	9.3		3.6	4.6	6.2	7.0	8.5	9.3
酸性重液的体积/μL							碱性轻液的体积/μL					
—	904	—	—	—	129	3.8～4.8	—	686	—	—	—	477
—	713	—	—	—	177	4.1～5.1	—	803	—	—	—	659
—	682	—	—	—	235	4.3～5.3	—	992	—	—	—	871
—	716	—	—	—	325	4.5～5.5	—	1314	—	—	—	1208

生化分离原理与技术（第二版）

续表

	0.2mol/L Immobiline pK						pH 范围		0.2mol/L Immobiline pK					
	3.6	4.6	6.2	7.0	8.5	9.3			3.6	4.6	6.2	7.0	8.5	9.3
酸性重液的体积/μL	562	600	863	—	—	—	4.6~5.6	碱性轻液的体积/μL	—	863	863	—	—	105
	218	863	863	—	—	—	4.9~5.9		—	863	863	—	—	248
	113	863	863	—	—	—	5.1~6.1		—	863	713	—	—	443
	1251	—	1355	—	—	—	5.2~6.2		337	—	724	—	—	—
	775	—	903	—	—	—	5.5~6.5		209	—	686	—	—	—
	536	—	713	—	—	—	5.8~6.8		144	—	803	—	—	—
	416	—	691	—	—	—	6.1~7.1		112	—	1133	—	—	—
	972	—	—	1086	—	—	6.2~7.2		262	—	—	686	—	—
	635	—	—	783	—	—	6.5~7.5		171	—	—	724	—	—
	465	—	—	683	—	—	6.8~7.8		125	—	—	934	—	—
	381	—	—	736	—	—	7.1~8.1		103	—	—	1422	—	—
	1028	—	—	750	750	—	7.2~8.2		548	—	—	750	750	—
	938	—	—	750	750	—	7.4~8.4		458	—	—	750	750	—
	1230	—	—	1334	—	—	7.5~8.5		331	—	—	720	—	—
	591	—	—	—	750	—	8.0~9.0		159	—	—	—	750	—
	482	—	—	—	687	—	8.2~9.2		130	—	—	—	893	—
	389	—	—	—	720	—	8.5~9.5		105	—	—	—	1334	—
	1208	—	—	—	—	1314	8.6~9.6		325	—	—	—	—	716
	871	—	—	—	—	992	8.8~9.8		235	—	—	—	—	682
	525	—	—	—	—	707	9.2~10.2		141	—	—	—	—	817
	410	—	—	—	—	694	9.5~10.5		111	—	—	—	—	1165

表 6.9　宽范围固相 pH 梯度配方

	0.2mol/L Immobiline pK						pH 范围		0.2mol/L Immobiline pK					
	3.6	4.6	6.2	7.0	8.5	9.3			3.6	4.6	6.2	7.0	8.5	9.3
酸性重液的体积/μL	299	223	157	—	—	—	3.5~5.0	碱性轻液的体积/μL	212	310	465	—	—	—
	569	99	439	—	—	—	4.0~6.0		390	521	276	—	—	722
	415	240	499	—	—	—	4.5~6.5		—	570	244	235	—	297
	69	428	414	—	—	—	5.0~7.0		—	474	270	219	—	320
	—	450	354	113	—	—	5.5~7.5		347	—	236	287	284	—
	435	—	323	208	44	—	6.0~8.0		286	—	174	325	329	—
	771	—	276	185	538	—	6.5~8.5		192	—	153	278	362	—
	1349	—	—	272	372	845	7.0~9.0		484	—	—	232	189	546
	668	—	—	445	226	348	7.5~9.5		207	—	—	925	139	346
	399	—	—	364	355	94	8.0~10.0		91	—	—	329	366	289
	578	110	450	—	—	—	4.0~7.0		302	738	151	269	—	876
	702	254	416	133	346	—	5.0~8.0		175	123	131	345	346	—
	779	—	402	93	364	90	6.0~9.0		241	—	161	449	237	225
	542	—	—	378	351	—	7.0~10.0		90	—	—	324	350	280
	588	254	235	117	170	—	4.0~8.0		—	554	360	142	334	288
	830	582	218	138	795	122	5.0~9.0		—	249	263	212	292	230
	941	—	273	243	260	282	6.0~10.0		100	—	333	361	239	326
	829	235	232	22	250	221	4.0~9.0		147	424	360	296	71	663
	563	463	298	273	227	127	5.0~10.0		21	59	34	420	310	273
	1102	—	455	89	334	—	4.0~10.0		—	114	50	488	157	357

然后将酸性重液置于梯度混合器的混合腔内，其 pH 值为欲建立的 pH 范围的酸性起点；将碱性轻液置于贮液腔内，其 pH 值为欲建立的 pH 范围的碱性终点。通过酸性重液和碱性轻液的梯度混合，就可得到从酸性到碱性的线性 pH 梯度。

（三）固相 pH 梯度等电聚焦的特点

固相 pH 梯度等电聚焦是一向电泳中分辨率最高的。原因在于电泳的分辨率与电场强度成正比，与 pH 梯度范围成反比。由于固相 pH 梯度等电聚焦可以使用窄范围 pH 梯度（＜1pH）和很平缓的梯度区间（0.01pH/cm），并且凝胶中的离子强度很低，导电性低，从而可使用高电压，因此电场强度高，于是其分辨率可高达 0.001pH。

相对于载体两性电解质 pH 梯度，固相 pH 梯度非常稳定、无梯度漂移、梯度易控制、重复性好、上样容量高，且对盐、缓冲液、尿素、中性去污剂等不敏感。

但是固相 pH 梯度等电聚焦也有其不足之处。其制胶非常麻烦，预聚焦时间较长，而分离时间更长，一般需过夜，这是由于蛋白质与凝胶介质 Immobiline 之间会发生相互作用；凝胶内 pH 值的测定也很困难，实际上体系中必须加入载体两性电解质。

五、固相 pH 梯度等电聚焦方法

固相 pH 梯度等电聚焦由于使用高电压，因此都采用水平电泳方式。

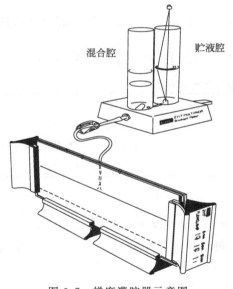

混合腔　　贮液腔

图 6.7　梯度灌胶器示意图

（一）制胶

目前商业上有已制备好的固相 pH 梯度凝胶干胶供应，溶胀后即可使用。也可自行配制。固相 pH 梯度凝胶的制胶过程比载体两性电解质凝胶复杂，而与聚丙烯酰胺梯度凝胶相似，其制备过程如下所述。固相 pH 梯度等电聚焦时，一般 $T=5\%$，$C=3\%$。

① 根据实验选择合适的 pH 范围，并计算缓冲组分和滴定组分的体积。

② 配制 T 为 30%、C 为 3% 的丙烯酰胺单体贮液（注意有毒）。

③ 如图 6.7 组装灌胶模具。注意梯度混合器的腔间阀和流出管的夹子都要关闭。

④ 配制凝胶溶液，见表 6.10。

⑤ 灌胶。

表 6.10　固相 pH 梯度等电聚焦凝胶配方

贮液	酸性重液（混合腔）	碱性轻液（贮液腔）
缓冲 Immobiline	? μL	? μL
滴定 Immobiline	? μL	? μL
30%丙烯酰胺贮液	1.25mL	1.25mL
87%甘油	2.1mL	—
双蒸水定容到	7.5mL	7.5mL

注：? 表示此数值需要根据表 6.8 和 6.9 算出。

a. 将 7.5mL 碱性轻液（视凝胶大小而定）注入梯度混合器的贮液腔，小心打开腔间阀，赶去腔间气泡，再关上腔间阀，并将流入混合腔的碱性轻液吸回贮液腔。

b. 将同样体积的酸性重液注入梯度混合器的混合腔，并通过补偿棒使两腔液面相平。

c. 将流出管插入灌胶模具中央，其末端离梯度混合器出口高度相差 5cm，开启磁力搅拌器。

d. 于两腔中各自先加入 TEMED，再加入 AP，打开流出管的夹子，当酸液流到流出管的一半时，打开腔间阀，则两腔液面同时下降，在混合腔梯度混合后，被缓慢注入垂直平板间。

e. 灌胶完毕后，室温下静置 5~20min，转入 50℃ 烘箱中聚合。灌胶后立即洗净梯度混合器。

⑥ 洗胶、吹胶：凝胶聚合后，取出凝胶，标上正负极；将凝胶称重后放入双蒸水中，室温下 60 次/min 振摇 6×10min 或 3×1h，以洗去催化剂和未聚合的单体；吸去胶面水分，用冷风吹胶至原重。

（二）上样

依据载体两性电解质等电聚焦样品处理方法处理好样品，然后上样。

（三）等电聚焦

① 开启电泳槽循环水浴，设置冷却温度为 10℃。

② 将制好的固相 pH 梯度凝胶按正负极方向铺在冷却板上，注意在凝胶和冷却板之间涂以液体石蜡或煤油，以防止气泡产生，否则接触不好。

③ 将合适的电极溶液（表 6.11）润湿滤纸电极条，分别放置于凝胶的酸、碱侧。

表 6.11　固相 pH 梯度等电聚焦电极溶液

阳极液	阴极液
双蒸水[①]	双蒸水[①]
0.3%~1%载体两性电解质[②]	0.3%~1%载体两性电解质[②]
10mmol/L 谷氨酸	10mmol/L 赖氨酸

① 适合于宽 pH 范围凝胶和高盐浓度的样品。
② 使用与固相 pH 梯度的 pH 范围相同或略窄的载体两性电解质。

④ 上样。样品可加在凝胶的任意位置处，但应避免加在紧靠两极或靠近等电点的位置。

⑤ 将白金电极分别放在滤纸电极条的中心，再将阳极和阴极分别与电源的正、负极相连；接通电源，进行等电聚焦电泳（表 6.12）。

表 6.12　固相 pH 梯度等电聚焦电参数

项目	电压/V	电流/mA	功率/W	时间/h
第一相预聚焦	500	1	1	1~4
第二相聚焦	3500	5	10	12~16
第三相聚焦	3500	2	5	2

（四）等电聚焦后的处理

① 测定 pH 梯度：由于固相 pH 梯度凝胶导电性很低，所以不能用表面电极测定 pH。

对于宽范围 pH 梯度，可利用等电点标准来测定；对于窄范围 pH 梯度，可依据其 pH 梯度范围根据线性关系推算 pH 值及等电点。

② 检测：凝胶的染色、干燥、保存、扫描等同载体两性电解质 IEF 及天然 PAGE 法。

六、等电聚焦系统的选择

目前常用等电聚焦主要有载体两性电解质等电聚焦和固相 pH 梯度等电聚焦两种类型。前者操作简便、聚焦较快、染色容易，可用表面电极直接测定 pH 梯度，因此适合于常规测定，其中的琼脂糖等电聚焦可测定大分子蛋白质的等电点；后者上样容量高，且 pH 测定结果更准确，适于精细测定。等电聚焦的凝胶长度一般不超过 10cm，虽然表面上看长胶较好，但实际上短胶更有优势。等电聚焦凝胶一般很薄，薄胶的冷却效果好，分离的区带更狭窄，溶剂容易穿透，从而便于染色、脱色，载体两性电解质的消耗量也少。但是凝胶太薄则很难操作，一般最适厚度为 0.4～1mm。

七、等电聚焦的应用范围

等电聚焦主要用于测定蛋白质的等电点，可对蛋白质组分进行分离及定性、定量分析，并可用于少量的纯化制备。

第五节　双向电泳

双向电泳就是将样品经一向电泳后，在它的垂直方向再进行第二向其他类型的电泳，因此分辨率大大提高，获得的信息也明显增多，常用于分析复杂样品及绘制蛋白质图谱，可检出的蛋白质多达上千个。目前的双向电泳大都第一向为水平条等电聚焦，可以是以聚丙烯酰胺为凝胶的载体两性电解质 pH 梯度等电聚焦，也可以是固相 pH 梯度等电聚焦；第二向为水平板梯度 SDS-PAGE。这样经过电荷和质量的两次分离后，就可以得到蛋白质等电点和分子量的信息，电泳结果不是带，而是点。

双向电泳的原理与等电聚焦、梯度 SDS-PAGE 基本相同，但是由于是两种不同电泳体系的组合，为了达到很好的衔接，操作方法上与单向电泳不同，主要是两向电泳之间的平衡。

双向电泳的分离过程包括样品的制备、第一向等电聚焦、缓冲液置换、第二向 SDS-PAGE、电泳结果检测以及蛋白质图谱分析等。

一、样品制备

一般将样品溶于溶解液（表 6.13）中。可溶性样品用溶解液稀释至合适浓度后可直接上样；固体样品如细胞或组织等，需首先分散于溶解液中进行机械裂解抽提，如超声破碎等，与此同时将超细 Sephadex G-25 预先水化，并以 30mg/mL 的浓度分散于溶解液中，制得凝胶浆，然后将等体积的溶解液与等体积的凝胶浆混合后，即可用于上样。样品如此处理可降低蛋白质的移动能力，防止凝聚。当样品中含有 SDS 或盐浓度很高时，应使用更多的溶解液稀释样品。

溶解液中的试剂不带电荷，不会影响第一向等电聚焦，但却能使蛋白质分子充分伸展，便于以后与 SDS 充分结合，使第二向 SDS-PAGE 能顺利进行。样品液的终浓度应为 2mg 蛋白质/mL，上样量约为 20μL。处理好的样品加少许溴酚蓝后可直接上样。

表 6.13　双向电泳样品溶解液

成分	作用
9mol/L 尿素	切断氢键，解开蛋白质高级结构，防止凝聚
2%TritonX-100 或 CHAPS	作为非离子或兼性离子去污剂溶解疏水蛋白质
0.8%载体两性电解质 pH3～10	与非离子去污剂结合而溶解极端疏水蛋白质
2%巯基乙醇或二硫苏糖醇	切断二硫键
8mmol/L PMSF	丝氨酸蛋白酶抑制剂

一些非常特殊的样品应针对性地进行处理。富脂样品可用 80%丙酮在 −20℃沉淀蛋白质以除去脂类；富含 DNA 和 RNA 的样品可用 DNA 酶和 RNA 酶处理；极端疏水和很大的样品可加入 0.1%SDS 促进溶解。

二、等电聚焦

作为双向电泳第一向的等电聚焦与上一节中介绍的载体两性电解质 pH 梯度和固相 pH 梯度等电聚焦的原理和操作方法基本相同，但有一些特殊的要求。凝胶中需加入高浓度尿素和非离子去污剂如 Triton X-100、NP-40 等，以使蛋白质分子充分伸展，便于在第二向与 SDS 充分结合及 SDS-PAGE 的顺利进行，不过这会使黏度提高，致使蛋白质迁移率明显降低，聚焦时间延长。另外聚丙烯酰胺凝胶的孔径应尽可能大，以便于检测出所有蛋白质，但是这会使凝胶的机械强度变低。

（一）载体两性电解质 pH 梯度聚丙烯酰胺凝胶

其制胶同载体两性电解质 pH 梯度等电聚焦中聚丙烯酰胺凝胶的制胶方法（表 6.7），但需加 8mol/L 尿素和 0.5%～2%非离子去污剂。这种凝胶在等电聚焦时存在一些问题，其 pH 梯度不稳定，容易发生微弱的阳极漂移和明显的阴极漂移，且 pH 梯度很难达到真正的平衡，这是由于电内渗的影响及蛋白质本身的缓冲性能对梯度的干扰。因此使用渐少。

（二）固相 pH 梯度凝胶

作为双向电泳第一向的固相 pH 梯度凝胶中必须含尿素、非离子去污剂、载体两性电解质、β-巯基乙醇或二硫苏糖醇等，以便于第二向 SDS-PAGE 的顺利进行，这些试剂是在将制备好的干胶水化时加入的。固相 pH 梯度凝胶的制胶方法同上一节第五部分所述。由于缓冲基团被固定在凝胶上，凝胶电导率很低，聚合后必须用双蒸水洗胶，以除去催化剂过硫酸铵和 TEMED，然后再将凝胶干燥，并切成 3～5mm 宽的凝胶条，凝胶条的阳极端可切成箭头形并编号。为了防止凝胶在洗胶时溶胀，在干燥时收缩，应在聚酯膜上进行平板胶聚合。固相 pH 梯度非常稳定，分辨率高，上样容量大，因此双向电泳一般使用固相 pH 梯度凝胶条。

（三）等电聚焦过程

准备好等电聚焦凝胶条后，即可进行第一向等电聚焦电泳，其过程包括凝胶条的再水化、上样、样品进入凝胶和等电聚焦。

1. 凝胶条的重新水化

用新鲜配制的泡胀液（表6.14）将干凝胶条水化6h或过夜。

2. 上样

将水化好的凝胶条并列置于冷却板上，冷却板表面应事先铺一薄层煤油，以使凝胶条保持良好接触。样品可直接加在凝胶表面，注意上样前凝胶表面应保持干燥。一般采用阳极端上样，上样量取决于样品浓度和纯度、pH梯度类型及检测灵敏度，一般为20~100μL。

表6.14 干胶泡胀液

成分	浓度	作用
尿素	8mol/L	切断氢键，解开蛋白质高级结构，防止凝聚
TritonX-100或CHAPS	0.5%（体积分数）或0.5g/100mL	溶解疏水性蛋白质
载体两性电解质 pH3~10	0.5g/100mL	提高疏水性蛋白质溶解度，增加凝胶电导率
β-巯基乙醇或二硫苏糖醇	10mmol/L	打开二硫键
醋酸或Tris	2mmol/L	醋酸用于阳极端上样，Tris用于阴极端上样
Orange G或溴酚蓝	少许	指示剂

3. 样品进入

作为双向电泳第一向的等电聚焦的冷却温度一般提高至15~20℃，以防止样品和凝胶中的尿素结晶。为了促进样品进入凝胶，起始场强应限制在10~30V/cm，电泳1~2h，以防止蛋白质局部浓缩、凝聚。双向电泳无需预聚焦过程。

4. 等电聚焦

双向电泳的等电聚焦方法与第四节类似，但聚焦时间延长。凝胶越长、pH梯度越窄、场强越低、蛋白质上样量越高、尿素和去污剂含量越高，则聚焦时间越长，典型的分离为11000~42000V·h。当样品进入凝胶后，场强就可提高至最高300V/cm，并控制在最高可承受电压下进行电泳。聚焦完成后应停止电泳，并立即将凝胶条置于SDS样品缓冲液中平衡，也可以将聚焦后的凝胶条包在两层塑料膜之间，并储存在-60℃以下，这可稳定数周。

三、缓冲液置换

由于两种电泳体系组成成分及pH值不同，在进行第二向电泳之前，应把第一向电泳后的胶条放在第二向电泳缓冲液中平衡，以驱除第一向凝胶中的尿素、非离子去污剂及载体两性电解质，并使第二向缓冲体系中的β-巯基乙醇和SDS进入凝胶，从而将等电聚焦后的蛋白质转化成SDS-蛋白质复合物。

对于聚焦后的载体两性电解质pH梯度凝胶条（CAG），为了尽可能地避免条带扩散，只可用平衡液（表6.15）平衡几分钟；而对于固相pH梯度凝胶条（IPG），由于凝胶具有弱离子交换剂作用，蛋白质条带扩散很慢，因此应振荡平衡至少30min以减少背景干扰，一般先用第一步平衡液平衡10~15min，再用第二步平衡液（表6.15）平衡10~15min。另外在第二向SDS-PAGE的碱性条件下，固相pH梯度凝胶带负电，会产生电内渗，进而影响SDS-PAGE，这时可在平衡液中加入30%甘油和6mol/L尿素以减缓电渗水的运输。

表 6.15　双向电泳的平衡液

凝胶类别		pH6.8 Tris-HCl	SDS	甘油	尿素	二硫苏糖醇	β-巯基乙醇	碘乙酰胺
CAG		0.0625mol/L	2g/100mL	10%	—	—	5%（体积分数）	—
IPG	第一步	0.05mol/L	2g/100mL	30%	6mol/L	65mmol/L	—	—
	第二步	0.05mol/L	2g/100mL	30%	6mol/L	65mmol/L	—	260mmol/L

四、梯度 SDS-PAGE

等电聚焦后的胶条平衡好后，即可封闭固定在梯度 SDS-聚丙烯酰胺凝胶上部进行第二向电泳。梯度 SDS-PAGE 没有等电聚焦那么复杂，只有制胶和电泳两步。

（一）梯度 SDS-PAGE 的制胶

双向电泳的第二向梯度 SDS-PAGE 的制胶与 SDS-PAGE 平板胶的制胶过程近似，凝胶中也含有 0.1%SDS，但由于分离胶是梯度胶，因此需使用梯度混合器制备分离胶。分离胶配方如表 6.16，分离胶的灌胶过程同固相 pH 梯度等电聚焦制胶法。

表 6.16　梯度 SDS-PAGE 分离胶的配方

贮液	梯度分离胶($C=3\%$)终浓度 T					
	4%～22.5%		8%～18%		10%～22.5%	
	重液	轻液	重液	轻液	重液	轻液
30%丙烯酰胺单体贮液/mL	1.3	7.5	2.7	6	3.3	7.5
4×分离胶缓冲液贮液/mL	2.5	2.5	2.5	2.5	2.5	2.5
87%甘油/mL	2.8		2.8		2.8	
双蒸水/mL	3.4		2.0	1.5		1.4
40%过硫酸铵/μL	9		9		9	9
TEMED/μL	5	5	5	5	5	5

（二）SDS-PAGE

将平衡好的等电聚焦胶条放置于梯度 SDS-聚丙烯酰胺凝胶之上，进行两向的转移，注意避免陷入气泡。需要的话可在 SDS 凝胶的一端加蛋白质分子量标准。电泳分离方法同第三节 SDS-PAGE 电泳方法。

五、检测

双向电泳后，凝胶上的蛋白质谱点可通过染色检测出来，也可以经蛋白质印迹转移到膜上（见本章第六节）。常用的染色法仍为考马斯亮蓝法和银染法。另外还可采用放射自显影或荧光法检测出凝胶上分离出的蛋白质谱点。

六、蛋白质图谱分析

在染色后的双向电泳凝胶上，分离开的蛋白质谱点就显露出来，可进行对比分析。复杂的图谱可扫描进电脑，通过软件进行分析。

七、应用

双向电泳不仅能同时测定蛋白质的等电点、分子量，更重要的是它还可用于了解蛋白质混合物的组成及变化，如不同细胞、亚细胞中的蛋白质组成及含量差异，从而在病理研究、组织培养以及生物进化等领域中的应用越来越多。

第六节　蛋白质印迹

蛋白质印迹就是将蛋白质转移到一个固定膜的表面上，主要是把从电泳或层析分离得到的蛋白质条带转移到膜上，以便用专一性免疫技术探测固定膜上的蛋白质。

蛋白质印迹不仅是电泳之后的高灵敏度转移、检测方法，还是蛋白质测序的一个中间步骤，其检测出的条带随后还可进行氨基酸分析。需要注意的是，在蛋白质转移之后、进行特异检测之前，固定膜上裸露的自由结合位点必须用底物封闭住。

蛋白质印迹的主要特点为：转移固定后的蛋白质保持天然状态，不丧失其生物活性；可使用特异性检测方法，如抗原-抗体反应等，并可用单克隆抗体进行免疫检测，且抗体的消耗量很少；可使用高灵敏度的非放射活性检测方法，如化学发光法等；检测时的浴化时间很短；易于长时间保存检测结果，固定膜上的蛋白质条带可保留约 1 年。

蛋白质印迹（Western blotting）实际上是 DNA 印迹（Southern blotting）和 RNA 印迹（Northern blotting）的发展。

一、原理

蛋白质印迹的独特之处在于其印迹转移过程，虽然其总的步骤都一样，但印迹转移的动力和装置却不同，下面做一简要介绍。

（一）蛋白质印迹的过程

详细地说，蛋白质印迹由电泳、转移、封阻、标记和检测五步组成。简单地说，蛋白质印迹主要分为两个步骤：转移和检测。转移即把蛋白质从凝胶转移到印迹膜上。检测即测出印迹膜上的蛋白质条带，又分为三步：先用封阻试剂封阻固定膜上未吸附蛋白质的区域；再用探针检出固定膜上的特定目标蛋白质；最后用探针上的标记物显示出目标蛋白质分子。

（二）蛋白质印迹的主要转移方法

根据转移方法的不同，蛋白质印迹主要分为扩散印迹、毛细管印迹、真空印迹、电泳印迹和半干印迹。

1. 扩散印迹

扩散印迹时，凝胶放在两张固定膜之间，浸在缓冲液中自由扩散 2～3 天后，就得到两张互为镜像对称的转移膜，每张膜得到一半蛋白质（图 6.8）。或是将膜直接放在凝胶上面，通过自由扩散将蛋白质转移到一张膜上。这种方法适合于大孔凝胶，虽然简便，但费时且分

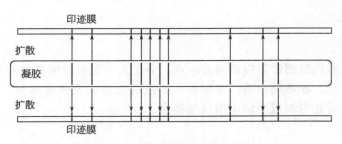

图 6.8　大孔径凝胶的双向扩散印迹

辨率比较低。对于小孔径凝胶，膜上面应压一层滤纸和重物以加速扩散。

2. 毛细管印迹

毛细管印迹来源于 DNA 印迹法，是扩散印迹的改进型。它借助于毛细管作用，通过缓冲液的流动，将凝胶上的蛋白质带带到印迹膜上。它适合于低分子量蛋白质和大孔凝胶。

毛细管印迹的操作方式见图 6.9，图 6.9（a）和图 6.9（b）略有差异。图 6.9（a）是在凝胶上放一张印迹膜及一叠干滤纸，其上压以 1～2kg 重物，借助毛细管作用，当缓冲液从贮液腔流经凝胶和印迹膜，而到达滤纸上时，凝胶中的蛋白质带就随缓冲液流转移到固定膜上。图 6.9（b）是将凝胶压在印迹膜上，膜再压在一个长长的滤纸条上，滤纸条一端向上浸没在 pH7.2 的 PBS 中，另一端则自然垂下，随着滤纸上缓冲液的持续流动，通过毛细管作用，带动凝胶上面的蛋白质向膜转移，2h 即可完成洗脱。

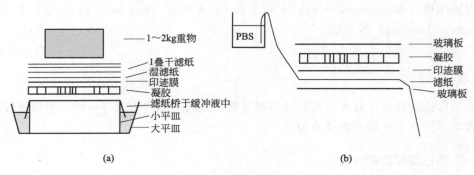

图 6.9　毛细管印迹

3. 真空印迹

真空印迹较少使用，它只适用于琼脂糖凝胶，而聚丙烯酰胺凝胶在真空环境下会硬化。

4. 电泳印迹

电泳印迹是通过电场作用将凝胶中的蛋白质带转移到印迹膜上。对聚丙烯酰胺凝胶来说，这是最有效的蛋白质转移方法。电泳印迹多采用垂直方向转移，它需要特定的装置（图 6.10），转移效率高，转移条件易控制，且能保持原有的分辨率。但电泳印迹时间较长。

5. 半干印迹

半干印迹是在两个水平平板电极之间进行的，非常简便、快速且较便宜，因此最常用。它采用不连续缓冲系统。后面的蛋白质印迹试验方法将对此着重介绍，其装置见图 6.11。

图 6.10　电泳印迹装置　　　　　　　　　　图 6.11　半干印迹装置

二、试验材料的选择

蛋白质印迹就是把电泳后的蛋白质带转移到印迹膜上，以便于进一步分析，因此蛋白质带的转移过程非常重要。在电泳印迹时，小分子蛋白质会转移太快而穿过膜，大分子蛋白质却不能完全离开凝胶。为了截留住小分子蛋白质，有时在第一张膜之后再放第二张印迹膜。可惜，能100％结合蛋白质的膜目前还不存在，因此应对印迹条件进行最优化，以同时转移高和低分子量蛋白质。当采用SDS电泳分离时，应使用孔径梯度胶，以有效截留小分子蛋白质，并减少对大分子蛋白质的阻滞作用。影响转移的因素主要有印迹膜和转移缓冲液，因此选择正确的印迹膜和缓冲液很重要。转移后，可用不同的方法对印迹膜进行封阻、标记和检测。

（一）印迹膜的选择

印迹膜应该易与蛋白质分子结合，且不影响随后的检测。目前常用的印迹膜有硝酸纤维素膜、PVDF膜、尼龙膜、重氮化纸，以及离子交换膜和活性玻璃纤维膜。

硝酸纤维素膜是目前应用最多的膜，其价格便宜、使用方便、无须活化，对蛋白质的结合能力比较高，平均为 $80\mu g$ 蛋白质/cm^2；而且背景浅，可用各种染色方法检测。目前 $0.05\sim0.45\mu m$ 的几种规格的硝酸纤维素膜都有供应，其中低于 $0.2\mu m$ 的小孔膜适合于转移分子量小于20000的蛋白质。硝酸纤维素膜的孔径越小，对蛋白质的结合容量就越高。其缺点是结合容量有限，机械稳定性较差。

polyvinylidenedifluoride，聚偏氟乙烯（PVDF）膜的使用也比较多，它类似于尼龙膜，结合容量高、机械稳定性强。PVDF膜除用于蛋白质印迹外，还可直接用于蛋白质测序。

尼龙膜又称聚酰胺膜，它对蛋白质的结合容量更高，达 $480\mu g$ 蛋白质/cm^2，机械稳定性也更强；但它的背景很高，较难脱净，封阻过程很繁琐，不能用阴离子染料如考马斯亮蓝等染色，这是由于其静电相互作用使得小分子物质也能强烈结合上；而且价格比较昂贵，因此使用较少。尼龙膜有带正电的、带负电的和中性膜供应。尼龙膜适合于小分子量蛋白质、酸性蛋白质、糖蛋白的印迹转移。一般推荐在转移后用戊二醛固定，以增强小分子肽的结合。

重氮化纸主要有重氮苯氧甲基（DBM）和重氮苯硫醚（DPT）纤维素纸，这类纸在临用前需进行重氮化处理，其优点是蛋白质共价结合到纸上，因此可做多次探测，但其重氮化基团不稳定，且与蛋白质的结合能力较低。

离子交换膜主要是指用DEAE或CM处理过的膜。离子交换膜对待转移的蛋白质条带有可逆性离子键作用。

活性玻璃纤维膜主要用于直接对印迹后的蛋白质进行测序。可用几种方法活化玻璃纤维膜的表面，以得到活性玻璃纤维膜：溴化氰处理、阳性荷电的硅烷衍生化处理或用硅烷进行疏水化处理。

（二）转移缓冲液的选择

转移缓冲液的离子强度、pH 值及其稳定性影响着印迹转移的效果。为了降低电泳转移的产热，缓冲液的离子强度应适当降低，以便能提高电压，加快蛋白质的转移速度；其 pH 值应远离蛋白质的 pI，以保证蛋白质有最大的可溶性。蛋白质印迹转移时常用 Tris 缓冲体系，如 Tris-甘氨酸缓冲液等，因为它比较稳定。

对于电泳印迹和半干印迹，转移缓冲液中常加入甲醇和低浓度 SDS。甲醇有两个作用：在转移过程中防止凝胶溶胀；提高硝酸纤维素膜的结合容量，特别是在含 SDS 时。若最后用酶法检测，缓冲液中一定不能含有甲醇，否则会使酶丧失生物活性，而酶与少量 SDS 短时接触不会发生变性。

三、蛋白质印迹试验方法

这里仅介绍常用的电泳印迹和半干印迹实验方法，这两种方法都采用电转移过程。

（一）转移单元的组装

1. 电泳印迹转移单元的组装

在电泳结束前，就应配制转移缓冲液。电泳印迹转移缓冲液一般采用 15.6mmol/L Tris-120mmol/L 甘氨酸，用双蒸水配制。有时转移缓冲液中还含有 20％甲醇和低浓度 SDS（≤0.1％），前者能增强蛋白质与硝酸纤维素膜的结合能力，并防止凝胶变形，但甲醇会降低某些蛋白质的转移效率；后者可增加转移效率。

将电泳后的凝胶剥离下来，然后将印迹膜和凝胶在转移缓冲液中浸泡 15～20min，之后按图 6.10 组成转移单元。注意印迹膜应放在凝胶的正确侧；操作时一定要戴手套，以避免指纹上的蛋白质结合到膜上，干扰实验结果；另外还要避免进入气泡。

2. 半干印迹转移单元的组装

对于半干印迹，推荐使用连续的 Tris-甘氨酸-SDS 缓冲液，但经验显示，不连续缓冲系统（表 6.17）更好，它能产生窄带和更规则有效的转移。此缓冲液系统可用于 SDS-PAGE 以及天然 PAGE 和等电聚焦凝胶的半干电泳转移。

将凝胶、印迹膜和滤纸分别于对应的缓冲液中浸泡 10min 左右（具体参见各公司半干印迹仪操作手册），然后取出，按图 6.11 组成转移单元。操作时也需戴手套，另外每层之间都要向外侧挤压，以赶除气泡。如果大分子蛋白质的转移效率不够理想，在印迹前可将凝胶在阴极液中平衡 5～10min。

表 6.17　半干印迹转移缓冲液

连续缓冲液		48mmol/L Tris,39mmol/L 甘氨酸,0.0375g/100mL SDS,20％甲醇
不连续缓冲液	阳极液Ⅰ	0.3mol/L Tris,20％甲醇
	阳极液Ⅱ	25mmol/L Tris,20％甲醇
	阴极液	40mmol/L 6-氨基己酸,20％甲醇,0.01g/100mL SDS

（二）电转移

将转移单元置于转移装置内，以 0.8mA/cm² 电流转移 0.5～1h，转移时间与凝胶孔径、蛋白质分子大小、印迹膜及转移缓冲液等有关。

（三）检测

蛋白质转移后，小心地从印迹膜上剥去凝胶，就可以对膜进行染色或用其他方法检测膜。如果要检测具有抗原活性或酶活性的特定蛋白质，可以将膜暴露于合适的标记抗血清或酶的底物中进行显色。这时如果同时采用全蛋白染色法（如考马斯亮蓝法或银染法），目标成分就能在全蛋白质图谱中准确定位。

1. 常规全蛋白质检测

在特异性检测之前，转移到膜上的蛋白质可进行可逆染色，以显示出全部蛋白质。

大部分电泳用染色法可用于硝酸纤维素膜和 PVDF 膜的常规染色，如考马斯亮蓝法（同本章第二节天然 PAGE 染色法）、氨基黑法、印度墨水法、快绿 FCF 法等。印度墨水染色的灵敏度以及蛋白质的抗体反应性，可通过对印迹膜碱处理而加强。可惜目前印度墨水已不再生产，不过相信这种无毒、便宜、灵敏的染料替代品终将被发现。但是这些染色方法不能用于尼龙膜，因为尼龙膜能强烈结合阴性染料，不过可用二甲基肿酸铁胶体进行染色。

通过常规染色，可获得印迹膜上的全蛋白质图谱。

2. 特异性检测

由于很灵敏的特异性检测方法能在膜上进行，如免疫金、胶体金、荧光、化学发光等，蛋白质印迹才能被经常使用。

将蛋白质转移到印迹膜上以后，若要对印迹膜上的蛋白质进行特异性检测，则必须先将印迹膜上未吸附蛋白质的、裸露自由结合位点封阻掉。可以用不参与特异可见反应的大分子底物进行封阻，如 2%～10% 牛血清白蛋白、5% 脱脂乳粉、3% 鱼明胶、1% 白明胶、0.05%～0.3% 去污剂（如 0.05%Tween20）或酪蛋白制备物等。一般振摇浴化半小时后洗净即可。

将膜上裸露区域封阻后，就可以用专一性探针标记膜上的印迹蛋白质，并通过探针上连接的特异性显色反应而显示出特定蛋白质。最常用的专一性探针为抗体，用以标记印迹膜上的目标抗原，此即免疫印迹法；另外还可以用酶的底物做探针，以标记特定酶，即酶印迹法；或用凝集素做探针，以标记糖蛋白或碳水化合物，即凝集素印迹法。

酶印迹就是将电泳分离后的天然态酶转移到印迹膜上，这时酶蛋白在未变性情况下被固定住，于是在缓慢的酶-底物反应和之后偶联的显色反应中不会发生扩散，从而检出特定酶。

免疫印迹就是用特异结合的免疫球蛋白或单克隆抗体作探针，来检测封阻后的单个蛋白质区带，然后再用二抗或蛋白质 A 标记一抗，而二抗上标记有酶或其他显色系统，如辣根过氧化物酶、碱性磷酸酶、胶体金、¹²⁵I 等；最后通过二抗上的标记物的显色反应检测出印迹膜上的印迹抗原。这种印迹法最常用。

免疫印迹主要有几种抗体标记和显色方式：用放射性碘标记的二抗或蛋白质 A、采用酶标二抗或金偶联二抗、通过抗生物素蛋白-生物素系统或采用化学发光法进行显色。用放射性碘标记的二抗或蛋白质 A 与印迹膜上的特定抗体相结合，能获得很高的检测灵敏度，但是 ¹²⁵I 标记的蛋白质 A 仅仅能结合特殊的 IgG 亚族，且放射性同位素太危险，应尽量避免接触。最常用的为酶标二抗，它是用辣根过氧化物酶或碱性磷酸酶标记的，最后通过这些酶催化的颜色反应而显示出特定抗原。另一种用胶体金偶联的二抗进行检测也非常灵敏，且随后的银强化能进一步提高灵敏度，其测定极限可达 100pg 左右。

对糖蛋白和特定碳水化合物部分，可以用凝集素进行检测，然后用醛基反应显色或用抗生物素蛋白-生物素方法显色。

四、应用

蛋白质印迹主要用于对极微量蛋白质进行分析、纯化、鉴定、复性等，如特异性结合分析，以进行下一步的氨基酸组成分析、序列分析等。用蛋白质印迹法进行直接蛋白质测序和氨基酸组分分析是蛋白质化学和分子生物学的一大进步。另外通过蛋白质印迹，能够获得某一复杂样品，如全细胞抽提物的全蛋白质图谱和特定蛋白质图谱，从而能对特定蛋白质进行准确定性、定量。

第七节 毛细管电泳

毛细管电泳（capillary electrophoresis，CE）是近年发展起来的以毛细管为分离通道，以高压直流电场为驱动力，根据样品各组分之间迁移率和分配行为的差异而实现分离的一类新型高效液相分离分析方法，是经典电泳技术和现代微柱分离技术相结合的产物。它是继气相层析（GC）和高效液相层析（HPLC）之后的又一种现代分离分析技术，并被认为是当代分析科学最具活力的前沿研究课题之一。自 20 世纪 80 年代问世以来，其发展已渗入各个学科，在分析化学、环境、生命科学、生物医药等领域都有广泛应用。

前面所介绍的凝胶电泳技术虽然应用广泛，但却分离时间长、效率低并难以实现自动化。而采用毛细管进行电泳分离，由于毛细管自身的抗对流作用，使得凝胶介质不再是必需的，特别是可对样品进行快速、高效分离，可实现在线检测和自动化操作，因此非常有效。若将它与质谱等分析仪器联用，就能实现对样品的快速、高效分离分析。

一、原理

毛细管电泳是以高压电场为驱动力，以毛细管为分离通道的高效液相分离技术。相对于GC、HPLC、超临界流体层析等其他毛细管分离技术而言，毛细管电泳具有高分辨率、高效、快速、全自动化、所需样品少等优点，且具有浓缩效果。

（一）毛细管电泳的基本分离原理

在电解质溶液中，带电粒子在电场作用下会以不同速度向异性电极方向迁移。当pH＞3时，毛细管内壁表面带负电，与溶液接触时形成一个双电层，在高压作用下，双电层水合阳离子层，从而引起整个溶液在毛细管中向负极迁移，形成电渗流。带电粒子在毛细管内的迁移速度等于其电泳速度和电渗流的矢量和。阳离子的运动方向和电渗流方向一致，因此最先从负极流出；随后是中性离子，其迁移速度等于电渗流速度；最后是阴离子，其运动方向和电渗流方向相反，但由于电渗流速度一般大于电泳速度 5～7 倍，因此阴离子也会以低于电渗流的速度从负极流出。于是一次性完成阴、阳离子和中性分子的分离分析。

不同毛细管电泳的操作模式不同。传统类型的毛细管电泳的电场与毛细管轴相平行，一般采用硅胶、玻璃或塑料等作为毛细管材料，通过管内溶液的流动，实现对样品的电泳分离。这种类型最常见，如毛细管区带电泳（CZE）、毛细管等速电泳（CITP）、毛细管等电聚焦（CIEF）、胶束电动毛细管层析（MECC）等。另一类毛细管电泳的电场与毛细管轴相垂直，这里不介绍。

（二）毛细管电泳的理论基础

溶质的纵向扩散是区带展宽的主要因素。对于 CE 来说，其组分的迁移时间 t_{mig} 和理论塔板数 N 的关系可用以下方程表示：$N/t_{mig} = \mu^2 (V/L)^2/(2D)$。式中，$L$ 为毛细管长度，V 为分离电压，μ 为某一组分的表观电泳迁移率，D 为扩散系数。因此，为了实现高柱效（高理论塔板数）和快速分离，应尽可能提高分离电压和缩短毛细管长度。提高电泳迁移率，即采用高电渗流，也可以提高分析速度和柱效。

但是提高电压和缩短毛细管长度会产生更高的焦耳热，从而造成峰形展宽及变形，这时可通过降低毛细管内径或使用低电导率的缓冲溶液来降低焦耳热。

（三）毛细管电泳的参数

毛细管电泳的主要参数有分离模式、毛细管类型、进样方式、检测方式、自动化系统及其他周边设备等。其分离模式将在下面做进一步介绍。就毛细管而言，其所用材料主要有硅胶、石英、玻璃、塑料等，其长度一般为 1～200cm，管内的填充物有自由溶液和凝胶两种类型，毛细管壁的表面改性可以采用永久的涂层处理，也可以进行动力包被。就进样方式而言，既可电动力进样，也可流动进样，如采用真空或压力或重力进样，以及注射进样。样品的检测既可以在柱内也可以在柱外，可以采用单点、多点、阵列或扫描型感受器，既可以在柱前也可以在柱后进行样品衍生化处理。

（四）毛细管电泳的特点

毛细管电泳的主要特点是柱效更高、分析更快、操作灵活、多样、能实现在线检测。

第一，分离效率高，分析速度快。由于毛细管的内径很小，表面积与体积的比率很大，因而散热和抑制对流的能力很强，所以可以施加比传统电泳高得多的电压（<30kV），从而提高了分离效率，缩短了分析时间，其分离效率可达 10^5/m 理论塔板数，分析时间一般不超过 30min，乃至几分钟。

第二，灵敏度高，能实现在线检测。毛细管电泳的检测模式多样，主要有紫外-可见光检测器、荧光检测器和激光诱导荧光检测器，三者的检测灵敏度不断提高，但后两者需对样品进行衍生化处理。另外由于采用在线检测，没有外部检测池，故不存在死体积和谱带展宽。

第三，样品用量和试剂消耗少，样品预处理比较简单。由于毛细管尺寸小，进样量一般为几微升，甚至纳升级，对于珍贵样品极为有利，且溶剂消耗量也很少，因此分析成本很低。由于毛细管电泳多使用开管柱，不必担心柱污染，对一些生化样品可直接进样；对稀样品有时可以在进样过程中进行浓缩和富集。

第四，分离模式多样化。毛细管有多种分离模式，下面会作进一步介绍。

第五，仪器简单、操作灵活、易于自动化。毛细管电泳仪最基本的配置只需一个高压电源、一根毛细管、两只缓冲液槽和一个检测器及记录仪。如要完善仪器功能，可以附加上自动进样、控温、分部收集装置和工作站，这样可实现全部自动化。且毛细管可以反复使用。

第六，应用范围广，对环境污染小。毛细管电泳除用于分离生物大分子（蛋白质、肽、核苷酸和 DNA 片段）外，还可用于分离氨基酸、糖类、各类药物及有机酸等，且很清洁。

虽然毛细管电泳具有许多优点，但也存在一些不尽如人意的地方，比如毛细管的填充需要专门的灌注技术；毛细管会对样品产生吸附，从而使其分离效率下降；毛细管电泳的高灵敏度依赖于高灵敏性的检测仪；样品处理量少，不能进行制备；其分析精密度不如 HPLC 等。这些都有待于进一步完善。

二、毛细管电泳的主要类型

毛细管电泳具有多种分离模式，给样品分离提供了不同的选择方式，这对于复杂样品的分离分析是非常重要的。

毛细管电泳常用的分离模式主要有：毛细管区带电泳、毛细管等速电泳、毛细管等电聚焦、毛细管筛分电泳（capillary sieving electrophoresis，CSE，包括毛细管凝胶电泳和无胶筛分电泳）、胶束电动毛细管层析、毛细管电层析、毛细管亲和电泳（affinity capillary electrophoresis，ACE）以及各种各样的衍生方式。这些分离模式的主要区别在于所采用的起始和边界条件，以及毛细管内填充的材料所引起的分子筛效应。

（一）毛细管区带电泳（capillary zone electrophoresis，CZE）

毛细管区带电泳（CZE）是毛细管电泳的最基本模式。毛细管内填充了具有一定缓冲能力的电解质溶液，电极槽内也灌有相同的缓冲液，在外加电场的作用下，样品中不同荷质比大小的组分将具有不同的迁移速度，从而得以分离。阳离子最先流出，其次为中性离子，阴离子最后流出。在毛细管区带电泳中，离子的迁移顺序和速度与所带电荷的类型、荷电量的多少及离子半径大小有关。CZE 一般采用磷酸盐或硼酸盐缓冲液，所考察的实验条件包括缓冲液的浓度、pH 值、电压、温度和改性剂（如甲酸、尿素等）。需特别指出的是 CZE 不能分离中性粒子。CZE 常用的填充材料为融合硅胶。

（二）毛细管等速电泳（capillary isotachophoresis，CITP）

毛细管等速电泳（CITP）的分离机理也是依据样品组分电泳迁移率的不同进行分离的。它使用两种电解质，一种为前导电解质，含有比所有样品组分迁移率都大的前导离子；另一种为尾随电解质，含有比所有样品组分迁移率都小的尾随离子，样品组分加在两种电解质的界面上。施加电压后，样品组分夹在前导离子和尾随离子之间移动，并随之分离。当达到稳态时，各组分按其电泳迁移率的大小依次相连，并都以与前导离子相同的速度移动。

（三）毛细管等电聚焦（capillary isoelectric focusing，CIEF）

毛细管等电聚焦（CIEF）是在毛细管内装有 pH 梯度介质，从而依据样品组分的等电点不同而实现分离。在电场作用下，当带电分子处于一个从阳极到阴极 pH 递增的梯度中时，就会向其等电点处迁移，最终使得不同等电点的分子分别聚集在其等电点处，即等电聚焦分离过程。毛细管等电聚焦是在毛细管内实现的等电聚焦过程，具有极高的分辨率，通常可以分离等电点差值小于 0.1 的两种蛋白质，且分离速度较常规等电聚焦快。

（四）毛细管凝胶电泳（capillary gel electrophoresis，CGE）

毛细管凝胶电泳（CGE）是分离效率最高的一种毛细管电泳模式。由于毛细管内填充有凝胶,样品组分在分离过程中不仅受电场力的作用,还受到凝胶的分子筛作用。从理论上讲,凝胶是毛细管电泳的理想介质,它黏度大,抗对流,能减小溶质的扩散,因此能限制谱带的展宽,所得的峰形尖锐,柱效极高;且由于溶质和凝胶之间的相互作用,能进一步促进分离;另外它还能防止溶质在毛细管管壁的吸附,并减少电渗流。因此毛细管凝胶电泳有可能使组分在短柱上实现极好的分离。它的主要缺点是柱的制备较困难,寿命较短。

(五)胶束电动毛细管层析(miceller electrokinetic capillary chromatography, MECC)

胶束电动毛细管层析(MECC)是把一些离子型表面活性剂,如 SDS,加到缓冲液中,形成有一疏水内核的胶束,待测离子依据疏水性的不同在水相和胶束之间进行多次分配,其中疏水性强的中性粒子与胶束结合比较牢固,洗脱时间长,从而与水溶性较好的中性粒子分离。在 MECC 中,中性粒子的分离机理只是它与胶束间的相互作用,而对于带电离子则同时有电泳迁移、静电作用、两相分配等多种分离机理。

(六)毛细管电层析(capillary electrochromatography, CEC)

毛细管电层析(CEC)是主要基于层析分离机制进行分离的电泳技术,它在毛细管中填充了液相层析用的载体,使被分离组分在这些固定相载体上进行保留和分配,它与液相层析技术的区别之处在于前者是以电渗力为驱动力,而后者是以压力为驱动力。

三、毛细管电泳仪

(一)毛细管电泳基本装置

毛细管电泳的基本装置如图 6.12 所示,包括一个充满电泳缓冲液的毛细管、两个与毛细管两端及电极相连的缓冲液储瓶、高压电源、两个电极、进样系统、检测器等,以及冷却系统、微机管理和数据处理系统等。两个储液瓶内一般装有样品、缓冲液或水。高压电源的工作电压一般为 10~30kV。

微量样品从毛细管的一端通过"压力"或"电迁移"进入毛细管。电泳时,与高压电源连接的两个电极分别浸入毛细管两端储液瓶的缓冲液中,样品朝着负极泳动,各组分因其分子大小、所带

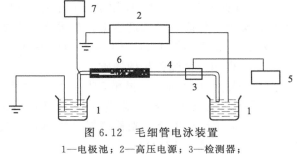

图 6.12 毛细管电泳装置

1—电极池;2—高压电源;3—检测器;
4—毛细管;5—数据处理系统;
6—冷却系统;7—进样系统

电荷数、等电点等性质的不同而迁移率不同,依次移动至毛细管输出端附近的检测器处,从而检测、记录下各组分含量,并在屏幕上以迁移时间为横坐标、组分含量为纵坐标,将各组分以吸收峰的形式动态直观地记录下来。

(二)毛细管电泳用毛细管

毛细管多用硅材料,如熔融石英加工制成,内径 20~100μm,长度 20~100cm,外壁涂有一层聚二酰亚胺以增加其柔韧性,内壁通常直接和溶液接触,有时也可根据需要涂上一层高聚物,以减少毛细管内壁表面的负电量,改善管壁的性能。毛细管内既可直接灌注溶

液，也可填充支持介质，如琼脂糖、聚丙烯酰胺及甲基纤维素等。现在多家公司有不同的商品融合硅胶毛细管供应，见表6.18。

表6.18 部分融合硅胶毛细管商品

产品名	涂层处理	性质	用途	供应商
BioCAP LPA 涂层毛细管	线性聚丙烯酰胺	低表面电量	常规蛋白质分析，CIEF	Bio-Rad
PVA 涂层毛细管	聚乙烯醇	无电内渗	蛋白质分析，CIEF	Hewlett Packard
MicroSolv PEG CE	聚乙二醇	低表面电量	蛋白质分析	Scientific Resources
MicroSolv PVA CE	聚乙烯醇	低表面电量	相似化合物的分离	Scientific Resources
CElect-H1/H2	C_8/C_{18} 键合	低阴离子表面电量	蛋白质分析	Supelco
CE-100-C18	C_{18} 键合	低阴离子表面电量	蛋白质分析	Isco
CE-200	甘油	无电内渗	蛋白质/肽的分离	Isco
μSIL DB1	二甲基多聚硅烷	无电内渗	CIEF	J&W Scientific

（三）毛细管电泳的检测器和检测方法

在获得好的分离效果之后，检测是非常关键的，因而要选择合适的检测器。传统毛细管电泳的检测方法主要有光学检测、电化学检测、质谱检测等。光学检测又可分为紫外-可见光吸收检测（UV absorption detection）、热光学检测（thermooptical detection）、荧光检测（fluorescence detection）、化学发光检测（chemiluminescence detection）等；电化学检测可分为电位分析检测（potentiometric detection）、电导率检测（conductivity detection）、电势梯度检测（potentialgradient detection）、安培分析检测（amperometric detection）等。

目前常用的检测器有三种：紫外-可见光吸收检测器（UV absorption detector）、激光诱导荧光检测器（laser induced fluorescence detector，LIFD）和质谱（mass spectrum，MS）。

紫外-可见光吸收检测器应用最广，它又可以分为两种：一种是固定波长检测器，其结构简单，灵敏度较高，可满足痕量和杂质分析的要求；另一种是波长扫描检测器，它能提供时间-波长-吸光度三维图谱，既可用来定性鉴别未知物，还可进行在线峰纯度检测，即在分离过程中可得知每个峰含几种物质。

激光诱导荧光检测器最灵敏，其灵敏度比紫外-可见光吸收检测器高1000倍以上。紫外-可见光吸收检测器的检测限为 $10^{-13} \sim 10^{-15}$ mol，激光诱导荧光检测器则可达 $10^{-19} \sim 10^{-21}$ mol。采用激光诱导荧光检测器常需对样品进行衍生化处理，这增加了选择性。DNA的序列分析必须采用LIFD。

采用毛细管电泳-质谱联用仪（CE-MS），把质谱当作毛细管电泳的一种检测工具，其灵敏度略高于紫外-可见光吸收检测器，在肽键序列及蛋白质结构、分子量测定等方面有独到之处。

四、影响毛细管电泳分离的主要因素

在毛细管电泳中，扩散对分辨率的影响可以忽略，而毛细管内的电渗、样品同管壁的吸附作用则是影响分离效率的主要因素。由于毛细管内壁的表面带有离子化基团，使得管壁不同程度地吸附样品分子，造成非均一性电渗流而影响分离。为此，可以通过使蛋白质与管壁的硅羟基都不带电或都带负电荷，来改善这种吸附和电渗情况，但更有效的解决方法是对毛细管内壁进行改性处理。因此在毛细管电泳中，毛细管电泳柱的制备是一个重要环节，其制备主要包括键合涂层和吸附涂层。通过对毛细管内壁进行涂层处理，能有效地减少毛细管内壁对蛋白质的吸附作用，从而抑制电渗，提高柱效，改善分离效果。如常见的硅烷化处理。

（一）毛细管

毛细管是 CE 的关键部件，通常是由熔融石英加工制得。一般认为，石英的硅羟基是构成吸附及产生电渗流的主要原因。因此通常加载偶联剂，与硅羟基进行某种化学反应，使管壁丧失吸附活性；或将适当的添加剂加到运行的缓冲液中，使管壁相对脱活。毛细管的管径、管长、不同物质的涂层厚度对分辨率均有影响。

（二）电泳缓冲液

电渗现象在毛细管电泳中起着非常重要的作用，而缓冲液的 pH 值及浓度对电渗的影响很大，并进而对分离产生影响。故必须对其进行选择、优化。

通常，缓冲液应该比被分析物质的等电点高或低一个 pH 单位，并尽可能采用酸性缓冲液，以使毛细管壁的硅羟基质子化，减少解离的硅羟基，降低电渗流。一般选择在所控 pH 附近具有较大缓冲容量的缓冲液，浓度不宜过高。将合适的添加剂，如非交联聚丙烯酰胺、烯丙基甲基纤维素等加入缓冲液中，能降低吸附，减小电渗流。有时为了避免分析物被管壁吸附，使缓冲液的 pH 值高于蛋白质的等电点，使被分析物和毛细管壁带相同的负电荷。

（三）电压

毛细管电泳的电压包括进样电压和操作电压，它们对分辨率及操作时间都有影响。提高电压能提高分辨率。加大进样电压，会增加进样量，但是随着进样电压的升高，柱效将下降，从而降低分辨率，因此需要通过实验进行优化。

（四）电泳温度

当电流通过毛细管时，会产生热量，使毛细管温度升高，导致物理参数发生改变，造成样品迁移时间、峰面积出现偏差，分离效率下降。因此应选择适宜的工作温度，并通过控温装置使该温度恒定。一般将工作温度设置在 15～50℃ 范围内。

五、毛细管电泳过程

毛细管电泳一般包括三个步骤：电泳柱的制备、平衡，进样，电泳分析。其电泳柱的制备方式不同于前面所介绍的任何电泳，而且制备比较复杂，一般实验室无法进行，多购买现成商品，这里不做介绍。其进样方式也不同于常规电泳，而采用流体力学方式，与 HPLC 的相似。其电泳分析也不同于常规电泳的染色后分析，而采用在线分析。总的说来，毛细管电泳的实验过程与 HPLC 比较相似，可实现自动控制和在线操作。

六、毛细管电泳的应用

作为一种更高效的电泳技术，毛细管电泳最初主要用于蛋白质和核酸的分离分析，现在它同样可以对糖类、手性分子、无机离子、细胞等进行有效的分离分析。

◆ **参考文献** ◆

[1] 汪家政，范明. 蛋白质技术手册. 北京：科学出版社，2000.

[2] 郭尧君. 蛋白质电泳实验技术. 北京：科学出版社，1999.

[3] Volpi N，Maccari F，Titze J. Simultaneous detection of submicrogram quantities of hyaluronic acid and dermatan sulfate on agarose-gel by sequential staining with toluidine blue and Stains-All. Journal of Chromatography B，2005，820：131-135.

[4] Grog A，Weiss W. Current two dimensional electrophoresistechnology for p roteomics. Proteomics，2004，4：3665-3685.

[5] Pennington K，McGregor E. Optimization of the firstdimension for separation by two dimensional gel electrophoresis of basic p roteins from human brain tissue. Proteomics，2004，4：27-30.

[6] Lin W Y，Chang J Y. Proteome response of *Monascus pilosus* during rice starch limitation with supp ression of monascorubramine production. Journal of Agricultural and Food Chemistry，2007，55：9226-9234.

[7] 郭尧君，郭强. 目前最高分辨率的电泳——固相 pH 梯度等电聚焦. 生物化学与生物物理进展，1994，(21)：143-146.

[8] 高乐怡，方禹之. 21 世纪毛细管电泳技术及应用发展趋势. 理化检验：化学分册，2002.

[9] 杨冰仪，莫金垣. 高效毛细管电泳技术. 分析测试学报，2004，3：104-109.

[10] 刘景芬，刘娣，杨甲芳等. 毛细管电泳概述及其在动物遗传育种中的应用. Animal Science ＆ Veterinary Medicine，2002，19：20-22.

[11] Hanash S M，Pitteri S J，Faca V M. Mining theplasma proteome for cancerbiomarkers. Nature，2008，452：571-579.

[12] Thomas L，Ross A C. Proteomic analysis of rat plasmaby two-dimensional liquid chromatography and matrix-assisted laserdesorption ionization time-of-flight mass spectrometry. Journalof Chromatography A，2006，1123：160-169.

[13] Maurer M H. Software analysis of two-dimensional electrophoretic gels in proteomic experiments. Current Bioinformatics，2006，1：255-262.

[14] López J L. Two-dimensional electrophoresis in proteomeexpression analysis. Journal of Chromatography B，2007，849：190-202.

[15] Bourzac K M. Analysis of DAPI and SYBR green I as alternativesto ethidium bromide for nucleic acid staining in agarose gel electrophoresis. Journal of Chemical Education，2003，80：1292-1296.

[16] 吴影新，翟艳琴，雷建都等. 聚乙二醇修饰蛋白体系的 SDS-聚丙烯酰胺凝胶电泳染色方法新探. 化学通报，2009：459-462.

第三篇
分离技术的融合与集成

16 扩张床层析原理

17 基于亲和作用的抗体
纯化方法与实例

18 重组蛋白质中
试生产过程

第七章

单元融合及创新

单元集成分离技术是指把两种以上的分离技术合成为一种更有效的分离技术，以最终达到提高产品收率、降低过程成本的目标。除膜层析技术属单元集成分离技术之外，目前研究报道的单元集成分离技术逐步增多，成为生化分离技术发展的一种趋势。

下面就简要介绍几种得到人们密切关注的融合技术。

第一节　膜层析技术

一、概述

近年来，随着生命科学、生物技术和制药工业的迅速发展，对于多肽、蛋白质、酶等活性生物大分子的分离与纯化要求日益提高。

传统的液相层析所用吸附介质多为颗粒状吸附剂，其存在以下四个方面的问题：介质刚性不够、易被压缩，难以获得较高的处理速度，也不易进行线性放大；床层内易产生沟流，传质效果较差；配基价格昂贵却不能充分利用，只有 1%～2% 的配基与蛋白质结合；吸附柱易堵塞和污染，往往只适用于间歇操作，处理量相对较低，操作时间较长。

另一方面，传统的膜分离技术虽然有分离速度快、操作压力低、无相变、能耗低、易于放大和连续操作、基质来源广泛且价格相对较低等优点，但由于其靠筛分机理分离，对目标产物与杂质大小相近的混合物分离显得无能为力。

自 20 世纪 80 年代中期就有人试图将膜分离和层析这两种技术有机地结合起来，发挥各自的长处，选择制备合适的膜，将对生物大分子有特异性和选择性的基团连接到膜的表面及孔壁中去，从而制备一种新型的层析介质，称为膜层析介质，或称为膜吸附剂，这种分离技术称为膜层析，膜上接了功能基团后也可以膜过滤的形式分离，如亲和膜过滤。

膜层析技术是液相层析和膜分离相结合的一种新技术，融合了二者之长，具有快速、高效、高选择性、易于放大等特点，能满足生物大分子高效分离与纯化的需要，在生物大分子的分离与纯化中已日益受到人们的重视，必将得到广泛的应用。

二、原理和特点

与普通的膜技术相比，用膜集成技术分离时，由于它不单是利用膜孔径的大小，更主要的是利用其特异性和选择性，不受分子量大小的限制。原则上讲，只要选择合适的膜，采用有效的活化手段，键合上能与这种物质产生亲和相互作用的配位基，它就可以从复杂体系，尤其是细胞培养液和发酵液中分离和制取出任何一种目标物。

根据配基与目标蛋白质的相互作用方式及操作形式，膜集成技术可分为层析与膜过滤的集成或膜分离和层析的集成。前者操作形式仍为膜过滤（研究最多的首推亲和膜过滤），后者的操作形式则主要是层析，就是各种膜层析技术。

膜层析采用具有一定孔径的膜作为介质，连接配基，利用膜配基与蛋白质等目标分子之间的相互作用进行分离纯化，当料液以一定流速流过膜的时候，目标分子与膜介质表面或膜孔内基团特异性结合，而杂质则透过膜孔流出，待处理结束后再通过洗脱液将目标分子洗脱下来，其纯化倍数可达数百乃至上千倍。

与液相层析技术相比，由于在膜孔基质上配基与液流之间扩散路径极短，传质极快，分离时间显著缩短，分离效率提高；由于膜的空隙率大，其孔表面积很高，膜的厚度很薄就能满足分离要求，造成液流通过膜的压力降低；由于膜的元件都是标准的，膜层析等集成技术易于放大，便于实现大规模连续分离和自动操作。

（一）亲和膜过滤

亲和膜过滤是普通的超滤膜和超滤分离器，膜上没有间隔臂和配位基，而是把间隔臂和配位基键合在具有一定大小的（一般要大于100nm，小于500nm）另一种高分子聚合物上。其原理即当需提纯的物质（亲和体）自由地存在于提取液时，由于其分子量较小，能顺利地通过截留分子量大的超滤膜。但当亲和体与具有结合能力的分子配合体混合，形成亲和体-大分子配体复合物后，由于此复合体分子量远大于超滤膜的截留分子量，从而被截留；而提取液中其他未被结合的组分则通过超滤膜，从亲和体-大分子配体复合物中分离出来。当所有杂质去除后，用合适的洗脱液处理超滤膜截留得到的复合物，使亲和体从大分子中解析下来；游离的亲和体（蛋白质、酶等）可通过超滤膜，从大分子配体中分离出来。

亲和膜过滤的流程如图7.1，包括吸附、过滤、解吸、再过滤和回流等步骤。这种分离模式的一个典型例子是在带氨基苯甲醚的聚合物上结合胰蛋白酶，然后让这种络合物悬浮液通过聚砜超滤膜，使其他小分子物质随溶液除掉，再将胰蛋白酶从氨基苯甲醚聚合物上解离下来，获得纯的胰蛋白酶。这种技术的最大优点是可以多次连续操作，每进行一次便可以使

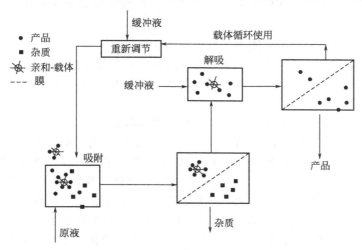

图 7.1　亲和膜过滤的流程示意图

胰蛋白酶获得一次纯化，一般经 3～5 次操作后，便可以使胰蛋白酶的纯度达到 98％以上。

亲和膜过滤的操作方式根据不同的膜组件而异，对于平板膜和叠合平板膜多采用死端过滤膜式，对于中空纤维膜多采用错流过滤膜式。

（二）疏水膜层析（HIMC）

由于疏水配基结构简单、通用性好且成本较低，故疏水层析已成为蛋白质分离纯化的常用技术之一。但是，目前常用的疏水层析大多采用琼脂糖凝胶、葡聚糖等"软"基质，分离速度不够理想，且不易放大，疏水膜层析就是在此基础上发展起来的。

疏水膜层析上的配基，常用的有甲基、丁基、苯基、辛基、己二胺、聚乙二醇等，通过目标物质与这些配基之间疏水作用的不同而实现分离。影响疏水膜层析操作情况的主要因素有盐离子的种类、离子强度、pH 和柱温等。

（三）离子交换膜层析（IMC）

离子交换膜层析主要是利用膜介质表面的离子交换基团与目标蛋白质之间的离子交换作用进行分离的。根据离子交换基团的性质，可分为强阳离子型、弱阳离子型、强阴离子型、弱阴离子型。由商用膜改性制得的膜介质，其成本相对较低。在流速较慢的情况下，IMC 还可通过梯度洗脱分离蛋白质的混合物。离子交换膜层析由于操作条件较温和，可以有效地保持蛋白质的活性，并可延长膜的使用寿命，其缺点是选择性较差。

（四）多级膜层析（MMC）

为了获得更高的纯化效果，近年来还出现了多级膜层析，即将不同类型的膜介质组合在一起形成新的色谱柱进行分离。这里的技术关键是根据目标产物选择适当的膜介质排列顺序和缓冲液条件，以便使上一层洗脱下来的目标蛋白质能够被下一层吸附。如果安排合理，多级膜层析可以大大缩短混合产品的分离时间，有效地节省设备投资。

三、膜层析介质材料及其组件

吸附膜介质是影响膜层析分离效果的重要因素之一，理想的膜介质具有以下性质：

① 有大量适当大小的孔及较窄的孔径分布，以便偶联尽可能多的配基，并为配基与目标蛋白质的相互作用提供场所；

② 对杂蛋白等的吸附应尽可能小，以提高产品纯度；

③ 膜介质上应具有羟基、环氧基等可活化的基团，以便与配基进行偶联；

④ 具有一定的物理与化学稳定性，能承受液流穿过膜孔时的剪切力，可进行反复的吸附、洗脱、再生、灭菌过程；

⑤ 所选膜材料还应易于成膜，且来源广泛、成本较低。

目前，常用作膜层析介质的材料可分为天然高分子材料与人工合成高分子材料等。天然高分子材料有纤维素、壳聚糖以及各自的改性物等，这些材料与配基的结合较为方便，且具有较好的化学稳定性。人工合成高分子材料如聚砜、聚酰胺等，具有优良的成膜性能及良好的机械和热稳定性，经活化处理后其性质变化也不大，非常适合作为膜介质。

近几年来，Zusman 研究的凝胶玻璃纤维（GFG）受到越来越多的重视，这种新型材料由于对蛋白质的非特异性吸附较小，非常适于作为亲和膜色谱的基质，它在室温干燥的条件下可保存几个月。

配基一般是指能够与目标产物进行可逆和特异性结合的分子或基团。按其来源可分为天然配基（凝集素、肝素、核苷酸、蛋白质 A、蛋白质 G 等）和人工合成配基（活性染料、过渡金属离子、人工合成肽段、烷基等）两类。按作用对象，配基又可分为特异性配基和通用性配基。特异性配基能够与目标分子进行高度特异性结合，基本上是一一对应的关系，如单克隆抗体-抗原间的结合，这类配基较为昂贵且不易保持稳定性。通用性配基则能对具有特定基团的某一类分子进行特异性吸附，如凝集素-糖蛋白间的结合，这类配基的缺点是纯化倍数不如特异性配基。配基在与载体偶联后，才能形成有分离作用的亲和膜介质。偶联的流程有两种：一种是先将普通载体的表面进行活化，再将配基偶联上去；另一种方法则是先将配基偶联到载体原料上，再利用偶联后的原料制备亲和载体。一般来说，前一种方法（先活化再偶联）配基用量较少，利用率较高，故应用较广。关于配基偶联方法的报道有很多，较为常用的有溴化氰法、环氧乙烷法、三嗪法、羰基二咪唑活化法、高碘酸盐氧化法、硼氢化钠还原法、磺酰氯法、碳二亚胺法、混合酸酐法和氟甲基吡啶盐法等，其中，前 4 种方法目前应用最为普遍和有效。对于金属离子螯合膜层析则还需在配体上螯合金属离子。

膜层析组件是膜层析的心脏部分。原则上讲在超滤和微孔过滤中所使用的各种形式的膜组件都可用作膜层析组件。但由于亲和膜的制备涉及膜的活化、化学改性、间隔臂和配位基的共价结合、样品与配基的偶联及络合物的洗脱解离等过程，因此要求它们既要耐酸、碱、各种盐及有机溶剂，又要能耐高温消毒和低温操作。目前在膜层析中已使用的有平板式、折叠式、卷式、中空纤维式等膜组件。对于膜层析组件的设计加工制作，除要求死体积小、流动性好、能耐压、密封、尽量避免涡流和紊流产生外，还要考虑到样品在吸附膜上的分配、传递速度要快而均匀，不产生泄漏，组装、拆卸、清洗方便等因素。因此，除膜层析组件壳体本身要精心设计制作外，还要重视分配器、密封圈等附属件的设计。

四、膜层析的制备

尽管以膜为基质的膜层析有多种形式，但其制备过程差别不大，以下以亲和膜层析的制备为例进行介绍，其过程也可供其他膜层析制备参考。

（一）膜层析制备方法

在膜材料选定以后，常采用以下两种路线制备成膜层析柱。

① 膜材料→成膜→活化→配基偶联，这条路线主要是利用现有的商品膜，通过对其进行偶联改性来获得所需膜层析柱。

② 膜材料→活化→配基偶联→成膜，这条路线是从最简单的膜材料入手，先制备功能化的膜材料，再使之成膜。

一般来说，前一种方法（先活化再偶联）配基用量较少、利用率较高，故应用较广。

（二）膜材料活化方法

膜在改性及接配基时需要先活化。理想的活化应满足条件温和、快速高效，形成的活性基团能与配基形成稳定的共价键，偶合配基后剩余的活性基团能用简单的方法封闭，所用试剂无毒、便宜、易于放大使用。关于配基偶联方法的报道有很多，大多是在 HPLC、亲和层析等方法的基础上发展起来的。

（三）亲和膜的间隔臂

配基可以直接固定在载体上，但是由于采用这种方法偶联的配基与目标分子的结合存在着一定的空间位阻，故偶联后配基与目标分子的结合常数一般要降低。这种变化对结合力较弱的亲和体系有非常大的影响。

为消除这种现象，可在配基与载体之间引入间隔臂（spacer），以增加配基与载体之间的距离，减少空间位阻的影响，从而使生物大分子易接近配基的活性位。间隔臂过长或过短都不好。间隔臂分子过长时会通过封闭膜上相邻活性位而引起空间位阻。间隔臂的适宜长度可通过实验确定，若配基是小分子，样品分子也是小分子时间隔臂应短些，而样品是大分子时则应长些。若配基是大分子，则无论样品是大分子或小分子，均可不使用间隔臂。是否使用间隔臂倚赖于配基、样品、活化方法。也有研究者认为，采用亲水性强的间隔臂能极大地降低非生物特异性吸附作用。

通常，配基与载体之间应插入 4～6 个亚甲基桥。常用间隔臂物质为二胺类，如 H_2N—$(CH_2)_n$—NH_2（$n=1$, 5）、对苯二胺。

五、膜层析的应用

（一）亲和膜层析

亲和膜层析技术研究报道最早见于 1980 年。Patrick Hubert 等人将雌二醇当作配基连接于水溶性载体上，Dextran-T2000 用于从 *Pseudomonas testosteroni* 提取物中纯化 Δ5-4 酮甾醇异构酶，截留率为 90%，但杂蛋白的截留率也很高，这可能是由于目标产物与杂蛋白形成复合物或配基与杂蛋白结合所致。

亲和膜技术可用于分离酶蛋白、胆红素、单克隆抗体，去除内毒素，纯化激素，分离牛肝过氧化氢酶，纯化溶菌酶；还可用于测定方面。现在除了采用化学法来活化膜外，还出现了等离子体法等新技术。表 7.1 为近年来研究较为成功的一些实例。

表 7.1　亲和膜层析的应用研究实例

目标蛋白质	膜基质	配基
胰岛素	甲壳素	PAB
TAA	GFG	p53-IgG
免疫球蛋白抗体	GMA-DEMA 共聚物	肽段
小麦细菌凝集素	甲壳素	甲壳素残基
因子Ⅷ	聚甲基丙烯酸酯	人工肽段
人 IgG	尼龙-葡聚糖-PVA	蛋白质 A
溶菌酶	聚丙烯微孔膜	Ni^{2+}, Cu^{2+}
人 IgG	改性聚己内酰胺	重组蛋白 A/C
人 IgG	聚二乙烯醇	L-组氨酸
过氧化氢酶	纤维素复合膜	螯合铜离子
内毒素	尼龙 66	组氨酸

（二）疏水膜层析

杨利等以纤维素膜为介质，辛基为配基，分离牛血清白蛋白（BSA），并将实验结果与传统凝胶柱进行了比较，充分证明了 HIMC 的高效性。另外，他们还利用苯基 HIMC 对牛肝过氧化氢酶（BLC）进行了分离，使得产品比活性比粗品提高了 118 倍，回收率接近 100%。

中科院大连化物所开发的以纤维素为基质的一系列膜层析介质，所用配基为己二胺、甲基、戊烷和苯基等，干介质的配基载量最高可达 $40\mu mol/g$，介质对 BSA 的最大载量可达 $50mg/g$。

Tennikoa 等以十二烷基甲基丙烯酸酯-GMA-EDMA 共聚物（体积比 15：35：50）为基质，经 $0.1mL/L$ 磺酸在 80℃ 条件下处理 5h，获得了疏水膜介质，用于分离肌球素、核酸酶、溶菌酶和胰凝乳蛋白酶。由于采用了梯度洗脱，减少了分离时间和移动相的用量，从而降低了分离过程的成本，特别适用于制备级酶的分离。表 7.2 列出了近几年来应用研究较为成功的一些疏水膜层析体系。

表 7.2　疏水膜层析的应用研究实例

目标蛋白质	膜介质	配基
牛肝过氧化氢酶	纤维素膜	苯基
牛血清白蛋白	纤维素膜	苯基
热原	纤维素膜	己二胺
肌球素、核酸酶、溶菌酶和胰凝乳蛋白酶	十二烷基甲基丙烯酸酯-GMA-EDMA 共聚物	十二烷基
牛血清白蛋白	聚乙烯膜	苯基
人肿瘤坏死因子	QuickDisk	丁基、苯基

（三）离子交换膜层析

Podgornik 等进行了 IMC 纯化质粒 DNA 和肽链等生物分子的研究，还比较了不同洗脱方式下的分离效果。采用 GMA-EDGA 为基质，二乙氨乙基（DEAE）为离子交换基团，在 $5mL/min$ 的流速下有效地分离了四种寡聚核苷酸（长度分别为 8、10、12 和 14 个核苷酸）。还在同样的基质上接上—SO_3—基团后，用于肽链的分离。

Dosio 等利用阳离子 IMC 从免疫毒素中分离出了未反应的单克隆抗体。与羟磷灰石 HPLC 相比，虽然分离纯度差不多，但分离步骤却大为简化。尽管染料亲和层析也广泛用于免疫毒素的分离，但是染料配基与核糖体抑活蛋白（RIP）之间的相互作用不够稳定，而且受离子强度和 pH 的影响较大。另外，至少对 α-丝林霉素和灭叠球菌素来说，亲和结合并不完全（65%～90%）。因此，在内毒素的分离中，采用 IMC 更为理想。

Sasagawa 等通过射线引发接枝获得 GMA 膜，先在中空纤维膜上接入环氧基团，然后通过亚硫酸钠接入 SO_3H 基团，再与镁离子交联，制成离子交换膜介质，用于从蛋清中分离溶菌酶，膜的蛋白质平衡容量可达到 $0.42g/g$，以 $NaHCO_3$-NaOH 缓冲液为洗脱液，在 pH 为 9.0 时洗脱率达到 100%。由于膜上螯合了 Mg^{2+}，使得膜的透过速率也有较大增加。

Sun 等采用纤维素膜共价连接 DEAE 的径向 IMC，从血浆的分离物（Nitschmannfraction III）中分离人凝血酶原，样品的通过速率为 20～30mL/min，在不降低分离效率的前提下，洗脱速率达到 40mL/min。这种膜还可用于 DNA、多肽和其他蛋白质的分离。

　　Zeng 等在甲壳素膜上偶联乙烯基乙二醇二缩水甘油醚（EGDE），获得了非常稳定的离子交换膜，可在酸或碱溶液中保持强度。他们采用三种低 pI 值的蛋白质（卵白蛋白、人血清白蛋白、胰岛素抑制剂）和两种高 pI 的蛋白质（溶菌酶、细胞色素 c）作为目标蛋白质，分离两组中任意两对蛋白质的混合物，获得了很高纯度的产物（>99%）。这种膜非常适于从重组蛋白质中分离带有较高负电荷的内毒素和核酸等物质。表 7.3 为近几年来应用研究较为成功的一些 IMC 例子。

表 7.3　离子交换膜层析的应用研究实例

目标分子	膜介质	配基
人尿激肽释放酶	纤维素膜	$N(CH_3)_3$
人肿瘤坏死因子	GMA	季铵基
寡聚核苷酸	GMA-EDMA	DEAE
免疫毒素	改性纤维素	CM
溶菌酶	GMA	$SO_3H\text{-}Mg$
凝血酶原	纤维素膜	DEAE
卵白蛋白、人血清白蛋白、胰岛素抑制剂	甲壳素膜	EGDE
BSA	交联改性纤维素	磺酸基
乳清蛋白	交联改性纤维素	磺酸基、季铵基

（四）多级膜层析

　　表 7.4 为近几年来多级膜层析的几个应用研究实例。

表 7.4　多级膜层析的应用研究实例

目标蛋白质	膜介质	作用种类
甲酸脱氢酶	Sartobind 膜	阳离子交换,亲和作用,阴离子交换
BSA、IgG	改性纤维素和合成共聚物	阳离子交换,阴离子交换
重组抗栓酶Ⅲ	改性纤维素和合成共聚物	阴离子交换,亲和作用
尿激酶	纤维素-丙烯酸复合膜	阳离子交换,亲和作用
重组抗栓酶Ⅲ	Sartobind 膜	亲和作用,阴离子交换

第二节　与双水相集成的分离技术

一、双水相亲和分配技术

　　亲和层析法的优点是选择性高、分离步骤少，但发酵液必须经过一系列的前处理才可以上样，而双水相分配技术则可以直接处理液固混合物，所以若将二者结合起来，就可形成处理量大、效率高、选择性强的双水相亲和分配组合技术。

　　陆瑾等对聚乙二醇 4000（PEG4000）的羟基进行活化，以亚氨基二乙酸（DA）为螯合剂，制取含有 Cu^{2+} 的金属螯合亲和配基 PEG-DA-Cu（Ⅱ），并以 PEG 和羟丙基淀粉 （PES）形成双水相，用于直接处理含纳豆激酶 的发酵液，如图 7.2 所示，经过两次分配分离 流程后，纳豆激酶的总收率为 81%，纯化倍数 达到 3.52。

虽然双水相亲和分配技术的纯化倍数较低， 但回收率相对较高，关键的是该技术可以实现常 规分离流程中发酵液离心、硫酸铵或乙醇沉淀以 及层析等步骤的高效集成，从而缩短了分离时 间、步骤，提高了分离效率。该法的缺点是 Cu^{2+} 容易脱落，对人体造成危害，若采用 Ca^{2+} 等离子或其他亲和配基（如对氨基苯甲脒等），效果或许会更好。

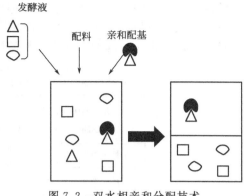

图 7.2 双水相亲和分配技术 分离纯化纳豆激酶过程示意图

二、双水相生物转化的集成

生物转化过程一般都存在着一定程度的产物抑制，且对于规模化生产还有细胞或酶的循 环利用问题。目前主要采用膜分离和固定化技术，但对某些特殊底物（如木质纤维素），如 果采用固定化技术则底物的转化率很低，而膜分离技术又难以操作。将双水相分配与生物转 化相结合，形成双水相生物转化，为解决这一问题提供了新的思路。

双水相系统对菌体或酶通常没有毒性，选择适当的分离条件，可以使菌体细胞或酶分配 在下相，而转化产物分配于上相，这样转化过程中由于产物被萃取入上相而消除了产物抑制 作用，同时分布于下相的细胞或酶得以循环使用。很明显，将双水相分配与生物转化相结 合，同时解决了产物抑制和生物催化剂回收利用两方面的问题，为生物转化赋予了新的内 涵。Tjerneld 等利用双水相生物转化，将木质纤维素经过酶水解生产乙醇，效果很好。 Bartlett 等实现了在双水相系统中 α-甘露糖苷酶催化糖基转化合成低聚糖。Andersson 等研 究了在 PEG/DEX 系统中利用枯草杆菌进行流化发酵生产 α-淀粉酶，比普通发酵的酶产率 提高了 63%。

显然，双水相分配技术与其他相关的生化分离技术进行有效组合，实现了不同技术间的 相互渗透、相互融合，充分体现了集成化的优势。

第三节 混合模式吸附层析

一、概述

混合模式吸附层析是指吸附剂上的配基包含两种或两种以上的作用模式，能够与目标生 物分子发生多种相互作用的层析方法。混合模式吸附介质上配基的功能往往具有互补性或协 同性，因此它能够适应某种特殊条件下对蛋白质的捕获，或者产生类似于群特异性的亲和吸 附效果。

混合模式吸附层析是近年来发展的一类新型层析方法，可看做是一类集成分离技术。从现有的混合模式吸附层析方法来看，大部分混合模式吸附是以疏水作用为基础，结合了静电相互作用或其他特异性作用。另外，从混合模式吸附层析的发展历程来看（如图7.3所示），混合模式的理念也正是起源于疏水层析的研究。

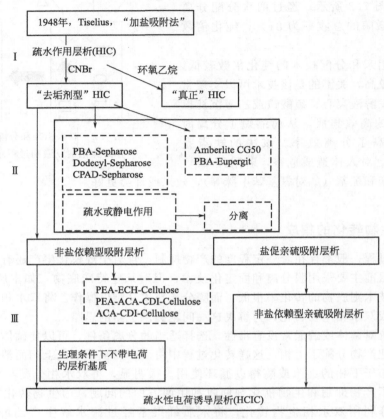

图 7.3　混合模式吸附技术发展历程

最初的疏水作用层析吸附剂常常要通过溴化氰（CNBr）法活化，再偶联疏水配基，中间引入了异脲（pK$_a$ 9.5～10.0）结构。由于异脲在中性溶液环境中带有一定量的正电荷，配基与蛋白质产生疏水作用的同时也会发生静电相互作用。这种一端带有电荷（亲水性）、一端为疏水基团（疏水性）的结构类似于表面活性剂，因此被形象地称为"去污剂"疏水吸附剂（"detergent"HIC）。事实上直到如双环氧烷烃活化等途径发现后，避免了电荷引入的"纯"疏水层析（"true"HIC）吸附剂才得以产生。"detergent"型疏水吸附剂通过其特殊的配基结构，可以提供静电作用力（吸引或排斥）和疏水作用力，可以被认为是一类早期的混合模式吸附剂。此后，通过这一理念的延续和发展，更为接近于实际应用的新型混合模式层析技术不断涌现。

二、离子交换型混合模式层析

混合模式吸附层析所集成的吸附作用中，最常用的是疏水相互作用和离子交换作用。当吸附剂配基同时存在疏水相互作用和静电作用时，功能基团与蛋白质可以根据不同的溶液环境产生不同的相互作用。简单地说，目标蛋白质与吸附剂上偶联的疏水基团和离子交换基团均可发生作用。当溶液中的离子强度很低时，起主要作用的是离子交换作用；当环境中的离子强度增加时，离子交换作用逐渐减弱，疏水作用增强；当离子强度达到较高时，离子交换作用被屏蔽，此时疏水作用起主要作用。离子交换型混合模式层析介质配基的结构见图 7.4。

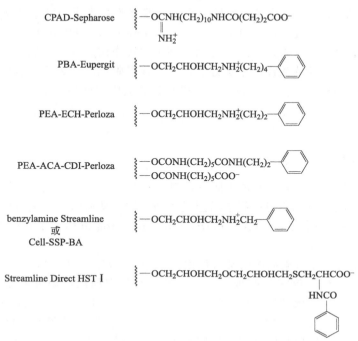

图 7.4　离子交换型混合模式层析介质配基的结构

　　20 世纪 70 年代，通过溴化氰活化合成了一种同时存在静电作用和疏水作用的吸附剂 CPAD-Sepharose。配基末端存在一个羧基，配基有两个 pK_a 值，分别为 4.5 和 9.8（0.01mol/L KCl）。在 pH=7.0 时，CPAD-Sepharose 同时具有阴离子交换和阳离子交换的性质，当 pH 升到 8.5 后，CPAD-Sepharose 则以典型的阳离子交换的形式存在。这种以疏水作用为基础，兼有静电作用调节的层析方式被称为"排斥控制"模式的疏水层析（repulsion-controlled hydrophobic chromatography）。利用这种混合模式介质，通过调节溶液的 pH，对天冬氨酸转氨甲酰酶和人血糖蛋白进行了分离。1990 年，采用一种环氧活化的丙烯酸微球（Eupergit C）作为基质，偶联苯基丁胺（PBA）得到一种弱碱性离子交换型混合模式吸附剂（PBA-Eupergit）。由于环氧基与氨基形成的仲胺在中性条件下可以解离，并且末端的苯基丁基具有较强的疏水性能，所以在对青霉素酰胺酶的分离时发现，在 pH=7.5 时高离子浓度下吸附能力仍然很强。改变 pH=3.8 后，蛋白质在静电排斥力作用下洗脱下来。

　　Burton 和 Harding 等人根据这种现象在 1997 年首次提出了非盐依赖型吸附层析技术（salt-independent adsorption Chromatography）这一概念。在针对凝乳酶的分离时，首先合成了以商品纤维素基质（Perloza）为基质，环氧氯丙烷（ECH）活化，偶联苯乙胺（PEA）的 PEA-ECH-Perloza 吸附剂，pH=5.5 时可以吸附凝乳酶（pI=4.6），降低 pH 为 2.0 时，酶被洗脱下来。该吸附剂属于阴离子交换型混合模式吸附剂，但是由于环氧氯丙烷活化的配基密度过低，高盐下酶的吸附容量显著下降。其后对这一类型的配基进行改进，采用羰基二咪唑（CDI）活化，氨基己酸（ACA）完全缩合反应以加长手臂，再与苯乙胺偶联，得到 PEA-ACA-CDI-Perloza 吸附剂。通过调节 ACA 与 CDI 缩合反应的比例，使得羧基的含量大于 30％，酶在低盐和高盐条件下，均有较高的吸附容量，而改变溶液 pH 值后，凝乳酶即被洗脱下来。在此基础上，采用烯丙基活化，NBS 修饰，然后偶联苄胺（BA）得到阴离子交换型混合模式扩张床吸附剂，pH＝4.5 可以吸附蛋白酶，pH＝3.2 时洗脱。Amersham Biosciences 公司开发了一种用于扩张床吸附层析的商品化阳离子交换吸附剂 Streamline Direct HST Ⅰ（见图 7.4），配基主体为羧基基团，带有芳香族或脂肪族侧链。羧基为阳离子交换基团，芳香族侧链则提供疏水作用力。Streamline Direct HST Ⅰ 在低盐下可以以阳离子交换吸附目标蛋白质，而高盐下疏水基团发挥了主导作用。这种介质的诞生正好弥补了空缺，为一些碱性蛋白质的分离提供了更好的选择。该吸附剂同样表现了良好的耐盐性能，在一般电导率（15～30mS/cm）下，料液无需稀释就能上样。增强离子强度或改变 pH 就可以将蛋白质洗脱下来。

三、亲硫作用层析

20 世纪 60 年代，Porath 等发现吸附剂配基中硫原子的重要作用。到了 1985 年，利用二乙烯基砜活化，偶联巯基乙醇得到了新型吸附剂，用于从血清中分离抗体，并正式将该层析方法称为亲硫作用层析（thiophilic interaction chromatography，TIC），吸附剂称为 "T-gel"，结构如图 7.5 所示。

"T-gel" 的吸附条件与疏水作用层析很相似，需要在高盐下吸附，低盐下洗脱。但是与 HIC 不同的是，"T-gel" 配基具有很好的亲水性，对蛋白质的吸附并不是单纯依靠疏水作用。此外，研究发现，亲硫作用层析介质对抗体有特异的选择性，但对血清蛋白等吸附作用很弱，这与疏水作用层析差别较大。当用己基替代 "T-gel" 中的巯基乙醇时，制成以疏水作用为主的介质时，对抗体吸附的选择性明显下降。亲硫作用层析介质的这种现象主要是与其配基结构有关。配基中砜基中的硫是缺电子区，可作为电子受体；而临近的硫醚中的硫则为电子富集区，作为电子供体。该特殊结构可以对蛋白质表面的一些电子供体-受体位点（主要为 Trp、Phe）产生特异性的吸附作用。由于 Trp、Phe 等残基常位于免疫球蛋白的保守区（Fc 片段），所以这种吸附剂对抗体的吸附分离特别有效。

亲硫作用层析介质对抗体的选择性引发了一系列的研究，对 "T-gel" 的配基结构进行改进，寻找选择性更高、吸附性能更优良的亲硫作用层析介质。Nopper 等和 Schwarz 等将 "T-gel" 中的砜基从两个依次增加到六个，发现对 IgY 的吸附结合常数不断提高，即可以从更低抗体浓度的溶液中吸附抗体，其选择性也有所增强。Scolbe 等发现二乙烯基砜活化基质的活化度增加可以提高 "T-gel" 对抗体的吸附量，但是，二乙烯基砜活化基质会产生二聚体，这些二聚体在强碱性条件下容易分解，这限制了吸附容量的增加，以及用碱溶液清洗的可能性。Scholz 等比较了二乙烯基砜和环氧氯丙烷作为活化剂，偶联几种巯基杂环作为配基，发现二乙烯基砜活化的抗体吸附量明显要比环氧氯丙烷活化的介质吸附量高。Porath 和 Oscarsson 将一些芳香族和杂环化合物引入到亲硫作用层析介质的配基中用于分离血清中的蛋白质。发现包含吡啶环和硫原子的吸附剂能够吸附大部分的免疫球蛋白和 α2-巨球蛋白，用苯基代替吡啶环后，由于苯基的引入增加了疏水作用而降低了抗体选择性，血清白蛋白也被吸附。当配基中的硫原子被氧原子取代后，抗体选择性将完全丧失。这些研究结果充分证明了硫原子对抗体选择性吸附的必要性，并说明了亲硫作用层析是区别于疏水作用层析而存在的。

"T-gel" 具有同疏水作用层析介质类似的盐促吸附（salt-promoted adsorption）性质，一般需要添加硫酸铵或硫酸钠才可以有效吸附蛋白质。因此，一些研究者针对 "T-gel" 的

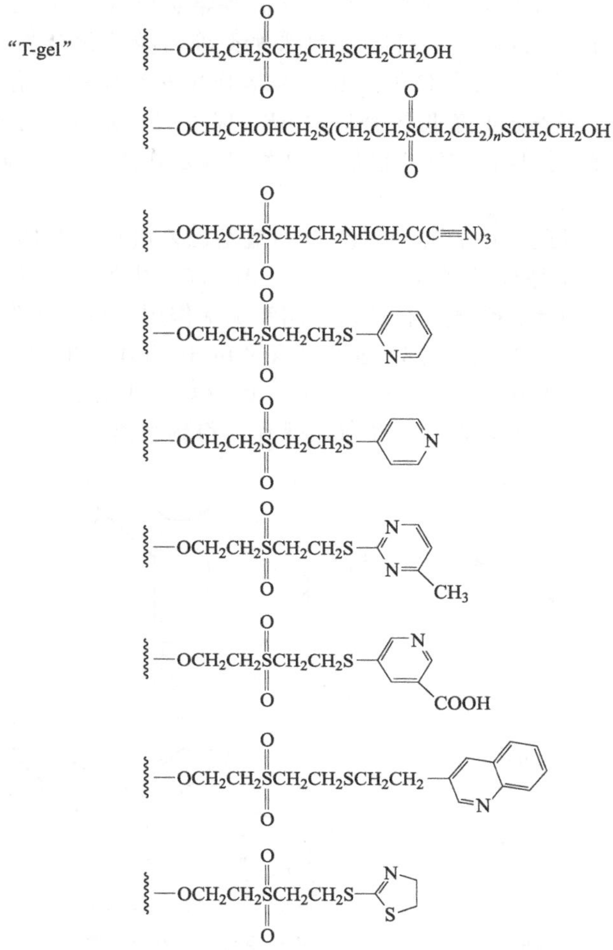

"T-gel" —OCH$_2$CH$_2$SCH$_2$CH$_2$SCH$_2$CH$_2$OH

—OCH$_2$CHOHCH$_2$S(CH$_2$CH$_2$SCH$_2$CH$_2$)$_n$SCH$_2$CH$_2$OH

—OCH$_2$CH$_2$SCH$_2$CH$_2$NHCH$_2$C(C≡N)$_3$

—OCH$_2$CH$_2$SCH$_2$CH$_2$S—⟨pyridine, N at 2-position⟩

—OCH$_2$CH$_2$SCH$_2$CH$_2$S—⟨pyridine, N at 4-position⟩

—OCH$_2$CH$_2$SCH$_2$CH$_2$S—⟨pyrimidine, CH$_3$⟩

—OCH$_2$CH$_2$SCH$_2$CH$_2$S—⟨pyridine, COOH⟩

—OCH$_2$CH$_2$SCH$_2$CH$_2$SCH$_2$CH$_2$—⟨quinoline⟩

—OCH$_2$CH$_2$SCH$_2$CH$_2$S—⟨thiazoline, N, S⟩

图 7.5　亲硫作用层析吸附剂配基的结构

这一缺点进行了改进。Berna 和 Porath 采用二乙烯基砜活化琼脂糖，三氰基丙烯氨（TCP）作为配基（TCP-gel），发现在适当的配基密度下，体系中无需添加硫酸钠就可以吸附蛋白质，作者将这种现象称为"salt-independent adsorption"。Scholz 等以二乙烯基砜作为活化剂引入一个硫原子，偶联上 3-(2-巯乙基）喹啉-2,4（1H,3H）聚酯制得的新型吸附剂，可以在不额外添加硫酸盐的条件下吸附抗体，通过提高 pH 达到洗脱的目的，可用于分离各种原料液中的抗体。Scholz 等将一系列杂环化合物，其中包括 2-巯基嘧啶、2-巯基吡啶和 2-巯基尼克酸偶联到二乙烯基砜活化的基质上，同样发现在低盐条件下可以选择性吸附抗体。Porath 和 Oscarsson 认为杂环化合物通过电子离域与抗体 Fc 片段相互作用，这正好增强了亲硫吸附作用，使得吸附剂在低盐下能够很好地与抗体相结合。

杂环化合物的引入和耐盐性吸附的发现，为亲硫作用层析的应用提供了更为有利的条件，同时，在此基础上发展了疏水性电荷诱导层析。

四、疏水性电荷诱导层析

1998 年，Burton 和 Harding 在上述离子交换型混合模式吸附层析和亲硫作用层析的基础上，提出了一种新型层析方法，称为疏水性电荷诱导层析（hydrophobic charge induction chromatography，HCIC）。通过引入吡啶类和咪唑类等弱碱性化合物，使配基在 pH＝4～10 的范围内不带电荷，所以生理条件下避免了静电作用对杂质的吸附，配基可以通过疏水作用与蛋白质相结合，而当 pH 降低到配基的 pK_a 以下时，杂环质子化，若此时蛋白质也带有正电荷，可通过静电排斥作用实现洗脱。这种以疏水作用吸附、静电排斥协助解析的过程是 HCIC 的最大特征。

疏水性电荷诱导层析最常用的典型配基为 4-巯基乙基吡啶（MEP），其 pK_a 值为 4.8，商品介质 MEP HyperCel 是典型代表，结构参见图 7.6。中性条件下，MEP 配基不解离，由于配基内含有硫原子和吡啶杂环，在亲硫作用和疏水作用下对抗体蛋白质的吸附具有较强的选择性。研究发现，如果 MEP 的配基密度小于 $40\mu mol/mL$，生理条件下对抗体未见有吸附。当流动相 pH 降低到 4.0～4.55，吡啶基团开始解离并带有正电荷，此时 pH 处于抗体等电点以下（pI 为 5.0～5.3），两者产生静电排斥而得到解离。

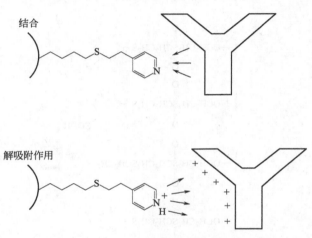

图 7.6 MEP HyperCel 吸附分离抗体示意图

MEP 配基结构继承了亲硫作用层析的耐盐性特征和对抗体的选择性吸附，通过与抗体保守区域 Fc 片段的特异性结合，可以直接从粗料液中捕获抗体，无需脱盐等预处理步骤。此外，MEP 与 Fab 片段基本没有相互作用，且整个吸附和解析过程均是在温和的条件下进行，对抗体的活性没有任何影响。Schwartz 等用 MEP HyperCel 为吸附剂，从转基因羊的乳汁和细胞培养上清液中提取抗体，单步 HCIC 分离纯度可达到 95％以上，回收率在 83％～98％之间，纯度与蛋白质 A 亲和层析相当，均一性则超过蛋白质 A 亲和层析所得抗体。Ghose 等也对蛋白质 A 亲和层析和疏水性电荷诱导层析分离抗体进行了比较，认为"仿生物亲和"的 MEP HyperCel 虽然具有较高的吸附选择性和吸附容量，但是在产品的纯度和收率上不及蛋白质 A 亲和分离。尽管如此，由于蛋白质 A 亲和介质价格昂贵，不能耐受酸、碱和蛋白酶等，HCIC 不失为替代蛋白质 A 亲和层析的有效方法。Boschetti 认为利用 HCIC 介质与抗体的特异性作用，可以设计带有 Fc 片段序列的融合蛋白，这样，一些目标蛋白质的分离将变得更为简便。除了用于分离抗体之外，HCIC 还用于分离某些较为特殊的蛋白质。Weatherly 等将 MEP HyperCel 成功用于分离重组肉毒杆菌神经毒素片段；Coulon 等用 HCIC 方法分离青霉素酰基转移酶，回收率在 90％以上，纯化因子为 4.5。

第四节　扩张床吸附层析

一、扩张床吸附层析的基本原理

扩张床吸附层析（expanded bed adsorpation，EBA）是一种新型的层析操作方式，既结合了传统的流化床（fluidized bed）的进料方式，又接近于固定床（packed bed）的层析性能，可看成是一种新型的集成分离技术。

扩张床操作方式与固定床不同，料液从扩张床的底部泵入，利用浮力和流体从下向上流动产生的曳力，床内的吸附剂不同程度地向上运动而引起扩张。一方面，由于床层的膨胀，吸附剂之间空隙增大，足以让料液中的细胞、细胞碎片等固体颗粒顺利通过床层，达到去除这些颗粒的目的。如图 7.7 所示，流化床和扩张床都采用从下而上的进样方式，因而克服了传统固定床不能处理含有固体颗粒料液的不足；同时，扩张床层析因为吸附剂颗粒在扩张床内稳定分级，料液以接近于平推流的形式通过床层，床内的返混程度很低，克服了传统流化床返混大的缺点。所以，扩张床综合了固定床和流化床的优点，具有很高的吸附效率。三者的比较总结于表 7.5。

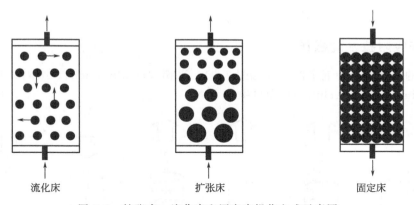

流化床　　　　　　　扩张床　　　　　　　固定床

图 7.7　扩张床、流化床和固定床操作方式示意图

表 7.5　扩张床、流化床和固定床的特点

操作方式	操作原理	能否处理含颗粒的料液	上样方式	吸附效率	优缺点
扩张床	料液接近平推流通过床层，返混小	能	自下而上	好	需特制的介质和装置
流化床	料液和介质充分混合，返混大	能	自下而上	不好	为达到一定吸附率，需循环上样
固定床	流体以平推流通过床层	不能	自上而下	好	确证可行，已广泛工业化

扩张床吸附层析的技术集成在于可以将下游加工过程重点固液分离、浓缩和初步纯化合而为一，能直接从含有固体颗粒的发酵液、细胞培养液或匀浆液中捕获目标产物，可以最大

限度地浓缩料液、去除杂质、降低能耗、减少投资和提高产品收率。图 7.8 列出了生物工程产品下游加工过程的一般处理流程，并指出了扩张床吸附层析技术在下游加工过程中的集成化作用。

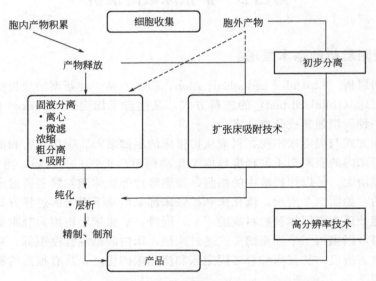

图 7.8　扩张床吸附技术在下游加工过程中集成化

二、扩张床吸附技术的操作

扩张床的操作可分为五个部分（见图 7.9）：平衡（equilibration）、吸附（adsorption）、清洗（washing）、洗脱（elution）和再生。

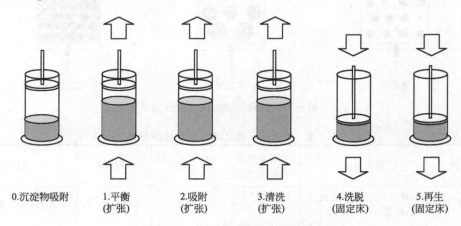

| 0.沉淀物吸附 | 1.平衡
（扩张） | 2.吸附
（扩张） | 3.清洗
（扩张） | 4.洗脱
（固定床） | 5.再生
（固定床） |

图 7.9　扩张床吸附操作流程图

① 平衡　扩张床在每次吸附操作前需用平衡缓冲液扩张，让扩张床扩张到一定程度，并使其达到平衡。在此阶段，基质的功能基团亦达到平衡。在扩张过程中，需要确定一个合适的扩张率 E（定义为扩张床床层高度 H 与沉降床高度 H_0 之比）。扩张率太低，会使料液中的固体颗粒通过困难，造成局部堵塞；扩张率过高，流速太大，会导致液相返混增加，吸附效率降低。一般认为，扩张床吸附层析操作的合适扩张率为 2～3。另外，维持一个最低的沉降床

高度，对消除进口处不均匀流化的影响，获得稳定的、返混程度小的床层十分重要。床层稳定时理论塔板数一般为 $170\sim200\mathrm{N/m}$，轴向混合系数在 $10^{-6}\mathrm{m^2/s}$ 数量级。

② 吸附　待平衡操作结束后，迅速将进样口由平衡缓冲液切换成料液，开始上样吸附。由于原料液的黏度和密度一般要高于平衡缓冲液，若维持上样流速不变，床层高度就会增加。因此，为保持扩张率不变，需要降低流速。而在吸附过程后期，由于吸附了目标产物和一些杂质，基质颗粒的密度有所增加，此时需要增加流速来维持原来的扩张率。也可以维持流速不变，根据扩张高度的变化来调节上分布器的位置。Chang 等对这两种操作方式作了比较，认为前一种方式较佳，可以获得较高的动态吸附容量。

③ 清洗　吸附操作结束以后，介质内外不可避免地残留了部分料液和杂质，因此在对目标产物洗脱前，需先进行清洗操作。清洗一般仍采用扩张床方式，维持上样时的流速不变。清洗液可使用平衡缓冲液或高黏度缓冲液。采用后者可以减少清洗液的用量，同时保证清洗液以更接近于平推流的方式流过床层，获得更好的清洗效果。

④ 洗脱　洗脱是层析过程的关键步骤。扩张床层析过程有两种洗脱方式，即固定床方式（自上而下）和扩张床方式（自下而上）。如果介质与目标产物之间的结合力较弱，产物主要吸附在床层的下半部分，应采用固定床方式洗脱；如果介质的吸附容量已经达到饱和，产物相对均匀地分布于整个床层之中，则采用扩张床洗脱方式更为有效。两种洗脱方式各具特色，采用固定床方式不仅可以减少洗脱液的用量，增加产物的浓度，还可以避免目标产物的过度稀释，但缺点是洗脱时间长，操作过程复杂，介质颗粒会聚集，影响其再度扩张；而采用扩张床洗脱方式的优点是过程简单，操作方便、迅速，不会造成介质的聚集，设备简单，有利于工业化控制，可以实现连续化操作。

⑤ 再生　再生必须在洗脱之后马上进行，是必不可少的一环。扩张床介质比传统的固定床介质更容易遭到细胞、细胞碎片、脂类、核酸等杂质的污染，这往往引起吸附容量的降低和介质颗粒之间的聚集，使介质的流体动力学特性和吸附性能的重复性不佳。再生操作首先由配基性质而定，与固定床介质的再生方式基本相同；其次根据扩张床介质的基球性质，需避免对基球结构和材料的破坏。一般商品介质给出了最优的再生方案。

三、扩张床基质的特性

相对于传统的固定床层析，扩张床吸附层析的操作方式有很大的差异，这种差异集中体现在层析介质的分级流态化，得以实现的关键在于其基质的特殊设计。

扩张床吸附剂基质的特性主要体现在密度、粒径及其分布和结构组成。扩张床吸附剂的粒径和密度有一定的分布，实际操作时，颗粒大、密度高的颗粒分布在底部，而颗粒小、密度低的则分布在上部，单个颗粒仅在小范围内运动，轴向混合程度低。正是这种分级现象限制了颗粒的运动，使整个床层处于有序和平稳的状态。一般来说，最大颗粒与最小颗粒直径之比大于 2.2 时，能形成稳定的分级床层。图 7.10 给出了 Streamline 介质在扩张床操作中的床层分布。

扩张床中料液流动方式是自下而上。一定流速下，床内的介质颗粒开始松动，床层开始扩张，此时的流速即最低流化速率（minimum fluidization velocity，U_{mf}）。增加流速，床层就会进一步扩张，颗粒间的间隙加大，料液中悬浮的固体颗粒能通过床层而直接流出床外，目标产物则被吸附剂捕获，实现了扩张床吸附分离。如果流速继续增加，床层过度扩张，吸附剂颗粒开始被带出床外，此时流速称为终端沉降速率（terminal settling velocity，U_{t}）。扩张床吸附过程中操作流速 U 应该满足：$U_{\mathrm{mf}}<U<U_{\mathrm{t}}$。根据经典的 Stokes 公式，颗粒的终

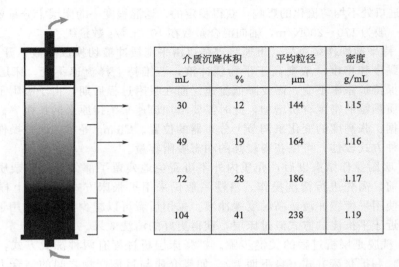

介质沉降体积		平均粒径	密度
mL	%	μm	g/mL
30	12	144	1.15
49	19	164	1.16
72	28	186	1.17
104	41	238	1.19

图 7.10 Streamline 介质在扩张床层的粒径和密度分布

端沉降速率与颗粒的直径、密度及流动相的黏度和密度有关：

$$U_t = \frac{g(\rho - \rho_1)d^2}{18\mu}$$

式中 ρ——颗粒的密度；

ρ_1——流动相密度；

d——基质颗粒直径；

μ——流动相黏度；

g——重力加速度。

基质的密度和粒径越大，同一流体中的终端沉降速率越大，操作流速可控范围也就越大。但是，平均粒径的增加会导致比表面积的下降，传质路径增大。而增加基质的密度也可以提高操作流速，且不会对目标物的吸附产生影响。可见增加基质的密度是制备扩张床吸附剂基质的有效办法。但是，粒径过小，将要求扩张床的下分布器具有更小的网孔，导致料液中的悬浮颗粒容易堵塞分布器的进口。因此 EBA 吸附剂基质的粒径通常不低于 $50\mu m$。

基质材料的组成直接决定了基质的密度、孔道性能和表面结构等理化性质。目前根据扩张床基质的结构，可以粗略地分为核壳型、混合型和均一型三类。核壳型由一个或多个相对集中的颗粒组成内核；混合型由一种材料分散分布在另一种材料之中，整体而言并不具有明显的核壳结构；均一型则由同一种材料组成。三种结构的示意图如图 7.11。

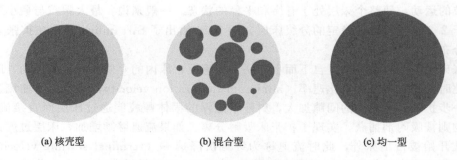

(a) 核壳型　　　　　　　　(b) 混合型　　　　　　　　(c) 均一型

图 7.11 扩张床基质结构示意图

核壳型和混合型基质实质上都是由两种或多种材料混合而成，区别在于前者的增重剂较为集中，而后者的增重剂较为分散。增重剂一般为高密度的惰性材料，只起增重剂的作用。骨架则一般为亲水性的高分子材料，其组成种类较多，有琼脂糖-石英砂、琼脂糖-不锈钢、琼脂糖-Nd-Fe-B 合金、琼脂糖-碳化钨、琼脂糖-玻璃珠、纤维素-二氧化钛、纤维素-不锈钢、葡聚糖-二氧化硅、聚乙烯醇-全氟聚合物等。均一型基质主要采用高密度的大孔均质材料直接作为基质，也有以多孔均质材料作为骨架，填充亲水性高分子材料组成，如多孔玻璃、氟化二氧化锆、二氧化锆填充水凝胶等。表 7.6 列举了目前市场上主要的扩张床介质。

表 7.6　商品扩张床介质

介质	生产公司	组成和类型	密度 /(g/mL)	粒径/μm（平均粒径/μm）	功能基团
Streamline	Amersham Biosciences	琼脂糖-石英砂 核壳型基质	1.2	100～300 (200)	DEAE,Q,SP,CM, Chelating,Phenyl, Heparin,rProtein A
Streamline Direct HST I	Amersham Biosciences	琼脂糖-不锈钢 混合型基质	1.8	80～165 (130)	混合模式
Upfront Fastline Pro	Upfront Chromatography A/S	琼脂糖-碳化钨 混合型基质	2.5～3.5	20～200	混合模式
Hyperz	PALL	凝胶-氧化锆 "Gel in shell"	3.2	40～105 (75)	Q 和 CM

扩张床层析介质的功能主要以吸附为主，因此商品介质的功能基团多为离子交换基团、疏水作用基团、亲和基团、金属螯合基团等。如 Streamline 系列基质包含了常用的阴阳离子交换基团、蛋白质 A 和肝素亲和等。近年来随着混合模式功能基团的研究和应用，各种类型的混合基团也开始应用于扩张床吸附中，如 Streamline Direct HST I 为阴离子交换和疏水作用的混合模式介质。

四、扩张床吸附技术的应用

自 20 世纪 90 年代初 Amersham Biosciences 公司推出 Streamline 系列 EBA 吸附剂以及装置以来，EBA 技术的应用已初显成效，已成功地应用于从大肠杆菌和酵母发酵液或匀浆、动物细胞培养液、动物和植物组织液、果汁、乳汁等料液中提取目标产物。EBA 在生物工程中的应用涉及蛋白质提纯、抗体纯化、细胞分离、DNA 提取、细胞破碎和 ELISA 分析等方面。尽管大多数 EBA 过程的开发还只停留在实验室规模，但也已有部分中试和生产规模应用的报道。例如，美国 Genetech 公司利用 STREAMLINE 1200 扩张床（内径 1.2m）装填 170L Streamline SP 阳离子交换吸附剂，从 CHO 细胞培养液中大规模提取单克隆抗体，一次可处理 7324L 培养液，并可全部除去细胞，纯化倍数为 5 倍，产品收率达到 99%。表 7.7 列举了最近几年来典型的 EBA 应用实例。

表 7.7　扩张床吸附技术应用实例

目标产物	产物来源	吸附剂	收率	纯化倍数
纳豆激酶	枯草杆菌	Streamline SP	93%	8.7
α-乳清蛋白	脱脂牛奶	Streamline Phenyl	—	
人 Fab 片段	重组大肠杆菌	Red Fastmabs	90%	8.7
融合蛋白	重组大肠杆菌	Streamline SP	70%~80%	100
GST-(His)$_6$	重组大肠杆菌	Streamline Chelating	80%	3.3
乳酸脱氢酶	猪肉浆	Cibacron Blue Celbeads	100%	31
Kinesin-(His)$_6$	重组大肠杆菌	Streamline Chelating	100%	
β-半乳糖苷酶	重组大肠杆菌	Streamline Chelating	86%	6
人纤维生长因子	重组大肠杆菌	Streamline SP	87%	17
人表皮生长因子	重组大肠杆菌	Streamline DEAE	80%	4.3
Luciferase-(His)$_6$	昆虫细胞	Streamline Chelating		
糖基转移酶	肺球菌发酵液	Affinity HEG Beads	38%	95
甲酸脱氢酶	大肠杆菌	Procion Red Streamline	85%	
单抗 IgG1	CHO 细胞液	Streamline Protein A		
单抗 IgG1-k	CHO 细胞液	Protein A Sepharose FF	77%~82%	
hGH-GST 融合蛋白	蛋白质裂解液	Streamline SP XL	90%	
MBP-(His)$_6$	重组大肠杆菌	Streamline Chelating	66%	5.9
单核白细胞	外周血液	Antibody FEP-PVA	77%	—
人表皮生长因子	重组大肠杆菌	Streamline SP	93%	20
抗-rHBsAg	细胞培养液	Streamline Protein A	92%	7
荧光蛋白	重组大肠杆菌	Streamline Chelating	94%	19
Endostatin	酵母培养液	CM HyperZ	85%	40
纳豆激酶	枯草杆菌	Fastline PRO	47.3%	12.3
β-葡萄糖苷酶	酵母培养液	Streamline Direct HST	74%	17

第五节　模拟移动床

一、概述

　　模拟移动床层析分离技术是 20 世纪 60 年代由 Broughton 等提出并申请专利之后不断发展起来的一种现代化分离技术，具有分离能力强、设备体积小、投资成本低并特别有利于分离热敏性高及难分离的物系等优点，并具有连续化、总柱效高、流动相耗量小等特点。因此它的兴起被一些化工专家认为是化工技术中的一次革新，其应用范围也不断扩大，遍及石油、精细化工、生物发酵、医药食品等许多生产领域，尤其是在同系化合物、手性异构体药物、糖类、有机酸和氨基酸等混合物的分离中显示其独特性能。

二、工作原理

层析对不同组分的分离，主要是利用各种组分在固定相和流动相中吸附和分配系数的微小差异，来达到各组分彼此分离的目的。假设一个两组分分离体系，当在层析柱中脉冲进样后用适当的溶剂洗脱时就会一种物质移动慢另一种物质移动快，若层析柱足够长时两者将最终分开。这与龟兔赛跑的情形很相似，假设龟兔赛跑的跑道会逆向移动，并且移动速度介于龟与兔之间，这样就好像是龟在往后走，兔在往前走，最终龟与兔分别从跑道的两头下来，如图 7.12 所示。

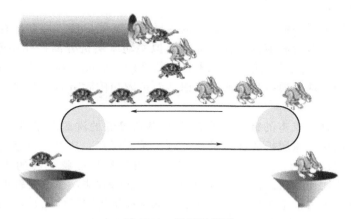

图 7.12　原理示意图

同样原理可应用于移动床层析（TMB）上。考虑两种组分 A 和 B 的分离，其中 B 比 A 更容易在固定相上吸附，因而 B 在层析中迁移速率要比 A 的小，如果让固定相以一个介于 A、B 两种组分迁移速率之间的速度与溶剂做反向运动，两种组分就会分别由固定相和溶剂携带向相反的方向移动，从而完成了 A 与 B 的分离。这就是移动床层析的基本原理。

移动床层析虽然有可连续操作和分离效果好的特点，但是在实际操作中固定相的流动会产生固定相的磨损、返混等问题，同时实现非常困难。而模拟移动床就能够很好地解决固定相实际流动困难的问题，它可以在固定相不动的情况下，采用程序控制的方法，定期启闭切换进出料液和洗脱液的阀门，从而使各液流进出口的位置不断变化，相当于固定相在连续地移动。

模拟移动床层析的基本工作原理：将多根层析柱串联在一起，每根层析柱均设有物料的进出口，并通过操作开关阀组沿着有机溶剂流动相的循环流动方向定时切换，从而周期性改变物料的进出口位置，以此来模拟固定相与流动相之间的逆流移动，实现组分之间的连续分离。模拟移动床层析整个工作阶段仍和一般层析类似，为再生、吸附、洗脱，如图 7.13。

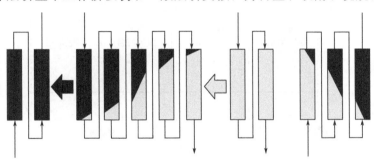

图 7.13　模拟移动床工艺循环

三、模拟移动床模型

目前，国内外关于模拟移动床系统的研究工作主要集中于建模与仿真。根据 SMB 与 TMB 之间的等效性大致可以采用以下两种方式建立模型。一种是基于真正的，它更接近实际的模拟移动床过程，在模型中明确考虑了周期性地改变进出料的位置，整个过程是动态的。但该模型求解复杂，为计算机仿真带来极大困难。另一种是采用等效的过程模型，即把切换时间转换成固相流速，由于忽略循环口的切换，因而可得到一个连续逆流吸附过程平衡方程，可大大简化模型。

由于在不同条件下对平衡过程产生影响的主导因素不同，所以模型也有多种。各种模型的提出都是基于一定的假设和前提。在实际的模拟移动床层析分离操作中既存在轴向扩散，也存在一定的传质阻力，而且吸附过程也多是非线性的。因此，在模拟移动床层析分离中与实际过程符合最好的是基于模拟移动床的考虑轴向扩散和传质阻力的非线性吸附等温线的平衡扩散模型。

在实际生产中，分离成本的标准是高的生产率和较低的洗脱剂消耗。为了解决这一问题，许多学者对模拟移动床层析的优化过程进行了深入研究。其中最为著名的是意大利学者 Massimo 等人的三角形理论。采用三角形理论可以直观给出完整分离的优化区域，是一种简单、快捷、实用的优化策略。但它是基于理想状态下的方法，当柱效较低、切换速度快时误差会很大。国内的相关报道较少，华东理工大学自动化研究所的顾金生和蒋慰孙等人曾提出具有时频特性的 Haar 小波逼近方法，此法从吸附机理出发，导出吸附特性的分布参数模型，为简化该动态模型，提出了一种多分辨简化模型，即在轴向距离上采用 Haar 小波一次逼近，使其成为只含时间变的微分方程，仿真表明结果有效。

Z. Ma 等人采用连续移动床层析模型中的驻波法（standing wave design）设计 SMB，在存在床层轴向扩散和颗粒内外传质阻力的 SMB 系统中，在稳态条件下系统中各组分浓度在各功能区（Ⅰ～Ⅳ）中的分布有如图 7.14 的驻波性质：在适当的进料流速、洗脱剂流速和各功能区切换周期下，尽管各功能区所在的离子交换柱不断被切换更替，但强吸附组分的吸附波总是出现在功能区Ⅲ而不随时间变化，其解吸波亦总出现在功能区Ⅰ；弱吸附组分的解吸波总是稳定在功能区Ⅱ，其吸附波总是稳定在功能区Ⅳ，由此在不同的功能区实现强、弱吸附组分的分离。

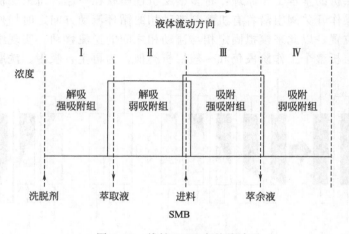

图 7.14 线性 SMB 中的驻波

四、模拟移动床的应用

氨基酸具有重要的生物、药物和营养价值。生产氨基酸的发酵液中还含有残糖、蛋白质、色素、胶体物、无机盐以及原料中带入的各种杂质，因此，要获得符合高质量标准要求的氨基酸，必须采取提纯处理。由于氨基酸是一种热敏性生化物质，传统的分离手段如蒸馏、吸附、萃取、结晶、沉降分离等在其分离中受到限制，而 SMB 过程无需热再生，能耗低、分离效率高且适应性强，在氨基酸的生产中得到广泛应用。已利用 SMB 技术进行分离的产品有赖氨酸、苯丙氨酸与色氨酸等。在模拟移动床层析中大多选用强阳离子交换树脂。

甘露醇和山梨醇是一对同分异构体，同属六元醇，在食品、医药和轻工业中有广泛的用途。以蔗糖为原料合成方法获得的甘露醇（约占 25%）和山梨醇（约占 75%）混合物，用传统分离方法分离后，山梨醇液体中仍含约 10% 的甘露醇，用常规的结晶工艺很难提取出来。而采用 SMB 技术后，山梨醇母液中的甘露醇可降至 1.5%，甘露醇收率可提高近 6%，山梨醇液体中的糖类物质大幅下降，大大提高了液体山梨醇的质量，消除了原液体山梨醇在低温时易结晶或结冻的现象。

SMB 分离糖酸，提取液中糖的含量和回收率以及提余液中酸的含量和收率均可以达到 93%。如今在糖醇工业中已经实现工业化层析分离工艺的几乎全部采用了 SMB 分离技术。

由于模拟移动床具有很高的灵活性，只要适当更换分离介质体系，就可以适应不同的混合物分离，且由于其分离效率高、连续操作、填料和洗脱剂消耗少，以及可实现调节和控制自动化的诸多优点，在食品工业中引起人们的广泛关注，在其中正扮演着越来越重要的角色。并且随着 SMB 与其他单元操作的结合，赋予了 SMB 更强大的威力，使其成为食品工业分离领域中最有前景的一门技术。

近年来模拟移动床层析在手性药物大规模拆分领域中也得到了广泛应用。Pais 等报道了以乙酸微晶纤维素为固定相、以甲醇为流动相分离手性环氧化合物。产品的纯度收率都大于 90%，每天每升固定相可拆分外消旋体 52g，每克外消旋体消耗移动相 0.41g。

此外，利用 SMB 系统，以阳离子交换树脂为吸附剂，从谷氨酸中分离提取谷胱甘肽，产品回收率约 99%。SMB 还用于酶的纯化，例如运用 SMB 技术纯化胰凝乳蛋白酶，可得较高纯度的酶。

◆ 参考文献 ◆

[1] Baudhuin L M, Hartman S J, O' Brien J F, et al. Electrophoretic measurement of lipoprotein (a) cholesterol in plasma with and without ultracentrifugation: comparison with an immunoturbidimetric lipoprotein (a) method. Clinical Biochemisty, 2004, 37: 481-488.

[2] 周立尧，陈爱华，宋旭东. 血清高密度脂蛋白的超速离心、氧化、修饰及 DiI 标志. 实用医学杂志, 2007, 23: 937-940.

[3] Castilho L R, Deckwer W D, Anspach F B. Influence of matrix activation and polymer coating on the purification of human IgG with protein A affinity membranes. Journal of Membrane Science, 2000, 172: 269-277.

[4] Mclaughlin L W. Mixed-mode chromatography of nucleic acids. Chemical Review, 1989, 89: 309-319.

[5] 姚善泾，高栋，林东强. 一种新的生物分离方法——混合模式吸附层析. 化工学报, 2007, 58: 2169-2177.

[6] Burton S C, Harding D R K. Hydrophobic charge induction chromatography: salt independent protein adsorption and facile elution with aqueous buffers. Journal of Chromatography A, 1998, 814: 71-81.

[7] Hamilton G E, Luechau F, Burton S C, Lyddiatt A. Development of a mixed mode adsorption process for the direct

product sequestration of an extracellular protease from microbial batch cultures. Journal of Biotechnology, 2000, 79: 103-115.

[8] Guerrier L, Girot P, Schwartz W, et al. New method for selective capture of antibodies under physiolgical conditions. Bioseparation, 2000, 9: 211-221.

[9] Roque A C A, Silva C S O, Taipa M Â. Affinity-based methodologies and ligands for antibody purification: Advances and perspectives. Journal of Chromatography A, 2007, 1160: 44-55.

[10] Anspach F B, Curbelo D, Hartmann R, et al. Expanded bed chromatography in primary protein purification. Journal of Chromatography A, 1999, 865: 129-144.

[11] Ujam L B, Clemmitt R H, Chase H A. Cell separation by expanded bed adsorption: use of ion exchange chromatography for the separation of *E. coli* and *S. cerevisiae*. Bioprocess Engineering, 2000, 23: 245-250.

[12] Xia H F, Lin D Q, Chen Z M, et al. Influences of ligand structure and pH on the adsorption with hydrophobic charge induction adsorbents: a case study of antibody IgY. Separation Science and Technology, 2011, 46: 1957-1965.

[13] Xia H F, Lin D Q, Chen Z M, et al. Salt-promoted adsorption of an antibody onto hydrophobic charge-induction adsorbents. Journal of Chemical & Engineering Data, 2010, 55: 5751-5758.

[14] Xia H F, Lin D Q, Wang L P. Preparation and evaluation of cellulose adsorbents for hydrophobic charge induction chromatography. Industrial & Engineering Chemistry Research, 2008, 47: 9566-9572.

[15] Pållson E, Nandakumar M P, Mattiasson B, et al. Miniaturised expanded-bed column with low dispersion suitable for fast flow-ELISA analyses. Biotechnology Letter, 2000, 22: 245-250.

[16] 李凌, 井元伟, 袁德成. 模拟移动床吸附分离技术及其应用. 计算机与应用化学, 2007: 441-444.

第八章

分离纯化的组合应用

第一节　概述

为了成功地分离样品，必须根据样品特性和分离目的合理地设计出分离纯化实验方案。由于每个分离任务涉及的目标分子、样品中杂质成分、需达到的分离效果都是不同的，因此不存在通用的分离纯化方案。在设计实验方案时，单元纯化技术应当考虑的因素主要包括介质或预装柱的选择、洗脱剂的选择、层析柱尺寸的控制，以及层析过程中有关参数的确定。

生化分离过程往往是将若干单元纯化技术联合使用而实现的，在此过程中，选择合理单元纯化技术固然很重要，然而如何将这些技术合理组合和按顺序使用也是成功分离所必须考虑的。

分离纯化一般分成三个阶段：初始阶段、中间阶段和精制阶段。一般而言，分离纯化的这三个阶段，因所需解决的侧重点不同，人们会据此选择不同的纯化技术。

图8.1中的概率统计结果表明了实际选择的情况，那么人们进行选择的时候又是如何考虑的呢？这主要应根据生化分离技术的各个不同阶段（图8.2）的侧重点及各种技术所表现的优势来进行选择。

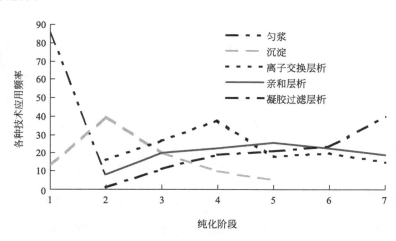

图 8.1　常用纯化技术在纯化的不同阶段被采用的情况

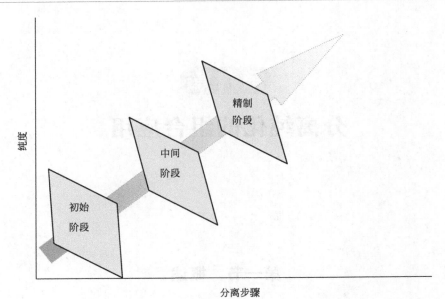

图 8.2　分离纯化的三个不同阶段

初始阶段：主要任务在于从相对较大体积的抽提液中去除大量杂质，同时能浓缩样品和保障样品处于稳定的环境条件。此时所选择的方法往往希望能满足快速大规模处理的需要，此阶段选择方法的侧重点应放在速度和处理量上（图 8.3）。一般匀浆和沉淀技术、膜过滤技术等可以在此阶段的前期使用，此阶段的后期则可以使用离子交换和亲和层析等技术。

中间阶段：主要任务在于进一步除去大量杂质，如混在目的蛋白质中的其他蛋白质、核酸和多糖等，而这些杂质与目的物的性质差异相对较小，显然选择的分离方法要有较高的分辨率。作为中间过程要处理的样品量仍比较大，所以此阶段选择分离方法的侧重点应放在分辨率和处理量上（图 8.4）。离子交换、亲和层析、制备级等电聚焦等技术可以在此阶段使用。

精制阶段：主要任务在于最后除去微量杂质，使最后的产品获得高纯度。最后的微量杂质往往与目的物的性质较为接近，所以此阶段分离方法的侧重点主要放在分辨率上（图8.5）。尽管分离技术仍然可以采用离子交换、凝胶层析等技术，但可通过选择高效的填料来满足高分辨率的要求。

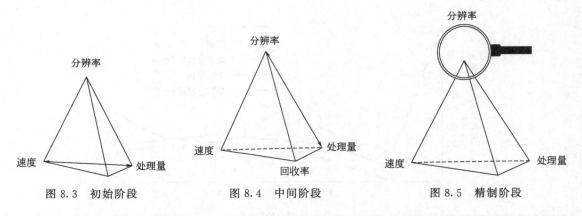

图 8.3　初始阶段　　　　　图 8.4　中间阶段　　　　　图 8.5　精制阶段

从目前的发展趋势来看，生化分离技术研究的最终目的是要缩短整个下游过程的流程和提高单元操作的效率。分离技术的高效集成化则使生物分离过程出现了一个质的转变，其双层含义在于利用已有的和新近开发的生化分离技术，将下游过程中的有关单元进行有效组合（集成），或者把两种以上的分离技术合成为一种更有效的分离技术，达到提高产品收率、降低过程能耗和增加生产效益的目标。

因此，在分离方案设计上的思路首先是分阶段考虑选择单元技术的种类或直接考察一些新近开发的集成分离技术，在优选单元技术分离条件、考察单元分离效果的基础上再进行分离技术有效合理的组合。

第二节　分离的主要流程

一、建立分析方法

生化分离整个过程一旦开展，都应首先建立快速灵敏准确的分析方法来衡量效果（收率、纯度），以保证分离工作顺利进行。

一般的分析鉴定方法大致可以分为三种类型：

1. 生物测定方法

一个生物测定方法的建立，必须选择适当的生物对象，继而决定测试的生物反应类型，如加入受试物后细菌的生长或抑制，血压的变化，组织分泌物的增加或减少等。然后在定性反应基础上进一步建立生物反应的定量标准。

2. 理化测定方法

是一种最常用最方便的分析测定方法，主要根据目的物的初步了解的特殊的理化性质建立定性定量的鉴定方法，这类方法常有比色法、层析法、光谱法、电泳法等。理化测定方法的最大优点是实验操作简便快速，能及时指导分离过程，判断分离方法的实际效果。

3. 理化方法与生物学方法结合测定

对于某些生物体内含量较低，或所建立的理化测定方法的特异性和灵敏度不足以反映该物质定性与定量的要求时，常常需要结合生物学方法来全面准确地反映该物质的存在情况。

一个好的分析鉴定方法必须满足以下要求：特异性或专一性强；重现性好；准确度高；灵敏度高；时间短，操作简便。

分析方法的特异性或专一性，对于整个分离纯化实验的成功非常重要。特别是在分离纯化的初始阶段，各种干扰物质大量存在的情况下，一个专一性高的分析方法更显得重要。但一般很少有绝对专一的分析方法，为了减少干扰，一般尽量选择目的物含量丰富而杂质干扰较少的材料，并通过控制适当的条件使干扰物不起作用。

重现性或称重复性，是指分析结果能经受时间的考验重复测出的程度。一般通过仔细控制每次的实验条件，包括仪器装置、药品、材料来源、操作方法等来实现。

分析方法的准确度主要反映在定量测定上的误差范围，原则上是误差越小越好，准确度越高越好，但目的物从一个混杂的体系中逐步分离出来，开始时的干扰是不可避免的，所以分离提纯每一阶段，定量上存在的误差只要不影响分离进程，也可基本满足要求。相比较而言，特异性和重现性在某种意义上比要求精确度更为重要。

灵敏度是指对目的物的最低检测限。高灵敏度的分析方法在对微量样品的提取时显得比较重要。生化分子一般都是一些具有生理活性的物质或代谢的中间产物，容易失去活性或发生转变，因此操作简便快速的分析测定方法有着重要意义。

二、提取材料选择

选材的主要原则：来源丰富，含量相对较高，杂质尽可能少。选择材料主要根据实验的目的而定，同一种物质由于进化的关系通常在不同种类的生物体中都有存在。从工业生产角度上来考虑，首先是材料来源丰富，含量高、成本低，但如果材料来源、含量都很理想，而材料中杂质太多，分离纯化手续十分繁琐，以致影响质量和收率，反而不如含量低些但易于操作获得纯品者。也就是说在所有条件不能都满足的前提下，必须根据具体情况，抓住主要矛盾决定取舍。例如，提取 DNA，从含量看，细胞核中最多，线粒体次之，由于在从动物脏器提取细胞核过程中，常常会受到酶水解和机械损伤等作用，使所得的细胞核 DNA 仅为其完整 DNA 的百分之一，而线粒体 DNA 提取步骤较少，所以反而是较好的选择材料；再如提取磷酸单酯酶，从含量看，虽然在胰脏、肝脏和脾脏中较丰富，但因其与磷酸二酯酶共存，进行提纯时，这两种酶很难分开，所以实践常选尽管含磷酸单酯酶少，但却几乎不含磷酸二酯酶的前列腺作材料，反而容易较快地得到较纯的磷酸单酯酶。

显而易见，一个材料选择是否合理，不仅关系到实验进行的难易，而且常常是导致实验成败的原因。

选择材料的范围包括动物、植物、微生物。生物体内某种成分不是一成不变的。如植物材料所含各种成分常随季节和生长时期而变化，动物材料中的各种组分处于不同生理状态也有很大差别。微生物材料中各种组分的变化受环境因子影响尤为显著，利用这一点，人们通过对培养基的组成、培养温度和 pH 等培养条件的优化，以及诱导物、抑制剂的添加都可以大大增加所需物质的含量。菌种的筛选、诱变也是人们所熟悉的传统提高微生物体内某种物质含量最常用的方法。而近年来利用基因工程手段可以将一些生物体内含量很少的活性物质在一些典型的原核或真核生物中大量高效地表达。鉴于微生物所具有的这些特点，在材料的选择上具备了一定的优势。

三、提取方法选择

实验材料选定后，常常需要进行预处理，动物材料往往要除去一些与实验无关甚至有妨碍的结缔组织、脂肪组织和血污等，植物种子需要除壳，微生物材料需将菌体和发酵液分开等。材料预处理好后，下一步就是要选择适当方法将目的物进行抽提和提取，提取步骤的主要原则：将目的物从材料中以溶解状态释放出来，方法与存在部位及状态有关。如属体液、血液中的游离物质或生物体分泌到体外（细胞外）的物质，就不必进行组织细胞的破碎。但细胞内含物不论存在于哪些部位（如在膜上、核中或细胞浆内），均需采用不同方法进行细胞破碎。具体各种细胞破碎的方法已在本书第二章中介绍。

细胞破碎后，选择合适的抽提方法的总原则是：目的物在保证不变性的基础上达最大的提取与溶解，并尽可能减少杂质污染。具体要讨论的问题主要有提取剂的组成、用量，提取液的澄清、浓缩与脱盐方法等。

1. 提取剂的组成

提取剂的离子强度是影响目的物溶解度的主要因素，一般控制适当的低离子强度溶液在 0.05～0.2mol/L 范围，既有利于蛋白质（酶）、核酸等物质的溶解，还对蛋白质类物质的活性有稳定作用。提取剂的 pH 也同时影响目的物的溶解度与稳定性，尤其对蛋白质包括酶类的生物活性物质，所以 pH 一般控制在等电点附近的稳定性范围内，一般只要偏离等电点 1 个 pH 左右，就能满足蛋白质类物质的溶解度要求，且基本能同时保证落在所提取的活性物质的 pH 稳定性范围。此外，当所提取的活性物质所处的混合液中含有可能降解该物质的酶或存在一些不稳定因素时，需要在提取剂中适当添加抑制剂或保护剂（或称为稳定剂）。如核酸类物质提取时，如果混合液中有降解核酸的酶存在，可加入适量核酸酶的特定抑制剂；含巯基的酶提取时可加入一些巯基保护剂（还原型谷胱甘肽、2-巯基乙醇、二硫苏糖醇等）。

2. 提取剂的用量

在一定的提取条件和提取次数下，提取剂的用量越高，目的物的提取总量就越高，按此趋势理论上回收率可接近 100%。但提取剂用量越高，目的物被稀释的程度就越大。因此人们对提取剂用量上所制定的原则是，加入的量首先考虑保证目的物收率在 80% 以上，然后要考虑尽可能减少稀释，使得到的提取液中目的物浓度尽可能高一些。按此原则，考虑材料自身的含水量，对动物和微生物材料一般加入 1.5～3 倍体积的提取剂，而植物材料则只需加入 0.5～1 倍体积的提取剂。

3. 提取液的澄清

动物、微生物细胞提取液往往比较浑浊，需经过一定的澄清，才能进一步分离，而澄清步骤本身也可以看做是一步分离步骤。澄清时粒子的沉降速度关系式如下：

$$v=d^2(\sigma-\rho)\omega^2\gamma/(18\eta)$$

式中　d——粒子直径；

σ——粒子密度；

ρ——介质密度；

ω——离心角速度；

γ——转子半径；

η——介质黏度。

显然当离心条件已确定，粒子仍不能沉降时，只有通过加大 d 或减少 η 来增加沉降速度。

加大 d 加速粒子聚集的措施主要有：①25%（NH_4）$_2SO_4$ 处理；②酸化法。

少量盐的加入可以使粒子吸附相反电荷而增加相互间的静电吸引力，而通过加少量的弱酸调整溶液的 pH 在酸性范围，也可以使细胞碎片等粒子的带电荷状态改变而更有利于聚集。此类方法主要适用于动物细胞。

提取液黏度往往是细胞破碎时释放出来的两类核酸、类树胶等成分造成的，因此降低黏度的措施可采用添加两类核酸水解酶的方法或选择性的沉淀法来除去它们。

除上述方法外，对目的物是蛋白质类的样品，人们还可以直接采用 80%（NH_4）$_2SO_4$ 或 55% 的丙酮沉淀的方法处理，蛋白质沉淀而类树胶不沉淀，既可解决澄清又同时解决了浓缩问题。其他还有采用树脂吸附的方法除去造成浑浊的物质等。如果上述方法澄清效果都不好，则必须考虑改善前面的细胞破碎方法。

4. 提取液的浓缩

浓缩是在整个分离过程经常要进行的步骤之一，采用的方法往往要根据处理量和目的物浓度等情况的不同来选择。

沉淀法（如盐析、有机溶剂沉淀）和吸附法是前期处理量较大时常用的浓缩手段，前者适用于目的物浓度大于 1mg/mL 的情况，后者适用于目的物浓度小于 1mg/mL 的情况。

减压透析可以在实验室规模浓缩大分子类样品，其原理是通过在渗出液外抽真空，使膜两边形成压差，加速膜内物质透出。实验室少量样品的浓缩还有干胶溶胀法、多聚物吸水法、减压蒸馏法（真空旋转浓缩）等。干胶溶胀法、多聚物吸水法都是利用直接在样品中或在透析袋外添加一些具强大吸水作用的凝胶或多聚物，在一定时间里达到浓缩的目的。

超滤则是可以在工业规模进行浓缩的主要方法，其原理详见本书第四章第四节。

5. 提取物的脱盐

脱盐也是整个分离过程经常要进行的步骤之一，归纳可以采用的主要脱盐方法有：①透析；②超滤；③凝胶过滤；④反相层析。其原理详见本书第四章和第五章的相关内容。

四、分离纯化方法的探索

分离纯化步骤为整个分离过程的核心操作，须根据目的物的理化性质、生物学性质及具体条件而定。具体技术与方法根据不同的阶段进行选择，如前期常选择的沉淀技术、膜过滤技术及中后期常选择的各种层析技术等。

选择分离纯化方法的依据，往往是利用目的物与杂质在分子大小或一定条件下带电荷的差异来进行，具体归纳在表 8.1。分离纯化的可行性评价则往往要根据分离的最终目的，通过跟踪每步分离的回收率、纯化倍数来考察，最终的纯化效果还要通过均一性的鉴定。

表 8.1　选择分离方法的依据

分离依据	分离方法
形状和大小	凝胶过滤、超滤、透析
电离性质	离交层析、电泳（除 SDS）
极性（疏水性）	分配、吸附、疏水层析
生物功能或特殊化学基团	亲和层析
等电点 pI	层析聚焦、电聚焦
溶解性	盐析、有机溶剂提取、结晶
密度、大小	超离心、SDS-凝胶电泳

五、均一性的鉴定

当分离工作完成后所得目的物达什么样的纯度，常常要进行均一性的鉴定。均一性即指所获得的目的物只具有一种完全相同的成分。对蛋白质、核酸、多糖类物质常用的纯度鉴定方法有层析法、电泳法、超离心法；对酶的鉴定除上述三种外，还可采用恒比活力的方法。均一性的评价常须经过数种方法的验证才能肯定。一种方法由于是基于一种特性进行鉴定，所以往往是片面的，可能换一种特性进行分离还是存在不同的成分，所以纯度鉴定一般都只是相对的，一定要标明所用方法，如层析纯、电泳纯等。绝对的标准只有把物质的全部结构弄清楚并经过人工全合成证明具有相同的生理活性，才能说明所分离的物质是绝对纯净的，但这样严格的鉴定，一般只有小分子能做到，生物大分子类物质则非常困难。

<h1 style="text-align:center">第三节　分离技术的选择和组合</h1>

一、单元分离技术的选择

1. 初始阶段

此阶段所选择的单元分离技术须满足快速大规模处理的需要，选择方法的侧重点在处理速度和处理量上。按此要求，在动物、植物、微生物材料前处理的基础上（即已经过细胞破碎或匀浆、抽提等过程后），对分离技术进行筛选，初始阶段可以考虑选用的方法主要有各种沉淀技术、各种膜过滤技术和离心分离技术等。选择的理由与这些技术本身的特点有关。

各种沉淀技术包括盐析、有机溶剂沉淀、选择性变性沉淀等，它们都具有处理量大和处理速度快的特点，一些新发展的集成分离技术如亲和沉淀技术则可在保留沉淀技术的优势的前提下，大大提高分离的分辨率，从而减少分离步骤，提高效率。

各种膜过滤技术包括微滤、超滤、纳米过滤等。超滤、纳米过滤适用于初始阶段的后期，它同样具备较大的处理量，但对处理液的澄清度有比较大的要求，所以往往在提取液经过沉淀、离心或微滤后进行。目前已出现许多与膜过滤集成的分离技术，如各种膜层析，它们具备两者的共同优势，往往可以大大缩短分离步骤。

对于各种离心技术，前期不管是沉淀以后，还是絮凝后，或者是澄清步骤、浓缩步骤都少不了利用离心，而工业上除可以进行一定规模的常速离心之外，有些情况可以选择板框过滤来进行。只有到分离后期实验室规模的研究才会用到高速离心。离心技术里的超速离心一般则是用在最后阶段对样品的纯度或分子量的分析上。

2. 中间阶段

此阶段所选择的单元分离技术仍需满足一定的处理量，但要考虑有一定的分辨率。因此许多相对处理量较大的层析技术可以进入选择范围，如吸附层析、离子交换层析、亲和层析、制备级等电聚焦等。凝胶层析因处理量小则不适合在中期使用。此阶段层析填料偏向于选择有一定分辨率、中等粒度以上的种类，可以满足一定时间里较大的处理量。

3. 精制阶段

此阶段所选择的单元分离技术重点在分辨率上。主要可采用离子交换、凝胶层析、疏水层析、反相层析等各种层析技术，并通过选择高效的填料来满足高分辨率的要求。如同样是离子交换层析，中间阶段使用时选择 DEAE-纤维素、CM-纤维素或 DEAE-Sepharose 系列；而精制阶段则选择交联琼脂糖的 Sepharose HP、Sepharose FF 系列接不同的功能基团，高效离子交换剂 SOURCEQ、SOURCES 系列，MonoQ 和 MonoS 系列或一些非孔型离子交换剂 MiniQ 和 MiniS 系列。高效离子交换剂和非孔型离子交换剂往往都是以预装柱的形式使用。

二、分离技术组合方案的选择原则

分离的初始阶段主要根据材料的特点和目的物的特性来选择预处理方法，其中主要包括动物、植物、微生物材料如何处理，细胞和组织如何选择合适的破碎方法，进一步如何选择合适的提取剂抽提，再考虑采用选择各种絮凝沉淀方法、离心分离方法、膜过滤等以达到澄清、浓缩和快速大量分离的目的。

为达到人们最终对分离产品的要求，中期与后期分离技术的选择和组合是整个分离过程的核心内容，而这部分内容除单元技术优选是关键之外，合理的排序与组合也是很重要的环节。

分离方案制定的原则之一，人们首先应该针对目的物的特性优选单元技术，做到尽可能减少分离步骤。单元技术的优选方面，目前许多的层析技术、电泳制备技术以及新发展出来的一些融合（或称集成）技术都在可选择的范围里。常规层析技术包括凝胶过滤、离子交换层析、疏水作用层析、亲和层析等，能选择的电泳技术主要有一种制备型等电聚焦；而许多融合技术目前大多处于开发和研究阶段，有待进一步完善。

当目的物种类为蛋白质（酶）、核酸，且特性相对比较清楚的情况下，人们首先可以考虑是否能找到特异的配基，优先考虑制备高度专一的亲和层析柱，如果是多糖也可以考虑直接选择现成的类专一亲和吸附剂，一旦有针对目的物的高度专一亲和层析技术可以采用，其分离步骤大大缩短，分离效率可大大提高。

大多数情况下目的物是一种人们并不是特别明了其特性的物质，需要分离出来较纯的样品再去考察它的特性，这时候可以先采用常规的两种层析方法的组合，最常用的便是凝胶过滤层析和离子交换层析的组合，疏水作用层析与离子交换层析的组合，凝胶过滤层析与疏水作用层析的组合；反相层析往往是采用预装柱，分辨率较高，但处理量少，适用于一部分蛋白质后期的分离，或用于进行纯度鉴定。

疏水作用层析因具备高盐吸附、低盐洗脱的特点，如果前期采用盐析分离的样品往往可省去脱盐步骤直接上样，当样品在低盐洗脱时，后面再进行离子交换层析前的脱盐时间也可以适当缩短，这样两步层析的流程整体时间可以得到缩短。

显然单元技术的排序应充分考虑它们相互的衔接，组合设计应尽可能合理高效，这可以看做是分离方案制定的原则之二。上述举例说明的组合情况是比较常规的应用组合，由于不同目的物的特性差异较大，即使是同一种目的物，当它所处的混合物体系不同时，都可能需要采取不同的分离方案及条件。除一些较为特异的方法作为首选择之外，离子交换层析往往是选择频率较高的，很多情况下当发现目的物采用离子交换层析的效果较好的话，还可以考虑重复使用，因为往往在目的物所处体系的杂质种类减少，目的物和杂质之间的关系发生了一些变化，第二次再进行同样的层析过程，仍然能取得较好的效果，甚至连粗分离采用的盐析方法也可以进行二次重复，也能达到较好的分级效果。当然对不同的目的物和体系而言，所适用于其重复使用的层析技术可能有所不同，这一点人们已在实际应用中得到了证实，例如笔者于 1999 年就曾在研究中重复采用羟基磷灰石层析分离一种黑曲霉甘露聚糖酶，取得了较好的分离效果。

一旦人们选择和建立好了分离组合方案，每一步分离技术的条件就希望做到最优化。单元纯化技术优化时应当考虑的因素主要包括介质或预装柱的选择、洗脱剂的选择、层析柱尺寸的控制，以及层析过程中有关参数的确定。这部分内容都已分别在本书第五章各节中介绍。技术的选择以及组合分离方案的明确，综合考核指标是本章第三节所提的四个方面：分离度、处理量、速度、回收率；而分离条件具体优化时的主要考核指标则为纯化倍数与回收率。

第四节 典型生物分子分离实例分析

一、蛋白质（酶）的分离纯化与鉴定

（一）蛋白质（酶）分离纯化的原则

蛋白质种类很多，性质上的差异很大，即使是同类蛋白质，因选用材料不同，使用方法差别也很大，且又处于不同的体系中，因此不可能有一个固定的程序适用各类蛋白质的分离。但多数分离工作中的关键部分基本手段还是共同的，大部分蛋白质均可溶于水、稀盐、稀酸或稀碱溶液中，少数与脂类结合的蛋白质溶于乙醇、丙酮及丁醇等有机溶剂中。因此可采用不同溶剂提取、分离及纯化蛋白质和酶。

蛋白质与酶在不同溶剂中溶解度的差异，主要取决于蛋白质分子中非极性疏水基团与极性亲水基团的比例，其次取决于这些基团的排列和偶极矩。故分子结构性质是不同蛋白质溶解度差异的内因。温度、pH、离子强度等是影响蛋白质溶解度的外界条件。提取蛋白质时常根据这些内外因素综合加以利用，将细胞内蛋白质提取出来，并与其他不需要的物质分开。但动物材料中的蛋白质有些以可溶性的形式存在于体液（如血浆、消化液等）中，可以不必经过提取直接进行分离。蛋白质中的角蛋白、胶原及丝蛋白等不溶性蛋白质，只需要适当的溶剂洗去可溶性的伴随物，如脂类、糖类以及其他可溶性蛋白质，最后剩下的就是不溶性蛋白质。这些蛋白质经细胞破碎后，用水、稀盐酸及缓冲液等适当溶剂，将蛋白质溶解出来，再用离心法除去不溶物，即得粗提取液。水适用于白蛋白类蛋白质的抽提。如果抽提物的 pH 用适当缓冲液控制时，其稳定性及溶解度均能增加。如球蛋白类能溶于稀盐溶液中，脂蛋白可用稀的去垢剂溶液如十二烷基硫酸钠、洋地黄皂苷溶液或有机溶剂来抽提。其他不溶于水的蛋白质通常用稀碱溶液抽提。

蛋白质常以与其他生物体物质结合的形式存在，给分离精制带来了困难。如极微量的金属和糖对巨大蛋白质的稳定性起决定作用，若被除去则不稳定的蛋白质结晶化的难度也随之增加。如淀粉酶的 Ca^{2+}、胰岛素的 Zn^{2+} 等。此外，高分子蛋白质具有一定的立体构象，相当不稳定，极易变性、变构，因此限制了分离精制的方法。为得到天然状态的蛋白质，尽量采用温和的手段，如中性、低温、避免起泡等，并还要注意防腐。

蛋白质分离纯化还须注意共存成分的影响。如蝮蛇粗毒的蛋白质水解酶活性很高，在分离纯化中需引起重视。纯化蝮蛇神经毒素时，当室温超过 20℃ 时，几乎得不到神经毒素。蝮蛇毒中的蛋白质水解酶能被 0.1mol/L EDTA 完全抑制，因此在进行柱层析前先将粗毒素用 0.1mol/L EDTA 溶液处理，即使在室温高于 20℃，仍能很好地得到神经毒素。

（二）分离技术路线的设计

由于不同生物大分子结构及理化性质不同，分离方法也不一样。即同一类生物大分子由于选用材料不同，使用方法差别也很大。因此很难有一个统一标准的方法对任何蛋白质均可循用。因此实验前应进行充分调查研究，查阅有关文献资料，对欲分离提纯物质的物理、化学及生物学性质先有一定了解，然后再着手进行实验工作。

蛋白质分离一般有五个阶段：选材和预处理、细胞的破碎、提取、纯化、浓缩干燥及保存。但这五个阶段不是要求每个方案都完整地具备，也不是每一阶段截然分开。

前三个阶段一般可根据欲分离提纯物质的特性和它所存在材料的特点，考虑蛋白质分离的原则，选择本书第二章中所介绍的方法，而真正核心的操作是第四阶段的纯化。

从破碎材料或细胞器提出的蛋白质是不纯的，需进一步纯化。纯化包括将蛋白质与非蛋白质分开，将各种不同的蛋白质分开。选择提取条件时，就要考虑尽量除去非蛋白质。一般总是有其他物质伴随混入提取液中。但有些杂质（如脂肪）以事先除去为宜。先除去便于以后操作，因而脂肪类杂质常用有机溶剂提取除去。

提纯蛋白质和酶时常混有核酸或多糖，一般可用专一性酶水解、有机溶剂抽取及选择性部分沉淀等方法处理。小分子物质常在整个制备过程中通过多次液相与固相转化被分离或最后用透析法或超滤法除去。对同类物质如酶与杂蛋白、RNA、DNA 以及不同结构的蛋白质、酶、核酸之间分离，情况则复杂得多。主要采用的方法有盐析法、有机溶剂沉淀法、等电点沉淀法、吸附法、结晶法、电泳法、超离心法及柱层析法等。其中盐析法、等电点法及结晶法用于蛋白质和酶的提纯较多，有机溶剂抽提和沉淀用于核酸提纯较多，柱层析法、梯度离心法对蛋白质和核酸的提纯应用十分广泛。如前所述，蛋白质的分离纯化较难，而且其本身的性质又限制了某些方法的使用，因此要研究目的物的微细特征，巧妙地联用各种方法并进行严密的操作，同时有必要了解精制各过程的精制程度和回收率。具有活性的蛋白质可利用比活力进行追踪。其他蛋白质可用电泳、超离心、层析、扩散及溶解等测定纯度。

蛋白质和蛋白质相互分离主要利用它们之间的各种性质的微小差别。诸如分子形状、分子量大小、电离性质、溶解度、生物功能专一性等。蛋白质提取液中，除包含所需要的蛋白质（或酶）外，还含有其他蛋白质、多糖、脂类、核酸及肽类等杂质。因此纯化阶段可以按前面所讲的总体原则考虑选择单元纯化技术和进一步的组合分离方案。

（三）蛋白质（酶）纯度的鉴定

蛋白质纯度鉴定是蛋白质类活性物质研究中为了了解最后组分的情况，或跟踪分离过程每步的分离效果而必须进行的一项工作，方法主要为以下几种。

1. 层析法

如果分离后的样品在层析的洗脱图谱上呈现单一的对称峰，可以说得到了相对纯的蛋白质，样品达到了层析纯。作为一种分析纯度的目的，层析的方法一般选择分辨率较高的类型，而且往往选择预装柱，其中 RP-HPLC 就是比较常用的鉴定与分析纯度的一种方法。

2. 凝胶电泳法

相对纯的蛋白质在一系列不同 pH 条件下进行电泳时，都将以单一速度移动，所以人们也常常利用电泳的方法来分析和鉴定蛋白质的纯度。尽管等电聚焦和双向电泳的分辨率更高，但考虑方法应用的广泛性和可推广性，国内外学者目前还是主要采用 SDS-PAGE，或结合天然 PAGE 的方法一起来分析。由于加入大量的 SDS 后可以使所有样品都带上大量的负电荷，可使整个电泳分析在较短的时间完成。但当结果是一条电泳区带时，只能说明该蛋白质只有一种亚基，并达到了电泳纯。此时如果结合天然 PAGE 的条带分析，才能够得到辅助说明。而想明确分子量和亚基数量信息，则最好还要结合分子筛的分子量分析结果。目前而言，SDS-PAGE 鉴定蛋白质纯度是使用频率最高的一种方法。

3. 超离心法

相对纯的蛋白质在离心场中，应以单一沉降速度移动，但沉降系数主要由分子大小和形状决定，以此方法分析纯度相对要差些。由于受到仪器条件的一定限制，该方法使用得较少。

4. N 端序列测定

N 端序列测定也可用于纯度鉴定，因为均一的单链蛋白质样品中，N 端残基只可能有一种氨基酸。这种方法往往可以作为辅助手段进一步证明蛋白质的高纯度，因为 N 端序列测定的样品本身就要求达到电泳纯。

5. 溶解度测定

相对纯的蛋白质在一定的溶剂系统中具恒定的溶解度，所以也可以通过分析特定溶剂系统的溶解度，比对该蛋白质的种类，查已有的在特定溶剂系统下该蛋白质的溶解度数据，如果基本一致也可说明该蛋白质较纯。由于大部分情况下所分离和研究的蛋白质并不一定是所有参数完全明了的已知蛋白质，采用这种方法的频率相对较低。

对化学本质是蛋白质的大多数酶而言，恒比活力的分析方法在有些情况下也可以作为一个纯度鉴定的辅助方法，但对一些稳定性相对较差的酶则不能用它来衡量纯度情况。

（四）蛋白质分离实例

1. 一种枯草芽孢杆菌氨肽酶的纯化及鉴定

枯草芽孢杆菌发酵粗酶液→乙醇分级沉淀（37.5%～60%）→得酶沉淀，缓冲液溶解，15000r/min 冷冻离心 10min，去除沉淀→Sephadex G-75 凝胶过滤→Phenyl-sepharose6FF 疏水层析→SDS-PAGE 鉴定纯度。

（1）Sephadex G-75 凝胶过滤

凝胶过滤层析根据分子大小进行分离，在不确定氨肽酶分子量的基础上，先采用中等分离范围的 Sephadex G-75（分级范围 3000～80000）进行分离。

乙醇分级后酶液经过 Sephadex G-75 凝胶过滤，层析柱 1.1cm × 60cm，pH8.5、50mmol/L Tris-HCl 缓冲液（含 0.1mmol/L 的 Co^{2+}）平衡柱子，上样量 0.5mL，缓冲液流速为 0.4mL/min，每管收集 1.2mL，LNA 法检测酶活。层析结果如图 8.6。有两个蛋白

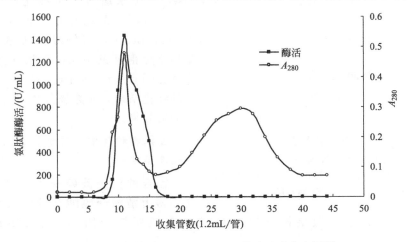

图 8.6　氨肽酶 Sephadex G-75 凝胶过滤分离图谱

质峰，只有峰Ⅰ有酶活性，SDS-PAGE 显示有三条主带，回收率为 70.3%，纯化倍数 21.6。

（2）Phenyl-sepharose6FF 疏水层析

将上述酶样品选择中等疏水强度的 Phenyl-sepharose6FF 进行层析，层析柱 1.5cm×40cm，以含 0.8mol/L 的（NH$_4$）$_2$SO$_4$ 的 pH8.5、25mmol/L Tris-HCl 缓冲液平衡柱子，上样量 2.5mL 后，分别以含 0.8mol/L、0.6mol/L、0.4mol/L、0.2mol/L（NH$_4$）$_2$SO$_4$ 的 pH8.5、25mmol/L Tris-HCl 缓冲液进行阶段洗脱，280nm 检测出峰，以 LNA 法检测酶活。层析结果如图 8.7。盐浓度 0.8mol/L 时，一部分未吸附的蛋白质洗脱下来；0.6mol/L 时没有出峰；0.4mol/L、0.2mol/L 盐浓度均有洗脱峰。测定酶活，只有峰Ⅱ具有活性。回收率为 12.6%，纯化倍数 100.7，SDS-PAGE 显示为单一条带，达到了电泳纯。

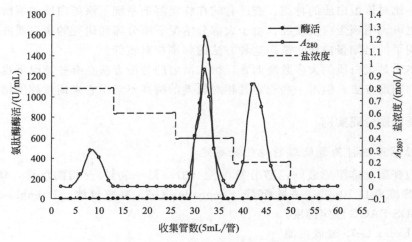

图 8.7 Phenyl-sepharose6FF 疏水层析图谱

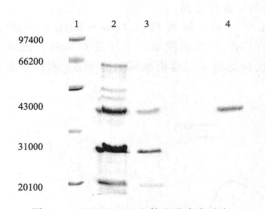

图 8.8 SDS-PAGE 比较和鉴定各步氨
肽酶分离纯度

1—分子量标准；2—乙醇分级沉淀；3—Sephadex G-75；
4—Phenyl-sepharose6FF 疏水层析

（3）SDS-PAGE 鉴定纯度

结果表明：氨肽酶经乙醇分级沉淀、Sephadex G-75 凝胶过滤及 Phenyl-sepharose6FF 疏水层析三步纯化已达到电泳纯（图 8.8），所得纯酶分子质量为 37.6kDa。据 Sephadex G-75 凝胶过滤层析的结果可推测枯草芽孢杆菌 Zj016 氨肽酶含两个亚基，全酶分子质量约 75kDa。表 8.2 汇总了氨肽酶的纯化结果，显然该分离组合方案达到了预期的效果。

2. 银杏种仁中一种抗氧化活性蛋白质的纯化及鉴定

银杏种仁→破碎→缓冲液 4℃浸取→离心得上清液→硫酸铵分级沉淀（30%～80%）→DEAE-52 离子交换层析→MonoQ 离子交换层析→PAGE 与 SDS-PAGE 鉴定纯度。

表 8.2　氨肽酶纯化结果

提纯步骤	总酶活/U	总蛋白质/mg	比活/(U/mg)	回收率/%	纯化倍数
粗酶液(500mL)	393500	25.45	15460	100	1
乙醇分级沉淀	343100	4.39	78150	87.2	5.1
Sephadex G-75	276600	0.8284	333900	70.3	21.6
Phenyl-sepharose6FF	49581	0.0319	1556700	12.6	100.7

（1）DEAE-52 离子交换层析

将经硫酸铵分级沉淀后的粗蛋白质提取液透析后用磷酸缓冲液调 pH6.5，上样，层析柱 2.0cm×15cm，起始缓冲液为 pH6.5、0.02mol/L 的磷酸缓冲液。洗脱缓冲液为含 0.1mol/L、0.2mol/L、0.3mol/L、0.4mol/L NaCl 的 pH6.5 的磷酸缓冲液。阶段洗脱，流速 1mL/min。在 280nm 波长下检测，收集峰液，以 DPPH 法检测抗氧化活性。经检测 B2 的抗氧化活性较高，且蛋白质含量也较高。见图 8.9。

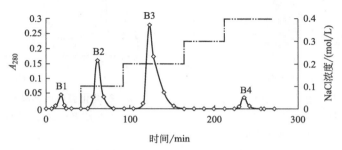

图 8.9　银杏种仁蛋白质的 DEAE-52 离子交换层析
—◇— A_{280}；------ NaCl 浓度

（2）MonoQ 离子交换层析

将有活性的 B2 部分浓缩脱盐，用磷酸缓冲液调整 pH 为 7.0，上 MonoQ 离子交换层析柱（1.0cm×10cm），起始缓冲液为 pH7.0、0.02mol/L 的磷酸缓冲液。线性梯度洗脱，缓冲液为 pH7.0、0.02mol/L 的磷酸缓冲液，NaCl 的浓度在 30min 内由 0.01mol/L 增加到 0.4mol/L，流速 1mL/min。在 280nm 波长下检测，收集峰液，适当浓缩后以 DPPH 法检测，峰 C1 的抗氧化性较高，收集峰 C1。见图 8.10。

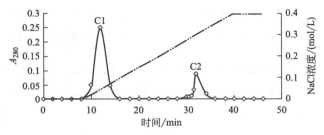

图 8.10　银杏种仁蛋白质的 MonoQ 离子交换层析
—◇— A_{280}；------ NaCl 浓度

（3）PAGE 与 SDS-PAGE 鉴定纯度

结果表明：PAGE 鉴定其纯度，为单一条带；SDS-PAGE 鉴定蛋白质亚基也为单一条带，分子质量为 8.7kDa，如图 8.11。

3. 离子交换层析多次循环分离转基因植物 Cry1Ab 蛋白

栾明明等对低丰度的转基因植物表达蛋白质的精细纯化过程中，采用离子交换层析多次循环分离法可以逐步降低杂蛋白的含量，并使目标蛋白质纯度得到显著提高。SDS-PAGE及肽质量指纹图谱证明了经过大规模初步纯化和最后阶段的精细纯化后，可以从转基因植物中获得高纯化的 Cry1Ab 蛋白。分离图谱见图 8.12、图 8.13。

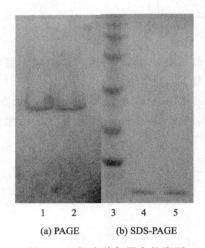

图 8.11　银杏种仁蛋白的聚丙烯酰胺凝胶电泳

1,2,4,5—银杏种仁蛋白质；3—分子量标准

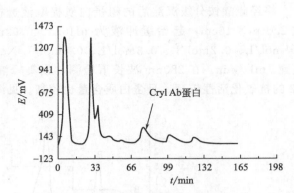

图 8.12　初纯化蛋白质样品在 Q-SepharoseFF 柱第一次分离图谱

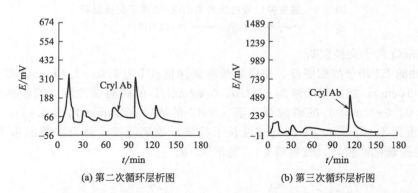

(a) 第二次循环层析图　　　　(b) 第三次循环层析图

图 8.13　Cry1Ab 蛋白样品在 Q-SepharoseFF 柱上的重复循环分离层析图

4. 利用层析聚焦和离子交换层析快速分离分析薏苡 38ku 抗真菌蛋白

薏苡种子经破碎、反复浸提等预处理→硫酸铵分级盐析（50%～75%）→层析聚焦→离子交换层析→SDS-PAGE。

（1）层析聚焦

Mono P 柱，起始缓冲液为 0.075mol/L Tris，用 1mol/L CH_3COOH 调 pH 9.3；洗脱缓冲液为 polybuffer 96 稀释 10 倍，1mol/L CH_3COOH 调 pH6.0；高盐离子洗脱缓冲液为 2mol/L CH_3COONa。试验前将各溶液过滤（0.22μm 滤膜），脱气 5min。设定流速 0.5mL/min，检测波长 280nm。系统 pH 计在线监测流动相 pH 值，每次运行前用 pH 标准液（pH 7.0、pH 10.0）校正。洗脱过程中形成线性 pH 下降梯度，梯度（pH9.0～pH6.0）

内按 0.2 pH 间隔自动收集。当流出液的 pH 稳定在 6.0 ± 0.1，注入 1mL 高盐离子洗脱缓冲液进行高盐洗脱。结果见图 8.14。

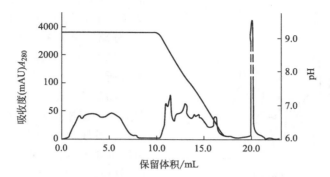

图 8.14　薏苡抗真菌蛋白的层析聚焦分离图谱

（2）离子交换层析

Hitrap Sp 柱，Mono S 柱。流动相 A 是 25mmol/L 乙酸，pH 5.0；流动相 B 是在流动相 A 中加入 NaCl 至 1mol/L。洗脱梯度 0%～100% NaCl，洗脱体积 10 个柱体积，流速 1mL/min；分离出的活性组分用流动相 A 稀释后第一次 Mono S 分离，洗脱梯度 0%～77% NaCl，洗脱体积 15 个柱体积，流速 0.8mL/min；分离出的活性组分用流动相 A 稀释后，再次进行 MonoS 分离，洗脱梯度 12%～24% NaCl，洗脱体积 15 个柱体积，流速 0.8mL/min。三次离子交换串联分离结果见图 8.15。

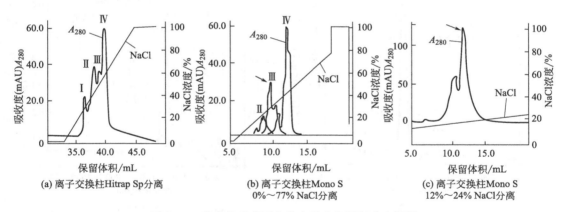

图 8.15　薏苡抗真菌蛋白的离子交换层析分离图谱

结果表明，经层析聚焦分离去除大量杂蛋白后，只需在相同的缓冲液体系内进行离子交换层析分离，就能高效率地分离分析薏苡抗真菌蛋白。取最终分离纯化的活性蛋白进行 SDS-PAGE 分析，得到单一蛋白质条带，分子质量在 38kDa 左右（电泳结果图略）。

5. 鹰嘴豆分离蛋白分离纯化

以 RP-HPLC 为纯度检测手段，运用 Sephacryl S-200 和 DEAE-Sepharose CL-6B 对鹰嘴豆分离蛋白进行分离纯化，得到分子质量为 170kDa 和 110kDa 的两个主要组分。

（1）Sephacryl S-200 凝胶层析

Sephacryl S-200 平衡脱气并装入 $\phi16$mm×1.5m 柱中。洗脱缓冲液：pH7.6 的磷酸盐缓冲液，含 0.0325mol/L K_2HPO_4、0.0026mol/L KH_2PO_4、0.4mol/L NaCl、离子强度

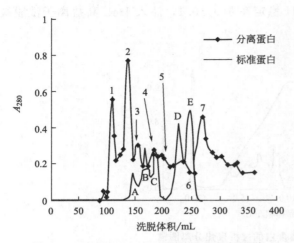

图 8.16　Sephacryl S-200 凝胶分离层析图谱

蛋白质标准分子量：A—二磷酸果糖酶（$M_w 158000$）；

B—牛血清白蛋白（$M_w 68000$）；C—白蛋白（$M_w 45000$）；

D—胰凝乳蛋白酶原（$M_w 25000$）；

E—细胞色素 c（$M_w 125000$）

0.5mol/L 和 0.01mol/L 巯基乙醇。样品：0.5g CPI 溶于 10mL pH7.6 的磷酸盐缓冲液中，4℃、$10000 \times g$ 离心 15min，取上清液。上样量 4mL，洗脱流速为 16.5mL/h。分离结果见图 8.16。

（2）DEAE-Sepharose CL-6B 离子交换层析

DEAE-Sepharose CL-6B 层析用起始磷酸盐缓冲液平衡柱子（$\phi 2.6cm \times 20cm$）后上样，洗脱流速为 100mL/h。起始缓冲液：pH7.6 的磷酸盐缓冲液，含 0.0325mol/L K_2HPO_4、0.0026mol/L KH_2PO_4。洗脱缓冲液：起始缓冲液中加入不同浓度的 NaCl 溶液。阶段洗脱，NaCl 浓度 0～0.5mol/L（如图 8.17），每个阶段浓度洗脱两个柱体积（200mL）。样品制备：S-200 分离纯化后得到的组分，在 DEAE 起始缓冲液中透析脱盐、10kDa 超滤膜浓缩后上样。上样量

为 40mL，蛋白质 120mg。

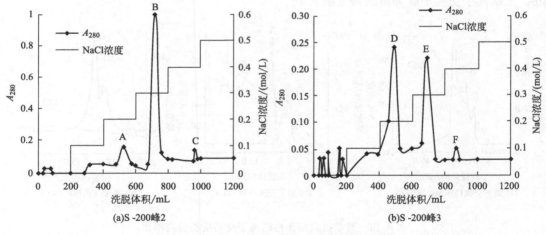

(a)S-200峰2　　　　　　　　(b)S-200峰3

图 8.17　DEAE-SepharoseCL-6B 分离纯化图谱

RP-HPLC 系统：Waters 公司 Agilent1100。柱类型及规格：Zorbax 300SBC_{18}（46mm×250mm）。检测波长：220nm。温度：30℃。进样量：10μL。洗脱液流速：1mL/min。洗脱液：A、B 两种洗脱液，A 为 5％的乙腈 [加 0.05％的三氟乙酸（TFA）]，B 为 80％的乙腈（加 0.05％的 TFA）。洗脱条件：梯度洗脱，上样前先用 A 液平衡，上样后 5％～80％的乙腈洗脱 15min 后，B（80％的乙腈）液继续洗脱 5min，再用乙腈浓度逐渐降低的模式（乙腈浓度从 80％到 5％）洗脱 5min。所得结果见图 8.18。

据蛋白质的表面疏水性差异，利用反相层析柱对 DEAE 分离纯化得到的组分 B、D 进行纯度鉴定，结果可看出，B 和 D 在 C_{18} 柱上的保留时间分别为 9.696min 和 9.439min，但同时都有一个裂解峰，保留时间分别为 9.432min 和 9.081min（除此之外均为溶剂峰）。

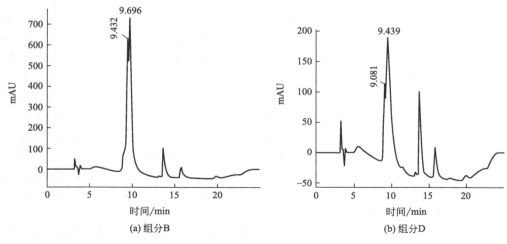

图 8.18　C_{18} RP-HPLC 纯度鉴定图谱

(a) 组分B　　(b) 组分D

上述 5 个分离实例中，前期都须根据材料的不同特点进行一定的前处理，中后期往往是将两种技术组合起来，有疏水层析＋凝胶层析、离子交换＋离子交换、层析聚焦＋离子交换、凝胶过滤＋离子交换，并通过 SDS-PAGE 或天然 PAGE 或 RP-HPLC 进行纯度鉴定，纯化效果得到了相对标准化的评价。

6. 单克隆抗体药物的分离纯化

单克隆抗体是由单一 B 细胞克隆产生的高度均一、仅针对某一特定抗原表位的抗体，最开始是采用杂交瘤技术来制备。随着重组 DNA 技术的发展，各种抗体人源化技术迅速发展，单克隆抗体药物经历了人鼠嵌合单抗、人源化单抗阶段。单克隆抗体在医药治疗上有广泛的前景，被用于治疗肿瘤、自身免疫性疾病、感染性疾病和移植排斥反应等多种疾病，已经成为生物制药中最为重要的一类，占整个生物制药市场份额接近 50%。单克隆抗体是研发的热点，也将是未来生物制药行业发展的重要动力所在。

目前，单克隆抗体药物采用以 CHO 为代表的动物细胞进行表达，其纯化过程也是从细胞培养液开始。单克隆抗体用于分离纯化的理化性质及分离体系特点可以总结如下：

① 单克隆抗体的 Fc 段无抗原结合活性，是抗体与效应分子或细胞相互作用的部位。Fc 段与链霉菌、金葡菌等表面的蛋白质 A（Protein A）、蛋白质 G（Protein G）具有特异性亲和性。因此，Protein A 亲和吸附成为单抗药物最重要的纯化手段。

② 从抗体 Fc 的氨基酸组成看，Phe、Tyr、Trp 等杂环氨基酸含量较多，因此具有一定的疏水性，因此有些纯化过程中可以加一步疏水层析。

③ 人源化的单抗一般呈弱碱性，pI 值一般在 9 左右。相对于细胞蛋白质、核酸、病毒等杂质偏酸性居多，单抗的这一特性对分离纯化非常有利。

④ 与单抗一起的杂蛋白或杂质有：培养基及其蛋白质，细胞内蛋白质，细胞膜蛋白，IgG 二聚体，细胞，核酸，病毒，细菌等。整个纯化流程要通体考虑这些因素。

从细胞培养液开始，单克隆抗体的分离纯化主要经过固液分离、亲和捕获、阴阳离子精纯、缓冲液体系置换、除菌除病毒、冷冻干燥等大步骤，最后成为单克隆抗体药物。图 8.19 为典型单克隆抗体下游工艺流程，以下对几个重要步骤进行简单分析。

（1）离心过滤

固液分离是纯化的第一步。由于单抗一般是分泌性表达，因此固液分离的目标是去除细

细胞培养液
⬇
离心过滤
⬇
Protein A 亲和层析
⬇
病毒灭活
⬇
深层过滤
⬇
阴离子交换层析
⬇
阳离子交换层析
⬇
除病毒过滤
⬇
超滤浓缩和缓冲液置换
⬇
加入辅料溶液稀释超滤置换后浓缩液
⬇
除菌过滤
⬇
-70℃±10℃避光贮存
⬇
冷冻干燥
⬇
生物药品

图 8.19　典型单克隆抗体下游工艺流程

胞而获得上清液。针对 CHO 等动物细胞及其培养基的特点，利用离心和深层过滤器进行微滤，去除宿主细胞（主要以动物细胞为主），使料液澄清，便于后面的层析过程。所使用的设备主要是连续流离心机，以及带有深层过滤膜的过滤器。

（2）ProteinA 亲和层析

蛋白质 A 来源于金黄色葡萄球菌，它含有 5 个可以和抗体 IgG 分子的 Fc 段特异性结合的结构域。蛋白质 A 作为亲和配基被偶联到琼脂糖基质上，可以特异性地和样品中的抗体分子结合，而使其他杂蛋白流穿，具有极高的选择性，一步亲和层析就可达到超过 90% 的纯度。

在固液分离之后，上清液中组成体系主要是单抗、培养液残余蛋白质、细胞分泌蛋白质、核酸、病毒、细菌等。利用 Protein A 对 IgG 的亲和作用进行亲和吸附，pH3～3.5 进行洗脱，获得单抗的洗脱液。此步骤需要用到关键设备为工业级别层析系统和层析柱。

（3）病毒灭活

上述洗脱后的单抗溶液在 pH3.5 左右，利用洗脱后较低的 pH 进行孵放约 120min 灭活病毒，然后回复 pH 到 5.2 左右。此步骤需要在密封容器中进行。

（4）深层过滤

对灭活病毒后的单抗溶液进行深层过滤，去除灭活过程出现的杂质（病毒和蛋白质聚集体等），使料液澄清，便于后面的层析过程。此步骤使用带有深层过滤膜的过滤器。

（5）阴离子交换层析

过滤后的单抗溶液中含有酸性蛋白质、核酸，以及泄漏 Protein A，将缓冲液 pH 控制在 7.5 左右，进行阴离子交换。根据上述蛋白质和单抗的等电点值，此步骤流穿单抗而吸附大部分的杂质，达到进一步纯化的目的。

（6）阳离子交换层析

将缓冲液 pH 控制在 5 左右，进行阳离子交换。采用盐离子梯度洗脱，将单抗、单抗二聚体以及碱性杂蛋白进行分离，使单抗纯度达到较高的水平。此步骤需要一定的分辨率，因此对阳离子交换介质有一定的分辨率要求。

（7）除病毒过滤

对高纯单抗溶液再进行深层过滤，以除去残留的少量病毒等。

（8）超滤浓缩和缓冲液置换

采用超滤方法对高纯单抗溶液进行脱盐和浓缩，并置换成制剂所需要的溶液成分。此步骤涉及超滤系统和相应的超滤膜包。

（9）除菌过滤

利用除菌过滤器进行微滤，去除溶液中残留的细菌。此步骤涉及微滤设备和相应的微滤膜。

（10）冷冻干燥

将单抗溶液在 -70℃±10℃ 下避光冻存，然后利用冷冻干燥机进行干燥，成为单克隆抗体药物。

7. 重组胰岛素的分离纯化

胰岛素是由胰岛 β 细胞受内源性或外源性物质如葡萄糖、乳糖、核糖、精氨酸等的刺激而分泌的一种蛋白质激素。胰岛素是机体内唯一降低血糖的激素，也是唯一同时促进糖原、脂肪、蛋白质合成的激素。

现阶段临床最常使用的胰岛素是通过基因工程的方法获得的，表达宿主有酵母和大肠杆菌两类，其氨基酸排列顺序及生物活性与人体本身的胰岛素完全相同。近年来，胰岛素又衍生出了赖脯胰岛素、天冬胰岛素等速效胰岛素，甘精胰岛素、地特胰岛素等长效胰岛素。

重组人胰岛素分离纯化的主要依据如下：

① 人胰岛素的分子质量为 5700Da，等电点在 pH 5.3～5.35 之间。

② 溶解度：pH 4.5～6.5 范围内几乎不溶于水，不溶于乙醚，难溶于 90% 以上乙醇或 80% 以上丙酮，可溶于 80% 以下乙醇，易溶于稀酸、稀碱。

③ 溶液中的状态：胰岛素锌盐在 pH2 呈二聚体，随 pH 升高，聚合作用增强；pH4～7 时，聚合成不溶解状态的沉淀；pH 大于 9 时解聚失活。

④ 稳定性：在弱酸性水溶液中或混悬在中性缓冲液中较稳定；还原剂和多种重金属易致失活；紫外、超声引起变性。

典型重组人胰岛素下游工艺流程见图 8.20。

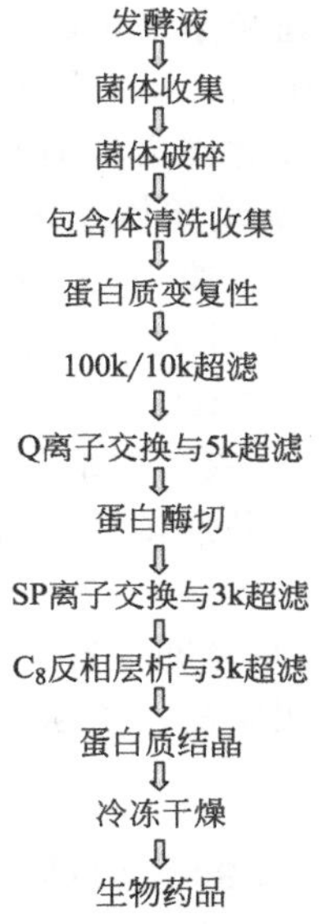

（1）菌体收集

重组人胰岛素是胞内表达，并且在大肠杆菌中胰岛素原呈包含体状态，因此第一步是通过固液分离获得菌体，然后进入下一步破胞处理。采用连续流离心机，利用离心机在 4℃、5000r/min 下固液分离，收集菌体。工业上进料速度可达 3000L/h。

（2）菌体破碎

尽管采用高压匀浆法时坚硬的包含体对匀浆仪的出口阀损伤较大，但工业上仍然选择高效和快捷的高压匀浆仪进行细胞破碎。一般将菌体细胞 1：5 溶于 pH 7.0 含 25mmol/L EDTA 的 100mmol/L Tris-HCl 缓冲液中，采用 800bar，循环 3 次，匀浆前后控温 2～10℃，即可达到破胞的效果。

发酵液
↓
菌体收集
↓
菌体破碎
↓
包含体清洗收集
↓
蛋白质变复性
↓
100k/10k超滤
↓
Q离子交换与5k超滤
↓
蛋白酶切
↓
SP离子交换与3k超滤
↓
C_8反相层析与3k超滤
↓
蛋白质结晶
↓
冷冻干燥
↓
生物药品

图 8.20 典型重组人胰岛素下游工艺流程

（3）包含体清洗收集

利用连续流离心机对包含体进行收集。过程为：离心收集→洗涤液洗涤→二次离心→二次洗涤→三次离心，收集固相包含体。离心机参数：5000r/min，8℃控温，进料速度可达 1000L/h。

（4）蛋白质变复性

将收集到的包含体进行变性和复性操作，基本方法为：

变性：1：20，8mol/L 尿素变性液，25℃控温，搅拌使包含体溶解。

复性：加入 4.5 倍的缓冲液，pH10.5，控温 2～6℃，搅拌复性 12h。

（5）100k/10k 超滤

对复性蛋白质溶液进行两步超滤：第一步采用 100kDa 的超滤膜去除沉淀和颗粒物，进行澄清；第二步采用 10kDa 的超滤膜浓缩 10 倍左右，缓冲液置换为 pH 8.0 20mmol/L

Tris-HCl。此时由于蛋白质是胰岛素原，在10kDa的超滤膜下蛋白质损失并不会很大。

（6）阴离子交换层析

对胰岛素原复性浓缩液进行阴离子交换层析。在pH8.0下胰岛素原蛋白带负电荷，通过2~4CV平衡，按30g/L载量上样，6CV 1mol/L醋酸钠线性洗脱，获得较纯的胰岛素原纯化液。

（7）酶切

此步骤的目的是将胰岛素原转变成为胰岛素，所采用的酶为重组羧肽酶和重组胰蛋白酶。操作条件为：pH8.2，8℃控温，pH3.0终止。

（8）阳离子交换层析

酶切后的体系较为复杂，既有成功酶切的胰岛素、C肽，也有错误切割的蛋白质。采用阳离子交换法，利用pH4.0下胰岛素蛋白带正电荷的特性进行层析。关键参数：2~4CV平衡，按12g/L载量上样，10CV 1mol/L醋酸钠线性洗脱，2~4CV再生。

（9）3k超滤浓缩

为避免胰岛素的损失，采用3kDa的超滤膜浓缩10倍左右，并将醋酸钠脱除干净。

（10）C_8 反相层析

此步骤作为精细分离手段，主要目的在于将胰岛素和不正确酶切蛋白质进行分离。采用乙腈-水流动相体系进行梯度洗脱。关键参数：平衡液10%乙腈；线性梯度洗脱，目标相60%乙腈；按12g/L载量上样。

（11）3k超滤浓缩

采用3kDa的超滤膜浓缩10倍左右，并将有机溶剂乙腈脱除干净。

（12）蛋白质结晶

对胰岛素浓缩液中的胰岛素进行结晶，浓度控制12g/L左右，调节pH至6，降温结晶。

（13）冷冻干燥

收集结晶，预冻-40℃，250mbar，24h左右冻干，获得胰岛素药物。

二、核酸的分离纯化与鉴定

（一）核酸分离纯化的原则

核酸的分离纯化技术是生物化学与分子生物学的一项基本技术。随着分子生物学技术广泛应用于生物学、医学及其相关等领域，核酸的分离与纯化技术也得到进一步发展。

细胞内的核酸包括DNA与RNA两种分子，均与蛋白质结合成核蛋白。DNA与蛋白质结合成脱氧核糖核蛋白，RNA与蛋白质结合成核糖核蛋白。核酸的分离主要是指将核酸与蛋白质、多糖、脂肪等生物大分子物质分开。在分离核酸时应遵循以下原则：保证核酸分子一级结构的完整性；排除其他分子污染。

为保证核酸的完整性，在操作过程中，应尽量避免各种有害因素对核酸的破坏。影响核酸完整性的因素很多，包括物理、化学与生物学的因素。如过酸或过碱，对磷酸二酯键有破坏作用，在核酸的提取过程中，须采用适宜的缓冲液，始终控制pH在4~10之间；如高温加热，除高温本身对核酸分子中的化学键的破坏作用外，还可能因煮沸带来液体剪切力，因此核酸提取常常在0~4℃条件下进行。对无法避免的有害因素，应采取多种措施，尽量减轻各种有害因素对核酸的破坏。如DNA酶的激活需要Mg^{2+}、Ca^{2+}等二价金属离子，若使用 EDTA、柠檬酸盐并在低温条件下操作，就可抑制 DNA 酶的活性。

（二）分离技术路线的设计

大多数核酸分离与纯化的方法一般都包括了细胞裂解、酶处理、核酸与其他生物大分子物质分离、核酸纯化等几个主要步骤。每一步骤又可由多种不同的方法单独或联合实现。

1. 细胞裂解

核酸必须从细胞或其他生物物质中释放出来。细胞裂解可通过机械作用、化学作用、酶作用等方法实现。

（1）机械作用

包括低渗裂解、超声裂解、微波裂解、冻融裂解等物理裂解方法。机械力可能引起核酸链的断裂，因而不适用于高分子量长链核酸的分离。

（2）化学作用

在一定的 pH 环境和变性条件下，细胞破裂，蛋白质变性沉淀，核酸被释放到水相。上述变性条件可通过加热、加入表面活性剂（SDS、Triton X-100、Tween20 等）或强离子剂（异硫氰酸胍、盐酸胍、肌酸胍）而获得。

（3）酶作用

主要是通过加入溶菌酶或蛋白酶（蛋白酶 K、植物蛋白酶或链霉蛋白酶）以使细胞破裂，核酸释放。蛋白酶能降解与核酸结合的蛋白质，促进核酸的分离；溶菌酶能催化细菌细胞壁的蛋白多糖 N-乙酰葡糖胺和 N-乙酰胞壁酸残基间的 β-(1,4) 键水解。

在实际工作中，酶作用、机械作用、化学作用经常联合使用。具体选择哪种或哪几种方法可根据细胞类型、待分离的核酸类型及后续实验目的来确定。

2. 酶处理

在核酸提取过程中，可通过加入适当的酶使不需要的物质降解，以利于核酸的分离与纯化。如在裂解液中加入蛋白酶（蛋白酶 K 或链霉蛋白酶）可以降解蛋白质，灭活核酸酶（DNase 和 RNase），DNase 和 RNase 也用于去除不需要的核酸。

3. 核酸的分离与纯化

核酸的高电荷磷酸骨架使其比蛋白质、多糖、脂肪等其他生物大分子物质更具亲水性，根据它们理化性质的差异，用选择性沉淀、层析、密度梯度离心等方法可将核酸分离、纯化。

（1）酚提取/沉淀法

酚：氯仿抽提法是核酸分离的经典方法。细胞裂解后离心分离含核酸的水相，加入等体积的酚：氯仿：异戊醇（25：24：1，体积比）混合液。依据应用目的，两相经漩涡振荡混匀（适用于分离小分子量核酸）或简单颠倒混匀（适用于分离高分子量核酸）后离心分离。疏水性的蛋白质被分配至有机相，核酸则被留于上层水相。酚是一种有机溶剂，预先要用 STE 缓冲液饱和，因未饱和的酚会吸收水相而带走一部分核酸。酚也易氧化发黄，而氧化的酚可引起核酸链中磷酸二酯键断裂或使核酸链交联，故在制备酚饱和液时要加入 8-羟基喹啉至终浓度为 0.1%，以防止酚氧化。氯仿可去除脂肪，使更多蛋白质变性，从而提高提取效率。异戊醇则可减少操作过程中产生的气泡。核酸盐可被一些有机溶剂沉淀，通过沉淀可浓缩核酸，改变核酸溶解缓冲液的种类以及去除某些杂质分子。典型的例子是在酚、氯仿抽提后用乙醇沉淀，在含核酸的水相中加入 pH5.0~5.5、终浓度为 0.3mol/L 的醋酸钠或醋酸钾后，钠离子会中和核酸磷酸骨架上的负电荷，在酸性环境中促进核酸的疏水复性；然后加入 2～2.5 倍体积的乙醇，经一定时间的孵育，可使核酸有效地沉淀。其他的一些有机溶剂 ［异丙醇、聚乙二醇（PEG）等］ 和盐类（10.0mol/L 醋酸铵、8.0mol/L 氯化锂、氯化镁和低浓度的氯化锌等）也用于核酸的沉淀。不同的离子对一些酶有抑制作用或可影响核酸的沉淀和溶解，在实际使用时应予以选择。经离心收集，核酸沉淀用 70％的乙醇漂洗以除去多余的盐分，即可获得纯化的核酸。

　　（2）层析法

　　层析法是利用不同物质某些理化性质的差异而建立的分离分析方法。包括吸附层析、分子筛层析、亲和层析、离子交换层析等方法在内的层析法。

　　玻璃粉或玻璃珠被证实为一种有效的核酸吸附剂。在高盐溶液中，核酸可被吸附至玻璃基质上，高氯酸钠可促进 DNA 与玻璃基质的结合。Dederich 等用酸洗玻璃珠分离纯化核酸，获得高产量的质粒 DNA。在该方法中，细胞在碱性环境下裂解，裂解液用醋酸钾缓冲液中和后，直接加至含异丙醇的玻璃珠滤板，被异丙醇沉淀的质粒 DNA 结合至玻璃珠，用 80％乙醇真空抽洗除去细胞残片和蛋白质沉淀。最后用含 RNaseA 的 TE 缓冲液洗脱与玻璃珠结合的 DNA，获得的 DNA 可直接用于测序。

　　亲和层析是利用待分离物质与它们的特异性配体间所具有的特异性亲和力来分离物质的一类层析方法。Chandler 等报道了一种用肽核酸（PNA）分离核酸的方法。PNA 是一类以 N-(2-氨乙基)-甘氨酸结构单元为骨架的 DNA 类似物，可作为纯化皮克（pg）级 DNA 和核糖体 RNA（rRNA）的试剂。在该方法中，以生物素标记的肽核酸（peptide nucleicacids, PNA）为探针，以包被了抗生蛋白链霉素的磁珠作为固相载体。PNA 探针在高盐环境下，与目的核酸（DNA 或 RNA）混合，经煮沸、冰浴、温育杂交步骤后，直接加入包被了抗生蛋白链霉素的顺磁性颗粒，经静置捕获 PNA-核酸杂交体，水洗而获得纯化的核酸。

　　亲和层析应用于核酸分离与纯化的另一个例子是用 oligo（dT)-纤维素层析法从真核细胞总 RNA 中分离带 poly（A）尾的 mRNA。在该方法中，短链 oligo（dT）通过其 5-磷酸与纤维素的羟基共价结合而连接至纤维素介质上。当样本经过 oligo（dT）柱时，mRNA 因其 poly（A）可与短链 oligo（dT）形成稳定的 RNA-DNA 杂合链，而被连接到纤维素介质上，从而与其他 RNA 分离。在适当的条件下（低盐、加热），poly（A）RNA 可被水洗脱而得以纯化。

　　用离子交换层析纯化核酸是因为核酸为高负电荷的线性多聚阴离子，在低离子强度缓冲液中，利用目的核酸与阴离子交换柱上功能基质间的静电反应，使带负电荷的核酸结合到带正电的基质上，杂质分子被洗脱。然后提高缓冲液的离子强度，将核酸从基质上洗脱，经异丙醇或乙醇沉淀即可获得纯化的核酸。该法适用于大规模核酸的纯化。

　　（3）密度梯度离心法

　　密度梯度离心也用于核酸的分离和分析。双链 DNA、单链 DNA、RNA 和蛋白质具有不同的密度，因而可经密度梯度离心形式形成不同密度的纯样品区带。该法适用于大量核酸样本的制备，其中氯化铯-溴化乙锭梯度平衡离心法被认为是纯化大量质粒 DNA 的首选方法。氯化铯是核酸密度梯度离心的标准介质，梯度液中的溴化乙锭与核酸结合，离心后形成的核酸区带经紫外灯照射，产生荧光而被检测，用注射针头穿刺回收后，通过透析或乙醇沉淀除去氯化铯而获得纯化的核酸。

　　一般地，分离纯化步骤越多，核酸的纯度也越高，但得率会逐渐下降，完整性也难以保证。相反，通过分离纯化步骤少的实验方案，可以得到比较多的完整性较好的核酸分子，但纯度不一定很高。这需要结合核酸的用途而加以选择。

（三）核酸纯度鉴定方法

1. 紫外分光光度法

紫外分光光度法主要通过 A_{260} 与 A_{280} 的比值来判定有无蛋白质的污染。在 TE 缓冲液中，纯 DNA 的 A_{260}/A_{280} 的比值为 1.8，纯 RNA 的 A_{260}/A_{280} 的比值为 2.0。比值升高与降低均表示不纯。其中蛋白质与在核酸提取中加入的酚均使比值下降。蛋白质的紫外吸收峰在 280nm 与酚在 270nm 的高吸收峰可以鉴别主要是蛋白质的污染还是酚的污染。RNA 的污染可致 DNA 制品的比值高于 1.8，故比值为 1.8 的 DNA 溶液不一定为纯的 DNA 溶液，可能兼有蛋白质、酚与 RNA 的污染，需结合其他方法加以鉴定。A_{260}/A_{280} 的比值是衡量蛋白质污染 RNA 程度的一个良好指标，2.0 是高质量 RNA 的标志。但要注意，鉴定 RNA 纯度所用溶液的 pH 值会影响 A_{260}/A_{280} 的读数。如 RNA 在水溶液中的 A_{260}/A_{280} 的比值就比其在 Tris 缓冲液（pH7.5）中的读数低 0.2～0.3。

2. 凝胶电泳法

用溴化乙锭等荧光染料示踪的核酸凝胶电泳结果可用于判定核酸的纯度。由于 DNA 分子较 RNA 大许多，电泳迁移率低，通过分析以溴化乙锭为示踪染料的核酸凝胶电泳结果，可以鉴定 DNA 制品中有无 RNA 的干扰，亦可鉴定在 RNA 制品中有无 DNA 的污染。

以溴化乙锭为示踪染料的核酸凝胶电泳结果还可用于判定核酸的完整性。基因组 DNA 的分子量很大，在电场中泳动很慢，如果有降解的小分子 DNA 片段，在电泳图上可以显著地表现出来。而完整的无降解或降解很少的总 RNA 电泳图，除具特征性的三条带外，三条带的荧光强度积分应为一特定的比值。沉降系数大的核酸条带，分子量大，电泳迁移率低，荧光强度积分高；反之，分子量小，电泳迁移率高，荧光强度积分低。一般 28S（或 23S）RNA 的荧光强度约为 18S（或 16S）RNA 的 2 倍，否则提示有 RNA 的降解。如果在加样槽附近有着色条带，则说明有 DNA 的污染。

必要时，还可以通过一些特殊的试验来分析 RNA 的完整性，如小规模的第一链 cDNA 合成反应、以放射性标记的寡脱氧胸苷酸 oligo（dT）为探针的 Northern 杂交以及对已知大小的 mRNA 的 Northern 杂交。另外，随着毛细管电泳与生物芯片技术的飞速发展，有关核酸的分离、纯化、鉴定与回收的手段日益丰富。

（四）核酸分离实例

蒋国润等用层析技术中的凝胶过滤、亲和、离子交换层析 3 种方法，依次对一种核酸疫苗进行纯化，并检测其纯度。

将过夜发酵的含质粒 pVAXGAG 的细菌培养液经碱裂解法制备出裂解液，经粗提后去除菌体蛋白后作为样品进入纯化阶段。

1. Sepharose 6FF 纯化核酸疫苗

凝胶过滤层析柱用 0.15mol/L NaOH 处理 2h 除热原，注射用水充分洗去 NaOH 后，再用缓冲液 A 充分平衡至电导、紫外吸收、盐浓度、pH 值均稳定。通过上样泵，以 10mL/min 的流速上样，上样量为 0.13 个柱床体积（CV），约为 120mL。上样后用缓冲液 A 洗脱，流速 10mL/min。按照 260nm 紫外吸收曲线及洗脱体积分峰收集，第 1 个峰即为收集峰（图 8.21）。

2. Plasmidselect 亲和层析柱纯化核酸疫苗

亲和层析柱先用 0.15mol/L NaOH 处理 2h 去除热原，用注射用水充分洗去 NaOH 后，

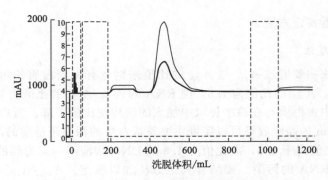

图 8.21　Sepharose 6FF 柱纯化核酸疫苗

再用 60mL 缓冲液 A 以 5mL/min 的流速平衡，此时的电导、紫外吸收、盐浓度、pH 值均稳定。使用上样泵将 Sepharose 6FF 凝胶过滤层析柱获得的 DNA 以 4mL/min 的流速上样。上样结束后用缓冲液 A 洗脱 2 个 CV 约 60mL，再用缓冲液 B 洗脱 5 个 CV 约 150mL，流速均为 4mL/min。按照 260nm 紫外吸收曲线（图 8.22）及洗脱体积收集第 2 个峰，获得超螺旋 DNA。

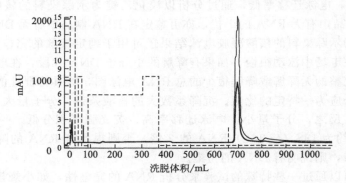

图 8.22　Plasmidselect 亲和层析柱纯化核酸疫苗

3. SOURCE 30Q 离子交换层析柱去除内毒素

离子交换层析柱先用 0.15mol/L NaOH 处理 2h 去除热原，用注射用水充分洗去 NaOH 后，再用 2 个 CV 约 60mL 缓冲液 C 平衡，流速 5mL/min。根据所获得超螺旋 DNA 的体积，用注射用水进行 4 倍稀释，以 5mL/min 的流速上样。用缓冲液 C 洗脱 2 个 CV 约 60mL，再用缓冲液 D 洗脱 5 个 CV 约 150mL。按照 260nm 紫外吸收曲线收集出峰（图 8.23）。

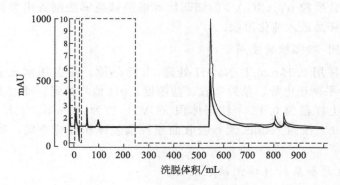

图 8.23　SOURCE 30Q 离子交换层析柱纯化核酸疫苗

4.琼脂糖凝胶电泳鉴定核酸疫苗纯度

以 200ng/孔的 DNA 量进行琼脂糖凝胶电泳，可见经凝胶过滤层析后未见 RNA，超螺旋的 DNA 含量明显高于解环的 DNA，见图 8.24。

结果表明：连续使用 3 种层析方法获得的 DNA 达到了理想的分离效果，琼脂糖凝胶电泳未检出 RNA，A_{260} 与 A_{280} 的比值介于 $1180\sim2100$ 之间，其中环状 DNA 达 90% 以上。经离子交换层析后的内毒素含量小于 10EU/mg DNA，宿主 DNA 残留量小于 $0.002\mu g/\mu g$ DNA。

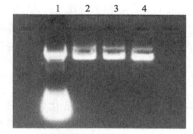

图 8.24　琼脂糖凝胶电泳鉴定核酸疫苗纯度
1—DNA 粗提样品；2—Sepharose 6FF 纯化后；3—Plasmidselect 纯化后；
4—SOURCE 30Q 纯化后

三、多糖的分离纯化与鉴定

（一）多糖分离纯化的原则

利用多糖溶于水而不溶于醇等有机溶剂的特点，通常采用热水浸提后用酒精沉淀的方法，对多糖进行提取。影响多糖提取率的因素很多，如浸提温度、时间、加水量以及脱除杂质的方法等都会影响多糖的得率。

多糖的纯化，就是将存在于粗多糖中的杂质去除而获得单一的多糖组分。一般是先脱除非多糖组分，再对多糖组分进行分级。

（二）分离技术路线的设计

提取与纯化动植物中存在的多糖或微生物胞内多糖，因其细胞或组织外大多有脂质包围，要使多糖释放出来，第一步就是去除表面脂质，常用醇或醚回流脱脂。第二步将脱脂后的残渣以水为主体的溶液提取多糖（即冷水，热水，热或冷的 $0.1\sim1.0$mol/L NaOH，热或冷的 1% 醋酸或 1% 苯酚等），这样提取得到的多糖提取液含有许多杂质，主要是无机盐、低分子量的有机物质及高分子量的蛋白质、木质素等。第三步则要除去这些杂质，对于无机盐及低分子量的有机物质可用透析法、离子交换树脂或凝胶过滤法除去；对于大分子杂质可用酶消化（如蛋白酶、木质素酶）、乙醇或丙酮等溶剂沉淀法或金属络合物法。多糖提取液中除去蛋白质是一个很重要的步骤，常用的方法有 Sevag 法、三氟三氯乙烷法、三氯乙酸法，后者较为剧烈，对于含呋喃糖残基的多糖由于连接键不稳定，所以不宜使用。但该法效率较高，操作简便，植物来源的多糖常采用该法。上述三种方法均不适合于糖肽，因为糖肽也会像蛋白质那样沉淀出来。除去蛋白质后，应再透析一次，选用不同规格的超滤膜和透析袋进行超滤和透析，可以将不同分子大小的多糖进行分离和纯化，该法在除去小分子物质十分实用，同时能满足大生产的需要，具有广阔的应用前景。至此，得到的提取液基本上是没有蛋白质与小分子杂质的多糖混合物。一般来讲，通过上述方法所得到的是多糖的混合物，如果要得到单一的多糖，还必须对该混合物进行纯化。柱层析在多糖的纯化中较为常用，应用较多的有两类：一是只有分子筛作用的凝胶柱层析，它根据多糖分子的大小和形状不同而达到分离目的，常用的凝胶有葡聚糖凝胶及琼脂糖凝胶，以及性能更佳的 Sephacryl 等。洗脱剂为各种浓度的盐溶液及缓冲液，其离子强度不应低于 0.02mol/L。二是离子交换层析，它不仅根据分子量的不同进行分离，同时也具有分子筛的作用，常用的交换剂有 DEAE-纤维素、DEAE-葡聚糖和 DEAE-琼脂糖等，此法适合于分离各种酸性、中性多糖和黏多糖。多糖的纯化还可用其他方法，如制备性高效液相层析、制备性区带电泳、亲和层析等，这些方法有时对制备一些小量纯品供分析用是很有用处的。

（三）多糖纯度的鉴定方法

多糖的纯度不能用通常化合物的纯度标准来衡量，因为即便是多糖纯品，其微观也并不均一，仅代表相似链长的多糖分子的平均分布。通常所谓的多糖纯品实际上也只是一定分子质量范围的多糖的均一组分。目前常用于多糖纯度鉴定的方法有凝胶层析法、凝胶电泳法、超离心法、旋光测定法等。其中应用最多的是凝胶层析法。

与蛋白质一样，在纯度鉴定时所用的层析柱最好选择分辨率较高的预装柱，利用 HPLC 或 FPLC 的设备进行，但由于单一的多糖不具备特定波长的紫外吸收性，需选择示差折射检测器；凝胶电泳则主要适用于糖蛋白或酸性多糖的纯度鉴定，对糖蛋白，最终的条带可选择两种染色方法，而对单一的酸性多糖，则只能选择阿利辛兰染色试剂。在糖蛋白电泳上，使用高碘酸希尔法阿利辛兰染色技术，可以检测到 $25\sim100\text{ng}$ 的糖蛋白。

（四）糖类的分离实例

1. 一种真菌酸性蛋白聚糖的纯化

首先通过热水抽提、过滤、有机溶剂沉淀、透析和冻干等一系列过程得到粗多糖，然后用阴离子交换层析和凝胶过滤层析结合使用纯化其中的酸性组分。

将粗多糖溶解后加样至填充了 DEAE-纤维素的离子交换柱（3cm×45cm），洗去不吸附组分后，用 $0\sim2\text{mol/L}$ 的 NaCl 线性梯度进行洗脱，流速为 1mL/min，检测到活性峰的峰值出现在 NaCl 浓度达到 0.43mol/L 时［图 8.25(a)］。收集得到的活性分部在蒸馏水中透析并浓缩，然后加样至填充了 Sepharose CL-4B 的凝胶柱（1.5cm×105cm），用 pH6.4、0.01mol/L 的磷酸钠缓冲液进行洗脱，流速为 1mL/min，洗脱曲线见图 8.25(b)，图中同时显示了作为分子量标准的蓝葡聚糖-2000（M_w 2000000）、葡聚糖-5251（M_w 473000）和

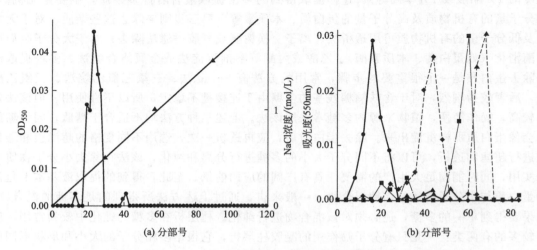

图 8.25　从 *Phellinus linteus* 的子实体中提取的粗多糖中纯化酸性蛋白聚糖

（a）DEAE-纤维素离子交换层析，横坐标为分部收集时的分部号，纵坐标 OD 值经 DNS 显色后测出；

（b）对离子交换后的活性分部进行 Sepharose CL-4B 凝胶过滤层析，OD 值经 DNS 显色后测出

葡聚糖-1662（M_w 41272）的洗脱位置，在得到纯化样品的同时测出该蛋白聚糖的分子量为 150000。

2. 抗氧化活性茶多糖 TPS-Ⅱ 的分离纯化

粉碎六安炒青绿茶，加入 2 倍体积的蒸馏水，60℃水浴浸提三次。合并水提液，离心去除不溶物，上清液加入 3 倍体积的无水乙醇，4℃静置 12h，离心收集沉淀。加入适量蒸馏水充分复溶，冷冻干燥得黄褐色粉末状水溶性粗多糖。将粗多糖过 DEAE-SepharoseFF 阴离子交换柱（2.6cm×50cm），以 pH7.2、0.02mol/L 的磷酸盐缓冲液（PBS，含 0.5mol/L NaCl）洗脱，流速为 1.0mL/min。苯酚-硫酸法跟踪检测，收集糖峰部分。用截留分子质量 3000Da 的超滤膜进行浓缩透析，冷冻干燥得茶多糖 TPS。使用 AKTA Purifier10 配合 Superdex 200 XK16/60 层析柱进一步纯化 TPS，进样量为 1.0mL（样品浓度为 15mg/mL），洗脱液为 pH7.2、0.05mol/L 的 PBS（含 0.15mol/L NaCl），洗脱速度 1.0mL/min，每管收集 2mL，检测波长为 215nm、254nm 及 280nm。TPS 经分离得到 TPS-Ⅰ、TPS-Ⅱ 和 TPS-Ⅲ 三个组分。

经 AKTA 层析纯化系统分离，从 TPS 中得到三个蛋白质峰（图 8.26），苯酚-硫酸法跟踪检测得到三个主要的多糖峰：TPS-Ⅰ、TPS-Ⅱ 和 TPS-Ⅲ（图 8.27）。比较两图可知，峰位基本一致，可初步推断 TPS-Ⅰ、TPS-Ⅱ 和 TPS-Ⅲ 为多糖与蛋白质的复合物。所得组分从层析图谱来看尚达不到层析纯。

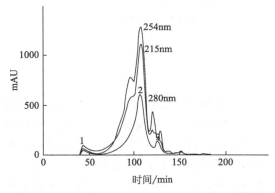

图 8.26 TPS 的 Superdex 200 XK16/60 柱层析
洗脱曲线（以蛋白质为检测对象）

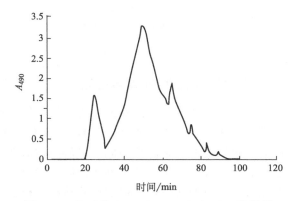

图 8.27 TPS 的 Superdex 200 XK16/60 柱层析
洗脱曲线（以多糖为检测对象）

3. 若羌大枣多糖的分离纯化

将大枣干粉经热水浸提、乙醇沉淀，得到的大枣多糖粗品经索氏提取法脱脂、Sevag 法除蛋白质、双氧水脱色、透析法除单糖，用 DEAE-52 纤维素层析，经过蒸馏水、0~1mol/L NaCl 可得到大枣多糖的 3 个级分：JPSN、$JPSA_1$、$JPSA_2$；然后用 SephadexG-100 柱进一步鉴定 3 个级分的纯度，经鉴定 JPSN、$JPSA_1$ 均为单一组分，而 $JPSA_2$ 得到 $JPSA_2B_1$、$JPSA_2B_2$、$JPSA_2B_3$ 3 个亚组分。结果分别见图 8.28~图 8.31。

上述三个分离实例，可以看到多糖分离中后期一般主要采用的层析组合技术为离子交换层析＋凝胶过滤层析，其中频率出现最高的则为凝胶过滤层析，它同时还是鉴定多糖纯度、分析多糖分子量的主要手段。而如果是酸性多糖或糖蛋白或蛋白聚糖，选用离子交换层析往往会有较好的分辨率。即使是中性多糖，假如其中的杂质有较多蛋白质，后期也可以考虑采用离子交换层析这一步达到吸附除残余蛋白质的方式。

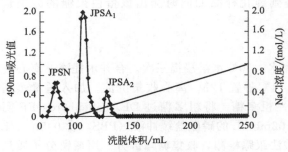

图 8.28　大枣多糖 DEAE-52 层析图谱

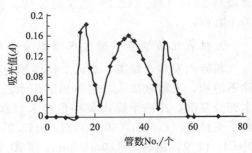

图 8.29　大枣多糖 JPSA₂ 的
Sephadex G-100 层析图谱

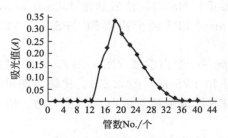

图 8.30　大枣多糖 JPSN 的
Sephadex G-100 层析图谱

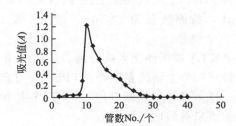

图 8.31　大枣多糖 JPSA₁ 的
Sephadex G-100 层析图谱

四、小分子物质的分离与鉴定

生化分离技术的分离对象主要包括单体或小分子、大分子、复合分子等，本书重点举例分析了生物大分子蛋白质（包括酶）、核酸、多糖的分离组合技术及鉴定纯度方法，它们往往具有很重要的生物活性功能。单从生物活性的角度考虑，自然界生物体中还有很多小分子也起着很重要的作用，如生物活性肽、生物碱、酚酸、黄酮等，要深入地开发和应用它们，首先必须解决如何高效低成本地从动物、植物、微生物中将它们分离的问题，这些是近年来和将来人们将持续关注的热点。

（一）活性肽分离实例

1. 酶解猪血蛋白中活性肽的纯化

新鲜猪血被胰蛋白酶彻底水解后，产物是一种对机体具有免疫增强活性及长度不等的小肽混合物。李艳伟等利用 Sephadex G-25 凝胶层析、阳离子交换层析、超滤除盐等方法，对该混合物中有效组分进行分离提纯，得到一种具免疫增强活性的小肽，并用高压液相层析鉴定其纯度。

水解液经 Sephadex G-25 凝胶层析后，紫外检测可见主要有 A、B、C、D 和 E 5 个洗脱峰（图 8.32）。利用 T 淋巴细胞转化实验和 E 花环形成实验的鉴定，结果显示洗脱峰 D 具较强的免疫增强活性。经 CM-52 阳离子交换层析，出现的洗脱峰 A₁、B₁ 和 C₁（图 8.33）在超滤除盐后，进行体外 T 淋巴细胞转化实验和 E 花环形成实验，结果显示，洗脱峰 B₁ 有较强的免疫增强活性，为目标肽所在的洗脱峰。收集 B₁ 峰，再次进行 Sephadex G-25 凝胶层析，结果见图 8.34。大量收集活性洗脱峰并冻干成干粉，将终产物以去离子水配成 0.5mg/mL 的溶液，作为高压液相层析鉴定的样品，鉴定结果表明所分离的小肽已达层析纯（图 8.35）。

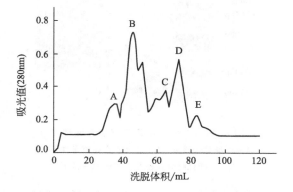

图 8.32　水解液 Sephadex G-25 凝胶层析图谱

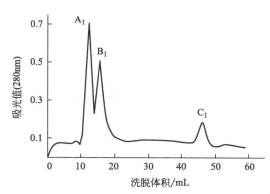

图 8.33　D 组分的 CM-52 阳离子交换层析

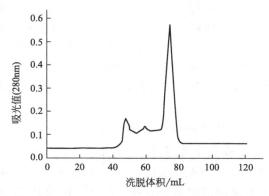

图 8.34　B₁ 组分的 Sephadex G-25 凝胶层析图谱

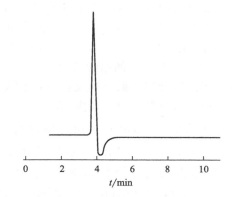

图 8.35　高效液相鉴定纯度

2. 广西五步蛇毒小肽的分离纯化

经 Sephadex G-75 凝胶过滤、超滤和 DEAE-Sepharose CL-6B 离子交换层析法从广西五步蛇毒中分离纯化获得一种小分子的肽类。分离图谱见图 8.36、图 8.37；鉴定图谱见图 8.38 和图 8.39。

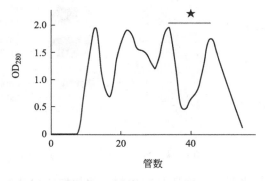

图 8.36　五步蛇粗毒的 Sephadex G-75 层析图谱

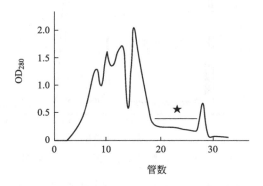

图 8.37　DEAE-Sepharose CL-6B 层析图谱

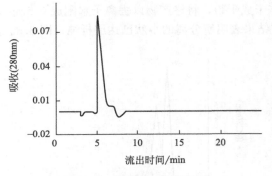

图 8.38　高效液相鉴定纯度

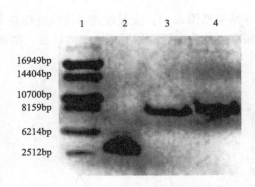

图 8.39　SDS-PAGE 鉴定蛇毒肽纯度

1—标准分子质量；2—胰岛素在还原条件下；
3,4—纯化组分在还原和非还原条件下

取 2.0g 蛇毒溶于 10mL 的碳酸氢铵缓冲液（0.02mol/L）中，4000r/min 离心 30min，取上清液。用此缓冲溶液平衡好的 SephadexG-75 柱（2.6cm×100cm）进行分离，收集活性峰，并进行超滤，去除分子量大于 10000 的物质，将超滤产物冻干备用。将冻干组分溶于 0.01mol/L 醋酸铵（pH8.5）缓冲溶液中，在已经用相同的缓冲溶液平衡好的 DEAE-Sepharose CL-6B 柱（2.6cm × 100cm）中用 0.05mol/L（pH8.5）、0.5mol/L（pH7.5）、1.0mol/L（pH6.0）的醋酸铵缓冲溶液进行梯度洗脱。收集第四峰和第五峰之间组分冻干备用。用高效液相和聚丙烯酰胺凝胶电泳分析该组分的纯度，并测定其分子量，确定其基本达层析纯和电泳纯，分子量为 7800。

3. 芽孢杆菌 Bacillus subtilis JM4 所产两种抗菌肽的分离纯化和鉴定

Bacillus subtilis JM4→37℃ 的 LB 培养基培养至平衡期→离心（4℃、8000×*g*、10min）除去细胞→上清液 80%（NH₄）₂SO₄ 沉淀（4℃过夜）→离心收集沉淀（4℃、8000×*g*、30min）→pH4.0、0.05mol/L 柠檬酸缓冲液溶解→透析 12h→不溶物离心→SP-Sepharose Fast Flow 柱层析（0～0.5mol/L NaCl 梯度洗脱）→收集活性峰冻干→Sephadex G-25 柱层析→浓缩活性峰→C₁₈ 反相高效层析（RP-HPLC）[含 0.1%（体积分数）的三氯乙酸的乙腈/H₂O 线性梯度缓冲液洗脱 60min]。

分离结果见图 8.40，SDS-PAGE 检验纯度结果见图 8.41。

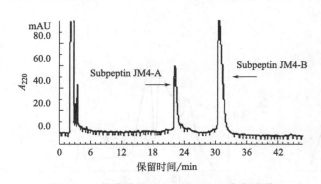

图 8.40　抗菌肽的 C₁₈ RP-HPLC 分离图谱

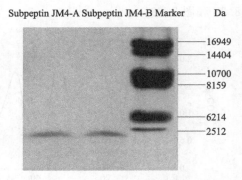

图 8.41　SDS-PAGE 鉴定抗菌肽纯度

从上面三个活性肽分离的例子，不管是原料来源是动物还是微生物，粗提取阶段往往用到沉淀技术、超滤技术、离心技术；中间提取阶段常用凝胶层析和离子交换的组合；反相层析在肽的后期分离或纯度鉴定中出现的概率都比较大。注意层析分离时的检测波长可以考虑将 280nm 换成 220nm，尤其是对分子量较低的肽类。

（二）其他小分子分离实例

1.银杏外种皮中银杏酚酸的分离鉴定

江南大学尤文元等利用溶剂浸提、大孔树脂和硅胶柱层析对银杏外种皮中银杏酚酸进行分离，通过荧光分光光度计和 HPLC/MS 对分离产物的成分进行分析。结果表明：大孔树脂 LSA-21 和硅胶柱可将银杏外种皮中银杏酚酸有效分离。对分离纯化的银杏酚酸进行HPLC/MS 检测，发现一种分子量为 374 的银杏酚酸的同分异构体。

将 80％乙醇浸提所得银杏酚酸溶液过滤除杂，所得滤液真空浓缩至干后，加少量石油醚重新溶解，上硅胶柱（$\phi 2.0\text{cm}\times 30\text{cm}$），石油醚-乙酸乙酯-冰醋酸（90：10：1，体积比）洗脱，收集银杏酚酸洗脱部分，冷冻干燥后经 HPLC/MS 鉴定，所得银杏酚酸的纯度大于 90％。

对经硅胶柱层析所得银杏酚酸样品进行 HPLC/MS 分析，其总离子流图和质谱图见图8.42。总离子流图中的前 5 个峰分别对应 5 种已知酚酸，峰 6 所对应物质为首次发现。

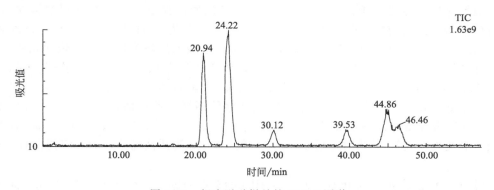

图 8.42　银杏酚酸样品的 HPLC 图谱

2.正相和反相柱层析组合分离纯化紫杉醇

张志强等采用正相氧化铝柱层析和反相 C_{18} 柱层析从东北红豆杉培养细胞浸提物中分离纯化了紫杉醇。经两步层析，使紫杉醇的含量提高到 95％，样品中微量杂质继以重结晶步骤除去，即可获得纯度超过 98％的紫杉醇晶体。采用 ^{13}C NMR 对晶体分析，所得产物结构与文献上紫杉醇的结构一致。

（1）紫杉醇粗品的制备

收集东北红豆杉培养细胞，室温下每克干细胞用 100mL 甲醇浸泡 2 天，过滤，取滤液用旋转蒸发器在 40～50℃蒸发，回收甲醇，所得固体物每克溶解于 10mL 三氯甲烷中备用。

（2）氧化铝柱层析

层析用氧化铝真空干燥 6h，用脱水的三氯甲烷充分浸泡并脱气后，装成 1.5mm×25cm的层析柱。三氯甲烷清洗柱后上样，加样量 200mg，用三氯甲烷淋洗去未被吸附的杂质，然后采用不同浓度的甲醇/三氯甲烷进行洗脱，流速 3mL/min，确定并收集洗脱出的紫杉醇峰（图 8.43），用旋转蒸发器在 40～50℃蒸发，从所得固体物中取样，HPLC 测定其纯度。

（3）反相柱层析

将制备的 C_{18} 烷基-硅胶用乙腈充分浸泡，脱气后，重力沉降法装成 1.5cm×26cm 的柱，用乙腈充分洗出胶中的杂质，再用40％乙腈水溶液平衡。经氧化铝柱层析初步纯化的紫杉醇固体样品，重新溶解于40％乙腈水溶液后上柱，加样量200mg，用不同浓度的乙腈水溶液进行洗脱，流动相速度1.0mL/min，收集紫杉醇洗脱峰（图8.44）。

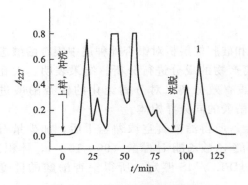

图8.43 氧化铝柱层析图谱

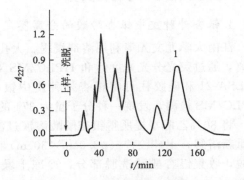

图8.44 C_{18}-硅胶反相柱层析图谱

3. 冬青卫矛的大环生物碱分离鉴定

干燥粉碎后的冬青卫矛根皮2.5kg，用乙酸乙酯回流提取3次，合并提取液减压回收溶剂后得浸膏142g。在层析柱（60mm×1200mm）中装入HPD2600型大孔吸附树脂，将140g冬青卫矛根皮的乙酸乙酯提取物用150mL乙酸乙酯溶解后上样，依次用水、水和丙酮的混合溶液（8:2、6:4、4:6、2:8，体积比）及丙酮2000mL进行洗脱，收集24份（每份500mL）。第17～22为活性馏分，除去溶剂得A17～A22 11.2g。在层析柱（45mm×1000mm）中装入300g硅胶，将大孔吸附树脂洗脱的活性部分A17～A22 11.0g上样，依次以石油醚和乙酸乙酯的混合溶液（95:5、90:10、75:25、50:50，体积比）及乙酸乙酯洗脱，收集25份（每份100mL）。第19～22为活性馏分，除去溶剂得B19～B22 610mg。

采用高效液相层析（层析柱：Hyper sil ODS22，10μm，2.0mm×250mm；流动相：甲醇＋水＝55＋45；流速：8.0mL/min；波长：230nm）对硅胶层析得到的活性馏分进行纯化，共得到4个化合物，依次为A、B、C、D，其分离图谱见图8.45。

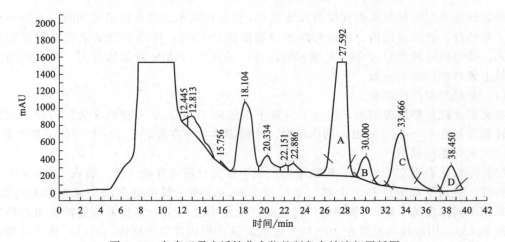

图8.45 冬青卫矛中活性化合物的制备高效液相层析图

4. 利用高速逆流层析（HSCCC）从沙生蜡菊全草中分离三种黄酮化合物

（1）粗提取物的制备

5kg 植物干粉用 50L 70％乙醇溶液回流提取三次，合并液 60℃真空蒸发干燥后用乙酸乙酯提取三次，提取液合并干燥后溶解在甲醇溶液中，过滤后经过 Sephadex LH-20 层析柱，甲醇为洗脱液，流速 1mL/min，各分部 LC 法检测收集活性峰，蒸干后作为高速逆流层析待分离的样品。

（2）高速逆流层析分离

采用乙酸乙酯-水的两相溶剂系统，首先将上相注入 HSCCC 分离管中，待上相充满整个管路后，再以 1.5mL/min 流速注入下相，主机转速为 800r/min；待流动相从柱出口流出，两相在分离管中达到动态平衡后，由进样阀注入样品溶液（160mg 溶解于 16mL 的两相溶剂系统）。254nm 波长下检测，记录层析图（图 8.46），根据层析图收集目标成分。

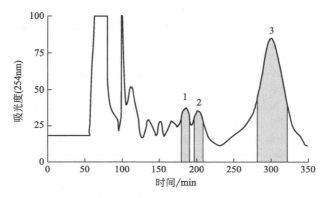

图 8.46　沙生蜡菊全草黄酮的 HSCCC 分离图谱

对所得层析峰用 ^{1}H NMR 和 ^{13}C NMR 方法鉴定分析，明确图 8.46 中所标的 1、2、3 峰所对应的组分分别为柚皮素-7-葡萄糖苷 2.3mg、异槲皮苷 3.5mg、紫云英苷 6.7mg。

上述其他小分子类型的四个分离实例都是从植物材料中分离小分子活性物质，它们大多是植物的次生物质，这部分物质的类型非常多，分离时一般往往首先要明了目的物一些物理化学特征，包括在一些溶剂中的溶解度，如何检测其含量和出峰等情况。上面所提到的酚酸、黄酮、紫杉醇、生物碱等物质，前期大都采用溶剂提取的方式，中期大多利用吸附层析里的大孔树脂、硅胶层析进行分离，后期则采用高效液相层析、高速逆流层析等分离方法，它们的共同特点就是能用各种溶剂作为洗脱剂。因此检测波长则要按目的物的特性所用溶剂情况具体考虑和选择。

◆ **参考文献** ◆

［1］田亚平，须瑛敏. 一种枯草芽孢杆菌氨肽酶的纯化及酶学性质. 食品与发酵工业，2006，32：7-10.

［2］孟如杰，田亚平. 银杏种仁中一种抗氧化活性蛋白的纯化及性质. 天然产物研究与开发，2010，22：388-391，432.

［3］栾明明，邬建敏，叶庆富. 多次循环离子交换层析纯化 CrylAb 蛋白及其肽质量谱图的分析. 浙江大学学报：理学版，2007，5：529-533.

［4］Schwartz W，Judd D，Wysocki M，et al. Comparison of hydrophobic charge induction chromatography withaffinity chromatography on protein A for harvest and purification ofantibodies. Journal of Chromatography A，2001，908：251-

263.

[5] 刘静，赵奎军，潘映红.利用层析聚焦和离子交换层析快速分离分析薏苡 38 ku 抗真菌蛋白.东北农业大学学报，2008，29：23-28.

[6] 张涛，江波，沐万孟等.鹰嘴豆分离蛋白分离纯化.食品科学，2008，29：158-161.

[7] Kim G Y, Park H S. Nam B H. Purification and characterization of acidic proteo-heteroglycan from the fruiting body of Phellinus linteus Teng. Bioresource Technology, 2003, 89：81-87.

[8] 潘见，陈彦，方伟等.具有抗氧化活性茶多糖 TPS-Ⅱ的分离纯化及其性质研究.食品科学，2009，30：25-28.

[9] 吴娜，杨洁，许海燕等.若羌大枣多糖的分离纯化及抗氧化活性的研究.天然产物研究与开发，2009，21：319-323.

[10] 李艳伟，江波，佟祥山.酶解猪血蛋白中活性肽的纯化和功能研究.高等学校化学学报，2005，26：61-63.

[11] 李映新，雷丹青，周先果.广西五步蛇毒小肽的分离纯化及抗肿瘤作用.中国临床药理学与治疗学，2007，12：187-190.

[12] Wu S M, Jia S F, Sun D D, et al. Purification and characterization of two novel antimicrobial peptides subpeptin JM4-A and subpeptin JM4-B produced by *Bacillus subtilis* JM4. Current Microbiology, 2005, 51：292-296.

[13] 尤文元，田亚平.银杏外种皮酚酸分离纯化的研究.食品与生物技术学报，2005，24：47-50.

[14] 张志强，苏志国.正相和反相柱层析组合分离纯化紫杉醇.生物工程学报，2000，16：69-73.

[15] 张启东，王明安，姬志勤等.冬青卫矛的大环生物碱分离鉴定及其杀虫活性研究.西北植物学报，2007，27：0859-0863.

[16] Xia H F, Lin D Q, Chen Z M, et al. Purification of immunoglobulin of egg yolk with hydrophobic charge induction chromatography：comparison of operation modes with packed bed and expanded bed. Separation Science and Technology, 2012, 47 (16)：2366-2372.

[17] Yang Y, Huang Y, Gu D Y. Separation and purification of three flavonoids from helichrysum arenarium moench by HSCCC. Chromatographia, 2009, 69：964-967.

[18] Pepaj M, Wilson S R, Novotna K, et al. Two-dimensional capillary liquid chromatography：pH gradient ion exchange and reversed phase chromatography for rapid separation of proteins. Journal of Chromatography A, 2006, 1120：132-141.

[19] Johns C, Shellie R A, Pohl C A, et al. Two-dimensional ion chromatography using tandem ion-exchange columnswith gradient-pulse column switching. Journal of Chromatography A, 2009, 1216：6931-6937.